本丛书名由中国科学院院士母国光先生题写

光学与光子学丛书

《光学与光子学丛书》编委会

"十二五"国家重点图书出版规划项目

光学与光子学丛书

先进光功能透明陶瓷

潘裕柏 李 江 姜本学 著

科学出版社

北京

内 容 简 介

　　光功能透明陶瓷(主要包括激光陶瓷和闪烁陶瓷)是目前陶瓷研究的热点之一,也是材料结构功能一体化的成功典范。在先进陶瓷领域,光功能陶瓷对化学组成、相结构、制备工艺及性能的要求最为苛刻。在一定程度上,光功能陶瓷的制备工艺技术水平代表了先进陶瓷研究领域的最高水平。本书聚焦光功能透明陶瓷这一热点领域,系统、完整地介绍了中国科学院上海硅酸盐研究所透明与光功能陶瓷课题组过去十多年在光功能透明陶瓷领域取得的研究成果,以及国内外学者近年来在该领域所取得的进展。

　　本书适合材料及相关专业的高年级本科生、研究生和从事材料研究的科学技术人员系统学习或参考使用。

图书在版编目(CIP)数据

先进光功能透明陶瓷/潘裕柏,李江,姜本学著. —北京:科学出版社,2013
(光学与光子学丛书)
"十二五"国家重点图书出版规划项目
ISBN 978-7-03-037952-8

Ⅰ. ①先…　Ⅱ. ①潘…　②李…　③姜…　Ⅲ. 透明陶瓷-研究
Ⅳ. ①TQ174.75

中国版本图书馆 CIP 数据核字 (2013) 第 135447 号

责任编辑:钱　俊　鲁永芳/责任校对:彭　涛
责任印制:徐晓晨/封面设计:耕者设计工作室

科 学 出 版 社 出版
北京东黄城根北街 16 号
邮政编码:100717
http://www.sciencep.com

北京中石油彩色印刷有限责任公司 印刷
科学出版社发行　　各地新华书店经销
*
2013 年 6 月第 一 版　　开本:B5(720×1000)
2019 年 1 月第六次印刷　　印张:23 1/4
字数:454 000
定价:158.00 元
(如有印装质量问题,我社负责调换)

丛 书 序

　　长期以来,我一直想组织同行出一套适合于光学、光学工程工作者和研究人员需求的光学与光子学的丛书。如今,在科学出版社同志们的努力推进和工作在光学与光子学科研、教学一线的广大专家们的大力支持下,这样一个愿望终于得以实现,这使我感到由衷的欣慰和喜悦,我深信这样一套丛书的出版必将有效地促进我国光学、光电子以及光学工程技术的创新发展。

　　当今世界科学技术发展日新月异。科技创新能力已成为一个地区、一个国家,尤其是一个大国经济和社会发展的核心竞争力。在众多纷繁的科技领域中,光学与光子学的发展直接影响到其他诸多学科领域的发展及其可能取得的成就。不但物理学、化学、生命科学、天文学等基础科学的发展离不开光学与光子学,对现代人类社会和人类生活影响甚大的一些技术科学,如照明、通信、洁净能源、遥感、显示、环境监测、国防和空间开发、医疗与诊断、先进制造等, 都需要光学与光子学的知识。光学与光子学是渗透到各个学科领域内的前沿科学,光学与光子学涉及几乎所有技术前沿的核心技术。中华民族要真正走向繁荣昌盛离不开对光的驾驭。

　　编委会把丛书的名称定为《光学与光子学丛书》,是想以此既包含经典光学(classical optics)的精华,也容纳现代光学(modern optics)即光子学(photonics)的最新研究进展。我和所有编委们一同期待着这套丛书能够在涉及光科学和光学技术知识的深度和广度上都达到一个崭新的高度。积跬步至千里, 汇小溪成江河。改革开放三十年的成就使得我国的光学事业处在了一个新的起点上。让我们大家共同努力,以此套高质量、高水准的《光学与光子学丛书》作为对中国光学事业大发展的鼎力贡献。

母国光

2011年1月

前　言

人类自古以来与光相伴，光谱成分丰富齐全的太阳光，是地球上一切生命的源泉，是人类健康的真正保证，人体的免疫功能只有经过太阳光的适当照射才能完整、健全和得以正常发挥。随着认识与科技的发展，人类也从被动地接受阳光到利用阳光，从远古时代把火作为直接信号使用，发展到现在以玻璃的"透明性"为基础特性研制的光纤作为介质实现远距离信息网络的构建。21世纪，将以光子形式产生的光子计算机为开端，以光为媒，进入融合所有科学技术的时代。考虑到这样的时代背景，产生光并利用光与光之间相互作用的科学技术，以及支持其后的光功能陶瓷材料的开发就显得至关重要。各种光功能材料的发现与发展也将促进激光技术与光电子技术等的发展。

目前市场上的透明光功能材料还是以单晶与玻璃为主。作为现代材料领域最新发展的先进光功能透明陶瓷，不但具有陶瓷材料的特性，而且在制备成本、尺寸(与单晶相比)、光功能效应、力学性能，以及热性能(与玻璃相比)方面具有优势，尤其是可以运用复合材料的设计原则制备出复合与集成的光功能陶瓷，这将为光功能系统设计提供无可比拟的灵活性。透明陶瓷不仅具有优异的透光性，其作为陶瓷所具有的高强度、高硬度、高透明度、耐腐蚀、耐高温等性能远优于一般光学材料，用它可以制成各种用途的电-光、电-机军民两用器件，在节能、医学、激光、检测、勘探等方面有广泛的应用前景，已经得到世界各国的极大重视，发达国家正逐步加大研究投入。各学科之间、学科与工艺技术之间的相互作用与渗透，对无机光功能材料的发展将产生深远的影响，学科交叉使结构-功能以及各种材料之间的界限变得模糊，复合材料的设计理念将使光功能透明陶瓷在结构复合与组分复合方面通过协同作用获得最佳性能以及开发出新的功能。

本书重点介绍光功能透明陶瓷的两个主要应用：激光与闪烁陶瓷，具体包括材料的一些基本性能、制备方法、表征技术、应用，以及中国科学院上海硅酸盐研究所在此领域的一些研究成果等方面。由于作者的知识水平有限，疏漏与不妥之处在所难免，敬请读者批评指正。

本书是中国科学院上海硅酸盐研究所透明与光功能陶瓷课题组全体人员辛勤劳动的结晶，感谢所有课题组的工作人员、学生、曾经在课题组工作和学习的成员，由于大家出色的工作才使我们有了撰写此书的基础。感谢寇华敏副研究员、石云副研究员、刘文斌副研究员、曾燕萍女士、沈毅强博士、陈敏博士和胡辰博士等提供了丰富的素材。特别感谢中国科学院上海硅酸盐研究所的老一辈科学家、同仁及各职能部门对我们工作的大力支持。

我们课题组在从事光功能陶瓷的研究中，得到了国内外许多科研机构（中国科学院上海光学精密机械研究所、中国科学院理化技术研究所、中国科学院福建物质结构研究所、中国科学院物理研究所、中国工程物理研究院、北京航天动力研究所、上海交通大学、复旦大学、华东师范大学、山东大学、东北大学、清华大学、南开大学、南京大学、捷克科学院物理研究所、俄罗斯科学院电物理研究所、美国宾夕法尼亚州立大学、意大利米兰大学、意大利比萨大学等）和科技工作者的帮助与支持，在此深表谢意。最后，感谢上海市科学技术委员会、国家自然科学基金委员会、国家科技部、中国科学院的大力支持。

作　者
2012 年 12 月

目　　录

第1章 绪　　论

1.1　透明陶瓷的定义

一般来说，陶瓷和玻璃、水泥、单晶并称为工业中常用的四大类无机材料，它们的属性各有不同。陶瓷材料的热稳定性、耐腐蚀和耐磨损等方面的性能通常优于金属，可以承受金属材料和高分子材料难以胜任的严酷的工作环境，常常成为某些新兴科学技术得以实现的关键。此外，对于材料而言，原料的价格也是不可忽视的因素，由于陶瓷材料的原料蕴藏相当丰富，在资源利用上的限制比特殊金属少得多，所以陶瓷材料具有极高的附加值。但是由于硬度高、脆性大等特点，陶瓷材料制备后必须加工成符合形状的工件才能使用，所以一般而言陶瓷块体材料无法像易加工的聚合物或金属材料那样成吨出售。传统陶瓷不透明的原因是其内部存在有较大尺寸的晶粒、玻璃相、气孔等多组分异相结构及杂质，由于这些相区折射率不同(这些区域的物性不同导致其折射率不同)，当光线通过时在微区界面上将发生频繁的反射、散射、折射、吸收等，特别是大量微气孔的存在，使反射、散射、折射现象更为严重，几乎没有光线能够按原有路径通过该陶瓷，故呈不透明状态。20世纪50年代末，美国GE公司的Coble博士成功研制出透明Al_2O_3陶瓷——Lucalox(商品名称)从而一举打破了人们的传统 观念。

当初透明陶瓷被定义为无机粉末经过烧结使之具有一定透明度的陶瓷材料。当把这类材料抛光成1mm厚放在带有文字的纸上通过它可读出内容，即相当于透光率大于40 %[1]。

透明氧化物陶瓷目前已被广泛用作高温仪器的光学零件，如高温窗材、红外透过窗材、高温透镜等，还被广泛用作高压钠灯的灯管、特种灯泡。透明$(Pb,La)(Zr,Ti)O_3$(PLZT)陶瓷等也被广泛用作新型的电光材料，如光记忆元件、录相显示和存储系统、光调制元件、光阀及光快门等。表1.1~表1.3列出了几种透明陶瓷材料的主要工艺及性质[2,3]。

表1.1　透明陶瓷及其应用

透明陶瓷	主要特性	主要的用途
Al_2O_3、MgO、	透明性与	高压钠灯
$2Al_2O_3$-MgO、Y_2O_3	耐腐蚀性	及化工窗材

透明陶瓷	主要特性	主要的用途
MgO、Y_2O_3、 ThO_2-5Y_2O_3	透明性与 耐高温性	高温窗材、高折射率透镜 及红外透过窗材
(Pb,La)(Zr,Ti)O_3、 (Pb,Sr)(Zr,Ti)O_3、 (Pb,La)(Hf,Ti)O_3、 (Sr,Ba)Nb_2O_6、$LiTaO_2$	电光效应	光记忆元件、 录相显示和储存系统、 光调制元件、光偏向元件、 光快门、光信息处理系统

表 1.2   氧化物透明陶瓷的某些性能

透明陶瓷种类	添加剂	晶系	熔点/℃	薄片透过率/%	光波长/μm	薄片厚度/mm
Al_2O_3	0.25 wt% MgO	六方	2050	40~60	0.3~2	1
BeO	—	六方	2520	55~60	0.4~3	0.8
CaO	~0.4 wt%CaF_2	立方	~2500	40~70	0.4~8	1.25
MgO	1 wt%LiF	立方	2800	80~85	1~7	5
ThO_2	2 mol%CaO	立方	~3000	50~70	0.4~7	1.5
Y_2O_3	10 mol% ThO_2	立方	~2400	>60	0.3~8	0.76
ZnO	1 wt%Gd	六方	~1975	60	可见光	0.5
ZrO_2	6 mol% Y_2O_3	立方	~2700	~10	可见光	1.0

wt%: 质量百分比；mol%: 摩尔百分比

表 1.3   几种透明陶瓷材料的主要工艺及性质

材料	制备条件		晶系	透射波长*/μm	熔点/℃	密度/(g/cm³)
	无压烧结	热压法				
Al_2O_3	1650~1950 ℃	1500 ℃ 40 MPa	六方	1~6	2050	3.98
BeO	1700~2000 ℃	1500 ℃ 30 MPa	六方	0.2~5	2570	—
MgO	1550~1800 ℃	1400 ℃ 40 MPa	等轴	0.5~9	2800	3.58
Y_2O_3	2200 ℃	900 ℃ 80 MPa	等轴	0.25~10	2410	5.31
ZrO_2	1450 ℃	1300~1750 ℃ 50 MPa	等轴	1~10	2700	5.98
ThO_2	2380 ℃	—	等轴	0.5~10	2800	

*可见光波长 0.4~0.72 μm, 超短红外 0.72~1 μm, 短红外 1~1.29 μm, 中红外 2.9~5.5 μm, 远红外 7.5~14 μm

1.2   透明陶瓷的特征

陶瓷材料的透光性能主要取决于微结构中各组成相的折射率之差, 结晶的多相性(不均一性)、结构特性、晶粒的排列、晶粒尺寸、玻璃相和气相的存在等都是影响陶瓷材料光学性能的重要因素。

入射到陶瓷体的光线经历了陶瓷体表面反射和内部吸收、散射的过程，而引起光能的损失。从图 1.1 中可以看出，当光进入到陶瓷内部时，陶瓷材料的晶界(包括成分、厚度、形态等)、缺陷(包括气孔、杂质等)以及晶粒(包括晶格对称性、尺寸、形态、组分的一致性等)都会对透光性产生影响。除此以外，材料的多孔性和表面加工光洁度也会影响其透明度。

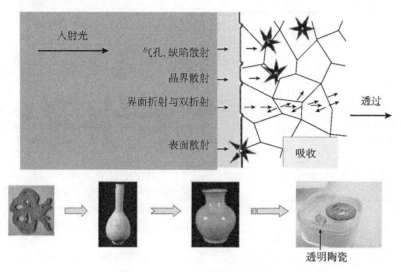

图 1.1　陶瓷微结构中的光散射

同时由于陶瓷是一种多晶材料，与单晶(晶体材料)和无定形相(玻璃材料)不同，晶粒与晶粒之间的界面是陶瓷材料所特有和极为重要的结构特征，是晶粒与晶粒之间连接的纽带，也是微观物质迁移和性能体现以及传递的桥梁，因此晶界的作用与调控是实现陶瓷材料透明化与功能化的一个至关重要的因素。为了减小晶界产生的散射损耗，可以选择没有各向异性的物质，控制晶粒尺寸并减少晶界，另外还要控制添加剂可能产生的各向异性。表 1.1~表 1.4 是陶瓷透明化的要素及制备工艺中的几个要点[4]。

早期的透明陶瓷主要利用其透光性能。美国 GE 公司于 1965 年利用 Lucalox 制成高压钠灯灯管，于是新型的第三代新光源——高压钠灯正式问世。自 1966 年起，美国 GE 公司等厂家开始迅速大批量生产高压钠灯，但是以后的半个世纪，这一领域的研究进展甚微。

20 世纪 60 年代随着蓝宝石单晶材料的出现而产生激光技术，陶瓷作为无机材料的重要组成之一也和玻璃、单晶激光介质一样开展了广泛的研发。CaF_2 透明陶瓷于 60 年代实现了激光输出，70 年代 $Nd:Y_2O_3$ 实现激光输出，但是一直到 20 世纪末激光透明陶瓷的输出功率只在毫瓦水平，并没有实用价值，其主要的原因在于透明陶瓷材料的光散射损耗一直偏大。20 世纪 70 年代起陶瓷发动机项目的开展推动了陶瓷材料学的发展，尤其在晶界设计与微结构控制方面的深入研究，以及纳米技术在制作陶瓷所需原料的控制方面为提高透明陶瓷的光学性能提供了技术支撑，从而为 21 世纪透明陶瓷的性能实现腾飞奠定了基础。21 世纪初，随着激光透明陶瓷、闪烁透明陶瓷等性能的不断提高而趋向实用化，透明陶瓷的功能化应用受到了极大的关注，发达国家纷纷将其作为纳米技术、材料及其器件研发的重点，其市场前景巨大。

表 1.4　陶瓷透明化的要素及制备工艺中的要点

要素		制备工艺中的要点
减小基体材料的吸收系数	高透光性基体材料	选择在所需波长范围内没有自吸收的基体材料
	高纯	使用高纯原料
	控制组分	控制制备过程中杂质的混入(混合、粉碎、煅烧、烧结)
		控制原料组成(基体材料组成、微量添加物)
		控制制备过程中的组分偏移(煅烧、烧结时的挥发)
	减少气孔	气氛(氧化、还原、压力)
		使用粒径小的原料粉体
		控制烧结时晶粒的异常长大(微量添加物、烧结制度)
减小第二相产生的散射系数	减少析出物	除去成型后粉体中的巨大空洞
		使用能提高扩散速度的气氛(除去气孔内残余气体)
		选择合适的组分
		控制制备过程中组分偏移
		组分均匀化
减小晶界产生的散射系数	减少光学各向异性	选择没有各向异性的物质
		减少晶界
		控制添加物导致的各向异性

1.3　透明光功能陶瓷的分类

材料是人类赖以生存和发展的物质基础，人类的文明发展与材料的进步息息相关。陶瓷材料也与其他材料相同，在人类社会发展中留下深深的烙印。一般就其应用分为结构与功能材料两大类，结构陶瓷材料主要以其力学、耐高温、耐腐蚀等性质为应用基础；功能陶瓷材料是指通过光、电、磁、热、化学、生化等作用后具有特定功能的材料。

人类自古以来与光相伴，光谱成分丰富齐全的太阳光，是地球上一切生命的源泉，是人类健康的真正保证，人体的免疫功能只经过太阳光的适当照射才能完整、健全和得以正常发挥。随着认识与科技的发展，人类也从被动地接受阳光到利用阳光，从远古时代把火作为直接信号使用，发展到现在以玻璃的"透明性"为基础特性研制的光纤作为介质实现远距离信息网络的构建。21 世纪，已经成为了以将光以光子形式利用产生的光子计算机为开端，以光为媒，所有的科学技术大融合的时代(图 1.2)。考虑到这样的时代背景，产生光、并利用光与光之间相互作用的科学技术，以及支持其后的光功能陶瓷材料的开发就显得至关重要。各种光功能材料的发现与发展也将促进激光技术与光电子技术等的发展。

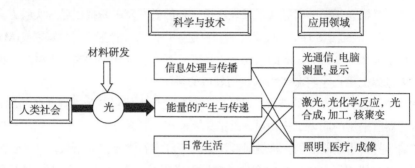

图 1.2　人类与光的匹配

目前市场上的透明光功能材料还是以单晶与玻璃为主。作为现代材料领域最新发展的先进光功能透明陶瓷不但具有陶瓷材料的特性，如在制备成本、尺寸(与单晶相比)、光功能效应和力学性能以及热性能等方面(与玻璃相比)具有优势，而且是可以运用复合材料的设计原则研制出结构和组分复合与功能集成的光功能陶瓷，这将在光功能系统设计方面提供无可比拟的灵活性。透明陶瓷不仅具有优异的透光性，而且其作为陶瓷所具有的高强度、高硬度、高透明度、耐腐蚀、耐高温等性能远优于一般光学材料，用它可以制成各种用途的电–光、电–机军民两用器件，在节能、医学、激光、检测、勘探等方面有广泛应用前景，已经得到世界各国的极大重视，发达国家正逐步加大研究投入。目前各学科之间、学科与工艺技术之间的相互作用与渗透，对无机光功能材料的发展将产生深远的影响，学科交叉使结构–功能以及各种材料之间的界限已变得模糊，复合材料的设计理念将使光功能透明陶瓷在结构复合与组分复合方面通过协同作用获得最佳性能，以及开发出新的功能。本书重点介绍的光功能透明陶瓷为激光陶瓷与闪烁陶瓷。

1.4　固体激光技术概述

1.4.1　激光技术的发展简史

爱因斯坦(Einstein)在 20 世纪 30 年代描述了原子的受激辐射。在此之后人们很长时间都在猜测，这个现象可否被用来加强光场，因为前提是介质必须存在着布局数反转的状态。在一个二能级系统中，这是不可能的。人们首先想到用三能级系统，而且计算证实了辐射的稳定性。1958 年，美国科学家肖洛(Schawlow)和汤斯(Townes)发现了一种神奇的现象：当将氖光灯泡所发射的光照在一种稀土晶体上时，晶体的分子会发出鲜艳的、始终会聚在一起的强光。根据这一现象，他们提出了"激光原理"，即物质在受到与其分子固有振荡频率相同的能量激励时，都会产生这种不发散的强光——激光。肖洛和汤斯的研究成果发表之后，各国科学家纷纷提出各种实验方案，但都未获得成功。1960 年 5 月 16 日，美国加利福尼亚州休斯实验室的科学家梅曼(Maiman)宣布获得了波长为 0.6943 μm 的激光，这是人类有史以来获得的第一束激光，梅曼因而也成为世界上第一个将激光引入实用领域的科学家[5,6]。

固体激光器是以掺杂的玻璃、晶体或透明陶瓷等固体材料为增益介质的激光器。固体激光器所采用的固体工作物质，是把具有能产生受激发射作用的金属离子掺入晶体、玻璃等材料中而制成的。梅曼研制出第一台红宝石激光器后不久，世界各国科学家便广泛深入研究了在固体中能产生受激发射作用的三类金属离子：① 过渡金属离子(如 Cr^{3+})；② 大多数镧系金属离子(如 Nd^{3+}、Yb^{3+}、Tm^{3+}等)；③ 锕系金属离子(如 U^{3+})。有多种工作物质获得了激光输出，其中最引人注目的是掺钕玻璃和掺钕钇铝石榴石晶体。20 世纪 60 年代，固体激光器的结构和性能不断改善，输出能量和脉冲重复频率不断提高，采用调 Q 技术将脉冲压缩到 10 ns 量级，获得了峰值功率达兆瓦级以上的巨脉冲，适应了许多实际应用[7~12]。

由于激光具有不发散的特性，可以按照光的速度在空间传输能量，所以各国军方、科学家都在致力于发展激光武器。激光武器是利用激光束直接攻击目标的定向能武器，由于激光具有很强的方向性，有可能在一定距离处的靶的目标上得到高的能量密度。由方向的集中所带来的目标处能量密度的增加，称为定向增益。对于一个非定向的、各向同性的光源，离光源距离 Z 处的平均能量密度为[13]

$$\varepsilon_0 = \frac{E}{4\pi Z^2} \tag{1.1}$$

式中，E 为光源的总能量。而对于一个定向的光源，若其发散半角为 θ，则距离光源 Z 处，光斑只是一个半径为 $a = Z\sin\theta$ 的光斑，其能量密度为

$$\varepsilon_1 = \frac{E}{\pi a^2} = \frac{E}{\pi (Z\sin\theta)^2} \approx \frac{E}{\pi Z^2 \theta^2} \tag{1.2}$$

则定向增益系数为

$$G = \frac{\varepsilon_1}{\varepsilon_0} = \frac{4}{\theta^2} \tag{1.3}$$

激光武器效能的特征量——亮度：若靶目标被破坏的能量密度阈值为 q，则为了

造成破坏必须满足的条件是

$$\frac{E}{\pi a^2} = \frac{\bar{P}\tau}{\pi a^2} \geqslant q \tag{1.4}$$

式中，E 为到达靶面的激光的总能量，$\bar{P}$ 为激光平均功率，τ 为激光作用时间。

　　激光武器的主要作战目标是各类导弹、飞机和卫星等，一种目标又有着性质非常不同的各个部位。破坏机理和阈值不仅与这些目标部位的物理和化学特征有关，而且与强激光的工作模式、波长等参数有关，实际上是一个十分复杂的问题。不过作为一般的了解，可将破坏的目标部件分为软部件和硬部件两类进行讨论。

　　(1) 软部件的破坏。导弹、卫星上的光电传感器(如可见光和红外探测器)是一类重要的软部件(人眼也可被视为一种光学传感器)。其破坏机理按破坏阈值可分为两种。一是热致盲，即在较弱激光的作用下，探测器元件温度升高，使调制信号减弱乃至消失，从而导致功能暂时失效(激光照射停止后，功能可逐渐恢复)。导致这种破坏的阈值较低，约为每平方厘米数瓦至十瓦的功率密度，照射数十毫秒，可称为软部件的软破坏。二是永久性破坏，即在较强激光照射下，探测元部件被烧坏、崩裂、脱落，不能再使用，称为软部件的硬破坏。其破坏阈值约为每平方厘米几十瓦的功率密度。导弹的射频头罩是另一类软部件，在强激光照射下，其表面被烧蚀、炭化，引起其电学性能变化，从而影响微波信号的强度，使导弹不能有效制导，导致这种破坏所需功率密度约为每平方厘米数百瓦，为软部件的硬破坏。

　　(2) 硬部件的破坏。硬部件包括导弹壳体材料、机身、油箱、战斗部件等。破坏机理可分为：热破坏、力学破坏和热力联合破坏。

　　一个激光武器的基本构成是：主激光器，发射与捕获、跟踪、瞄准系统，校正大气畸变的自适应光学系统和与之相关的信标系统，系统的指挥、控制及测试评估系统，必要时还有能源及支持系统等。

　　激光武器按应用目的的不同分为战术激光武器(激光致盲与干扰武器和激光防空武器)和战略激光武器(激光反卫星武器和反洲际弹道导弹激光武器)，以及介于战术和战略应用之间的所谓的"战区激光武器"。激光致盲与干扰武器是重要的光电对抗装备，它仅需采用中小功率器件，技术较简单，现已开始装备部队使用。战术防空激光武器可通过毁伤壳体、制导系统、燃料箱、天线、整流罩等拦击大量入侵的精确制导武器。将激光武器综合到现有的弹炮系统中去，可弥补弹炮系统的不足，发挥其独特的作用。激光反卫星武器可通过干扰、破坏卫星上的光电设备或摧毁平台，使敌方的卫星失效。反卫星激光武器还可以破坏敌方的空基信息系统，为己方的战略导弹打开攻击通道。

　　反洲际弹道导弹的激光武器有可能在多层次的战略防御系统中作为敌方洲际导

弹助推拦截的手段，曾是美国的"战略防御倡议"中的重点研究项目之一。但是这类武器的技术难度很高，并且其研制与部署受政治、经济和军事等因素的影响和制约。战区防御机载激光武器主要用于拦截助推阶段中近程弹道导弹，美方已选定将其作为助推拦截方案对象。

自从第一台激光器问世，激光武器就成为许多国家追求的目标。20 世纪中后期，先后研发高能钕玻璃激光器、气动 CO_2 激光器、化学激光器、自由电子激光器和 X 射线激光器等。特别是 1983 年美国里根总统提出"战略防御倡议"后，投资迅猛，高能激光器研发工作形成高潮。在第一轮竞争中，氟化氘(DF)和氧碘(COIL)两种化学激光器先拔头筹，功率分别达兆瓦级和十万瓦级，已正式纳入武器装备的研究计划。但是气体和化学激光器的缺点也是显而易见的，如气体激光器发光波长在 10 μm，体积过于庞大；化学激光器排放有毒废气，战场上很难大规模安全应用。

美国军方和激光界对高能固体激光器的潜在优势基本上有以下共识：① 大气传输和衍射有利于波长较短的固体激光器；② 固体激光器质量轻、体积小，而且坚实；③ 可定标放大，即可按比例放大；④ 整个系统完全靠电运转、不需要特别的后勤供应；⑤ 没有化学污染；⑥ "弹药"库存多，每发"弹药"成本低；⑦ 军民两用性强，发展固体激光器对推动民用技术可起杠杆作用。由于以上优势，美国海陆空三军和海军陆战队都看好固体激光器，认为它将是最有希望的下一代激光武器。

20 世纪 70 年代，基于钕玻璃的大功率激光器系统有较大的进展，峰值功率突破 10^{11} W。中小型激光器进入实际应用化阶段，操作简单，寿命更长，同时注重改善光束质量，提高效率。20 世纪 80 年代，固体激光器进入蓬勃发展期，钛宝石晶体(Ti:Al$_2$O$_3$)的出现使得超短、超快和超强激光成为可能，飞秒(fs)激光科学技术蓬勃发展并渗透到各基础和应用学科领域；90 年代钒酸钇晶体(Nd:YVO$_4$)的出现使得固体激光的发展进入新时期——全固态激光科学技术(solid-state LD pumped laser, SSDPL)；进入 21 世纪，激光和激光科学技术正以其强大的生命力推动着光电子技术和产业的发展，激光材料也在晶体、玻璃、光纤、陶瓷四方面全方位迅猛展开，如微–纳米级晶界、完整性好、制作工艺简单的多晶激光陶瓷和结构紧凑、散热好、成本低的激光光纤，正在向占据激光晶体首席达 40 年之久的 Nd:YAG 发出强有力的挑战[14,15]。

1.4.2　实现高功率固体激光的技术途径

历史上由于难以获得大尺寸高光学质量的激光增益介质，高功率固体激光武器的发展一直受到很大的限制。20 世纪 80 年代，大尺寸优质晶体激光材料生长工艺的突破性发展，特别是进入 21 世纪，激光透明陶瓷制备工艺得到突破，使得高功率固体激光得到了快速的发展。固体激光器现在已达到 100 kW 的武器级别。透明陶瓷由于其采用粉末冶金的方法，不需要贵金属坩埚，具有制备优势，可以制备大尺寸材料。同时透明陶瓷不存在晶体生长过程中出现的核芯，材料利用率高，陶瓷的热导率与晶体一致，所以可以获得高功率激光输出。透明陶瓷已经成为未来高功率固体激光的首选材料。目前固体激光能够实现 100 kW 的技术途径有热容激光器、紧凑有源反射镜激光器、板条激光器和光纤激光器等多种[15]。

1. 固体热容激光

在固体热容激光器(SSHCL)出现以前，以高能量脉冲工作的固体激光器的输出功率不超过 1000 W。激光器工作时产生的热是提高其功率的瓶颈，系统中任何一个激光器都会产生废热。对于固体激光器而言，这种热积存在光学元件内。如果热量不能传出去，就会使光学元件产生损伤。

大多数固体激光器系统在工作时连续冷却，以避免这种损伤。废热从激光介质内传导至表面，由水等冷却剂带走。因为大的温度梯度会导致机械应力、物理变形、光学畸变，最终会使光学元件断裂，所以高功率固体激光器面临的主要问题是泵浦过程中的热破坏。传统激光器采用发光过程同时冷却的方法，很容易造成在激光介质中产生热机械应力。这种应力断裂极限决定着激光器的最高输出能量。固体热容激光器的创新之处就是激光工作过程中(10~20 s)是绝热的，即停止泵浦后再冷却激光工作物质。因此热容固体激光器表面的温度就会高于中心温度，这样就与传统激光器不同。因此，废热在热容激光介质中的淀积是压应力，而传统激光器为张应力。理论分析表明，压应力的破坏阈值为张应力的 5 倍以上，因而热容激光器可以工作于更高的温度状态。

独特的脉冲工作模式使固体热容激光器成为世界上功率最高的固体激光器。与其他脉冲固体激光器相比，固体热容激光器在一次猝发中的平均功率比那些重复模式的激光器高 10 倍以上，而与最大功率的非脉冲式固体激光器相比，固体热容激光器的平均功率则高 2 倍。

固体热容激光器与传统的高功率大能量领域的化学激光器和气体激光器相比还有许多其他优点，如在较短波长的激光范围工作的能力。较短波长允许激光束在大气中传播更远的距离，且光束发散较少。例如，在给定同样尺寸光束的情况下，大功率氟化氘化学激光器在理论上可达到的最小光束发散面积比固体热容激光器的光束发散大 12 倍，而二氧化碳激光器比固体热容激光器大 100 倍以上。热容激光器对于激活离子的能级结构有一定的要求：下能级不能过于接近基态，也不能过于接近激光上能级。最佳的激光下能级在 3200 cm^{-1} 左右，铵离子下能级在 2300 cm^{-1} 比较适合。而镱离子由于下能级过于接近基态，不适合热容激光器。

1995 年，Walters 等发表了关于固体热容激光器的研究文章。1996 年 6 月，美国劳伦斯·利弗莫尔国家实验室(Lawrence Livermore National Laboratory)的 Albrecht 等申请了"高能量促发固体热容激光器"的专利。1998 年,Albrecht 在 *Laser and Particle Beams* 发表的一篇文章中详细介绍了固体热容盘片激光的概念和理论计算。美国军方由 White Sands Missile Test Range 计划的指引,在美国劳伦斯·利弗莫尔国家实验室的支持下,积极的推进基于 Nd:GGG 晶体的固体热容激光器的研究。2002 年 12 月,美国劳伦斯·利弗莫尔国家实验室二极管泵浦固体热容板条激光器首次出光,平均功率为 2.7 kW。2003 年,美国劳伦斯·利弗莫尔国家实验室 LD 泵浦的 Nd:GGG 激光器的平均输出功率已经达到 10 kW,在 2004 年又突破 30 kW,2007 年达到一个脉冲 100 kW,每秒 200 个脉冲。2006 年,美国劳伦斯·利弗莫尔国家实验室利用日本神岛化学公司(Konoshima Chemical Ltd.)提供的 Nd:YAG 透明陶瓷(100 mm×100 mm×20 mm)板条进行热容激光实验。他们利用 4 块这种规格的透明陶瓷获得了 25 kW 的激光输出,激光输出时间为 10 s,占空比为 10%。另外他们尝试用五块获得了 37 kW 激光输出,当然激光运行时间更短。

2. 盘片激光

盘片激光是从一个大面上将热量导走,这样热流的距离就非常短,即使用大的泵浦能量也不会在盘片上产生大的温度梯度。如果盘片的直径远大于厚度,则热流可以看成是沿一维方向并且平行于激光方向,这样就会大大地降低热机械效应。根据盘片的热应力极限,可以计算出当激光输出为连续或者准连续时,四能级粒子可提取能量的功率。盘片激光的传播方向沿片的短轴方向,增益达到一定水平时,长轴方向的寄生振荡往往会耗尽晶体片中的能量,严重影响期间的激光输出。因此控制寄生振荡是研制高功率片状器件的核心问题之一。

3. 板条激光

传统的板条激光器采用侧面泵浦的形式,泵浦光从两个大面或侧面照射进晶体,采用水冷热沉来进行散热。采用这种结构泵浦光充满整个晶体,其整个体积内都被激发。在均匀泵浦的情况下,工作介质内的温度梯度是一维分布的,只存在垂直于用水冷却的晶体大面的方向上。这种一维的热场分布,不易产生热致双折射,从而可以防止热退偏,但会产生竖直方向上的热透镜。为了消除热透镜的影响,通常板条晶体并不是方形,而是将两个供振荡激光通过的端面绕长轴方向倾斜布儒斯特角,并将两个安装水冷热沉的大面也抛光。振荡激光在板条晶体内部通过两个大面的全反射而呈"之"字形传播,让激光在另一个方向上不同区域内的不同热影响相互抵消,从而达到减弱甚至消除热透镜作用的目的。目前达信公司已经利用板条激光系统获得 100 kW 激光输出。

4. 光纤激光

与传统的固体激光器相比，光纤激光器的工作介质极其细长，这种几何形状使得光纤激光器具有非常多的优点：① 工作介质的表面积、体积比很大。在同样体积下，光纤激光器的表面积比其他块状工作物质大 2~3 个数量级，散热效果好。② 由于是波导结构，激光模式由纤芯直径 d 和数值孔径 NA_0 决定，不受介质中无用热的影响。因此，在光纤激光器中不存在块状工作物质中的热效应影响激光光束质量的问题。③ 纤芯直径很小，容易实现均匀的高平均功率密度泵浦，激光器效率高、阈值低。④ 采用双包层结构大大提高了泵浦效率。

当前连续工作的光纤激光器的输出功率已经可以与块状工作物质媲美，百瓦、千瓦级的光纤激光器比块状工作介质激光器更容易获得高光束质量。但再继续增加功率就变得困难了，特别是脉冲 Q 开关工作，由于纤芯横截面积小，高峰值功率可能造成破坏及非线性效应，限制了输出能量。

多台激光器输出光束的相干合成一直是科技界关心而又难以解决的问题。对于光纤激光器这个问题尤为突出。因为单根光纤输出毕竟有限，为了输出激光武器所需要的高功率，相干合成是必经之路。2003 年美国诺格(Northrop Grumman)空间技术实验室报道，将 7 台光纤激光器的输出相干合成成功，输出了 155 W 相干光。2003 年，美国空军研究所提出一种高功率光纤激光器合成新概念。他们认为如果能攻克若干关键技术，就可能实现 10 kW、100 kW 甚至更高功率的相干合成。2003 年 SPI 公司与英国南安普顿大学采用大模芯径掺 Yb 光纤，纤芯直径为 43 μm，数值孔径为 $NA_0 = 0.09$，归一化频率为 $v = 11$，获得了 1.01 kW 连续激光输出，斜率效率为 80%。由于纤芯直径较大，已经不是基模工作了。2005 年 3 月，IPG 公司在网上公布采用纤芯直径 19 μm 的掺 Yb 光纤获得 2 kW，光束质量因子 $M^2 < 1.2$ 的连续激光输出。

1.4.3　固体激光器的工业应用

半导体泵浦的固体激光器(DPSSL)由于利用了半导体激光器作为泵浦源，与传统闪光灯泵浦的激光器相比具有效率高、体积小、光束质量好、使用与维护方便等优点，在激光打标、精细加工、材料表面处理等方面，以及在汽车、印刷、医疗、遥感、测距等行业得到了越来越广泛的应用。目前世界上应用于材料加工和激光医疗的全固态激光器的年产量与需求量正在成倍地增长。

在许多的实际应用中，光束质量与功率的需求同样重要，甚至在一定程度上光束质量会更重要。例如，在大部分应用中，常常把输出的激光聚焦，以得到高亮度(高功率密度)的焦点使能量尽量集中，再对工件进行加工、切割等操作。光束质量直接影响了聚焦后光斑的大小与形状，从而影响了能量的集中，进而导致加工效率、精度的降低。因此，高功率高光束质量的 DPSSL 的研究是激光器在实际应用中的迫切需求。

1.4.4　固体激光器对工作物质的要求

固体激光器的基本组成部分是工作物质、光泵浦系统和谐振腔。固体激光工作物质是不同固体激光器中的核心，它的质量优劣将直接影响到器件的性能。然而，不同性能的固体激光器对其使用的工作物质的光谱性质和物理化学性能也会有不同的要求。固体激光器都采用某种光源来泵浦，所用光源必须在激光工作物质吸收光谱范围内提供尽可能多的光能。光泵浦系统通常由泵浦光源、电源和聚光腔三部分组成。简单的固体激光器共振腔由置于工作物质两端相向放置的两个平面镜组成，其中一面镜高反射，另一面镜为部分反射。下面从激光器的工作原理和工作物质的光谱性质出发，概述固体激光物质应具备的条件[16]。

1. 对工作物质的光谱特性要求

工作物质应该在光束辐射源的发射光谱范围内有多而宽的吸收带和高的吸收系数。对连续运转的工作物质，要求它的荧光光谱带少而窄，这样可以降低泵浦阈值功率。但对于用作大能量高功率脉冲激光器的工作物质，它的荧光谱线则希望宽一些，以便减少自振，从而增加工作物质对泵浦能量的存储量。

对工作物质荧光寿命 τ 的要求比较复杂，τ 值较小(几百微秒)，可以降低泵浦阈值功率，但限制了振荡能量的提高。所以，对于小型固态激光器，要求它的荧光寿命 τ 小一些；对于大能量器件，要求 τ 值大一些。

要求对产生激光有作用的工作物质有多而宽的吸收带和大的吸收系数，使泵浦能量得到充分利用。但工作物质对激光波长的吸收应尽量小，而且应选择对可见光、近紫外和红外透明的材料作为激光工作物质的基质。所以作为基质材料的原料必须要对上述光谱区有吸收的杂质(铁、铜、镱、铬、钴、镍等)有高纯度的要求。

2. 对光学均匀性的要求

工作物质要有很好的光学均匀性。光学均匀性不好将导致激光振荡阈值升高，能量转换效率降低，发散角增大。造成工作物质出现光学不均匀性的主要原因：① 化学成分偏差造成化学不均匀引起的折射率分布不均匀；② 材料内部应力分布不均匀引起折射率分布不均匀造成的物理不均匀。

3. 对热学稳定性的要求

激光器工作时，由于激活离子的无辐射跃迁和基质吸收光泵的一部分光能转化为热能，造成工作物质的光学均匀性下降，甚至工作物质的损伤。所以，要求激光工作物质具有热导率高、热膨胀系数小、化学稳定性好和机械强度大等特点。

1.4.5　固体激光器的发展趋势

固体激光器的发展趋势是使用半导体二极管(LD)泵浦，亦即全固化。全固化意味着更高的效率、更长的寿命、更高的稳定性，从长远来看，全固化还将意味着更廉价。提高固体激光器的输出能量或功率，同时改善光束质量仍是工业、科研和民用激光器最优先的需求。在这个需求下将带动一系列基础配套技术。其中包括：现有的工作物质质量的改进和寻求新的工作物质；光泵的改进，更加有效的耦合方式，提高照明均匀性，采用相位共轭技术、自适应光学或其他技术以改善激光器的质量；采用光纤束工作物质或新的运转模式以大幅度改进冷却效果，减轻热效应；共振腔镜、Q 开关、光调制器、谐波发生器等光学元器件和光学薄膜的质量都将有大幅度提高；激光电源的效率、稳定性、电磁兼容性将进一步提高。20 世纪末，高功率大能量固体激光器达到几千瓦，高峰值功率固体激光器达到拍瓦级(1 拍 = 10^{15})。21 世纪初，它们都提高了一个量级或更多一些。中小型固体激光器品种规格繁多，应用面很广，在市场需求的牵引下，必将在性能价格比上更具竞争力。

1.5　激光陶瓷概述

透明陶瓷是一种新出现的材料，最初的研究是针对热寻的导弹、高压钠灯和战斗机的窗口等应用的需求[16,17]。1962 年，美国 GE 公司的 Coble 博士首次成功制备了半透明氧化铝陶瓷(Lucalox)，开辟了陶瓷材料新的应用领域[18,19]。这种氧化铝陶瓷具有高透光率、高强度和抗碱金属腐蚀能力强等特征，用于制作机场、街道照明用的高压钠灯电弧管。此后，世界上很多研究机构和生产单位都致力于新型透明陶瓷的研制与开发，陆续被制备出来的透明陶瓷包括 $MgO^{[20\sim22]}$、$Y_2O_3^{[23]}$、$MgAl_2O_4^{[24]}$、$PLZT^{[25]}$、$AlON^{[26]}$、$SiAlON^{[27]}$、$AlN^{[28]}$、$YAG^{[29]}$ 等。透明陶瓷适合用作窗口和透镜材料，在高温飞行器、激光装置和高温辐射源中有广泛的应用。例如，具有比玻璃更高的强度和硬度，且重量轻的镁铝尖晶石($MgAl_2O_4$)和氮氧化铝(AlON)等材料已在军用车辆、飞机和导弹的前视窗口、条形码扫描仪窗口和抗划痕透镜等方面具有广泛的应用。最近，透明陶瓷的功能化应用受到了重视，如作为 X 射线荧光体和闪烁材料[30,31]，特别是在固体激光器方面的应用受到了极大的关注[32~35]。

1.5.1　透明陶瓷作为激光介质的可能性

早在 20 世纪 50 年代，Coble 等就提出通过获得超高致密度和消除(或减少)光学散射中心(残余气孔、第二相等)，可以制备透明/半透明陶瓷[36~39]。20 世纪 60 年代，又有许多材料科学家提出达到理论密度的、等轴的、高纯的陶瓷具有与单晶相同的光学性质，这在理论上证实了透明陶瓷作为激光工作物质的可能性。理想的陶瓷激光工作物质是高纯的、组分均匀的、立方等轴的单相材料，具有高的热导率，在激光工作波长范围内有高的透明性(低的光学损耗)。减少陶瓷中的气孔、第二相、晶界相和晶格缺陷等散射中心是制备激光陶瓷工作物质的关键。随着目前透明陶瓷技术的发展，特别是高纯、高烧结活性的陶瓷粉体的制备技术和热压烧结、热等静压烧结、氢气氛烧结、真空烧结等烧结技术的发展，使制备低气孔率的光学透明陶瓷成为可能。

1.5.2 透明陶瓷的理论基础

陶瓷的透明性是指光线能够透过的能力。要使陶瓷透明，其前提是使光通过。入射到陶瓷的光，部分表现为表面的反射和内部的吸收和散射，剩下的成为透射光[40]。入射强度为 I_0 的光线，通过厚度为 t 的样品后，透过强度 I 可以用式(1.5)表示

$$I = I_0(1-R)^2 \exp[-(\alpha + S_p + S_b)t] \tag{1.5}$$

式中，R 为反射率，α 为样品的吸收系数，S_p 为气孔和杂质相所引起的散射系数，S_b 为晶界引起的散射系数。S_b 可以进一步分为双折射引起的反射、晶界偏析相引起的散射以及晶界结晶不完整所引起的吸收。从式(1.5)可以看出 R、α、S_p、S_b 小的材料具有良好的透光性。虽然光吸收和光散射都引起光的损耗，但光吸收过程涉及光能向其他形式能量的转变，如电子跃迁、分子振动等；而光散射过程中没有能量形式的转变，光的能量没有改变，但它改变了光的传播途径和方向[41,42]。陶瓷的相组成、晶体结构、晶界、气孔率和表面光洁度等是影响其透明性的主要因素。

1. 晶界

当光线从一个晶粒进入相邻晶粒时，由于陶瓷中晶粒的取向是随机的，若该晶体具有双折射现象，则将产生界面反射和折射，而且在不同取向晶粒的晶界上还将产生应力双折射。因此，透明陶瓷通常选用具有高对称性的立方晶系材料，如 YAG、Y_2O_3、Sc_2O_3 等。洁净的晶界，即晶界上没有杂质、非晶相和气孔存在，或晶界层非常薄，其光学性质与晶粒内部几乎没有区别，因此也不会成为光散射中心。对于低对称体系，由于双折射效应，通常需要通过织构化使晶粒定向排列才能获得高光学质量的透明陶瓷。

2. 微气孔

气孔是影响陶瓷材料透过率最重要的因素，由气孔引起的光学散射损耗将远大于晶界区，甚至高于非主晶相和非晶相(玻璃相)等引起的散射损耗。气孔可以用气孔体

积分数和它们的大小、形状和分布(包括粒径分布)来描述。对于透明陶瓷，常用透光显微镜对规定体积内的气孔数量和尺寸进行记录，定量测定气孔率[43]。例如，对于首例 Nd:Y$_2$O$_3$ 陶瓷激光器，其气孔率仅为 0.33×10^{-6}[44]。透明陶瓷中的微气孔，可存在于晶界上和晶粒内部，主要为闭气孔。

3. 杂质和非主晶相

杂质包括原料或工艺中由于污染而引入的杂质、有意掺入的杂质和作为添加剂的杂质离子。对于原料中或工艺中由污染引入的杂质，如果它们能够溶入基质，部分显色离子可能引起有害的吸收带。而对于那些不溶解或者溶解度极低的杂质，则将聚集在晶界上，形成不同于主晶相的晶界相，并引起较大的界面损耗。对于有意掺入的杂质，当掺入浓度低于溶解度上限时，稀土掺杂离子成为材料中的光吸收中心，添加剂则进入晶格成为材料的一部分，在构建陶瓷的微结构平衡中发挥重要作用；当掺杂浓度高于溶解度上限时，则将出现非主晶相[45]，其与主晶相形成界面，且折射率不同于主晶相，从而构成了新的光学散射中心。

4. 表面散射

当透明陶瓷进行光透过率精确测试或加工成光学元件时，必须对样品进行高精度光学加工。例如，首例 Nd:YAG 陶瓷激光器的出光面平整度为 $\lambda/10(\lambda = 632$ nm)，端面平行度为±10"，表面粗糙度为 $R_a > 0.2$ nm[46]。因加工引起的表面起伏和划痕导致表面具有较大的粗糙度，即呈微小的凹凸状，光线入射到这种表面上会产生漫反射，严重降低陶瓷的透光率，而且这也可能对样品表面镀制的光学薄膜质量产生很大影响。

1.5.3　透明陶瓷作为激光介质的优点

激光透明陶瓷具有许多单晶和玻璃激光材料所不具备的优点。同单晶相比，透明陶瓷具有以下优势[47,48]。

(1) 具有与单晶相似的物理化学性质、光谱特性和激光性能。已有的研究表明，高光学质量的多晶陶瓷在热导率、膨胀系数、吸收和发射光谱、荧光寿命等方面与同组成单晶几乎一致，激光性能与单晶相似甚至更优，而在机械性能方面，多晶陶瓷比单晶也有一定幅度的提高。

(2) 容易制备出大尺寸的激光透明陶瓷，且形状容易控制。晶体生长技术由于受各种条件限制很难获得大尺寸单晶，难以满足特殊的应用需要。陶瓷成型工艺简单，烧结温度通常都大大低于单晶生长的熔融温度。有些理论上预计有较好激光性能的材料，如 Nd^{3+}/Yb^{3+}:RE$_2$O$_3$(RE=Y, Sc, Lu)等，由于温度高、熔点附近发生相变等原因，无法生长出同时具有高光学质量和大尺寸的单晶，而采用陶瓷的制备技术可望在远低于熔点的温度下实现透明化。

(3) 制备周期短，生产成本低。陶瓷材料烧结工艺简单，制备周期为数天，适合大规模生产，成本较低。而单晶生长技术性强，生长周期为数十天，通常需要昂贵的铂金或铱坩埚，生产成本很高。

(4) 可以实现高浓度掺杂，光学均匀性好。由于受掺杂离子在基质中分凝系数的限制(如 Nd^{3+} 在 YAG 晶体中的分凝系数仅 0.18)，采用熔体生长技术很难实现高浓度掺杂，且容易在径向形成浓度梯度，并形成应变花纹。而陶瓷材料由于不受分凝效应的限制，可以实现高浓度、均匀掺杂。

(5) 可制备出多层和多功能的激光透明陶瓷。陶瓷制备技术可以把不同组分、不同功能的材料结合在一起，为激光系统设计提供了更大的自由度。如将 Nd:YAG 和 Cr^{4+}:YAG 复合在一起构成被动调 Q 开关，甚至将调 Q 和 Raman 激光相结合，而这对单晶材料而言几乎是不可能的。也可在同一块激光透明陶瓷上产生自调 Q 激光输出，实现 LD 泵浦固体调 Q 激光器的高效率、高功率、集成化和小型化。

同激光玻璃材料(以钕玻璃为例)相比，透明陶瓷激光材料(以 Nd:YAG 透明陶瓷为例)的热导率高，有利于热量的散发；熔点高，可以承受更高的辐射功率；单色性好，可以实现连续的激光输出。

1.5.4　激光陶瓷的发展历史及研究进展

自从 1960 年 Maiman 研制出第一个红宝石固体激光器[49,50]，固体激光技术迅猛发展。在所有的固体激光材料中，YAG 晶体的综合性能最优。然而由于激光晶体存在一些难以克服的缺点，材料科学家一直在探索新型的固体激光材料。1964 年，Hatch 等[51]以 DyF_3 和 CaF_3 粉体为原料，在真空中熔融后粉碎成颗粒尺寸 150 μm 的粉体，然后采用真空热压烧结技术制备了 Dy^{3+}:CaF_2 透明陶瓷。样品通过退火工艺以消除热应力，然后在 0.25 MeV 的 X 射线辐照下使 Dy^{3+} 还原成 Dy^{2+}。Dy^{2+}:CaF_2 透明陶瓷的掺杂浓度为 0.05 mol%~0.1 mol%，晶粒尺寸为 150 μm，在 500 nm 处的光学散射损耗为 2%(光学散射中心为 CaO)。在液氮冷却条件下，采用氙灯泵浦 Dy^{2+}:CaF_2 透明陶瓷实现了激光输出，激光阈值为 24.6J(与单晶相似)，这是历史上第一个陶瓷固体激光器。1973 年，Greskovich 等[43]以硝酸盐为原料，采用草酸共沉淀法制备了组分为 1 mol%Nd_2O_3-10 mol%ThO_2-89 mol%Y_2O_3，颗粒尺寸小于 100 nm 的 NDY(Nd doped Yttralox)纳米粉体，然后采用氢气烧结工艺制备了 NDY 透明陶瓷。样品的平均晶粒尺寸大于 130 μm，气孔尺寸约为 1 μm，光学散射损耗高达 5%。采用氙灯泵浦 NDY 透明陶瓷，获得了脉冲激光输出，斜率效率仅为 0.1%[44]。接着，Greskovich[52]通过优化粉体和陶瓷的制备工艺，改善了 NDY 陶瓷激光棒的质量，激光效率提高至 0.32%，其激光阈值和斜率效率与当时的钕玻璃相近。

1973 年和 1977 年，两个关于热压烧结制备钇铝石榴石(YAG)半透明陶瓷的专利[53,54]中指出 YAG 是一种潜在的光学陶瓷，然而在专利中并没有提及确切的实例。如果能把 YAG 烧结成透明(或者半透明)陶瓷，这将是非常有意义的事情。当然当时关于 YAG 的工作主要集中在粉体的制备[55,56]和 YAG 成相上[57,58]。仅有一个俄罗斯专利描述了使用较大量的添加剂烧结了半透明的 YAG 陶瓷，但是专利中也没有提及任何进一步的实验数据[59]。在 1974~1983 年的十年间，透明激光陶瓷的研究陷入低谷，一方面是因为当时工艺水平的限制，导致了透明陶瓷的光学质量没有根本性突破；另一方面，当时半导体激光器的发展尚不成熟，在闪光灯泵浦下透明陶瓷的优点不能充分发挥[47]。1984 年，With 等[29]分别采用 SiO_2 和 MgO 为烧结助剂，制备出相对密度接近 100%的半透明 YAG 陶瓷。与半透明氧化铝陶瓷相比，半透明 YAG 陶瓷具有更好的光学透过率。所获得的 YAG 陶瓷结构致密、晶粒尺寸均匀，并且在晶界上没有观察到析出相[60]。该细晶结构 YAG 陶瓷样品的杨氏模量为 290 GPa，硬度为 18 GPa(载荷为 2 N)，断裂韧性为 1.7 $MPa \cdot m^{1/2}$[61]。1990 年，Sekita 等[62]采用尿素均相沉淀法和真空烧结技术制备了 1.0 at%(原子百分比)Nd:YAG 透明陶瓷，样品的背景吸收仍高达 2.5~3.0 cm^{-1}。只有降低样品的气孔率，才能进一步降低背景吸收。然而，用该方法制备的 Nd:YAG 透明陶瓷的光谱性能与 Czochralski 法和浮区法所生长的 Nd:YAG 单晶类似。1991 年，Sekita 等[63]又报道了不掺杂和稀土离子掺杂(Pr^{3+}，Nd^{3+}，Eu^{3+}，Er^{3+})的 YAG 透明陶瓷的光谱特性，其中 Nd:YAG 透明陶瓷的吸收系数从 1.7 cm^{-1} 下降到了 0.25 cm^{-1}。但是即使这样，Nd:YAG 透明陶瓷中的微气孔浓度仍然比较高，在短波区有很强的散射损耗。所以，即便在激光振荡区(1064 nm 处)有很高的透过率，Nd:YAG 陶瓷也未能实现激光输出。到了 1995 年，高质量 Nd:YAG 透明陶瓷的制备技术才出现了实质性的突破。Ikesue 等[64]以平均颗粒尺寸小于 2 μm 的 Al_2O_3、Y_2O_3 和 Nd_2O_3 粉体为原料，采用固相反应和真空烧结技术制备了相对密度为 99.98%，平均晶粒尺寸为 50 μm 的 1.1 at%Nd:YAG 透明陶瓷，样品的光学散射损耗为 0.9 cm^{-1}。采用 LD 端面泵浦该 Nd:YAG 透明陶瓷样品，首次实现了 1064 nm 的连续激光输出，激光阈值和斜率效率分别为 309 mW 和 28%，其激光性能与提拉法制备的 0.9 at%Nd:YAG 晶体相近甚至更佳。随后，Ikesue 等系统地研究了钕离子浓度对 Nd:YAG 透明陶瓷光学性能的影响[65]、Nd:YAG 激光透明陶瓷中的散射中心[66]以及 Nd:YAG 透明陶瓷中气孔体积对激光性能的影响[67]。除了用固相反应法制备高质量的 YAG 透明陶瓷，采用湿化学法先合成 YAG 纳米粉体，然后真空烧结制备 YAG 透明陶瓷的技术也在随后实现了质的飞跃。1999 年，日本神岛化学公司 Yanagitani 领导的研究小组[68~70]采用纳米技术和真空烧结方法制备了高质量的 Nd:YAG 透明陶瓷，其吸收、发射和荧光寿命等光学特性与单晶几乎一致。2000 年，神岛化学公司和日本电气通信大学 Ueda 研究小组一起首次用这种方法实现了高效激光输出[71]。基于这一技术，日本神岛化学公司、日本电气通信大学、俄罗斯科学院晶体研究所等联合开发出一系列二极管泵浦的高功率和高效率固体激光器，激光输出功率从 31 W 提高到 72 W、88 W 和 1.46 kW，光-光转化效率从 14.5%提高到 28.8%、30% 和 42%[72,73]。

神岛化学公司自 2000 年成功开发出 Nd:YAG 激光陶瓷后，又采用相似的技术制备了 Y_2O_3 基透明陶瓷，并在低于其熔点约 700℃的烧结温度下获得了高光学质量的透明陶瓷块体。2001 年，Lu 等[33]首次报道了 LD 泵浦条件下 $Nd:Y_2O_3$ 透明陶瓷的激光输出，采用掺杂浓度为 1.5 at% 的 $Nd:Y_2O_3$ 透明陶瓷块体，以 807 nm 的 LD 为泵浦源，在 742 mW 的泵浦功率下，获得了 160 mW 的激光输出，其斜率效率为 32%。随后，$Nd:Lu_2O_3$、$Yb:Sc_2O_3$、$Yb:Y_2O_3$ 等高质量的倍半氧化物透明陶瓷又相继被制备出来，并且实现了激光输出[34,35,74~77]。

2005 年底，美国达信公司(Textron Inc.)的研究人员研制的 Nd:YAG 陶瓷激光器获得了 5 kW 的功率输出，持续工作时间为 10 s[78]。2006 年底，美国劳伦斯·利弗莫尔国家实验室(LLNL)的固态热容激光器采用日本神岛化学公司提供的板条状 Nd:YAG 透明陶瓷(尺寸为 100 mm×100 mm×20 mm)实现了 67 kW 的功率输出(串联 5 块激光陶瓷板条)，持续工作时间为 10 s[79]。在此基础上，LLNL 正在设计兆瓦级的陶瓷 Nd:YAG 激光器(将采用 16 块陶瓷激光板条，每块板条尺寸为 200 mm×200 mm×40 mm。据称，通过计算机进行的模拟证明这个方案是可行的)。据称这是目前世界上唯一预测能实现兆瓦级固体激光(SSL)的技术路线，如果该方案获得成功，它将有希望把 SSL 激光武器的应用领域从战术武器推向战区和战略武器。2008 年底，达信公司将薄锯齿形激光器光学体系结构与陶瓷 Nd:YAG 激光增益介质相结合，改善了 SSL 的热管理。达信公司的 Nd:YAG 陶瓷激光器利用单个主振荡器泵浦串联的功率放大器的 MOPA 结构，采用的是掺杂 1at%的板条，通过增加 Nd:YAG 薄陶瓷板条长度、板条数量和增大激光二极管的泵浦强度来提高激光器的功率，实现了 100 kW 的激光输出[80]。2009 年，美国诺格公司(Northrop Grumman Corporation, NGC)采用端面泵浦 Yb:YAG 陶瓷板条，实现了 105 kW 的高功率激光输出，持续时间为 85 min[81]。随后，美国达信公司研制的"ThinZig" Nd:YAG 陶瓷板条激光系统突破 100 kW 级输出(为国际最高水平)，其中所采用的激光工作介质即为大尺寸、复合结构的 Nd:YAG 陶瓷板条。其研制的单个陶瓷板条模块实现了 17 kW 激光输出，在此基础上又利用 6 个模块，实现了单束 100 kW 陶瓷激光输出，但光束质量尚需提高，目前在 2 个模块 30 kW 输出时，光束质量为 3.3 倍衍射极限[82]。图 1.3 是 YAG 陶瓷激光输出功率的提升曲线。从 1995 年 Nd:YAG 透明陶瓷首次实现激光输出，到 2000 年 Nd:YAG 陶瓷激光突破千瓦量级，到 2009 年

Nd:YAG 陶瓷激光首次突破 100 kW，可以看出陶瓷激光发展迅猛。接下来，陶瓷激光的输出功率将会朝 600 kW~1 MW 的目标迈进。

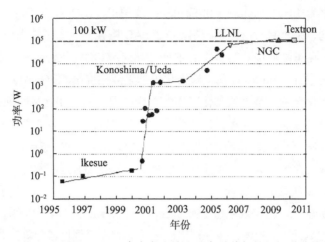

图 1.3　国际上 YAG 陶瓷激光输出功率随着年份的提升曲线

目前，日本神岛化学公司和日本 Word-Lab 公司研制和制备的 Nd:YAG 激光陶瓷的质量在世界上是最先进的。此外，世界上其他国家在激光陶瓷领域也取得了一系列进展。从 2006 年起，美国宾夕法尼亚州立大学 Messing 研究小组[83]采用固相反应烧结工艺成功制备了不同掺杂浓度，高质量的 Nd:YAG 透明陶瓷，并且研究了不同烧结助剂对 Nd:YAG 陶瓷致密化行为、显微结构演化和光学透过率等的影响[84~86]。不同掺杂浓度的 Nd:YAG 透明陶瓷在波长 350~900 nm 的直线透过率均高于 80%，而 1.0 at%Nd:YAG 透明陶瓷(厚度为 2 mm)在激光工作波段的透过率更是高达 84%。2010 年，Kupp 等[87]报道了用胶态成型和真空烧结结合热等静压烧结的技术成功制备了尺寸为 $\Phi3$ mm×62 mm 的复合结构 YAG/0.25 at%Er:YAG/0.5 at%Er:YAG 透明陶瓷(各段的长度分别是 23 mm、16 mm 和 23 mm)。该复合结构陶瓷激光棒在激光工作波长(1645 nm 处)的直线透过率高达 84%，光学散射损耗低达 0.4% cm^{-1}。当用 1532.3 nm 的 Er 光纤激光器泵浦该复合陶瓷激光棒时，获得了 1645 nm 高效激光输出，斜率效率高达 56.9%，最大准连续激光输出约为 7 W[88]。美国海军研究实验室的 Kim[89]和 Sanghera[90]等通过金属硝酸盐重结晶法和化学沉淀法合成软团聚的 Yb:Lu_2O_3 纳米粉体，然后采用热压烧结方法制备了高质量的透明陶瓷。热压烧结获得的 10 at%Yb:Lu_2O_3 透明陶瓷的晶粒尺寸为 5~20 μm。采用 975 nm 光纤耦合激光二极管端面泵浦 Yb:Lu_2O_3 陶瓷获得 1080 nm 准连续激光输出，输出功率为 16 W，斜率效率高达 74%[91]。Sanghera 等[92]使用相同的方法制备了 2 at%Yb:Y_2O_3 透明陶瓷，并采用 940 nm 激光二极管端面泵浦 Yb:Y_2O_3 陶瓷获得连续和脉冲激光输出，斜率效率约为 45%。

法国在激光陶瓷领域也开展了一系列研究工作。Rabinovitch 等[93]以商业氧化物粉体为原料，采用固相反应法制备了 2.0 at%Nd:YAG 透明陶瓷，并实现了连续激光输出，最高的斜率效率为 10%。Maître[94]和 Boulesteix[95]等以 Al_2O_3 和 Y_2O_3 粉体为原料，以 SiO_2 为烧结助剂，采用真空反应烧结制备 Nd:YAG 陶瓷并研究了其烧结致密化机理。研究结果表明，在不添加烧结助剂的条件下，Nd:YAG 陶瓷致密化机理是固相烧结；在添加 SiO_2 的条件下，Nd:YAG 陶瓷致密化机理是液相烧结。SiO_2-Al_2O_3-Y_2O_3 体系形成三元低共熔点化合物，烧结致密化速率随着烧结温度和液相含量的提升而增大。

俄罗斯科学院在 Nd:YAG 和 Nd:Y_2O_3 激光陶瓷的新技术制备方面也开展了大量的工作。Bagayev 等[96,97]先采用激光蒸发合成 Nd:Y_2O_3 纳米粉体，然后采用磁力脉冲成型的方法压制陶瓷素坯，最后通过真空烧结制备了 Nd:Y_2O_3 透明陶瓷，样品的散射损耗为 0.03 cm^{-1}。采用激光二极管端面泵浦厚度为 1.1 mm 的 Nd:Y_2O_3 透明陶瓷，获得了 1.079 μm 激光输出，斜率效率为 15%。Koplov 和 Kaminskii 等[98,99]采用湿化学法制备了单分散的 YAG 纳米粉体，并分别用注浆成型和冷等静压成型等工艺制备陶瓷素坯，最后用真空烧结技术成功制备了能够实现激光输出的 Nd:YAG 透明陶瓷。Bagayev 等[100]通过对不同制备工艺的筛选和优化，成功制备出了 1.06 μm 处直线透过率达 83.28%的 Nd:YAG 透明陶瓷，样品的气孔率为 62.8 ppm（ppm：10^{-6} 体积含量，无单位）。采用端面泵浦方式，尺寸为 Φ11 mm×1 mm 的 Nd:YAG 陶瓷片实现了 1.06 μm 连续激光输出，斜率效率和光–光转化效率分别为 19.1%和 13.6%。

意大利陶瓷科学技术研究所的 Esposito 等[101~103]以高纯的、微米氧化物粉体为原料，采用真空烧结技术制备 YAG 透明陶瓷，研究了粉体性质、粉体处理工艺与成型方法(冷等静压和注浆成型)等对 YAG 陶瓷显微结构和光学透过率的影响。Alderighi 等[104]通过在真空条件下反应烧结氧化物粉体，成功制备了散射损耗为 0.82%~1.62% cm^{-1} 的 9.8 at%Yb:YAG 透明陶瓷。采用光纤耦合 940 nm 半导体激光器泵浦 Yb:YAG 透明陶瓷，获得了准连续激光输出，最高斜率效率为 47%。Serantoni 等[105]通过引入喷雾造粒工艺以获得软团聚颗粒，从而改善粉体成型特性，最终采用反应烧结工艺获得了高质量的 Yb:YAG 透明陶瓷。

新加坡南洋理工大学在湿化学法[106]和固相反应法[107~109]制备稀土离子掺杂 YAG 激光陶瓷方面做了不少工作。采用固相反应烧结工艺，成功制备了高质量的 Ho:YAG[110]，Tm:YAG[111]，Er:YAG[112]透明陶瓷，并成功实现了高效、连续激光输出。

与目前国际上研究水平处于领先地位的日本和美国相比，我国透明陶瓷制备技术还存在一定差距。但是继日本之后，我国有许多单位也开始进行激光陶瓷的相关研究工作，并取得了一系列进展。东北大学是国内较早从事 YAG 透明陶瓷研制的团队，Wen 等采用固相反应和真空烧结技术制备了 YAG[113]和 Nd:YAG 透明陶瓷[114,115]，其中质量好的 Nd:YAG 透明陶瓷在可见光波段的 700 nm 处的直线透过率高达 81%。山东大学在湿化学法合成 YAG(或 RE:YAG)纳米粉体和 YAG 透明陶瓷制备方面也做了大量的探索性工作[116,117]。使用不同的沉淀剂，以共沉淀法辅以超声分散制备了平均粒径仅为 15 nm 的 YAG 纳米粉体，并采用真空烧结技术制备了具有一定光学质量的 Nd:YAG 透明陶瓷。中国科学院理化技术研究所采用共沉淀法制备了 YAG 纳米粉体[118]，并用两步烧结法制备了光学透过率为 43% 的 YAG 透明陶瓷[119,120]。四川大学采用共沉淀法制备的 Nd:YAG 纳米粉体为原料，以 MgO 为烧结助剂，真空烧结制备了具有较高光学透过率的 Nd:YAG 透明陶瓷[121]。同时也系统研究了溶胶–凝胶/燃烧法合成 YAG 纳米粉体的工艺条件对相转变、颗粒尺寸分布、组分和形貌等的影响[122]。中非人工晶体研究院[123]用溶胶–凝胶法制备了 2.7 at% Nd:YAG 纳米粉体，并采用真空烧结和热等静压烧结的技术制备了 Nd:YAG 透明陶瓷。用 LD 端面泵浦尺寸 3 mm × 3 mm × 1.5 mm 的样品获得了最大输出功率 170 mW 的激光输出，光–光转换效率为 8%，斜率效率为 13.8%。中国科学院福建物质结构研究所采用固相反应和真空烧结技术，实现了 Nd:YAG、Yb:YAG 和复合结构 YAG/Yb:YAG/YAG 透明陶瓷的连续激光输出。厚度为 2 mm 的 Nd:YAG 透明陶瓷在 400 nm 和 1064 nm 处的直线透过率分别为 82.5% 和 83.8%，样品的平均晶粒尺寸为 30 μm，采用端面泵浦方式获得了最高功率为 248 W 的激光输出[124]。制备的 5.0 at%Yb:YAG 透明陶瓷在 400 nm 处的直线透过率大于 80%，采用光纤耦合 970 nm LD 泵浦 Yb:YAG 陶瓷获得了 1037 nm 激光输出，吸收泵浦功率阈值为 3.0 W，斜率效率为 12%[125]。复合结构 YAG/Yb:YAG/YAG 透明陶瓷采用流延成型和真空烧结技术制备而成，样品的平均晶粒尺寸为 5 μm，在 800 nm 处的直线透过率为 83%。采用 940 nm LD 端面泵浦陶瓷样品，获得了 10 nm 连续激光输出，最大输出功率 0.53 W，光–光转化效率为 5.3%[126]。

　　中国科学院上海硅酸盐研究所是国内最早研究 YAG 激光陶瓷的科研单位之一，在湿化学法合成 YAG 纳米粉体[127~134]和真空烧结制备 YAG 透明陶瓷方面[135~142]做了大量的探索性工作，并取得了突破性进展。2006 年 5 月，中国科学院上海硅酸盐研究所制备的 Nd:YAG 透明陶瓷在国内首次实现了 1064 nm 连续激光输出，输出功率为 1.0 W，斜率效率为 14%，使中国成为少数几个掌握 Nd:YAG 透明陶瓷的制备工艺并成功实现激光输出的国家之一[143]。此后，Li 等[144]系统研究了 Nd:YAG 透明陶瓷的烧结致密化行为、显微结构演化以及光学、光谱、激光、力学和热性能等，并用 Judd-Ofelt 理论分析了 Nd:YAG 透明陶瓷的光谱特性[145]。2007 年，不同掺杂浓度的 Nd:YAG 透明陶瓷均实现 1064 nm 连续激光输出[146,147]，Yb:YAG 透明陶瓷也在国内首次实现 1030 nm 高效、连续激光输出[148,149]。此外，中国科学院上海硅酸盐研究所和中国科学院理化技术研究所合作，实现了 1.0 at%Nd:YAG 透明陶瓷(尺寸规格为 3.5 mm×3.5 mm×12

mm)的热熔运转 10.0 W 激光输出，光–光转化效率为 22.2%[150]。Wu 等[151]以 1.0 at%
Nd:YAG 透明陶瓷为增益介质，Cr:YAG 晶体为可饱和吸收体，成功实现了调 Q 激光输
出。当泵浦功率为 750 mW 时，平均输出功率为 94 mW，斜率效率为 13%，脉冲宽度
为 50 ns，峰值功率高达 100 W。2008 年，中国科学院上海硅酸盐研究所在国内首次实
现了层状复合结构 YAG/Nd:YAG/YAG 透明陶瓷的连续激光输出[152]，同时 Yb:YAG 透
明陶瓷实现了 39.6 W 的 1050 nm 连续激光输出，斜率效率为 36.2%[153]。2009~2010 年，
中国科学院上海硅酸盐研究所成功将大尺寸 Nd:YAG 透明陶瓷的光学散射损耗降低到
10^{-2} cm^{-1} 量级。中国科学院理化技术研究所采用多棒串接功率扩展技术，使用 4 根尺
寸为 Φ3 mm×64 mm 的 Nd:YAG 陶瓷棒，实现了 1064 nm 连续激光输出，功率在国内
首次突破 100 W[154]。采用高密度侧面泵浦棒状 Nd:YAG 陶瓷(Φ6 mm×100 mm)与先进
的主振荡功率放大(MOPA)技术，实现了千瓦级陶瓷激光输出[155]。2011 年，中国科学
院理化技术研究所采用高功率密度泵浦与先进的板条激光技术，使用上海硅酸盐研究
所研制的单块 90 mm×30 mm×3 mm Nd:YAG 陶瓷板条(散射系数低于 0.004 cm^{-1})，实现
了准连续 1064 nm 激光输出，平均功率达 2440 W，光–光转换效率为 36.5%[156]。而采
用同样尺寸与掺杂浓度的 Nd:YAG 晶体板条(散射系数低于 0.002 cm^{-1})，获得了 1064 nm
平均功率为 2510 W 的激光输出，光–光效率为 37.5%。对于陶瓷板条激光模块，进一步
增加泵浦功率，实现了准连续 1064 nm 激光输出平均功率达 4055 W，光–光效率 42.7%。

除了波长位于 1 μm 波段附近的 Nd:YAG 和 Yb:YAG 陶瓷激光，中国科学院上海
硅酸盐研究所在人眼安全波段陶瓷激光领域也取得了重大进展。采用固相反应和真空
烧结技术制备成功了 Tm:YAG、Ho:YAG 和 Er:YAG 透明陶瓷。采用端面泵浦方式，
Tm:YAG 和 Ho:YAG 透明陶瓷分别在国际上首次实现 2015 nm 和 2091 nm 连续激光输
出[157~160]。采用 Er、Yb 光纤激光带内泵浦 Er:YAG 透明陶瓷，实现了高效 1645 nm 激
光输出。当 1532 nm 处的泵浦功率为 27.4 W 时，1645 nm 处连续激光输出为 13 W，
相对于入射泵浦功率的斜率效率为 50.8%[161]。

总体而言，国内在 YAG 激光陶瓷领域已经取得了突破性进展，其研究已接近国
际先进水平。在倍半氧化物激光陶瓷领域，国内也取得了一些研究进展。上海大学通
过在 Y_2O_3 中引入 La_2O_3 烧结助剂以降低其烧结温度，成功制备了具有较高光学质量的
Nd:$(Y_{1-x}La_x)_2O_3$[162]和 Yb:$(Y_{1-x}La_x)_2O_3$ 透明陶瓷[163]。Nd:$Y_{2-2x}La_{2x}O_3$ 透明陶瓷具有宽的
吸收带宽，可与 LD 泵浦源有效耦合且无需水冷，有利于实现激光器件的小型化[164,165]。
采用 LD 端面泵浦方式，Yb:$(Y_{1-x}La_x)_2O_3$ 透明陶瓷分别实现了 CW 可调谐激光运转[166]
和被动锁模激光输出[167]。除了该倍半氧化物体系，上海大学采用改良的沉淀法合成了
Nd:Lu_2O_3 纳米粉体，并且研究沉淀剂对粉体形貌和烧结活性的影响。在氢气气氛中无
压烧结获得的 Nd:Lu_2O_3 透明陶瓷(样品厚度 1.4 mm)在 1079 nm 处的直线透过率

75.5%[168,169]。中国科学院上海硅酸盐研究所以硝酸盐为原料、氨水为沉淀剂、硫酸铵为分散剂，采用共沉淀工艺合成了分散性好、烧结活性高的稀土离子掺杂 Y_2O_3 纳米粉体，颗粒尺寸约为 50 nm。采用氢气气氛烧结工艺获得了 1074 nm 处直线透过率为78.6%的 Nd:Y_2O_3 透明陶瓷(Φ12 mm×0.5 mm)和可见光区透过率达 80%的不同掺杂浓度的 Yb:Y_2O_3 透明陶瓷[47,170]。中国科学院上海光学精密机械研究所在稀土离子掺杂 Y_2O_3 透明陶瓷方面也开展了大量的工作。Li 等[171,172]通过在 Y_2O_3 中分别引入 ZrO_2 和 TEOS 作为烧结助剂来控制晶粒生长，通过引入分散剂来提高 Tm:Y_2O_3 透明陶瓷的光学透过率，样品在 2 μm 处的直线透过率超过 80%。Hou 等[173,174]以 ZrO_2 为烧结助剂，以 Y_2O_3 和 Yb_2O_3 粉体为原料，采用真空烧结工艺制备了平均晶粒尺寸为 20 μm，近红外波段的直线透过率高达 83.7%的 Yb:Y_2O_3 透明陶瓷，并且研究了材料的显微结构、热学性能和机械性能。但是目前国内制备的倍半氧化物透明陶瓷仍有较多的微气孔残留，光学散射损耗较高，激光性能并不理想。只有进一步优化制备工艺，才能获得高质量的倍半氧化物激光陶瓷。

作为一类新型的激光材料，立方结构氧化物(钇铝石榴石和倍半氧化物)激光陶瓷以其优异的综合性能而受到了广泛的关注。近些年，一些性能优良的非氧化物激光陶瓷也被逐渐开发出来。Basiev 等[175]开发出一种新型纳米结构 F_2^-:LiF 色心陶瓷，采用LD 泵浦获得了斜率效率高达26%的激光输出。采用热压方式制备的 CaF_2-SrF_2-YbF_3 纳米陶瓷具有良好的光学质量，断裂韧性为相应单晶材料的 1.75 倍，激光性能可以与晶体相媲美[176]。热压 Nd^{3+}:SrF_2 晶体获得的氟化物透明陶瓷具有与单晶相似的光谱特性，采用 790 nm LD 泵浦 Nd^{3+}:SrF_2 陶瓷实现了 1037 nm 激光输出，斜率效率为 19%[177]。采用 444 nm GaInN 激光二极管泵浦 Pr^{3+}:SrF_2 透明陶瓷，获得了首个可见光波段(649 nm)陶瓷激光输出，激光阈值低于 100 mW，斜率效率大于 9%[178]。与氟化物激光晶体相比，氟化物激光陶瓷具有相同的热导率，容易实现大尺寸制备，并可以实现高浓度、多离子掺杂，不容易开裂，具有更高的断裂韧性和抗热震性能。所以氟化物透明陶瓷是一种性能优良的激光材料，具有广阔的应用前景。

近 10 年来，过渡金属离子(TM^{2+}:Cr^{2+}/Fe^{2+}/Co^{2+}等)掺杂的 II-VI 族化合物(ZnS/ZnSe/CdSe/CdTe)多晶陶瓷以其优异的特性，逐渐引起了人们的关注[179]。美国 Alabama 大学通过两条技术路线制备了 Cr^{2+}:ZnSe 透明陶瓷。一条技术路线是热压烧结 CrSe 和 ZnSe 混合粉体[180]；另一条技术路线是先采用 CVT 法制备 ZnSe，然后采用表面镀 CrSe 膜后高温长时间扩散得到 Cr^{2+}:ZnSe 透明陶瓷[181]。采用 1.91 μm 拉曼频移，Nd:YAG 脉冲激光泵浦 Cr^{2+}:ZnSe 透明陶瓷均获得 2.4 μm 激光输出，热扩散 Cr^{2+}:ZnSe 透明陶瓷的斜率效率高达 10%，而热压 Cr^{2+}:ZnSe 透明陶瓷的斜率效率为 5%。目前该技术已经成熟，可以从市场上买到 2.8 μm 波段输出功率高达 15 W 的 Cr^{2+}:ZnSe 陶瓷激光器。

用 Er 光纤 CW 激光泵浦 Cr^{2+}:ZnSe 透明陶瓷，可获得 2.05~2.8 μm 波段调谐的激光。

如果从发光考虑，稀土离子在对称性高的晶体场环境下因电偶极子跃迁禁戒导致发光不好，一般希望发光中心离子处于低对称的晶体场环境中。从掺杂离子的发光效应考虑，低对称性体系的物质应该更具有潜在优势。近年来，随着强磁场晶粒定向等新型材料制备技术的出现，越来越多的非对称体系陶瓷材料实现了透过率的明显提升。Akiyama 等利用晶粒定向技术成功制备了 FAP(氟磷酸钙)基质的激光透明陶瓷材料，并且实现了激光输出[182,183]。

1.6   闪烁陶瓷概述

19 世纪末人类相继发现了一些射线可以激发许多物质发光，随着作用于发光体上的射线强度不同，有时发光是不连续的闪光，这种现象称为闪烁。这些闪烁体是能够有效吸收高能射线(X 射线、γ 射线)或高能粒子发出的紫外线或可见光的一种功能材料，成为人们发现和研究看不见的射线的重要工具，故被广泛用在医疗诊断、工业检测、放射量测定、核医学、高能物理等辐射探测领域。

19 世纪末人们研制出以 $CaWO_4$ 和 ZnS 为代表的闪烁体；20 世纪中期研制出高发光效率的 $NaI:T_1$ 以及 $Bi_4Ge_3O_{12}$(BGO)、碱土卤化物、Ce^{3+}玻璃等新型闪烁材料；随着高能物理和核医学的需求，20 世纪后期至今一直大力发展高密度、高发光效率、快衰减和高辐照硬度的闪烁材料，以具有 0.6 ns 的 BaF_2、密度达到 8.28 g/cm^3 的 $PbWO_4$，高发光强度的 $Ce^{3+}:Lu_2SiO_5$(LSO)等为代表。

对闪烁材料的一般要求如下：

(1) 发光效率(发光光子的能量与被吸收射线的能量的比值)高；

(2) 短的发光衰减时间；

(3) 能量响应的线性好；

(4) 自吸收少；

(5) 发光光谱与光电倍增管的光谱灵敏度曲线相匹配；

(6) 容易制备、保存、性能稳定。

单晶闪烁材料应用最早也最普遍，但由于其制备工艺所限制，生产大尺寸单晶设备要求高、生长速度慢。和单晶闪烁体相比，陶瓷闪烁体具有生产成本低，加工性能好，生产工艺比较成熟，易于实现批量生产和稀土离子的均匀掺杂等优点，所以制备出和单晶性能相当的陶瓷闪烁体，具有很大的经济实用意义。

1.6.1   闪烁体的应用要求

近年来，随着 X 射线计算机层析扫描仪(X ray computed tomograpgy, X-CT)，正电

子发射层析扫描仪(positron emission computed tomography, PET)和心血管造影术(digital subtracting angiography, DSA)之类辐射医疗设备的发展和普及，以及高能物理试验用的各种大型快速电磁量能器的规划和建立，对闪烁体提出了越来越高的性能要求，原有的闪烁材料已不能完全满足其要求。因此，对光输出大、响应快、密度高、耐辐射的新型无机闪烁体的探索和研究十分活跃，并取得长足的发展。对 X 射线闪烁体的性能要求可以从以下几方面考虑[184]。

1. 透明性好

应用于高能物理或医用 PEX 仪器上的闪烁材料必须是透明的，否则吸收高能 X 射线发出的可见光就会被自身吸收掉，不能到达后面的光子探测器。发射的光子在到达探测器的过程中，必须经过闪烁体本身的反射和散射过程。对于多晶陶瓷闪烁体，尽量采用具有各向同性晶体结构即立方晶格结构的材料，同时应尽量避免其他光学散射中心的存在。

2. 对 X 射线具有很高的阻止能力

如果闪烁体不能完全吸收入射的 X 射线，将会产生以下两个方面的影响：① 闪烁体的探测效率下降；② 没有被闪烁体吸收的 X 射线将被随后的光电二极管吸收，产生电子缺陷，电子缺陷本身就是一种附加的噪声源，从而降低光电二极管的探测效率[185,186]。要降低透过闪烁体的 X 射线能量，要求闪烁体具有高的密度并含有原子序数大的元素。

3. 大的光输出能力

光输出和以下几个因素有关：① 闪烁体对入射 X 射线的吸收系数；② 产生的激子数和发光中心捕获激子的效率；③ 发光中心的本征发射量子效率；④ 闪烁体的一些几何性能(表面结构和反射性)和透明性；⑤ 在闪烁体发射波长处，二极管或光电倍增管的量子效率。闪烁体的内部发光效率是发光中心发射的光子能量和这些中心捕获的总能量之比。如果发光中心存在非辐射过程，则光子效率降低。闪烁体的发射波长也影响闪烁体的探测效率，发射波长在可见光和近红外光范围的闪烁体，探测效率高，因为与之相耦合的 Si 单晶光电二极管对 500~1000 nm 区域的光敏感，无定形 Si 的发射波长在 550 nm 附近，光电倍增管的性能在 300~1200 nm 最佳。所以应该选择合适的掺杂离子，使其发射与二极管相匹配波长的光，从而提高探测器的探测效率。同时，对同一种掺杂离子，也可以选择不同体系的基质，改变发射波长。

4. 短衰减时间和低余辉

在闪烁体的某些应用中，闪烁体迟滞发射会降低图像的质量和分辨率。其中，两个参数起主要作用：① 衰减时间，即激活离子自身的反应时间；② 余辉，是晶格缺陷引起的激活离子的迟滞激发和发射。衰减时间的定义是入射能量停止后，发射光子的能量衰减到原来能量的 1/e 时所用的时间。余辉是由于晶体内的缺陷捕获自由移动的电子或空穴而引起的。缺陷有晶格本身产生的，也有外来杂质引起的。在透明陶瓷闪烁体中，可以通过几种离子的共掺杂来降低余辉。但是在降低余辉的同时，光产额也降低。因此在共掺杂的同时，需要二者兼顾。

5. 低辐照损伤

辐照损伤是指闪烁体在接受一定剂量的 X 射线照射前后引起的闪烁效率的变化。闪烁体受到辐照后产生许多缺陷(如色心)，这些缺陷可以吸收发射特定波长的光，从而降低闪烁效率。在有余辉的情况下，色心处的结合能决定损伤寿命。一般来说，结合能很大，可使损伤在室温下持续两天到几天。有的辐照损伤可以通过在氧化气氛中退火来消除。

6. 高稳定性

稳定性包括机械上的坚固耐用性、正常气氛下的化学稳定性以及辐射条件下的性能稳定性(辐射硬度)。也就是说，材料在使用的环境条件下，不能起任何的化学反应。其中，尤其强调辐射硬度，也就是要有很好的抗辐照能力。

1.6.2　新型闪烁体的寻找方法

医用成像技术对闪烁体的基本要求是高发光效率、短辐射波长、快发光衰减、高密度、好的能量分辨率、光谱匹配良好和低成本。不同的成像模式对于闪烁体要求的侧重点可能不完全相同，传统的医用闪烁体由于有些性能不能满足要求，还有待改善和进一步探索。在探索新型闪烁体时，应遵循以下一些方法[187]：

(1) 在探索新的闪烁体时，模仿已有的闪烁体。从相同的结构、相同的化合价元素以及相近元素、相近离子半径互换、相同化学比等因素出发，是一个探索新型闪烁体的有效方法。

(2) 发光的高效率是医用闪烁体最重要的要求，这与成像时人体接受的射线剂量直接相关。含氧酸盐是高效率的发光材料，通常它们的发光效率大大高于氟化物，探索高效的医用闪烁体应该从含氧酸盐中寻找。

(3) 高密度的基质材料可以利用原子序数大的元素。例如(Ce:Y$_2$SiO$_5$)是效率较高的传统闪烁体，利用 Gd 或 Lu 去替代 Y 则可以获得更高密度的闪烁体，同时它们的发光效率也有提高，特别是 Lu 的化合物。目前对含 Gd 和 Lu 闪烁体的研究十分活跃，选择稀土化合物基质有利于其他稀土离子的掺杂(由于它们可以有相同的价态和接近的离子半径)。

(4) 快衰减发光的获得可以是掺杂稀土离子的稀土化合物基质。利用稀土离子的 5d→4f 快发光过程是获得快发光衰减的重要手段。其中，以 Ce^{3+} 为掺杂离子最多，其发光衰减是纳秒级的，可以满足医用成像设备对时间分辨的要求。其次是 Pr^{3+}，它的 5d→4f 的发光同样可以到纳秒级。它是 5d 态能级仅高于 Ce^{3+} 的稀土元素。如果要在一个基质中得到 Ce^{3+} 的高效发光，基质的能隙必须大于相应基质中 Ce^{3+} 的 5d 和 4f 能级差。

根据以上所述，掺 Ce^{3+} 和 Pr^{3+} 的材料是人们目前研制新型医用闪烁体的一个焦点，近年来正在被广泛研究的 Lu 基掺 Ce^{3+} 和掺 Pr^{3+} 的化合物是未来理想的 PET 和 SPECT 系统的探测材料。

1.6.3 闪烁陶瓷的发展历史及研究进展

在闪烁材料中，单晶和陶瓷是两类最有价值的闪烁体。对于闪烁晶体而言，由于受结晶化学的制约，用传统的方法很难实现高浓度的掺杂；另外由于晶体的生长周期长，制备的晶体尺寸小，工艺复杂，较难批量生产，从而导致成本高。闪烁陶瓷则具有晶体所无可比拟的优势，所以受到了极大的关注并迅速发展[17]。20 世纪 80 年代，美国 GE 公司通过陶瓷烧结工艺制备出了 $Eu:(Y,Gd)_2O_3$ 透明闪烁陶瓷，并将其成功地应用于医用的 X-CT 探测器，开辟了陶瓷闪烁体在医疗探测领域的应用[188~193]。

随后又出现了几种其他的陶瓷闪烁体，如 Ce，Pr，Gd_2O_2S，Cr，$Ce:Gd_3Ga_5O_{12}Eu:Lu_2O_3$ 等[31]，由于这些材料在密度、衰减时间、光输出等方面存在着部分的不足，限制了这些材料的应用，这就迫使人们去寻找一种新型的、性能更优异的陶瓷闪烁体材料。随后 Ce:YAG、Ce:LuAG、Pr:LuAG、$Ce:Lu_2SiO_5$ 等新型闪烁陶瓷被陆续开发出来。Ce^{3+} 在 YAG 基质中的发光峰值位于 550 nm 左右，能与硅光二极管很好地耦合，且具有衰减时间快(约为 65 ns)、光产额高的特点。Ce:YAG 是在中低能量粒子射线(电子、α、β 粒子等)探测领域具有重要应用前景的闪烁材料。Zych 等[194,195]报道了 Ce:YAG 透明陶瓷的荧光和闪烁性能。Yanagida 等[196]报道了真空烧结制备不同掺杂浓度的 Ce:YAG 透明陶瓷，在 500 nm 以上的可见光波段的直线透过率接近 80%，其闪烁性能与单晶相当。在成功开发了 Ce:YAG 闪烁陶瓷的基础上，Yanagida 等[197]又研制出了对 γ 射线具有更好阻止能力的 Ce:GYAG 陶瓷闪烁体，是 Ce:YAG 闪烁陶瓷的 5 倍。Ce:LuAG 具有十分优异的闪烁性能，由于 Ce^{3+} 允许 5d → 4f 的跃迁，使其具有几十个纳秒的快速衰减，500~600 nm 的发射波长在硅光电二极管的高敏感区域范围内，满足闪烁体的性能要求，是一种很有应用前景的闪烁材料。Ce:LuAG 透明陶瓷在 X 射线激发下的发射光谱为典型的 Ce^{3+} 的 5d→4f($^2F_{5/2}$ 和 $^2F_{7/2}$)特征发射，该发射光谱的位置在与之相耦合的硅光电二极管的高敏感曲线范围内[198]。Ce:LuAG 闪烁陶瓷与 PMT 或硅半导体光监测器耦合具有中等的光产额和能量分辨率[199]，而 Pr:LuAG 闪烁陶瓷则具有更加优异的光产额、能量分辨率、快衰减性能。Yanagida 等[200]首次报道用烧结工艺成功制备了 Pr:LuAG 透明陶瓷闪烁体。Ce:Lu$_2$SiO$_5$ (LSO)因为高的光输出、高的 γ 射线阻止功率和快响应速度而被用于 PET 等医学成像设备[201]。Wang 等[202]采用纳米技术和热等静压(HIP)技术制备了 LSO 透明陶瓷。用单光电子法计算得到 Ce:LSO 陶瓷的光产额为 30100 ph/MeV(Ph/MeV 是光产额的惯用表示方法，表示"光子数/兆电子伏特")，仅比 Ce:LSO 晶体低了 6%~7%。分别以 ^{22}Na 和 ^{137}Cs 为激发源，Ce:LSO 陶瓷的能量分辨率为 15%和 18%，Ce:LSO 陶瓷的衰减时间均为 40 ns。Ce:LSO 陶瓷良好的闪烁性能表明该材料在 γ 射线探测和医学成像上具有应用潜力。

参 考 文 献

[1] Widrik C A. 透明陶瓷. 陈婉东译. 北京：轻工业出版社，1987

[2] 田增英，苗赫濯，李龙土. 来自西方的知识——精密陶瓷及应用. 北京：科学普及出版社，1993

[3] 黄忠良. 工程陶瓷. 北京：科学出版社，1989

[4] いちのせのぼゐ，ひらのしんいち. Opto-Ceramics. オーム社，1988

[5] Maiman T H. Stimulated optical radiation in ruby masers. Nature, 1960, 187(4736): 493-494

[6] Hecht J. Half a century of laser weapons. Optics and Photonics News, 2009, 20(2): 14-21

[7] 沈鸿元，周玉平，于桂芳，等. 热效应对高功率 b 轴 (Nd＋Cr)～(Nd)：YAG 连续激光器输出的影响. 物理学报，1982，31(9): 1235-1242

[8] Yoshida K, Yoshida H, Kato Y. Characterization of high average power Nd:GGG slab laser. IEEE J. Quantum Electron., 1988, 24(6): 1188-1192

[9] Phillips M W, Barr J R M, Hughes D W, et al. Self-starting additive-pulse mode locking of a Nd:LMA laser. Opt. Lett., 1992, 17(20): 1453-1455

[10] Ehrlich D J, Moulton P F, Osgood R M. Ultraviolet solid-state Ce:YLF laser at 325 nm. Opt. Lett., 1979, 4(6): 184-186

[11] Giuliano C R, Hess L D. Investigation of spectral bleaching in passive Q-switch dyes. Appl. Phys. Lett., 1966, 9(5): 196-198

[12] Morris J A, Pollock C R. Passive Q switching of a diode-pumped Nd:YAG laser with a saturable absorber. Opt. Lett., 1990, 15(8): 440-442

[13] 阎吉祥. 激光武器. 北京：国防工业出版社，1996

[14] Gilmore D A, Cvijin P V, Atkinson G H. Interactiveity absorption spectroscopy with a titanium sapphire laser. Opt. Commun., 1990, 77: 385-389

[15] 姜本学. 高功率大能量固体激光材料(晶体，陶瓷)及器件研究. 上海：中国科学院上海光学精密机械研究所，2007

[16] 李江. 稀土离子掺杂 YAG 激光透明陶瓷的制备、结构及性能研究. 上海：中国科学院上海硅酸盐研究所，2007

[17] 郭景坤，寇华敏，李江. 高温结构陶瓷研究浅论. 北京：科学出版社，2011

[18] Coble R L. Sintering alumina: effect of atmospheres. J. Am. Ceram. Soc., 1962, 45(3): 123-127

[19] Coble R L. Transparent alumina and method of preparation: USA, 3026210. 1962

[20] Miles G D, Sambell R A J, Rutherford J, et al. Fabrication of fully dense transparent polycrystalline magnesia. Trans. Brit. Ceram. Soc., 1967, 7(66): 319-335

[21] Ramakrishnan P. The hot pressing of magnesium oxide. Trans. Brit. Ceram. Soc., 1968, 4(67): 135-145

[22] Smethurst E, Budworth D W. The preparation of transparent magnesia bodies by hot pressing. Trans. Brit. Ceram. Soc., 1972, 2(71): 45-50

[23] Lefever R A, Matsko J. Transparent yttrium oxide ceramics. Mater. Res. Bull., 1967, 9(2): 865-869

[24] Bratton R J. Translucent sintered $MgAl_2O_4$. J. Am. Ceram. Soc., 1974, 57(7): 283-286

[25] Haertling G H, Land C E. Improved hot-pressed electrooptic ceramics in the $(Pb,La)(Zr,Ti)O_3$ system. J. Am. Ceram. Soc., 1971, 54(6): 303-309

[26] McCauley J W, Corbin N D. Phase relations and reaction sintering of transparent cubic aluminum oxynitride spinel (AlON). J. Am. Ceram. Soc., 1979, 62(9-10): 476-479

[27] Mitomo M, Moriyoshi Y, Sakai T, et al. Translucent sialon ceramics. J. Mater. Sci. Lett., 1982, 1: 25-26

[28] Kuramoto N, Taniguchi H. Transparent AlN ceramics. J. Mater. Sci. Lett., 1984, 3: 471-474

[29] With G De, van Dijk H J A. Translucent $Y_3Al_5O_{12}$ ceramics. Mater. Res. Bull., 1984, 19(12): 1669-1674

[30] Greskovich C, Cusano D, Hofman D, et al. Ceramic scintillators for advanced medical X-ray detectors. Am. Ceram. Soc. Bull., 1992, 71(7): 1120-1130

[31] Greskovich C, Duclos S. Ceramics scintillators. Annu. Rev. Mater. Sci., 1997, 27: 69-88

[32] Ikesue A, Kinoshita T, Kamata K, et al. Fabrication and optical properties of high-performance polycrystalline Nd:YAG ceramics for solid-state lasers. J. Am. Ceram. Soc., 1995, 78(4): 1033-1040

[33] Lu J, Lu J, Murai T, et al. Nd^{3+}:Y_2O_3 ceramic laser. Jpn. J. Appl. Phys., 2001, 40: L1277-L1279

[34] Lu J, Takaichi K, Uematsu T, et al. Promising ceramic laser material: highly transparent Nd^{3+}:Lu_2O_3 ceramic. Appl. Phys. Lett., 2002, 81(23): 4324-4326

[35] Lu J, Bisson J F, Takaichi K, et al. Yb^{3+}:Sc_2O_3 ceramic laser. Appl. Phys. Lett., 2003, 83(6): 1101-1103

[36] 冯涛. 钇铝石榴石(YAG)基透明陶瓷的制备以及光谱性能研究. 上海：中国科学院上海硅酸盐研究所，2005

[37] Coble R L. Preparation of transparent ceramic Al_2O_3. Am. Ceram. Soc. Bull., 1959, 38(10): 507-510

[38] Coble R L. Sintering crystalline solids. I. Intermediate and final state diffusion models. J. Appl. Phys., 1961, 32(5): 787-792

[39] Coble R L. Sintering crystalline solids. II. Experimental test of diffusion models in powder compacts. J. Appl. Phys., 1961, 32(5): 793-799

[40] 张俊计. 钇铝石榴石基发光粉的低温合成及透明陶瓷制备. 上海：中国科学院上海硅酸盐研究所，2002

[41] 冯锡淇. 激光陶瓷中的缺陷(一). 激光与光电子学进展，2006, 43(11): 20-26

[42] 冯锡淇. 激光陶瓷中的缺陷(二). 激光与光电子学进展, 2006, 43(12): 1-10

[43] Greskovich C, Woods K N. Fabrication of transparent ThO_2-doped Y_2O_3. Am. Ceram. Soc. Bull., 1973, 52(5): 473-478

[44] Greskovich C, Chernoch J P. Polycrystalline ceramic lasers. J. Appl. Phys., 1973, 44(10): 4599-4606

[45] Ikesue S, Kamata K. Microstructure and optical properties of hot isostatically pressed Nd:YAG ceramics. J. Am. Ceram. Soc., 1996, 79(7): 1927-1933

[46] Ikesue A, Yoshida K. Influence of pore volume on laser performance of Nd:YAG. J. Mater. Sci., 1999, 34: 1189-1195

[47] 章健. 稀土离子掺杂 Y_2O_3 纳米晶及其透明陶瓷的制备和光谱性能研究. 上海：中国科学院上海硅酸盐研究所. 2005

[48] Lu J, Lu J, Murai T, et al. Development of Nd:YAG ceramic laser. Adv. Solid-State Lasers Proc., 2002, 68: 507-517

[49] Maiman T H. Simulated optical radiation in ruby. Nature, 1960, 187: 493-494

[50] Maiman T H. Optical and microwave-optical experiments in ruby. Phys. Rev. Lett., 1960, 4(11): 564-566

[51] Hatch S E, Parsons W F, Weagley R J. Hot pressed polycrystalline CaF_2:Dy^{2+} laser. Appl. Phys. Lett., 1964, 5(8): 153-154

[52] Greskovich C, Chemoch J P. Improved polycrystalline ceramic lasers. J. Appl. Phys., 1974, 45(10): 4495-4502

[53] Gazza G E, Dutta S K. Hot pressing ceramic oxides to transparency by heating in isothermal increments: USA, 3767745. 1973

[54] Gazza G E, Dutta S K. Transparent ultrafine grained ceramics: USA, 4029755. 1977

[55] Messier D R, Gazza G E. Synthesis of $MgAl_2O_4$ and $Y_3Al_5O_{12}$ by thermal decomposition of hydrated nitrate mixtures. Bull. Am. Ceram. Soc., 1972, 51(9): 692-697

[56] Courty Ph, Ajot H, Marcilly Ch, et al. Oxydes mixtes ou en solution solide sous forme très divisée obtenus par décomposition thermique de précurseurs amorphes. Powder Technol., 1973, 7(1): 21-38

[57] Viechnicki D, Strakhov Y I. Solid-state formation of Nd:$Y_3Al_5O_{12}$ (Nd:YAG). Bull. Am. Ceram. Soc., 1979, 58(8): 790-791

[58] Neiman A Ya, Tkachenko E V, Kvichko L A, et al. Conditions and macromechanisms of the solid-phase synthesis of yttrium aluminates. Russ. J. Inorg. Chem., 1980, 25(9): 1294-1297

[59] Pantyelyeyeva I F, Sakharov V V, Smolya A V, et al. sintering of YAG with the aid of a considerable amount of additives USSR, 564290. 1977

[60] Mulder C A M, De With G. Translucent $Y_3Al_5O_{12}$ ceramic: Electron microscopy characterization. Solid State Ionics, 1985, 16(1): 81-86

[61] With G De, Parren J E D. Translucent $Y_3Al_5O_{12}$ ceramic: Mechanical properties. Solid State Ionics, 1985, 16(1): 87-94

[62] Sekita M, Haneda H, Yanagitani T. Induced emission cross section of Nd:$Y_3Al_5O_{12}$ ceramics. J. Appl. Phys., 1990, 67(1): 453-458

[63] Sekita M, Haneda H, Shirasaki S, et al. Optical spectra of undoped and rare earth-(=Pr, Nd, Eu, and Er) doped transparent ceramic $Y_3Al_5O_{12}$. J. Appl. Phys., 1991, 69(6): 3709-3718

[64] Ikesue A, Kinoshita T, Kamata K, et al. Fabrication and optical properties of high-performance polycrystalline Nd:YAG ceramics for solid-state lasers. J. Am. Ceram. Soc., 1995, 78(4): 1033-1040

[65] Ikesue A, Kamata K, Yoshida K. Effects of Neodymium concentration on optical characteristics of polycrystalline Nd:YAG laser materials. J. Am. Ceram. Soc., 1996, 79(7): 1921-1926

[66] Ikesue A, Kamata K, Yamamoto T, et al. Optical scattering centers in polycrystalline Nd:YAG laser. J. Am. Ceram. Soc., 1997, 80(6): 1517-1522

[67] Ikesue A, Yoshida K. Influence of pore volume on laser performance of Nd:YAG ceramics. J. Mater. Sci., 1999, 34(6): 1189-1195

[68] Yanagitani T, Yagi H, Ichikawa A. Production of yttrium aluminum garnet fine powder: Jpn, 10-101333, 1998

[69] Yanagitani T, Yagi H, Imagawa M. Production of powdery starting material for yttrium aluminum garnet: Jpn, 10-101334, 1998

[70] Yanagitani T, Yagi H, Yamazaki H. Production of fine powder of yttrium aluminum garnet: Jpn, 10-101411. 1998

[71] Lu J, Prabhu M, Song J, et al. Optical properties and highly efficient laser oscillation of Nd:YAG ceramics. Appl. Phys. B, 2000, 71(4): 469-473

[72] Lu J, Song J, Prabhu M, et al. High-power Nd:$Y_3Al_5O_{12}$ ceramic laser. Jpn. J. Appl. Phys., 2000, 39(10B): L1048-L1050

[73] Lu J, Ueda K, Yagi H, et al. Neodymium doped yttrium aluminum garnet ($Y_3Al_5O_{12}$) nanocrystalline ceramics—a new generation of solid state laser and optical materials. J. Alloys Compd., 2002, 341(1-2): 220-225

[74] Takaichi K, Yagi H, Lu J, et al. Highly efficient contimuous-wave operation at 1030 and 1075nm wavelengths of LD-pumped Yb^{3+}:Y_2O_3 ceramic lasers. Appl. Phys. Lett., 2004, 84(3): 317-319

[75] Kong J, Tang D Y, Lu J, et al. Diode-end-pumped 4.2-W continuous-wave Yb:Y_2O_3 ceramic laser. Opt. Lett., 2004, 29(11): 1212-1214

[76] Shirakawa A, Takaichi K, Yagi H, et al. Diode-pumped mode-locked Yb^{3+}:Y_2O_3 ceramic laser. Opt. Express, 2003, 11(22): 2911-2916

[77] Kong J, Tang D Y, Lu J, et al. Passively Q-switched Yb:Y_2O_3 ceramic laser with a GaAs output coupler. Opt. Express, 2004, 12(5): 3560-3566

[78] 任国光, 黄吉金. 美国高能激光技术 2005 年主要进展. 激光与光电子进展, 2006, 43(6): 3-9

[79] Yagi H. Scalable ceramics for 100kW solid state lasers. The Second Laser Ceramics Symposium, Tokyo, 2006

[80] Sanghera J, Kim W, Villalobos G, et al. Ceramic laser materials. Materials, 2012, 5: 258-277

[81] Li J, Pan Y B, Zeng Y P, et al. The history, development, and future prospects for laser ceramics: A review. J. Ref. Met. Hard Mater, 2012, doi: 10.1016/J.ijrmhm.2012.10.010

[82] Mandl A, Klimek D E. Textron's J-HPSSL 100 kW ThinZag® laser program. Conference on Lasers and Electro-Optics, OSA Technical Digest (CD) Optical Society of America, 2010

[83] Lee S H, Kochawattana S, Messing G L, et al. Solid-state reactive sintering of transparent polycrystalline Nd:YAG ceramics. J. Am. Ceram. Soc., 2006, 89: 1945-1950

[84] Kochawattana S, Stevenson A, Lee S H, et al. Sintering and grain growth in SiO_2 doped

Nd:YAG. J. Eur. Ceram. Soc., 2008, 28(7): 1527-1534

[85] Steveson A J, Li X, Martinez M A, et al. Effect of SiO_2 on densification and microstructure development in Nd:YAG transparent ceramics. J. Am. Ceram. Soc., 2011, 94(5): 1380-1387

[86] Stevenson A J, Kupp E R, Messing G L. Low temperature, transient liquid phase sintering of B_2O_3-SiO_2-doped Nd:YAG transparent ceramics. J. Mater. Res., 2011, 26(9): 1151-1158

[87] Kupp E R, Messing G L, Anderson J M, et al. Co-casting and optical characteristics of transparent segmented composite Er:YAG laser ceramics. J. Mater. Res., 2010, 25(3): 476-483

[88] Ter-Gabrielyan N, Merkle L D, Kupp E R, et al. Efficient resonantly pumped tape cast composite ceramic Er:YAG laser at 1645nm. Opt. Lett., 2010, 35(7): 922-924

[89] Kim W, Baker C, Villalobos G, et al. Synthesis of high purity Yb^{3+}-doped Lu_2O_3 powder for high power solid-state lasers. J. Am. Ceram. Soc., 2011, 94(9): 3001-3005

[90] Sanghera J, Kim W, Baker C, et al. Laser oscillation in hot pressed 10% Yb^{3+}:Lu_2O_3 ceramic. Opt. Mater., 2011, 33(5): 670-674

[91] Sanghera J, Frantz J, Kim W, et al. 10% Yb^{3+}-Lu_2O_3 ceramic laser with 74%. Opt. Express, 2011, 36(4): 576-578

[92] Sanghera J, Bayya S, Villalobos G, et al. Transparent ceramics for high-energy laser systems. Opt. Mater., 2011, 33(3): 511-518

[93] Rabinovitch Y, Tétard D, Faucher M D, et al. Transparent polycrystalline neodymium doped YAG: synthesis parameters, laser efficiency. Opt. Mater., 2003, 24(1-2): 345-351

[94] Maître A, Sallé C, Boulesteix R, et al. Effect of silica on the reactive sintering of polycrystalline Nd:YAG ceramics. J. Am. Ceram. Soc., 2008, 91(2): 406-413

[95] Boulesteix R, Maître A, Baumard J F, et al. Mechanism of the liquid-phase sintering for Nd:YAG ceramics. Opt. Mater., 2009,31(5): 711-715

[96] Bagayev S N, Osipov V V, Ivanov M G, et al. Neodymium-doped laser yttrium oxide ceramics. Quantum Electron., 2008, 38(9): 840-844

[97] Bagayev S N, Osipov V V, Ivanov M G, et al. Fabrication and characteristics of neodymium-activated yttrium oxide. 2009, 31(1): 740-743

[98] Kopylov Yu L, Kravchenko V B, Bagayev S N, et al. Development of Nd^{3+}:$Y_3Al_5O_{12}$ laser ceramics by high-pressure colloidal slip-casting (HPCSC) method. Opt. Mater., 2009, 31(5): 707-710

[99] Kaminskii A A, Kravchenko V B, Kopylov Yu L, et al. Novel polycrystalline laser material: Nd^{3+}:$Y_3Al_5O_{12}$ ceramics fabricated by the high-pressure colloidal slip-casting (HPCSC) method. Phys. Stat. Sol. (a), 2007, 204(7): 2411-2415

[100] Bagayev S N, Osipov V V, Solomonov V I, et al. Fabrication of Nd^{3+}:YAG laser ceramics with various approaches. Opt. Mater., 2012, 34(8): 1482-1487

[101] Esposito L, Costa A L, Medri V. Reactive sintering of YAG-based materials using micrometer-sized powders. J. Eur. Ceram. Soc., 2008, 28(5): 1065-1071

[102] Esposito L, Piancastelli A. Role of powder properties and shaping techniques on the formation of pore-free YAG materials. J. Eur. Ceram. Soc., 2009, 29(2): 317-322

[103] Esposito L, Piancastelli A, Costa A L, et al. Experimental features affecting the transparency of YAG ceramics. Opt. Mater., 2011, 33(5): 713-721

[104] Alderighi D, Pirri A, Toci G, et al. Characterization of Yb:YAG ceramics as laser media. Opt.

Mater., 2010, 33(2): 205-210

[105] Serantoni M, Piancastelli A, Costa A L, et al. Improvements in the production of Yb:YAG transparent ceramic materials: spray drying optimization. Opt. Mater., 2012, 34(6): 995-1001

[106] Gong H, Tang D Y, Huang H, et al. Agglomeration control of Nd:YAG nanoparticles via freeze drying for transparent Nd:YAG ceramics. J. Am. Ceram. Soc., 2009, 92(4): 812-817

[107] Gong H, Zhang J, Tang D Y, et al. Fabrication and laser performance of highly transparent Nd:YAG ceramics from well-dispersed Nd:Y_2O_3 nanopowders by freeze-drying. J. Nanopart. Res., 2011, 13:3853-3860

[108] Yang H, Qin X P, Zhang J, et al. Fabrication of Nd:YAG transparent ceramics with both TEOS and MgO additives. J. Alloy Compd., 2011, 509(17): 5274-5279

[109] Yang H, Qin X P, Zhang J, et al. The effect of MgO and SiO_2 codoping on the properties of Nd:YAG transparent ceramic. Opt. Mater., 2012, 34(6): 940-943

[110] Chen H, Shen D Y, Zhang J, et al. In-band pumped highly efficient Ho:YAG ceramic laser with 21W output power at 2097nm. Opt. Lett., 36(9): 1575-1577

[111] Wang Y, Shen D Y, Chen H, et al. Highly efficient Tm:YAG ceramic laser resonantly pumped at 1617nm. Opt. Lett., 2011, 36(23): 4485-4487

[112] Zhang C, Shen D. Y, Wang Y, et al. High-power polycrystalline Er:YAG ceramic laser at 1617 nm. Opt. Lett., 2011, 36(24): 4767-4769

[113] Wen L, Sun X D, Xiu Z M, et al. Synthesis of nanocrystalline yttria powder and fabrication of transparent YAG ceramics. J. Eur. Ceram. Soc., 2004, 24(9): 2681-2688

[114] 闻雷, 孙旭东, 马伟民. 固相反应法制备 Nd:YAG 透明陶瓷. 无机材料学报. 2004, 19(2): 295-301

[115] Li X D, Li J G, Xiu Z M, et al. Transparent Nd:YAG ceramics fabricated using nanosized γ-alumina and yttria powders. J. Am. Ceram. Soc., 2009, 92(1): 241-244

[116] Li X, Liu H, Wang J Y, et al. Preparation and properties of YAG nano-sized powder from different precipitating agent. Opt. Mater., 2004, 25(4): 407-412

[117] Li X, Li Q, Wang J Y, et al. Synthesis of Nd^{3+} doped nano-crystalline yttrium aluminum garnet (YAG) powders leading to transparent ceramic. Opt. Mater., 2007, 29(5): 528-531

[118] Chen Z H, Yang Y, Hu Z G, et al. Synthesis of highly sinterable YAG nanopowders by a modified co-precipitation method. J. Alloy Compd., 2007, 433(1-2): 328-331

[119] 陈智慧, 李江涛, 胡章贵, 等. 两步烧结法合成钇铝石榴石透明陶瓷. 无机材料学报, 2008, 23(1): 130-134

[120] Chen Z H, Li J T, Xu J J, et al. Fabrication of YAG transparent ceramics by two-step sintering. Ceram. Int., 2008, 34(7): 1709-1712

[121] Li Y C, Guo W, Lu T C, et al. Sintering of transparent polycrystal Nd:YAG with MgO as additive. Key Eng. Mater., 2008, 368-372: 426-428

[122] Yang L, Lu T C, Xu H, et al. A study on the effect factors of sol-gel synthesis of yttrium aluminum. J. Appl. Phys., 2010, 107: 064903

[123] 王海丽, 蒲瑞满, 黄存新, 等. Nd:YAG 透明陶瓷的制备及激光输出. 硅酸盐学报, 2009, 37(9): 1506-1509

[124] Guo W, Cao Y G, Huang Q F, et al. Fabrication and laser behaviors of Nd:YAG ceramic microchips. J. Eur. Ceram. Soc., 2011, 31(13): 2241-2246

[125] Tang F, Cao Y G, Guo W, et al. Fabrication and laser behavior of the Yb:YAG ceramic microchips. Opt. Mater., 2011, 33(8): 1278-1282

[126] Tang F, Cao Y G, Huang J Q, et al. Fabrication and laser behavior of composite Yb:YAG ceramic. J. Am. Ceram. Soc., 2012, 95(1): 56-59

[127] Zhang J J, Ning J W, Liu X J, et al. Low-temperature synthesis of single-phase nanocrystalline YAG:Eu phosphor. J. Mater. Sci. Lett., 2003, 22 (1): 13-14

[128] Zhang J J, Ning J W, Liu X J, et al. Synthesis of ultrafine YAG:Tb phosphor by nitrate-citrate sol-gel combustion process. Mater. Res. Bull., 2003, 38(7): 1249-1256

[129] 李江, 潘裕柏, 张俊计, 等. 共沉淀法制备钇铝石榴石(YAG)纳米粉体. 硅酸盐学报. 2003, 31(5): 490-493

[130] 李江, 邱发贵, 潘裕柏, 等. 共沉淀法制备 YAG 纳米粉体中团聚的研究. 稀有金属材料与工程, 2004, 33 (3): 88-92

[131] Qiu F G, Pu X P, Li J, et al. Thermal behavior of the YAG precursor prepared by sol-gel combustion process. Ceram. Int., 2005, 31(5): 663-665

[132] Li J, Pan Y B, Qiu F G, et al. Synthesis of nanosized Nd:YAG powders via gel combustion. Ceram. Int., 2007, 33(6): 1047-1052

[133] Li J, Wu Y S, Pan Y B, et al. Alumina precursors produced by gel combustion. Ceram. Int., 2007, 33(3): 361-363

[134] Li J, Chen F, Liu W B, et al. Co-precipitation synthesis route to yttrium aluminum garnet (YAG) transparent ceramics. J. Eur. Ceram. Soc., 2012, 32(11): 2971-2979

[135] 李江, 邱发贵, 孙兴伟, 等. 真空烧结 Nd:YAG 透明陶瓷的研究. 功能材料, 2004, 35(Suppl.): 367-370

[136] Li J, Wu Y S, Pan Y B, et al. Fabrication of Cr^{4+},Nd^{3+}:YAG transparent ceramics for self-Q-switched laser. J. Non-Cryst. Solids, 2006, 352(23-25): 2404-2407

[137] Wu Y S, Li J, Qiu F G, et al. Fabrication of transparent Yb,Cr:YAG ceramics by a solid-state reaction method. Ceram. Int., 2006, 32(7): 785-788

[138] 李江, 吴玉松, 潘裕柏, 等. Cr^{4+},Nd^{3+}:YAG 自调 Q 激光透明陶瓷的光谱性质. 发光学报, 2007, 28(2): 219-224

[139] Wu Y S, Li J, Pan Y B, et al. Refine yttria powder and fabrication of transparent Yb,Cr:YAG ceramics. Adv. Mater. Res., 2007, 15-17: 246-250

[140] 刘文斌, 寇华敏, 潘裕柏, 等. 高透光率 Nd:YAG 透明陶瓷的制备与性能研究. 无机材料学报, 2008, 23 (5): 1037-1040

[141] Liu W B, Zhang W X, Li J, et al. Influence of pH values on (Nd+Y):Al molar ratio of Nd:YAG nanopowders and preparation of transparent ceramics. J. Alloy Compd., 2010, 503(2): 525-528

[142] Liu W B, Zhang W X, Li J, et al. Synthesis of Nd:YAG powders leading to transparent ceramics: the effect of MgO dopant. J. Eur. Ceram. Soc., 2011, 31(4): 653-657

[143] 潘裕柏, 徐军, 吴玉松, 等. Nd:YAG 透明陶瓷的制备与激光输出. 无机材料学报, 2006, 21(5): 1278-1280

[144] Li J, Wu Y S, Pan Y B, et al. Fabrication, microstructure and properties of highly transparent Nd:YAG laser ceramics. Opt. Mater., 2008, 31(1): 6-17

[145] 李江, 杨志勇, 吴玉松, 等. Nd^{3+}离子掺杂 YAG 激光透明陶瓷的光谱性质及 Judd-Ofelt 理论分析. 无机材料学报, 2008, 23 (3): 429-433

[146] 李江，吴玉松，潘裕柏，等. 1.3at%Nd:YAG 透明陶瓷的制备及激光性能研究. 无机材料学报，2007, 22(5): 798-802

[147] 李江，吴玉松，潘裕柏，等. 固相反应法制备高浓度掺杂 Nd:YAG 激光透明陶瓷及其性能. 硅酸盐学报，2007, 35(12) 1600-1604

[148] Wu Y S, Li J, Pan Y B, et al. Diode-pumped Yb:YAG ceramic laser. J. Am. Ceram. Soc., 2007, 90(10): 3334-3337

[149] 吴玉松，潘裕柏，李江，等. Yb:YAG 透明陶瓷的制备和激光输出. 无机材料学报，2007, 22(6): 1086-1088

[150] 陈亚辉，周勇，宗楠，等. 国产 Nd:YAG 透明陶瓷实现 10.0W 激光输出. 中国激光，2007, 34(5): 660

[151] Wu Y S, Li J, Pan Y B, et al. Diode-pumped passively Q-switched Nd:YAG laser with a Cr^{4+}:YAG crystal satiable absorber. J. Am. Ceram. Soc., 2007, 90(5): 1629-1631

[152] Li J, Wu Y S, Pan Y B, et al. Laminar structured YAG/Nd:YAG/YAG transparent ceramics for solid-state lasers. Int. J. Appl. Ceram. Tech., 2008, 5(4): 360-364

[153] Hao Q, Li W X, Pan H F, et al. Laser-diode pumped 40-W Yb:YAG ceramic. Opt. Express, 2009, 17(20): 17734-17738

[154] Ma Q L, Bo Y, Zong N, et al. 108W Nd: YAG ceramic laser with birefringence compensation resonator. Opt. Commun., 2011, 283(24): 5183-5186

[155] Li C Y, Bo Y, Wang B S, et al. A kilowatt level diode-side-pumped QCW Nd:YAG ceramic laser. Opt. Commun., 2010, 283: 5145-5148

[156] Liu W B, Li J, Jiang B X, et al. 2.44 kW laser output of Nd:YAG ceramic slab fabricated by a solid-state reactive sintering. J. Alloy Compd., 2012, 538: 258-261

[157] Zhang W X, Pan Y B, Zhou J, et al. Diode-pumped Tm:YAG ceramic laser. J. Am. Ceram. Soc., 2009, 92(10): 2434-2437

[158] Cheng X J, Xu J Q, Zhang W X, et al. End-pumped Tm:YAG ceramic slab lasers. Chin. Phys. Lett., 2009, 26(7): 074204

[159] Zhang W X, Zhou J, Liu W B, et al. Fabrication, properties and laser performance of Ho:YAG transparent ceramic. J. Alloy Compd., 2010, 506(2): 745-748

[160] Chen X J, Xu J Q, Wang M J, et al. Ho:YAG ceramic laser pumped by Tm:YLF lasers at room temperature. Laser Phys. Lett., 2010, 7(5): 351-354

[161] Li J, Zhou J, Pan Y B, et al. Solid-state reactive sintering and optical characteristics of transparent Er:YAG laser ceramics. J. Am. Ceram. Soc., 2012, 95(3): 1029-1032

[162] Hu X M, Yang Q H, Dou C G, et al. Fabrication and spectral properties of Nd^{3+}-doped yttrium lanthanum oxide transparent ceramics. Opt. Mater., 2008, 30(10): 1583-1586

[163] Yang Q H, Ding J, Zhang H W, et al. Investigation of the spectroscopic properties of Yb^{3+}-doped yttrium lanthanum oxide transparent ceramic. Opt. Commun., 2007, 273(1): 238-241

[164] Yang Q H, Dou C G, Ding J, et al. Spectral characterization of transparent $(Nd_{0.01}Y_{0.94}La_{0.05})_2O_3$ laser ceramics. Appl. Phys. Lett., 2007, 91(11): 111918

[165] Ding J, Tang Z F, Xu J, et al. Investigation of the spectroscopic properties of $(Y_{0.92-x}La_{0.08}Nd_2)O_3$ transparent ceramics. J. Opt. Soc. Am. B, 2007, 24(3): 681-684

[166] Hao Q, Li W X, Zeng H P, et al. Low-threshold and broadly tunable lasers of Yb^{3+}-doped

yttrium lanthanum oxide ceramic. Appl. Phys. Lett., 2008, 92(21): 211106

[167] Li W, Hao Q, Yang Q, et al. Diode-pumped passively mode-locked Yb^{3+}-doped yttrium lanthanum oxide ceramic laser. Laser Phys. Lett., 2009, 6(8): 559-562

[168] Zhou D, Shi Y, Xie J J, et al. Fabrication and luminescent properties of Nd^{3+}-doped Lu_2O_3. J. Am. Ceram. Soc., 2009, 92(10): 2182-2187

[169] Zhou D, Shi Y, Xie J J. Influence of precipitants on morphology and sinterability of $Nd^{3+}:Lu_2O_3$ nanopowders by a wet chemical processing. J. Alloy Compd., 2009, 479(1-2): 870-874

[170] Zhang J, An L Q, Liu M, et al. Sintering of $Yb^{3+}:Y_2O_3$ transparent ceramics in hydrogen atmosphere. J. Eur. Ceram. Soc., 2009, 29(2): 305-309

[171] Li W J, Zhou S M, Lin H, et al. Controlling of grain size with different additives in $Tm^{3+}:Y_2O_3$ transparent ceramics. J. Am. Ceram. Soc., 2010, 93(11): 3819-3822

[172] Li W J, Zhou S M, Liu N, et al. Effect of additives on optical characteristic of thulium doped yttria transparent ceramics. Opt. Mater., 2010, 32(9): 971-974

[173] Hou X R, Zhou S M, Jia T T, et al. Structural, thermal and mechanical properties of transparent $Yb:(Y_{0.97}Zr_{0.03})_2O_3$ ceramic. J. Eur. Ceram. Soc., 2011, 31(5): 733-738

[174] Hou X R, Zhou S M, Li Y K, et al. Effect of ZrO_2 on the sinterability and spectral properties of $(Yb_{0.05}Y_{0.95})_2O_3$ transparent ceramic. Opt. Mater., 2010, 32(9): 920-923

[175] Basiev T T, Doroshenko M E, Konyushkin V A, et al. Lasing in diode-pumped fluoride nanostructure $F_2^-:LiF$ colour centre ceramics. Quantum Electron., 2007, 37(11): 989-990

[176] Basiev T T, Doroshenko M E, Fedorov P P, et al. Efficient laser based on $CaF_2-SrF_2-YbF_3$ nanoceramics. Opt. Lett., 2008, 33(5): 521-523

[177] Basiev T T, Doroshenko M E, Konyushkin V A, et al. $SrF_2:Nd^{3+}$ laser fluoride ceramics. Opt. Lett., 2010, 35(23): 4009-4011

[178] Basiev T T, Konyushkin V A, Konyushkin D V, et al. First ceramic laser in the visible spectral range. Opt. Mater. Express, 2011, 1(8): 1511-1514

[179] Mirov S B, Fedorov VV, Moskalev I S, et al. Progress in Cr^{2+} and Fe^{2+} doped mid-IR laser materials. Opt. Mater. Express, 2011, 1(5): 898-910

[180] Gallian A, Fedorov V V, Mirov S B, et al. Hot pressed ceramic $Cr^{2+}:ZnSe$ gain-switched laser. Opt. Express, 2006, 14(24): 11694-11701

[181] Kim C, Martyshkin D V, Fedorov V V, et al. Mid-infrared $Cr^{2+}:ZnSe$ random powder lasers. Opt. Express, 2008, 16(7): 4952-4959

[182] Akiyama J, Sato Y, Taira T. Laser demonstration of diode-pumped Nd^{3+}-doped fluorapatite anisotropic ceramics. Appl. Phys. Express, 2011, 4: 022703

[183] Akiyama J, Sato Y, Taira T. Laser ceramics with rare-earth-doped anisotropic materials. Opt. Lett., 2010, 35(21): 3598-3600

[184] 李会利. 铈掺杂镥铝石榴石透明陶瓷的制备及其闪烁性能研究. 上海：中国科学院上海硅酸盐研究所，2006

[185] Suzuki A, Yamada H, Uchida Y, et al. Radiation detector: USA, 4492869. 1985

[186] Burstein P, Krieger A S, Kubierschky K. X-ray detector suited for high energy applications with wide dynamic range, high stopping power and good protection for opto-electronic transducers: USA, 5463224. 1995

[187] 刘波，施朝淑. 医用闪烁体进展. 科学通报，2002, 47(1): 1-9

[188] Cusano D, Greskovich C, Dibianca F. Rare-earth-doped yttria-gadolinia ceramic scintillators: USA, 4421671. 1983

[189] Greskovich C, Cusano D, Dibianca F. Preparation of yttria-gadolinia ceramic scintillators by vacuum hot pressing: USA, 4466930. 1984

[190] Cusano D, Greskovich C, Dibianca F. Method for sintering high density yttria-gadolinia ceramic scintillators: USA, 4473513. 1984

[191] Cusano D, Greskovich C, Dibianca F. Method for sintering high density yttria-gadolinia ceramic scintillators: USA, 4518545. 1985

[192] Dibianca F, Georges J, Cusano D, et al. Rare earth ceramic scintillator: USA, 4525628. 1985

[193] Greskovich C, Cusano D, Dibianca F. Preparation of yttria-gadolinia ceramic scintillators by sintering and gas hot isostatic pressing: USA, 4571312. 1986

[194] Zych E, Brecher C, Wojtowicz A J, et al. Luminescence properties of Ce-activated YAG optical ceramic scintillator materials. J. Lumin., 1997, 75(3): 193-203

[195] Zyech E, Brecher C, Lingertat H. Host-associated luminescence from YAG optical ceramics under gamma and optical excitation. J. Lumin., 1998, 78(2): 121-134

[196] Yanagida T, Takahashi H, Ito T, et al. Evaluation of properties of YAG (Ce) ceramic scintillators. IEEE Trans. Nucl. Sci., 2005, 52(5): 1836-1841

[197] Yanagida T, Roh T, Takahashi A H, et al. Improvement of ceramic YAG(Ce) scintillators to $(YGd)_3Al_5O_{12}(Ce)$ for gamma-ray detectors. Nucl. Instr. Meth. In Phys. Res. A, 2007, 579(1): 23-26

[198] Nikl M, Mares J A, Solovieva N, et al. Scintillation characteristics of $Lu_3Al_5O_{12}$:Ce optical ceramics. J. Appl. Phys., 2007, 101(3): 033515

[199] Mares J A, Ambrosio C D'. Hybrid photomultipliers—their properties and application in scintillation studies. Opt. Mater., 2007, 30(1): 22-25

[200] Yanagida T, Yoshikawa A, Ikesue A, et al. Basic properties of ceramic Pr:LuAG scintillators. IEEE Trans. Nucl. Sci., 2009, 56(5): 2955-2959

[201] Melcher C L, Schweitzer J S. Cerium-doped oxyorthosilicates: a fast, efficient new scintillator. IEEE Trans. Nucl. Sci., 1992, 39(4): 502-505

[202] Wang Y M, van Loef E, Rhodes W H, et al. Lu_2SiO_5:Ce optical ceramic scintillator for PET. IEEE Trans. Nucl. Sci., 2009, 56(3): 887-891

第 2 章　光功能透明陶瓷的分类

本章将从以下三部分来重点阐述：① 激光、闪烁材料的定义与作用；② 发光离子的能谱；③ 光功能透明陶瓷材料体系。

2.1　激光、闪烁材料的定义与作用

激光陶瓷和闪烁陶瓷是光功能透明陶瓷的两个重要应用。接下来将从激光原理和闪烁机理出发，对这两类材料进行界定。

2.1.1　激光原理

材料中处于高能级(又称受激态)的电子向低能级跃迁时，会辐射出光子，这种辐射分为两种方式：① 自发辐射，即电子自发地通过释放光子从高能级跃迁到较低能级；② 受激辐射，即光子射入物质诱发电子从高能级跃迁到低能级，并释放光子。入射光子与释放的光子有相同的波长和相位，一个光子诱发一个原子发射一个光子，最后就变成两个相同的光子。受激辐射产生激光。

产生激光的一个条件，就是要实现所谓粒子数反转的状态。以 Nd^{3+} 和 Yb^{3+} 激光为例(图 2.1)，原子首先吸收能量，跃迁至受激态。原子处于受激态的时间非常短，会落到一个称为亚稳态的中间状态。原子停留在亚稳态的时间很长，电子长时间留在亚稳

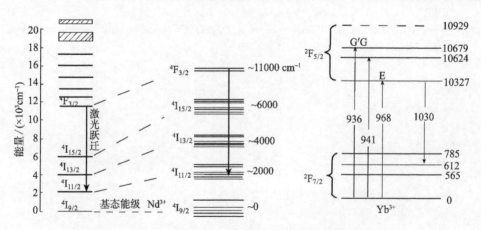

图 2.1　石榴石晶体中 Nd^{3+}、Yb^{3+} 的能级结构

态，导致在亚稳态的原子数目多于在基态的原子数目，此现象称为粒子数反转。粒子数反转是产生激光的关键，因为它使通过受激辐射由亚稳态回到基态的原子，比通过自发吸收由基态跃迁至亚稳态的原子多，从而保证了介质内的光子可以增多，以输出激光。

　　激光的效率由两个方面决定：① 激活离子本身所决定的效率，例如，钕离子吸收波长 808 nm 的光，发出 1064 nm 的激光，理论量子效率为 75.9%。镱离子吸收波长 940 nm 的光，发出 1030 nm 的激光，理论量子效率高达 91%。② 由于系统和材料本身的缺陷所产生的能量损耗，导致效率下降。激光系统在运行过程中，光束在激光材料中来回反射的次数非常多，如果在激光材料中存在散射颗粒，则会导致激光被大量散射，产生非常大的损耗，所以散射损耗将极大的降低激光的输出功率。

　　激光材料的输出功率主要取决于材料的性质，尤其是散射损耗的大小。在同样的系统中，散射损耗小的激光材料输出功率肯定大于散射损耗大的激光材料。另外激光材料的输出功率取决于激光系统，不同的激光系统输出功率是有很大区别的。

2.1.2　闪烁机理

　　闪烁材料是指能够有效吸收入射的高能射线(X 射线、γ 射线等)、高能粒子、宇宙射线并发出紫外或可见光的一种光电功能材料。由闪烁材料和光探测器组成的闪烁探测器，配合后续的电子设备，可以将这些肉眼看不见的高能射线或粒子转换为可显示的信号或图像，供人们分析处理，成为人们深入观察世界的"眼睛"，大大拓展了人们的视野。因此，闪烁材料作为探测器的核心已经广泛应用于高能物理、核物理、放射医学、工业无损探伤、地质勘探、安全检查、防爆检测等领域，在工业生产和日常生活中发挥着重要作用。目前研究最多，应用最广泛的闪烁材料当属闪烁晶体和透明闪烁陶瓷[1]。

　　如图 2.2 所示，在实际应用过程中，闪烁材料是将辐射粒子能量转化为光能从而探测粒子的物质。它每接收一个粒子产生一次光脉冲信号，此信号再由光电倍增管转化为电脉冲，即可由电子仪器记录，用于计数或成像。

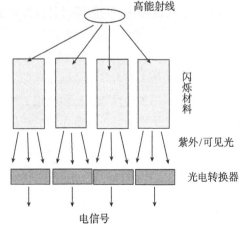

图 2.2　闪烁材料的工作原理

　　如图 2.3 所示，闪烁转换是一个复杂的过程，包括了材料中的能量转换、传输和发光三个连续的子过程。首先，高能射线(如 γ 射线和 X 射线)与物质相互作用产生三种效应，即光电效应、康普顿(Compton)

散射和电子偶效应。通过这三种作用，高能射线被物质吸收，和材料的晶格发生一系列复杂的相互作用，将其能量转化为次级电子(光电子、康普顿电子、电子偶)的能量。然后这些次级电子在物质中运动，其效果同带电粒子的作用一样，产生激发和电离作用，从而导致物质的受激发光和电离。而射线本身则由于上述效应被物质吸收，强度随吸收层的厚度逐渐减弱。

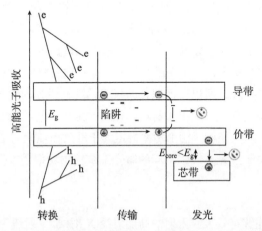

图 2.3　闪烁材料中能量转换、传输和发光过程示意图

第一个子过程在 1 ps 的时间内完成。在第二步的传输过程中，电子–空穴对在材料中迁移，并有可能被陷阱俘获。由非辐射跃迁复合产生的能量损失，在传输过程中，还有可能因载流子被禁带中陷阱的重捕获导致延迟，产生衰减慢分量。由于材料中点缺陷、杂质、界面和表面效应等都可能在禁带中引入缺陷能级，从而影响最终的闪烁性能表现，因此传输子过程受材料制备和加工过程的影响最大。在最后的发光子过程中，包括了电子–空穴对在发光中心的复合，及它们的辐射重复合。在一些特殊材料中，如氟化钡(BaF_2)和一些卤化物晶体中，发光产生于导带和芯能级的辐射跃迁，这种发光机理能产生非常快的亚纳秒级的快衰减。

闪烁材料的重要性能指标包括透明性、密度(X 射线阻止本领)、光输出、衰减时间、余辉和辐照损伤等。对于不同的应用场合，对各类性能有不同的要求和侧重点。

2.2　能　谱

2.2.1　激光离子能级简介

在正常状态下，原子内部的电子都按一定的轨道绕原子核旋转，各自具有特定的能量，即能量是量子化的，它只能取一系列分立的能级 $E_1, E_2, E_3, \cdots, E_n$。电子所可能拥有的这一系列分立的能量值，称为原子的能级。物理学上用一组不同高度的平行直线来表征原子中电子所具有的特定的能量状态。这组平行直线称为能级图，如图 2.4 所示。原子各个能级的位置可以根据原子的光谱计算出来。如氢原子，如果把电子离原子核无限远时的能量 E_∞ 取为零，则它第 m 个能级的能量 $E_m = -chR/m^2$。式中，c 为光速，h 为普朗克常量，R 为里德伯常量。

当一个原子受到外界激励时，原子中某些电子受到激发后离开自己正常的轨道，跳到离核较远的轨道上，即电子处于受激状态，在能级图上对应某一高能态。当原子中的电子处于受激状态时，也就是该原子处于受激状态，两者是等价的。

在自然界中存在着一个普遍的规律，即处于高能态的原子是不稳定的，它要自发地向低能态转变。在通常情况下，原子处于基态时能量最低，因而也是最稳定的状态。如果以图 2.5(a)所示的二能级原子体系为例进行讨论，处于高能级 E_2 上的原子是不稳定的，它将自发跃迁到低能级 E_1，同时把多余的能量以光子的形式辐射出来。此时辐射光子的能量由式(2.1)决定

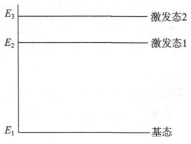

图 2.4　原子能级图

$$E_2 - E_1 = h\nu \tag{2.1}$$

式中，h 为普朗克常量，ν 为辐射光子的频率。这种辐射称为光的自发辐射现象。自发辐射的特点是各个原子是独立的，自发的产生辐射跃迁，它们彼此间的影响可以忽略不计。所以光子的运动方向、位移等都是不同的。

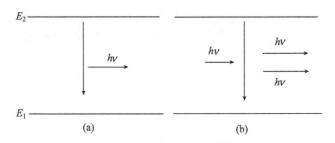

图 2.5　光的自发辐射过程(a)和光的受激辐射过程示意图(b)

当处于高能级 E_2 上的原子受到能量为 $h\nu(h\nu = E_2 - E_1)$ 的入射光子感应时，该原子将跃迁到低能态 E_1，同时辐射出一个与入射光子完全一样的光子。这两个光子具有相同的频率和位相，一致的偏振方向和传播方向，这个过程称为光的受激辐射。在光的受激辐射过程中，一个能量为 $h\nu$ 的入射光子，由于受激辐射的结果，最后得到两个性质完全相同的光子，实现了光的放大，图 2.5(b)示意了光的放大过程。

当用一个外界光源去激发某一原子体系时，只有当激励原子的能量满足式(2.1)时才能被原子所选择吸收。该原子吸收了入射光的能量后从低能态 E_1 跃迁到高能态 E_2。

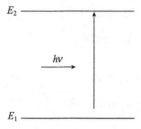

这个过程称为光的吸收，也称共振吸收，图 2.6 为光吸收过程的示意图。原子体系对光的共振吸收为光的辐射创造了必要的条件。

在原子体系中，还可能发生另一种吸收。处于高能态(激发态)的原子有可能再次吸收外界的激励光能后，从一个激发态跃迁到另一个能量更高激发态。这种过程称为激发态吸收。原子体系中激发态吸收的存在，使高能态上的原子不能集中分布在一个能级上，这对于实现体系中一对辐射跃迁能级之间分布数反转(高能级上的原子数大于低能级上的原子数)是不利的。而实现原子分布数反转是产生激光的首要条件，故激发态吸收对激光的产生是有害的。

图 2.6 光的吸收过程示意图

在热平衡状态下，粒子在各能级上的分布服从玻尔兹曼分布规律

$$N_i = Ne^{E_i/kT} \tag{2.2}$$

式中，N_i 为处在能级 E_i 上的粒子数，N 为总粒子数，k 为玻尔兹曼常量，T 为体系的热力学温度。在热平衡状态下高能态 E_2 上的粒子数 N_2 与低能态 E_1 上的粒子数 N_1 的比值为

$$N_2/N_1 = e^{-(E_2-E_1)/kT} \tag{2.3}$$

因为 $E_2 > E_1$，所以在通常情况下$(T > 0)$，$N_2 < N_1$，即在热平衡状态下，高能态上的粒子数 N_2 总是小于低能态上的粒子数 N_1。能级越高$(E_2$ 越大$)$，该能级上的粒子数越少，粒子基本上处于最低能级上。这时，粒子体系对入射光表现为受激吸收为主，而受激辐射小的可以忽略不计。

倘若在能级 E_2 和 E_1 之间实现 $N_2 > N_1$ 的粒子数反转，则就可以在一定条件下实现光的受激辐射。

固体激光器的运转取决于具有窄能级的材料，而电子跃迁就发生在这些能级间。这些能级是由基质晶体中的杂质(激活剂)引起的。在实际使用的激光系统中，泵浦和激光过程通常涉及很多能级，在这些能级中发生很复杂的激励和串级弛豫过程。我们通常用三能级或四能级简图来理解固体激光材料是如何获得激光作用所需的"粒子数反转"的。

图 2.7 可以用来解释红宝石等光泵浦的三能级激光系统。最初，激光材料内所有的原子都处于最低能级 E_1，当这些材料在某些频率的辐射激励下，能级 E_1 上的原子吸收辐射跃迁到宽带能级 E_3。这样，泵浦灯使原子从基态能级上升到"泵浦带"，即能级 E_3。通常"泵浦带"由很多能级组成，因此，光泵浦能够在大的光谱范围内完成。快速的无辐射跃迁将绝大多数受激原子转移到中间的窄能级 E_2 上。在这一过程中，电子

丧失的能量转移到晶格。最后，由电子发射出一个光子返回到基态能级 E_1。正是最后的跃迁产生激光作用。如果泵浦强度小于激光阈值，处于能级 E_2 的原子就会以自发辐射的方式返回到基态。普通的荧光作用就是能级 E_2 中粒子数的消耗。当泵浦辐射停止后，能级 E_2 以一定的速率发出荧光，直至粒子数耗尽。该速率因材料的不同而不同。室温时，红宝石能级 E_2 的寿命为 3 ms。当泵浦强度超过阈值时，荧光能级的衰变就包括受激辐射和自发辐射。受激辐射产生激光光束。在三能级系统中，激光跃迁的终端能级是粒子数很多的基态。所以，在发生能级 E_2 到能级 E_1 跃迁反转之前，到达能级 E_2 的粒子数一定很多，即已实现了"粒子数反转"。

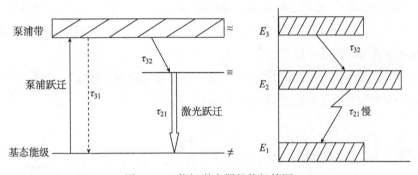

图 2.7　三能级激光器的能级简图

　　一般来说，在三能级激光系统中，从最高能级向产生激光作用能级的无辐射转移速率必须要快于其他的自发辐射跃迁速率。因此，E_2 能态的寿命要长于 3→2 跃迁的弛豫时间，即

$$\tau_{21} \gg \tau_{32} \tag{2.4}$$

　　于是，与处于其他两个能级中的原子数目相比，E_3 能级的原子数 N_3 可以忽略不计，即 $N_3 \ll N_1$、N_2，因此，$N_1+N_2 \approx N_{\text{total}}$。

　　所以，在三能级系统中，可以认为原子实际上从能级 E_1 直接泵浦到亚稳态能级 E_2，因为它在能级 E_3 只有短暂的停留时间，可以像只有两个能级的计算方法一样计算。因此，必须要有超过一半的原子数处于高能态 E_2 时，才能实现"粒子数反转"。

　　三能级系统的缺点是，基态中一半以上的原子必须上升到亚稳态能级 E_2 中。这样，就有很多原子形成自发发射。另外，所有参与泵浦循环的原子都从 $E_3 \to E_2$ 的跃迁中将能量转移到晶格。这种跃迁通常是无辐射的，能量由声子携进晶格。

　　图 2.8 为固体基质材料中掺稀土离子所特有的四能级激光系统能级简图。三能级激光材料的特征是激光跃迁发生于受激励的能级 E_2 和终端基态能级 E_1 之间，基态能级 E_1 为系统的最低能级，这种能级结构会导致效率降低。四能级系统则避免了这一缺

陷。泵浦跃迁从基态 E_0 到宽吸收带 E_3，然后，受激原子快速进入窄能级 E_2。激光跃迁发生在能级 E_2 到能级 E_1 之间。能级 E_1 为位于基态能级之上的终端能级。最后原子以快速的无辐射跃迁回到基态能级。在真正的四能级系统中，终端能级 E_1 是空的。作为合格的四能级系统，其材料的终端激光能级与基态能级之间的弛豫时间必须明显短于荧光寿命，即 $\tau_{10} \ll \tau_{21}$。另外，终端能级必须远在基态能级之上，这样由温度引起的热粒子数就很少。终端能级 E_1 上的平衡粒子数取决于式(2.5)

$$\frac{N_1}{N_0} = \exp(-\Delta E / kT) \tag{2.5}$$

式中，ΔE 为能级 E_1 与基态能级 E_0 之间的能量差，T 为激光材料的工作温度。如果 $\Delta E \gg kT$，则 $N_1/N_0 \ll 1$，故终端能级总是相对较空的。在某些激光材料中，终端能级与基态能级之间的能量差相对较小，因此，必须将它们冷却才能实现四能级激光运转。在最佳的四能级系统中要求 E_3 能级到 E_2 能级和 E_1 能级到基态能级 E_0 之间跃迁的弛豫时间短于产生激光跃迁的能级间的自发发射的寿命 τ_{21}。

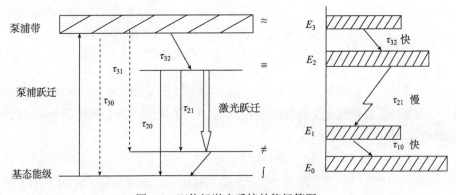

图 2.8   四能级激光系统的能级简图

上面介绍了能产生激光的固体材料中应该具有的能级结构。在这些能级结构中亚稳态能级的存在对产生激光作用是至关重要的。亚稳态能级相对长的寿命为实现粒子数反转提供了一个必不可少的条件。因为原子内部的振荡与周围晶格的耦合是很强的，绝大部分处于高能态的原子的衰变表现出快速的无辐射衰变。辐射的衰变过程很容易发生，但其绝大多数的特征是寿命短、谱线宽。在固体中，只有少数被选择的原子跃迁才不受晶格振动的影响，这种跃迁是具有较长寿命的辐射衰变。

图 2.7 和图 2.8 所示的能产生激光的典型的能级结构中，$E_3 \to E_2$ 和 $E_1 \to E_0$ 跃迁的频率全部集中在基质晶体振动光谱的频率范围之内。因此，所有的跃迁都可能直接以

无辐射衰变的方式极快地弛豫，即向振动的晶格发射声子，其 τ_{32}、τ_{10} 值大约在 $10^{-10}\sim10^{-11}$ s。然而，在这些原子中，$E_3{\rightarrow}E_0$、$E_3{\rightarrow}E_1$、$E_2{\rightarrow}E_0$ 和 $E_2{\rightarrow}E_1$ 存在较大的能量差，它们所对应的跃迁频率比晶格最大振动频率还要高。由于晶格不能在那么高的频率下简单地吸收声子，所以跃迁就不能通过简单的单个声子的自发发射而获得弛豫。这些跃迁一定要通过辐射(声子)发射或多声子过程来弛豫。由于这两个过程比直接的单声子弛豫相对要弱，所以高频跃迁具有慢得多的弛豫速率。因此，集中于能级 E_3 的不同能级都将弛豫到能级 E_2，因为能级 E_2 以下已无其他可以由其直接衰变的能级，所以它处于亚稳态，且寿命长，称为亚稳态能级。如果没有亚稳态能级，原子因泵浦辐射受到激励，转移到较高能级，它们或者由于自发发射直接回到基态能级，或者通过中间能级而间接回到基态，或者因声子与晶格相互作用而释放出能量，都将无法实现"粒子数反转"来形成光放大。因此，亚稳态能级对产生激光是至关重要的。而且光学增益与激光跃迁的线宽成反比，所以，亚稳态能级应该是一个窄能级。

2.2.2　几种具体的激光离子：f-f 跃迁光谱

三价稀土离子在可见光区域或红外区域所观察到的跃迁一般是属于 $4f^n$ 组态内的跃迁。由于 4f 壳层的电子轨道量子数 $l=3$，则磁量子数 m_1 共取+3, +2, +1, 0, −1, −2, −3 7 个数，对应 7 个子轨道，按泡利不相容原理，每个轨道可容纳 2 个自旋方向相反的电子，那么 4f 轨道最多可以容纳 $n=14$ 个电子。镧系离子中 n 个 4f 电子各自独立的在离子实的中心场运动，它们间的静电相互作用使 $4f^n$ 电子组态分裂成光谱项(^{2s+1}L)；又由于电子自旋与轨道的总相互作用，每个光谱项又分裂成几个以总角动量量子数 J 标记的能级($^{2s+1}L_J$)；其次三价稀土离子处于单晶体中时将受到周围离子的静电(晶体电场)作用而使每个能级分裂成几个斯塔克(Stark)子能级，以 μ 标示，这样每个子能级标记为 $^{2s+1}L_{J(\mu)}$。对于镧系离子：电子互斥>自旋轨道耦合>晶格场作用>磁场作用。

三价稀土离子的 $4f^n$ 组态中，共有 1639 个能级，能级对之间的可能跃迁数目高达 192177 个。图 2.9 为三价态稀土离子能级图[2]。由此可见，三价稀土离子存在大量的能级以及丰富的发光跃迁。稀土是一个巨大的光学材料宝库，从中将可发掘出更多的新型光学材料。

经过半个世纪的研究工作，在很多基质中，各个稀土离子的光谱已经被广泛研究，为了直观地介绍给大家稀土离子的光谱特性，下面将给出几种典型的三价稀土离子掺杂的钇铝石榴石的光谱介绍。

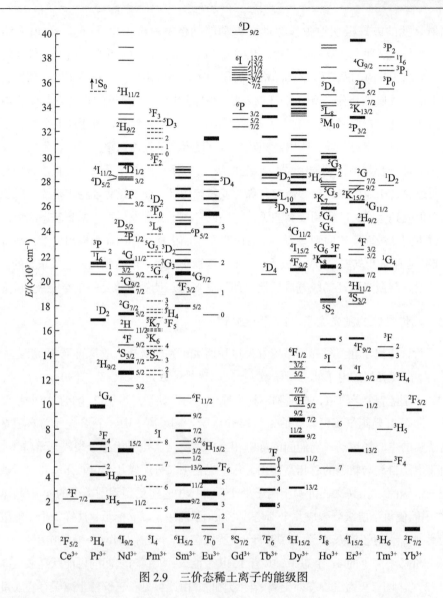

图 2.9　三价态稀土离子的能级图

1. Nd^{3+}

Nd^{3+} 在石榴石晶体中的激光跃迁属于四能级系统[3]。图 2.10 为 Nd^{3+} 在 YAG 晶体中的能级结构、吸收光谱和发射光谱。$^4F_{3/2}$ 能态以上的如 $^2K_{3/2}+^4G_{7/2}+^4G_{9/2}$，$^4G_{5/2}+^2G_{7/2}$，$^4F_{3/2}+^4S_{3/2}$，$^4F_{5/2}+^2H_{9/2}$(分别用图中 $^4F_{3/2}$ 能态以上各条线表示)和 $^4F_{3/2}$ 能态相对于基态 $^4I_{9/2}$ 称为激发态，在这些激发态中处于 $^4F_{3/2}$ 能态的 Nd^{3+} 寿命稍长，故 $^4F_{3/2}$ 能态又称为亚稳态。处于基态的 Nd^{3+} 受到 0.53 μm、0.58 μm、0.76 μm、0.82 μm 和 0.88 μm 等波长的

光源辐照后，吸收这些光能跃迁到上述各激发态。处于上述多激发态的 Nd^{3+}，经过无辐射跃迁，释放出一部分能量后到达亚稳态 $^4F_{3/2}$，而 $^4I_{9/2}$、$^4I_{11/2}$、$^4I_{13/2}$ 都可能成为激发态跃迁的终态。在实现 $^4F_{3/2}{\rightarrow}^4I_{9/2}$，$^4F_{3/2}{\rightarrow}^4I_{11/2}$ 和 $^4F_{3/2}{\rightarrow}^4I_{13/2}$ 能态间的跃迁时，产生波长分别为 0.946 μm、1.064 μm 和 1.318 μm 的荧光，然后经光辐射跃迁回到基态 $^4I_{9/2}$。实现粒子数反转所产生的辐射经振荡，放大后就成为能产生上述诸波长的激光输出。

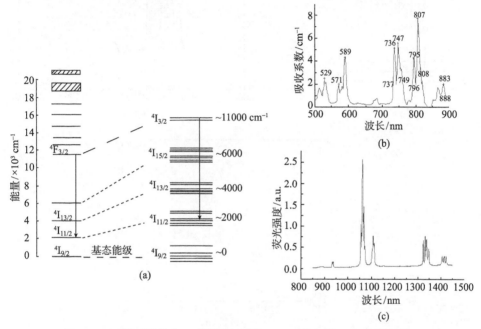

图 2.10　石榴石晶体中 Nd^{3+} 的能级结构(a)、吸收光谱(b)和荧光光谱(c)

以 Nd^{3+} 为代表的四能级离子，由于激光下能级与基态相距较远，约 2000 cm^{-1}，所以泵浦阈值较低。另外由于它的吸收和发射截面都较大，所以是一种非常好的激光增益介质。

2. Yb^{3+}

Yb^{3+} 在石榴石晶体中的激光跃迁属于准三能级系统，在 YAG 为代表的晶体中的能级结构如图 2.11 所示[4]。Yb^{3+} 仅有两个能级：一个基态 $^2F_{7/2}$ 和一个激发态 $^2F_{5/2}$，两者的能量间隔为 10 000 cm^{-1}，在晶场作用下产生斯塔克分裂，分别分裂成 4 个和 3 个子能级，而形成准三能级的激光运行机制。由于 Yb^{3+} 能级结构简单，不存在交叉弛豫，所以掺 Yb^{3+} 激光材料可以实现高掺杂而且几乎没有浓度猝灭现象出现，无激发态吸收，量子缺陷低，荧光寿命长，而且其宽吸收带(900~1000 nm)能与 InGaAs 二极管很好地耦合，成为 LD 泵浦的高效、高功率激光的首选固体激光增益介质。

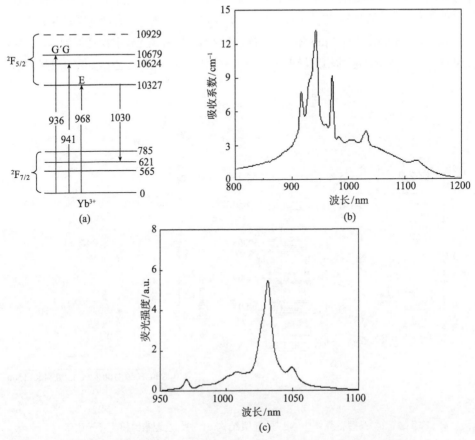

图 2.11　石榴石晶体中 Yb^{3+}的能级结构(a)、吸收光谱(b)和荧光光谱(c)

Yb^{3+}激光材料在 1030 nm 附近具有较宽的发射谱带，十分有利于宽调谐及超快激光输出。Yb^{3+}由于具有掺杂浓度高，激光斜率效率高，荧光寿命长等优点，其在一些应用上明显优于 Nd^{3+}激光晶体，因此 Yb^{3+}掺杂的激光材料成为新一代高效、高功率、集成化、小型化和结构紧凑的半导体泵浦的固体激光器(DPSSL)的增益介质，已经成为国内外研究的重点。

Yb:YAG 晶体的主要问题是：基态能级之上 612 cm^{-1}处的激光下能级热布居数(常温下有 4%~5%的玻尔兹曼分布)需要高功率泵浦密度，由此在晶体中产生热透镜效应，效率下降。Yb^{3+}是准三能级结构，激光工作过程中要求具有高的泵浦能量密度(泵浦阈值较高)，所以对激光介质的物化性能要求较高，即高的热导率，好的机械性能，高的光学质量等。

以 Yb^{3+} 为代表的准三能级离子，仅有一个基态 $^2F_{7/2}$ 和一个激发态 $^2F_{5/2}$，无上转换和激发态吸收，浓度猝灭效应较低；另外由于激光下能级与基态的距离仅为几百个 cm^{-1}，热效应仅为钕离子的 1/3，所以其能量转换效率高。准三能级的一个最大缺陷就是基态能级和激光跃迁的终止能级属于同一个能级多重态。Yb^{3+} 的光谱和激光性能很大程度上依赖于基质材料，晶体场的相互作用决定了能级分布。由于准三能级离子必须有一半的离子上升到亚稳态能级中才能使得粒子数实现反转，所以其泵浦阈值非常高，这是限制 Yb^{3+} 为代表的准三能级离子应用的主要因素。近年来随着激光二极管的出现和发展，以 Yb^{3+} 为代表的准三能级离子激光器得到迅猛的发展，并开始向千瓦级甚至万瓦级发展。激光器经过半个世纪的发展，经过筛选能够用在高功率大能量固体激光器上的离子现在主要集中在 Yb^{3+} 和 Nd^{3+} 上。

3. Er^{3+}

Er^{3+} 的能级比较丰富，有很多分裂能级和亚稳态能级的存在，谱线范围很宽，在合适的激发条件下，可放射出绿红可见光和近红外荧光。Er^{3+} 中最受重视的能级为 $^4I_{11/2}$、$^4I_{13/2}$ 和 $^4I_{15/2}$ 三个能级。这三个能级分属两套不同的发光体系，其公共能级为 $^4I_{13/2}$。其中，$^4I_{13/2} \rightarrow {}^4I_{15/2}$ 跃迁以输出 1.5~1.7 μm 的荧光为主；$^4I_{11/2} \rightarrow {}^4I_{13/2}$ 跃迁可输出 2.6~3 μm 的荧光，如图 2.12 所示[5]。

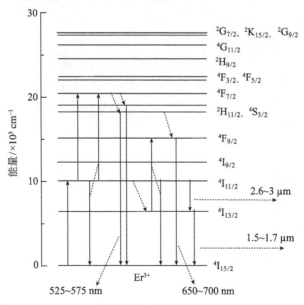

图 2.12　980 nm LD 激发下 Er^{3+} 上转换和近红外荧光发光机制

Er^{3+} 的主要吸收峰的吸收系数如图 2.13 所示，其中，960~980 nm 对应 $^4I_{11/2}$ 能级。

Er^{3+}吸收波长为 960~980 nm 的光可使基态能级 $^4I_{15/2}$ 上布居的电子激发至较高的 $^4I_{11/2}$ 能级，$^4I_{11/2}$ 能级跃迁至 $^4I_{13/2}$ 能级即可放射出 2.6~3 μm 的荧光，$^4I_{13/2}$ 能级跃迁至 $^4I_{15/2}$ 能级可放射出 1.5~1.7 μm 的荧光。如图 2.14 所示，由于存在斯塔克能级分裂，因此 Er^{3+}中能级跃迁放射出的荧光范围较宽。

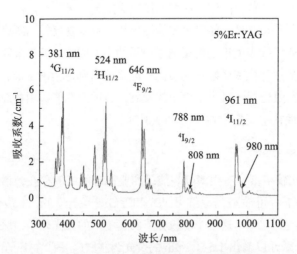

图 2.13   5% Er:YAG 透明陶瓷的吸收系数曲线

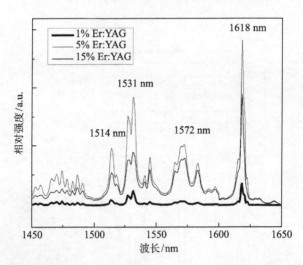

图 2.14   不同浓度的 Er:YAG 透明陶瓷在 808 nm LD 激发下的近红外荧光光谱

4. Tm^{3+}

Tm:YAG[6]是一种典型的准三能级系统。准三能级系统是介于三能级系统和四能级系统之间的一种激光系统，它的特点是激光终态能级位于稀土激活离子基态的斯塔克能级上。在 Tm:YAG 晶体中，Tm^{3+} 上激光能级是多重态 9 个 $^3F_4$ 斯塔克能级($5556\ cm^{-1}$)，下激光能级是多重态 13 个 $^3H_6$ 斯塔克能级($588\ cm^{-1}$)，单个斯塔克能级跃迁线宽约为 10 nm，允许的斯塔克能级跃迁数为 117。在 Tm:YAG 中，4f 电子的声子展宽和斯塔克能级的多重性，提供了 2 μm 左右的相对宽的可调谐能力。图 2.15 是 Tm:YAG 晶体的能级，785 nm 的泵浦辐射将 Tm^{3+} 从 $^3H_6$ 基态转移到 Tm^{3+} 的 $^3H_4$ 能级。离子从 $^3H_4$ 泵浦能级弛豫到上激光能级 $^3F_4$。激光作用发生在 $^3F_4$ 能级和 $^3H_6$ 基态间多重态的下激光能级之内，输出辐射大约 2 μm。若 Tm^{3+} 的浓度高，相邻离子之间就可能发生交叉弛豫，此时发生 $^3H_4{\rightarrow}^3F_4$ 跃迁的激发，同时未激发的离子经历 $^3H_6{\rightarrow}^3F_4$ 跃迁。对于每一个初始受激发的离子，上述过程在 $^3H_4$ 上激光能级留下两个 Tm^{3+}。换言之，每吸收一个泵浦光子，就会产生两个上激光能级离子。由于交叉弛豫过程的存在，Tm^{3+} 掺杂浓度需要优化在 2%~6%，太低的掺杂浓度会降低泵浦效率，而太高的掺杂浓度会增加其他的能量传递过程从而使得激光效率降低。若 Tm^{3+} 浓度在典型掺杂浓度之间，则对于 $^3F_4$，泵浦的量子效率接近于 2。

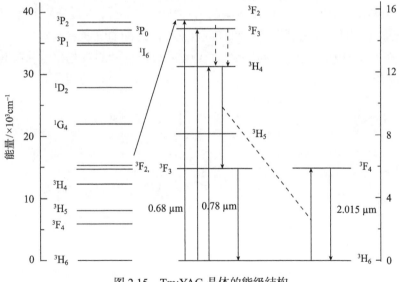

图 2.15　Tm:YAG 晶体的能级结构

5. Ho^{3+}

Ho^{3+} 的 $^5I_7$ 和 $^5I_8$ 能级均有多个斯塔克分裂，如图 2.16 所示。其中 $^5I_7$ 分裂为 15 个斯塔克能级(波数从 5228~5445 cm^{-1})；$^5I_8$ 分裂为 17 个斯塔克能级(波数从 0~535 cm^{-1})。2.1 μm 的激光辐射主要是从 $^5I_7$ 的较低斯塔克能级向 $^5I_8$ 的较高斯塔克能级(中心波数约 500 cm^{-1})受激跃迁产生。

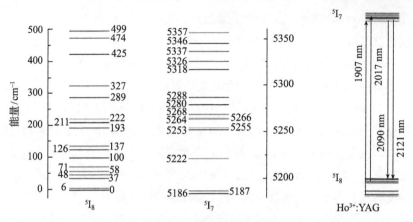

图 2.16　Ho:YAG 晶体的能级结构

2.2.3　闪烁材料：4f^n 组态和 4f^{n-1}5d

1. Ce:YAG

在 Ce:YAG 晶体中，Ce^{3+}取代具有 D_2 对称性的 Y^{3+}格位，受晶场的作用，具有 4f^1 电子组态的 Ce^{3+}的基态劈裂为 $^2F_{5/2}$ 和 $^2F_{7/2}$ 双重态，其 5d 能态被劈裂为 5 个子能级，最低 5d 子能级距基态约为 22 000 cm^{-1}。自由 Ce^{3+}以及在 YAG 晶场作用下其能级结构如图 2.17 所示[7]。

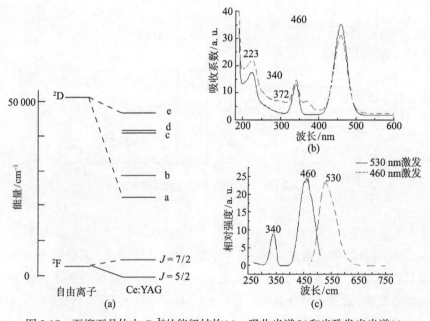

图 2.17　石榴石晶体中 Ce^{3+}的能级结构(a)、吸收光谱(b)和光致发光光谱(c)

在 Ce:YAG 闪烁晶体中，其吸收荧光光谱也属于 f-d 跃迁，具有宽带快衰减等特征。在大于 YAG 晶体吸收边(约 200 nm)及在可见光范围可以观察到峰值波长为 223 nm、340 nm、372 nm 及 460 nm 的四个特征吸收峰，对应于 Ce^{3+} 的 4f 到 5d 子能级的跃迁。在室温下，其荧光光谱是一个从 500~700 nm 的宽带谱，峰值约为 525 nm，对应最低 5d 子能级到 $^2F_{5/2}$ 基态能级。如果高能射线入射，其荧光光谱发生红移，其发光波长为 550 nm，与硅光二极管能很好地耦合。

2. Pr:LuAG

20 世纪 90 年代以来，关于新型闪烁材料的研发，大量的工作集中在 Ce^{3+} 为发光离子的体系中，近年来，同样具有 5d-4f 跃迁的 Pr^{3+} 开始受到人们的关注。

图 2.18 是石榴石晶体中 Pr^{3+} 的能级结构、吸收和发光光谱。位于 310 nm 处的峰位是 Pr^{3+} 特征的 5d-4f 发光峰。从图中可以看到 Pr^{3+}5d-4f 跃迁产生 290~410 nm 宽的发射带，此发射带的发射强度非常强，大约是 BGO 的 50 倍，Pr 在 LuAG 中的衰减时间非常快，约为 20 ns，是性能优异的闪烁材料[8,9]。

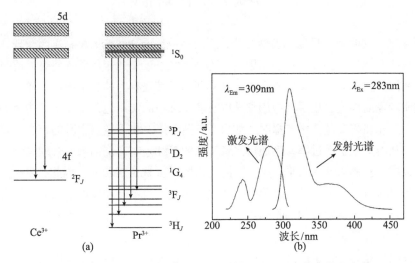

图 2.18　石榴石晶体中 Pr^{3+} 的能级结构(a)、吸收光谱和发光光谱(b)

3. Gd_2O_2 S: Pr, Ce, F (GOS)

这种陶瓷闪烁体可用于 X-CT 成像。Pr^{3+} 由于 $^3P_0 \rightarrow {}^3H_J$ 跃迁引起的峰值发射位于 510 nm，特征衰减时间 3 μs。热释光研究表明，Ce^{3+}、F^- 共掺杂导致无辐射复合和俘获中心的减少，从而降低了余辉。然而降低余辉的同时也降低了光输出。高的 X 射线吸收系数(52 cm^{-1})允许将探测元件制作得较薄，可以提高分辨率。

这种闪烁体的主要缺点是：① GOS 为六方晶体结构，光学性质非各向同性，由于双折射效应仅能做成半透明，光散射降低了探测效率，逸出光还会对光探测器造成损害；② 辐照伤值相对较高(~3.0%)，和 $CdWO_4$ 相当，但比$(Y, Gd)_2O_3$:Eu、Pr(YGO) 和 $Gd_3Ga_5O_{12}$: Cr, Ce (GGG)高[10,11]。

4. 铪酸盐系列

铪酸盐系列中最重要的材料体系是 $BaHfO_3$，掺 1at%Ce:$BaHfO_3$ ($Ba_{0.99}Ce_{0.01}HfO_3$) 是适用于快速响应探测器的一种极有前途的陶瓷闪烁体。闪烁发射行为由主峰位于 400 nm 附近的 Ce^{3+}特征 5d-4f 发光构成。由于是允许的电偶极跃迁，该宽带发射的特征衰减时间仅为约 20 ns。这种陶瓷闪烁体的密度为 8.5 g/cm^3，吸收系数约 20 cm^{-1}(1 mm 厚的陶瓷样品就可阻止约 99.8%的入射 X 射线)。遗憾的是，虽然 $BaHfO_3$是立方相的晶体结构，但是到目前为止，还不能将其烧成透明陶瓷样品。铪酸盐系列中 $Ln_2Hf_2O_7$ 型稀土铪酸盐受到较多关注[10,12~17]。

2.3   光功能陶瓷材料体系

近年来，透明陶瓷呈蓬勃发展之势，新的品种、更高性能的材料不断涌现，其中一些材料的性能甚至已可与单晶相媲美。特别是经过近十几年的深入研究，透明陶瓷在大功率固体激光器、闪烁、成像等领域都展示了其强有力的竞争地位。而要进一步提升透明陶瓷的性能、拓展其应用领域以及实现真正的实用化，就要尽可能地提高其透过率。当光在陶瓷基质中传播时，如果有气孔、第二相等散射中心的存在，就会发生散射，从而降低了透过率，而通过制备工艺的精细控制和烧结制度合理设计，这些缺陷可以减少到非常低的水平，如可以把气孔控制在 ppm 的级别。因此，在这里我们更关注陶瓷材料的本征特性即晶界对光传输的影响。与单晶和玻璃不同的是，陶瓷材料是由千百万个任意取向的晶粒构成的多晶体，有大量的晶界。在透明陶瓷制备研究的初期，研究者确实把晶界作为影响透过率的缺陷来考虑，试图把晶粒尺寸做到尽可能的大以减少晶界的含量。而随着研究的深入，发现就高对称的立方体系而言，只有一个主折射率 n_o。当光线从一个晶粒进入另一个任意取向的晶粒，只要控制晶界干净没有第二相杂质、非晶相的聚集，折射率 n_o 没有变化。在这种情况下，晶界区域的光学性质与晶粒内几乎没有区别，晶界也就不会成为光散射中心，对光学透过率就没有影响。

然而，对于非立方对称的体系来说则不同，光束入射到各向异性的晶体会发生双折射，即分解为两束光而沿不同方向折射的现象，直观上来看，纸面上的一行文字通过双折射的晶体时会变成两行文字，如图 2.19 所示。双折射现象是光学现象的一种，可以用光的横波性质来解释。当光照射到各向异性晶体(单轴晶体)时，发生两个不同方向的折射；其中一束遵守折射定律的称为 o 光(寻常光)，另一束不遵从折射定律的称为 e 光(非常光)，这两束光都是偏振光，如图 2.20 所示。光线从一个特殊的角度射入晶体时是不会发生双折射现象的，这一角度称为晶体的光轴。对于双轴晶体，两束光都不满足折射定理。当光线通过相邻两晶粒的晶界时会发生双折射，最终造成严重的光散射。图 2.21 为非对称陶瓷材料中造成光散射的因素示意图。图 2.22 以六方的氧化铝陶瓷为例，描述了光线在光学非对称体系中的双折射现象。

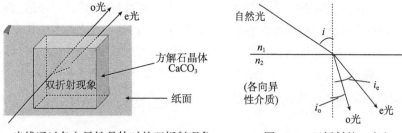

图 2.19 光线通过各向异性晶体时的双折射现象　　　图 2.20 双折射的 o 光和 e 光

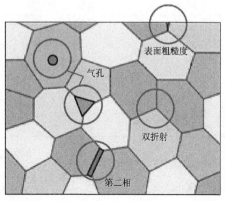

图 2.21 非对称陶瓷材料中的造成光散射的因素，其中不同衬度的晶粒代表不同的晶粒取向，在不同晶粒取向的晶界处由于双折射现象会造成光的散射[18]

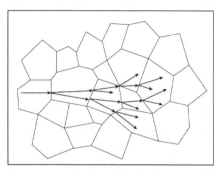

图 2.22 透明氧化铝陶瓷的晶界双折射[19]

因此, 受晶体结构的限制, 至今大部分要求高透过率的透明陶瓷研究仍局限于高对称性的立方晶系材料, 如 YAG、Y_2O_3、Sc_2O_3、Lu_2O_3 和 YSAG 等。而对于更多各向异性的非对称体系, 目前报道的仅限于 α-Al_2O_3 透明陶瓷、GOS(Gd_2O_5S)闪烁透明陶瓷等个例。而如果从发光考虑, 稀土离子在对称性高的晶体场环境下因电偶极子跃迁禁戒导致发光不好, 一般希望发光中心离子处于低对称的晶体场环境中。从掺杂离子的发光效应考虑, 低对称性体系的物质应该更具有潜在优势。如作为激光材料的 FAP($Ca_5(PO_4)_3F$)材料, 具有六方结构, 美国劳伦斯·利弗莫尔国家实验室(LLNL)一直把它作为激光核聚变用的候选材料之一。另外, 在闪烁材料的研究中, 包括 LSO、LPS、LGSO、YSO 等, 都是各向异性的非立方晶系材料。因此, 探索非对称体系透明陶瓷材料中的制备科学、新的制备方法, 以及研究其作用规律并阐明作用机理对拓宽透明陶瓷的应用领域也有着积极的推动作用。表 2.1 是晶体结构的划分, 同时把常用的激光和闪烁材料的晶体结构进行了分类。

表 2.1 晶体结构的划分[20,21]

晶族	晶系	光轴	折射率
高级晶族	立方		n_o ($n_1=n_2=n_3=n_o$)
中级晶族	三方 四方 六方	单光轴	n_o, n_e ($n_1=n_2=n_o, n_3=n_e$)
低级晶族	正交 单斜 三斜	双光轴	n_1, n_2, n_3 ($n_1<n_2<n_3$)

把一些常用的激光和闪烁晶体按晶体结构分类如下。

(1) 立方晶系: YAG、GGG、Y_2O_3、Sc_2O_3、Lu_2O_3、LuAG、BGO、CsI、CaF_2、ZnSe、BaF_2 等。

(2) 三方晶系: $LiCaAlF_4$、$LiSrAlF_4$、YAB($YAl_3(BO_3)_4$)等。

(3) 四方晶系: $PbWO_4$、YVO_4、$GdVO_4$、$LiYF_4$ 等。

(4) 六方晶系: Al_2O_3、FAP($Ca_5(PO_4)_3F$)、S-FAP($Sr_5(PO_4)_3F$)、$BaCaBO_3F$、Gd_2O_5S 等。

(5) 正交晶系: YAP($YAlO_3$)、$LuAlO_3$ 等。

(6) 单斜晶系: LSO(Lu_2SiO_5)、Gd_2SiO_5、$KGd(WO_4)_2$、KYW、$CdWO_4$ 等。

接下来将按对称性体系和非对称体系来介绍几种典型光功能材料的晶体结构和物理性能。

2.3.1　高对称体系材料

高对称体系光功能透明陶瓷主要包括: YAG、LuAG、Y_2O_3、Sc_2O_3、Lu_2O_3、CaF_2、ZnS、ZnSn 等。下面将重点介绍 YAG、LuAG、Y_2O_3、CaF_2、ZnS/ZnSe 这 5 个最重要的材料体系。

1. YAG 体系[22,23]

钇铝石榴石(YAG)的化学式为 $Y_3Al_5O_{12}$，属于立方晶系，空间群为 O_h^{10} —— Ia3d，其晶格常数为 12.002 Å。每个单胞中含有 8 个化学式量，共有 24 个 Y^{3+}，40 个 Al^{3+}，96 个 O^{2-}。Y^{3+} 处于 8 个 O^{2-} 配位的十二面体格位。存在两种 Al^{3+} 格位，40%的格位处于六个 O^{2-} 配位的八面体格位，其余 60%处于四个 O^{2-} 配位的四面体格位。八面体的 Al^{3+} 形成体心立方结构，而四面体的 Al^{3+} 和十二面体的 Y^{3+} 处在立方体的面等分线上，八面体和四面体都是歪斜的。因此石榴石结构是一种畸变的结构。在 YAG 晶体结构中，具有十二面体配位的 Y^{3+} 和八面体配位的 Al^{3+} 格位可以被性质相似的其他离子所取代，即实现掺杂。稀土离子由于与 Y^{3+} 具有相近的有效离子半径，容易进入 YAG 晶格，以固溶方式取代 Y^{3+} 的格位。有时出于调整晶格常数或者调整掺杂离子所处晶体场的目的，处于四面体和八面体格位的 Al^{3+} 也能被取代，从而实现对掺杂离子光谱性能的裁剪[24]。对于取代不同的格位是根据不同的离子半径决定的：取代十二面体的离子半径范围为 0.083~0.1290 nm；取代八面体的离子半径范围为 0.0530~0.0980 nm；取代四面体的离子半径范围为 0.0279~0.0590 nm。图 2.23 表示 YAG 结构中四面体、八面体和十二面体的配位情况，图 2.24 表示沿 Z 轴方向四面体和八面体在空间互相连结的情况。

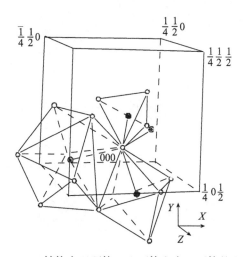

图 2.23　YAG 结构中四面体、八面体和十二面体的配位情况

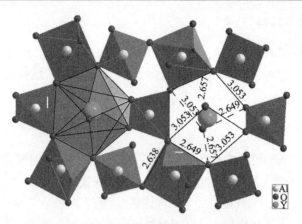

图 2.24　沿 Z 轴方向四面体和八面体的连结

　　YAG 的物理化学性质见表 2.2。YAG 几乎具有理想激光基质材料的一切优点。例如：① YAG 均为稳定的立方相结构，不存在双折射现象；② 熔点高、化学和光化学稳定性好、光学透过性的范围较宽；③ YAG 在 1064 nm 处的折射率为 1.82，使其具有高达 84% 的理论透过率；④ YAG 中 Y^{3+} 半径与大多数稀土离子半径相近，容易实现稀土离子的掺杂；⑤ YAG 具有足以容纳大多数三价稀土离子发射能级的较大的价

表 2.2　YAG 的相关物理化学性质

物理化学性质	数值
化学式	$Y_3Al_5O_{12}$
分子量	593.7
晶体结构	立方晶系，空间群 Ia3d，$a_0 = 12.002$ Å
Y^{3+} 有效离子半径/Å	0.90
莫氏硬度	8~8.5
熔点/℃	1950
密度/(g/cm³)	4.55
色泽	无色
化学稳定性	不溶于 H_2SO_4、HCl、HNO_3、HF；溶于 HP_3O_4(>250℃)
光学透过性/μm	0.25~5
1064 nm 处理论透过率	84%
1064 nm 处折射率	1.82 (无双折射)
最大声子能量/cm⁻¹	857
热膨胀系数/10⁻⁶K⁻¹	6.9
23℃的比热容/J/(g·K)	0.59
23℃热导率/W/(m·K)	14
热光系数/10⁻⁶K⁻¹	7.4

带到导带的带隙，可以通过选择不同的稀土离子掺杂，实现发光性能的有效裁剪，从而实现其应用的多功能化；⑥ 进行三价稀土离子掺杂时不存在电荷补偿问题；⑦ 声子能量低，其最大声子能量大约为 857 cm^{-1}，低的声子能量可以抑制无辐射跃迁的概率，从而提高发光量子效率；⑧ 热导率较高，约为 14 W/(m·K)，这对其作为固体激光基质材料极为重要。

2. LuAG 体系[25]

LuAG 也属立方晶系，其结构是由一些相互连结着的正四面体和正八面体所组成的，这些正四面体和正八面体的角上都是 O^{2-}，而其中心都是 Al^{3+}，这些正四面体和正八面体连结起来构成较大的空隙，这些空隙呈畸变立方形，其中心由 Lu^{3+} 占据着。LuAG 和 YAG 具有相同的晶体结构，只是 YAG 中 Y^{3+} 的位置被 Lu^{3+} 取代。LuAG 的基本物理性质见表 2.3。

表 2.3　LuAG 的基本物理性质[26]

性　质	数　值
分子式	$Lu_3Al_5O_{12}$
分子量	851.8
晶体结构	立方晶系，空间群 Ia3d
晶胞参数	11.9164 Å
熔点/℃	2010
密度/(g/cm^3)	6.72
色泽	无色
比热容/J/(g·K)	0.411
热导率/W/(m·K)	9.6

3. Y_2O_3 体系[27]

倍半氧化物(Y_2O_3、Sc_2O_3、Lu_2O_3)中将重点介绍 Y_2O_3 的晶体结构与物理化学性质。Y_2O_3 在不同的温度和压力条件下有可能出现几种不同的结构形式，在室温条件下，其稳定相为 C 型的立方结构；在 2280℃左右，Y_2O_3 会发生由立方相到六方相的相变，这也正是大尺寸、高光学质量的 Y_2O_3 单晶难以生长的主要原因；此外，在 1000℃左右，在 25kbar(1bar = 10^5Pa)的压力下，立方相 Y_2O_3 将变成 B 型的单斜相[13]。在 Y_2O_3 的这几种主要结晶学形态中，作为发光材料基质而广泛使用的是立方相的 Y_2O_3，它属于方铁锰矿型体心立方结构，$a = b = c = 10.60$ Å，空间群为 T^7_h，其晶体结构示意图如图 2.25 所示。

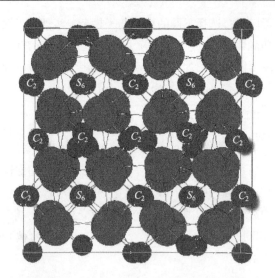

图 2.25   立方相 Y_2O_3 的晶体结构示意图

在每个立方 Y_2O_3 原胞中包含 16 个分子，其中 32 个 Y 的阳离子格位可以被三价稀土离子所代替。从图 2.25 中可以发现，Y 原子格位存在两种不同的晶格环境：一种是高对称性的 $S_6(C_{3i})$ 格位，另一种则是低对称性的 C_2 格位[28]。在一个立方 Y_2O_3 原胞中 S_6 格位有 8 个，而 C_2 格位有 24 个。从图 2.26 中可以看出，两种不同 Y 格位的配位数均为 6。在 S_6 格位，中心 Y 原子周围存在 6 个等同的 Y_1—O 键，键长为 2.261 Å；而在 C_2 格位，存在 3 个不等同的 Y_2—O 键，键长分别为 2.249Å、2.278Å、2.336Å[29]。在 Y_2O_3 原胞中，8 个中心对称格点 S_6 平行于[111]轴，而 24 个非中心对称格点 C_2 平行于[1 0 0]轴。穆斯堡尔谱研究表明三价稀土掺杂离子平均分布在两个格点上，而没有任何优先取舍性[30]。由于两种格点上电偶极跃迁选择定则的原因，稀土离子的光谱主要取决于 C_2 格点上的离子。

Y_2O_3 的相关物理化学性质见表 2.4。从表 2.4 可以发现，Y_2O_3 几乎具有理想发光材料基质的一切优点。例如：① 熔点高、化学和光化学稳定性好、光学透明性范围较宽[31]；② Y_2O_3 由于具有足以容纳大多数三价稀土离子发射能级的较大的导带到价带的带隙，可以通过选择不同的掺杂稀土离子，实现发光性能的有效裁剪，从而实现其应用的多功能化；③ 进行三价稀土离子的掺杂时不存在电荷补偿问题；④ 在 2200℃以下，Y_2O_3 均为稳定的立方相结构，不存在双折射现象，这就有可能将其烧结成透明的陶瓷块体，且在 1050 nm 处，其折射率高达 1.89，使得其具有 80%以上的理论透过率，这对于实际应用具有很重要的意义；⑤ 声子能量低[32]，其最大声子能量大约为 550 cm^{-1}，低的声子能量可以抑制无辐射跃迁的概率，提高辐射跃迁的概率，从而提高发光量子效率；⑥ 热导率高[33,34]，约为 27 W/(m·K)，大约是目前广泛使用的激光材料 YAG 热导率的一倍,这对于其作为固体激光介质极其重要。

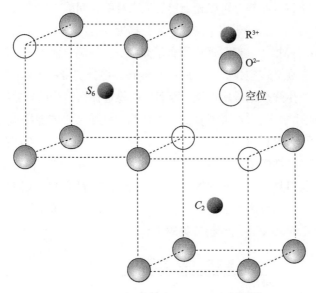

图 2.26　立方 Y_2O_3 晶格中的 S_6 和 C_2 两种格位

表 2.4　Y_2O_3 的相关物理化学性质

物理化学性质	Y_2O_3	物理化学性质	Y_2O_3
熔点/℃	2430±30	光学透过性/μm	0.23~8.0
晶体结构类型	立方结构	折射率@1050 nm	1.89
空间群	T_h^7	声子能量/cm^{-1}	550
格位对称性	S_6, C_2	带隙/eV	6.0
配位数	6	莫氏硬度	6.8
阳离子格位浓度/×10^{20}cm^{-3}	268.7	密度/(g/cm^3)	5.03
有效离子半径/Å	0.90	热膨胀系数/10^{-6}K^{-1}	6~7
晶格常数/Å	10.603	30℃时的热导率/(W/m·K)	27

4. CaF$_2$ 体系[35]

CaF$_2$ 是典型的萤石型立方结构,这种结构的特点是立方四面体配位,空间群为 O_h^5——F_{3m}^m,晶胞参数 $a = 0.5462$ nm。单位晶胞的分子数 $z = 4$,阳离子组成的亚晶格呈面心立方结构,阴离子组成的亚晶格呈简单立方结构。Ca^{2+} 为立方配位,被 8 个 F$^-$ 所包围,而 F$^-$ 为四面体配位,被 4 个 Ca^{2+} 所包围。该晶体结构的重要特征是 F$^-$ 构成的立方亚晶格的体心格位,每隔一个 Ca^{2+} 占据,而另一个空着。所以晶格中含有丰富的间隙位置,最明显的间隙位置有两种:体心位置和面心立方位置(等效于氟点阵的边格点中心,其邻近有两个阴离子和两个阳离子)。因而形成间隙阴离子的激活能非常低。当高价态的阳离子掺入晶格,可以相当容易地通过引入间隙 F^- 达到体系的电荷平衡。而 Ca^{2+} 的离子半径与三价稀土离子的半径非常接近,因此在 CaF_2 体系中容易实现各种离子的掺杂。CaF_2 晶格中一般只形成阴离子弗仑克尔缺陷,而不产生阳离子空位。这是因为当晶格中存在 Ca^{2+} 空位时,最近邻的 8 个 F^- 将分别带有 1/4 个负电荷,它们之间由于直接接触产生强烈的排斥作用,因而不能稳定存在,从而导致结构的坍塌。因此,CaF_2 体系的阳离子亚晶格非常稳定,即使高浓度掺杂也能保持本身的晶体结构。

　　三价稀土离子掺杂的 CaF_2 体系中,需要的电荷补偿离子可以存在多种方式,从而产生具有不同对称性的丰富的格位结构。这种独特的多格位结构特征使得稀土离子掺杂碱土氟化物材料具有非常宽的吸收和发射光谱,有利于 LD 泵浦和产生可调谐、超短脉冲激光,在全固态高功率、可调谐超快激光增益介质和放大介质方面,具有潜在的应用价值。CaF_2 的基本物理性质见表 2.5。

表 2.5　CaF_2 的基本物理性质

物理性质	CaF_2
密度/(g/cm³)	3.18
熔点/℃	1418(1382)
沸点/℃	2500
弹性模量/GPa	89.8
剪切模量/GPa	33.77
体积模量/GPa	82.71
泊松比	0.28
Knoop 硬度*/(kgf/mm²)	152~159
比热容(273K, J/g·K)	0.88
室温热膨胀系数*/K⁻¹	18.9×10^{-6}
热辐射系数	0.8
介电常数/MHz	6.76
热导率/(W/m·K)	9.71

* 特指 CaF_2 晶体的[111]方向

5. ZnS/ZnSe 体系

闪锌矿结构 ZnS 属立方晶系,面心立方点阵型式。Zn^{2+} 和 S^{2-} 周围都由 4 个异号离子呈四面体方式配位,这种结构也可看成 S^{2-} 作立方密堆积,Zn^{2+} 填入四面体的空隙中。或者,由于 Zn—S 共价键占很大成分,可将它的结构看成立方金刚石结构中的 C 原子,交替地由 Zn 和 S 原子置换而得。与立方 ZnS 相类似,ZnSe 的晶体结构也属于立方晶系闪锌矿型结构,晶胞参数为 0.5667 nm。表 2.6 是 ZnS/ZnSe 的基本物理性质[36]。

表 2.6　ZnS/ZnSe 的基本物理性质

物理性质	ZnS	ZnSe
密度/(g/cm³)	4.08	5.26
熔点/℃	1700	1790
键长/nm	0.234	0.245
带隙/eV	3.9	2.8
最大声子能量/cm⁻¹	330	250
透过波段/μm	0.4~14	0.5~20
3.0 μm 处折射率	2.26	2.44
热膨胀系数/K⁻¹	$1.9×10^{-5}$	$2.6×10^{-5}$
比热容/J/(g·K)	0.47	0.34
热导率/W/(m·K)	0.27	0.19
Knoop 硬度	178	100

2.3.2　非对称体系材料

由于受晶体结构的限制，绝大部分光功能透明陶瓷均为高对称性的立方晶系 (YAG、LuAG、Y_2O_3、Sc_2O_3、Lu_2O_3、CaF_2、ZnSe 等)。但是从发光考虑，稀土离子在对称性高的晶体场环境下因电偶极子跃迁禁戒导致发光不好，一般希望发光中心离子处于低对称的晶体场环境中。所以从掺杂离子的发光效应考虑，低对称性体系才更具有潜在优势。接下来将重点介绍 FAP 和 LSO 两个非对称体系光功能材料的结构与物理性能。

1. FAP(氟磷酸钙)

在非对称体系的材料中，六方晶系的 FAP 空间群为 $P_{3/m}^6$ 每个单胞含两个 $Ca_5(PO_4)_3F$ 分子，晶胞参数为 $a = 0.936\,84$ nm，$c = 0.688\,41$ nm，单胞体积为 52.3 nm³。其结构特征是存在两种钙离子的格位，氟离子沿平行于 c 轴的方向排列。40%的 Ca^{2+} 位于具有 C_3 对称的 Ca(1)结点位置上，其余 60%的 Ca^{2+} 位于具有 C_{1h} 对称性的 Ca(2)结点位置上，氟离子沿平行于 c 轴的方向排列。图 2.27 是 FAP 的晶体结构示意图。由

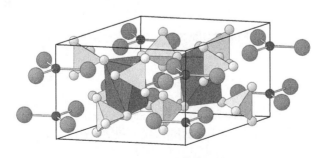

图 2.27　FAP 的晶体结构模型

于 FAP 基质能给激活离子提供其他基质无可比拟的晶体场环境, 因而尽管 Yb:FAP 的热力学性能不够理想, 但最大的晶场分裂能、优异的光谱性能(大的吸收截面和发射截面)使它具有阈值低、增益大、效率高和成本低等特点。因此 Yb:FAP 材料引起了人们的浓厚兴趣[37~39]。

2. LSO(硅酸镥)

Lu_2SiO_5 晶体为稀土正硅酸盐类晶体, 单斜晶系, 空间群 $C2/c$, 晶格参数为 $a = 1.4254$ nm, $b = 0.6641$ nm, $c = 1.0241$ nm, $\beta = 122.2°$, 单胞分子数 $Z = 8$。其晶体结构如图 2.28 所示。在 Ln_2O_3-SiO_2 二元系稀土硅酸盐中, 可形成 $Ln_2O_3·SiO_2$ (Ln_2SiO_5) 和 $Ln_2O_3·2SiO_2$(Ln_2SiO_7)两种组成的化合物。$Ln_2O_3·SiO_2$ (Ln_2SiO_5) 又可根据离子半径形成对称性不同的两个系列的晶体, 从 La 到 Tb 半径较大的稀土离子形成 $P2_1/c$ 结构, 在这种结构中, Ln 有两种结晶学取向, 配位数分别为 7 和 9, 这种结构包含由 OLn_4 四面体和 SiO_4 四面体通过角顶连结的二维网络, 所以形成了(100)面的层状结构; 半径较小的 Dy 到 Lu 以及 Y 形成 $C2/c$ 结构, 在这种结构里, Ln 也有两种结晶学取向, 其配位数分别为 7 和 6, 任意标记为 Ln1 和 Ln2, 其中 Ln1 与 5 个 SiO_4 的 O 和 2 个孤立的 O 配位形成多面体, Ln2 与 4 个 SiO_4 的 O 和 2 个孤立的 O 配位形成赝八面体, SiO_4 与 OLn_4 四面体共边形成由分离的 SiO_4 四面体连结的链。

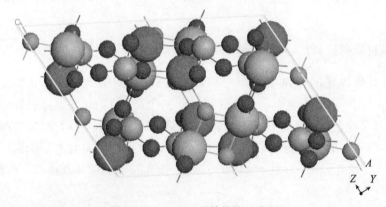

图 2.28　Lu_2SiO_5 晶体结构示意图

参 考 文 献

[1] Nikl M. Scintillation detectors for X-rays. Meas. Sci. Technol., 2006, 17(4): R37-R54
[2] 宋增福. 原子光谱及晶体光谱原理与应用. 北京: 科学出版社, 1987
[3] 姜本学. 高功率大能量固体激光材料(晶体, 陶瓷)及器件研究. 上海: 中国科学院上海光学精密机械研究所, 2007

[4] 徐晓东. 全固态激光器用 Yb:YAG 及 Cr,Yb:YAG 激光晶体的研究. 上海：中国科学院上海光学精密机械研究所，2005

[5] 周军. Er:YAG 和 Er,Yb:YAG 透明陶瓷的研究. 中国科学院上海硅酸盐研究所，2010

[6] 张文馨. 2 μm 中红外激光透明陶瓷的制备与性能研究. 上海：中国科学院上海硅酸盐研究所，2011

[7] 赵广军. 高光输出快衰减高温无机闪烁晶体的研究. 上海：中国科学院上海光学精密机械研究所，2003

[8] Shi Y, Feng X Q, Pan Y B, et al. Fabrication and photoluminescence characteristic of Pr:LuAG scintillator ceramics. Rad. Measur., 2010, 45(3-6): 457-460

[9] Shi Y, Nikl M, Feng X Q, et al. Microstructure, optical, and scintillation characteristics of Pr^{3+} doped $Lu_3Al_5O_{12}$ optical ceramics. J. Appl. Phys., 2011, 109(1): 013522

[10] Greskovich C, Duclos S. Ceramic scintillators. Annu. Rev. Mater. Sci., 1997, 27: 69-88

[11] Lian J B, Sun X D, Gao T, et al. Preparation of Gd_2O_2S:Pr scintillation ceramics by pressureless reaction sintering method. J. Mater. Sci. Technol., 2009, 25(2): 254-258

[12] Chaudhry A, Canning A, Boutchko R, et al. First-principles studies of Ce-doped $RE_2M_2O_7$ (RE=Y, La; M=Ti, Zr, Hf): a class of nonscintillators. J. Appl. Phys., 2011, 109(8): 083708

[13] Ni D W, Zhang G J, Kan Y M, et al. Textured HfB_2-based ultrahigh-temperature ceramics with anisotropic oxidation behavior. Scripta Mater., 2009, 60(10): 913-916

[14] van Loef E V, Higgins W M, Glodo J, et al. Scintillation properties of $SrHfO_3$:Ce^{3+} and $BaHfO_3$:Ce^{3+} ceramics. IEEE Trans. Nucl. Sci., 2007, 54(3): 741-743

[15] Ji Y M, Jiang D Y, Chen J J, et al. Preparation, luminescence and sintering properties of Ce-doped $BaHfO_3$ phosphors. Opt. Mater., 2006, 28(4): 436-440

[16] Ji Y M, Jiang D Y, Wu Z H, et al. Combustion synthesis and photoluminescence of Ce-activated $MHfO_3$ (M=Ba, Sr, or Ca). Mater. Res. Bull., 2005, 40(9): 1521-1526

[17] Araki S, Yoshimura M. Transparent nano-composites ceramics by annealing of amorphous phase in the HfO_2-Al_2O_3-$GdAlO_3$ system. Int. J. Appl. Ceram. Tech., 2004, 1(2): 155-160

[18] Akiyama J, Sato Y, Taira T. Laser demonstration of diode-Pumped Nd^{3+}-doped fluorapatite anisotropic ceramics. Appl. Phys. Express, 2011, 4: 022703

[19] 易海兰, 蒋志君, 毛小建, 等. 透明氧化铝陶瓷的研究新进展. 无机材料学报, 2010, 25 (8): 795-799

[20] 仲维卓, 华素坤. 晶体生长形态学. 北京：科学出版社，1999

[21] 俞文海, 刘皖育. 晶体物理学. 合肥：中国科技大学出版社，1998

[22] 李江. 稀土离子掺杂 YAG 激光透明陶瓷的制备、结构及性能研究. 上海：中国科学院上海硅酸盐研究所，2007

[23] 吴玉松. 稀土离子掺杂 YAG 激光透明陶瓷的研究. 上海：中国科学院上海硅酸盐研究所，2008

[24] 冯涛. 钇铝石榴石(YAG)基透明陶瓷的制备以及光谱性能研究. 中国科学院上海硅酸盐研究所, 2005

[25] 李会利. 铈掺杂镥铝石榴石透明陶瓷的制备及其闪烁性能研究. 中国科学院上海硅酸盐研究所，2006

[26] Kuwano Y, Suda K, Ishizawa N, et al. Crystal growth and properties of $(Lu,Y)_3Al_5O_{12}$. J. Cryst. Growth, 2004, 260(1-2): 159-165

[27] 章健. 稀土离子掺杂 Y_2O_3 纳米晶及其透明陶瓷的制备和光谱性能研究. 上海：中国科学院 上海硅酸盐研究所，2005

[28] Schaack G, Koningstein J A. Phonon and electronic raman spectra of cubic rare-earth oxides and isomorphous yttrium oxide. J. Opt. Soc. Am., 1970, 60(8): 1110-1115

[29] Mitric M, Qnnerud P, Rodic D, et al. The preferential site occupation and magnetic properties of $Gd_xY_{2-x}O_3$. J. Phys. Chem. Solids, 1993, 54(8): 967-972

[30] Hintzen H T, van Noort H M. Investigation of luminescent Eu-doped sesquioxides Ln_2O_3 (Sc_2O_3, Y_2O_3, La_2O_3, Gd_2O_3, Lu_2O_3) and some mixed oxides by [151]Eu Mössbauer spectroscopy. J. Phys. Chem. Solids, 1988, 49(7): 873-881

[31] Petermann K, Huber G, Fornasiero L, et al. Rare-earth-doped sesquioxides. J. Lumin., 2000, 87-89: 973-975

[32] Riseberg L A. The Relevance of Nonradiative Transitions to Solid State Lasers, pp. 369-407 in NATO Advanced Study Institute Series, Series B: Physics, Vol. 62, Radiationless Processes Edited by B. DiBartolo. Plenum Press, New York, 1980

[33] Laversenne L, Guyot Y, Goutaudier C, et al. Optimization of spectroscopic properties of Yb^{3+}-doped refractory sesquioxides: cubic Y_2O_3, Lu_2O_3 and monoclinic Gd_2O_3. Opt. Mater., 2001, 16(4): 475-483

[34] Laversenne L, Kairouani S, Guyot Y, et al. Correlation between dopant content and excited-state dynamics properties in Er^{3+}-Yb^{3+}-codoped Y_2O_3 by using a new combinatorial method. Opt. Mater., 2002, 19(1): 59-66

[35] 徐军, 徐晓东, 苏良碧. 掺镱激光晶体材料. 上海：上海科学普及出版社，2005

[36] Mirov S B, Fedorov V V, Martyshkin D V, et al. Progress in mid-IR Cr^{2+} and Fe^{2+} doped II-VI materials and lasers. Opt. Mater. Express, 2011, 1(5): 898-910

[37] Akiyama J, Sato Y, Taira T. Laser ceramics with rare-earth-doped anisotropic materials. Opt. Lett., 2010, 35(21): 3598-3600

[38] Taira T. Domain-controlled laser ceramics toward giant micro-photonics. Opt. Mater. Express, 2011, 1(5): 1040-1050

[39] Akiyama J, Sato Y, Taira T. Laser demonstration of diode-pumped Nd^{3+}-doped fluorapatite anisotropic ceramics. Appl. Phys. Express, 2011, 4(2): 022703

第3章 光功能透明陶瓷的制备与表征

本章将按照不同的材料体系对光功能陶瓷的制备工艺、显微结构、光学散射损耗、力学性能、热性能、激光性能、激光诱导损伤和闪烁性能等方面进行系统地阐述。

3.1 光功能透明陶瓷的制备与微结构

影响光功能陶瓷透明度的因素很多，包括原料的选择、烧结助剂的选择和用量的控制、混合工艺、成型工艺、烧结工艺、后处理工艺和加工工艺等。所以要制备出高质量的光功能透明陶瓷，必须严格控制工艺的每一个步骤。作为光功能透明陶瓷代表的激光陶瓷和闪烁陶瓷的制备工艺基本相似，接下来将按照高对称体系(钇铝石榴石、倍半氧化物、II-VI化合物等)和非对称体系(氧化铝、硅酸镥、氟磷酸钙等)来介绍其制备工艺与显微结构。

3.1.1 钇铝石榴石基透明陶瓷的制备与微结构

目前最成功的光功能透明陶瓷(特别是激光陶瓷)是立方晶系钇铝石榴石体系，而要制备出能成功实现激光输出的 Nd:YAG 透明陶瓷的途径主要有两种：①以高纯、高烧结活性的氧化物粉体为原料，采用固相反应结合真空烧结技术制备 YAG 透明陶瓷；②先合成高烧结活性的 YAG 纳米粉体，然后采用真空烧结技术制备高质量的 YAG 透明陶瓷。

对于固相反应法，早期制备的 Nd:YAG 透明陶瓷由于高的散射损耗而未能实现连续激光输出。直到 1995 年，Ikesue 等[1]先采用湿化学法分别制备了平均粒径小于 2 μm 的 Al_2O_3、Y_2O_3、Nd_2O_3 高纯度粉体，然后以这些粉体为原料，通过固相法结合真空烧结技术制备出了高质量的 1.1 at%Nd:YAG 透明陶瓷。固相反应法为高质量的稀土离子掺杂 YAG 激光陶瓷的制备开辟了一条崭新的道路。

湿化学合成 YAG 纳米粉体结合真空烧结技术则是制备 YAG 激光陶瓷的另一条有效途径。早在 1990 年，Sekita 等[2]就采用尿素共沉淀法制备了 Nd:YAG 纳米粉体，然后采用真空烧结技术制备了 Nd:YAG 透明陶瓷。但是当时所制备的 Nd:YAG 透明陶瓷的背景吸收系数高达 2.5~3.0 cm^{-1}，如此高的吸收损耗使得 Nd:YAG 透明陶瓷未能实现激光输出。1991 年，Sekita 等制备的 Nd:YAG 透明陶瓷在非吸收波长处的吸收系数降低到 $0.25 cm^{-1}$，但仍未能实现激光输出[3]。直到 20 世纪末，日本神岛化学公司 Yanagitani 的研究小组改进了湿化学法制备 Nd:YAG 纳米粉体的技术，结合注浆成型和真空烧结技术制备高质量的 Nd:YAG 透明陶瓷，实现了 Nd:YAG 透明陶瓷的高效率、高功率激光输出[4]。

接下来将从粉体合成、烧结助剂的选择、成型工艺、烧结工艺、后处理工艺和加工工艺等方面来探讨钇铝石榴石基透明陶瓷的制备工艺。

1. 粉体制备工艺

高质量粉体的合成是激光陶瓷制备工艺中的第一步，也是极为关键的一步。粉体制备技术的核心是如何控制粉体的颗粒尺寸、表面状态和团聚程度。对于 YAG 粉体，其合成方法如下。

1) 固相反应法

固相反应法是合成 YAG 粉体的传统方法，它是将混合均匀的 Al_2O_3 和 Y_2O_3 粉末在高温下煅烧，通过氧化物之间的固相反应形成 YAG，Al_2O_3-Y_2O_3 相图如图 3.1 所示。

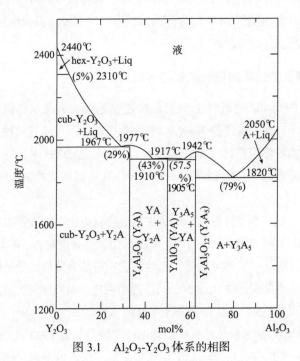

图 3.1 Al_2O_3-Y_2O_3 体系的相图

高温条件下，Al_2O_3 和 Y_2O_3 反应，先依次形成中间相 YAM 和 YAP，最终形成 YAG。反应过程如下[5]：

$$2Y_2O_3 + Al_2O_3 \rightarrow YAM \ (900\sim1100\,^\circ\!C) \qquad (3.1)$$

$$YAM + Al_2O_3 \rightarrow 4YAP \ (1100\sim1250\,^\circ\!C) \qquad (3.2)$$

$$3YAP + Al_2O_3 \rightarrow YAG \ (1400\sim1600\,^\circ\!C) \qquad (3.3)$$

固相反应法工艺简单，容易实现粉体的批量生产。但固相反应法合成粉体过程中存在下列不足：粉体合成过程中须经过多次球磨，球磨过程中易引入杂质并引起晶格缺陷；高温煅烧使粉体的烧结活性降低；固相反应法难以得到超细粉体；煅烧产物中除主晶相 YAG 外，往往残留少量中间相 YAM ($Y_4Al_2O_9$) 和 YAP($YAlO_3$)。固相反应法制备 YAG 透明陶瓷并非是先用固相反应制备 YAG 粉体，然后再用 YAG 粉体制备透明陶瓷，而是用氧化物混合粉体制备陶瓷素坯，然后采用真空烧结技术使固相反应过程和烧结过程同时发生，最终生成致密的 YAG 透明陶瓷。1984 年，De With 等[6]以高纯 Y_2O_3 和 Al_2O_3 粉体为原料，以 SiO_2(1500 ppm)为烧结助剂，采用真空反应烧结制备半透明的 YAG 陶瓷。样品的平均晶粒尺寸为 10 μm 左右，吸收系数在 1.8~2.2 cm^{-1}。

2) 热解法

早在 1984 年，De With 等[6]以硫酸铝和硫酸钇为原料，以 MgO 作为烧结助剂(添加量 500 ppm)，采用硫酸盐热分解法制备了 YAG 超细粉体。制备的 YAG 粉体在 100 MPa 下冷等静压成型以破坏团聚状态。素坯在 10^{-5}Torr 的真空状态下烧结(先在 1450℃保温 8 h，然后在 1850℃保温 4 h)获得半透明的 YAG 多晶陶瓷。图 3.2 是真空烧结制备的半透明 YAG 陶瓷的热腐蚀抛光表面和断口形貌。从图中可以看出，样品致密、结构均匀，平均晶粒尺寸为 5 μm 左右。

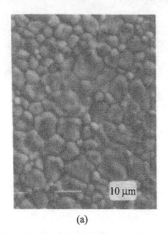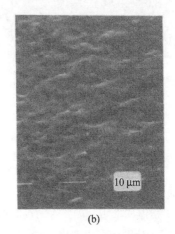

(a)　　　　　　　　　　　　　(b)

图 3.2　硫酸盐热分解法和真空烧结制备的半透明 YAG 陶瓷的热腐蚀抛光表面(a)和断口(b)形貌

张芳等[7]采用混合钇、铝硝酸热分解法制备了 YAG 粉体。但是，这种制备方法产生污染空气的氧化氮，并且费用很高。喷雾热解法[8,9]制备 YAG 粉体一般以硝酸盐为原料，以水、乙醇或其他的溶剂将反应原料配成溶液，再通过喷雾装置将反应液雾化并导入反应器中，在那里将前驱体溶液雾流干燥，反应物发生热分解或燃烧等化学反应生成 YAG 球形粉体。

3) 沉淀法

沉淀法制备 YAG 纳米粉体主要分共沉淀法和均相沉淀法两种。共沉淀法是在 Y、Al 混合盐溶液中添加沉淀剂(一般使用氨水或碳酸氢铵)，使 Y^{3+} 和 Al^{3+} 均匀沉淀，然后将沉淀物进行热分解得到所需的 YAG 粉体。均相沉淀法的特点是不外加沉淀剂，而是使沉淀剂(一般采用尿素)在溶液内缓慢生成，消除了沉淀剂的局部不均匀性。沉淀法由于方法简单，易于精确控制，成本较低，所得的粉体纯度高、粒径小、无团聚，是制备 YAG 粉体的常用方法。

Matsushita 等[10]以氯化铝和氯化钇为原料，以硫酸铝铵为分散剂，尿素为沉淀剂，采用均相沉淀法制备了 YAG 前驱体。图 3.3 是经过 110℃干燥后的 YAG 前驱体的 SEM 形貌。当尿素与 Al^{3+} 摩尔比为 150 的条件下，所得的前驱体由表面光滑的球形颗粒组成；当尿素与 Al^{3+} 摩尔比为 6.25 的条件下，所得的前驱体由形状不规则的颗粒组成的团聚体组成。

图 3.3　尿素均相沉淀法制备的 YAG 前驱体的 SEM 形貌
(a) 尿素与 Al^{3+} 摩尔比为 150；(b) 尿素与 Al^{3+} 摩尔比为 6.25

YAG 前驱体的颗粒状态(包括颗粒尺寸、表面状态和团聚状态等)会直接影响煅烧后所得 YAG 粉体的形貌。图 3.4 为高温煅烧后(1200℃保温 3 h)获得的 YAG 粉体的SEM 形貌照片。从图中可以看出，在尿素与 Al^{3+} 摩尔比为 150 的条件下，所得的 YAG 粉体由表面光滑、尺寸小于 200 nm 的颗粒组成；在尿素与 Al^{3+} 摩尔比为 6.25 的条件下，所得的 YAG 粉体的平均颗粒尺寸高达 600 nm 左右。

(a)　　　　　　　　　　(b)

图 3.4　高温煅烧后(1200℃×3 h)获得的 YAG 粉体的 SEM 形貌照片

(a) 尿素与 Al^{3+} 摩尔比为 150；(b) 尿素与 Al^{3+} 摩尔比为 6.25

Wang 等[11]以硝酸钇和硝酸铝为原料，以氨水为沉淀剂，采用共沉淀法制备了 YAG 前驱体。前驱体在 900℃煅烧获得颗粒尺寸仅为 20~30nm 的 YAG 纳米粉体。Li 等[12,13]也以硝酸钇和硝酸铝为原料，分别以氨水和碳酸氢铵为沉淀剂，采用共沉淀法制备了 YAG 纳米粉体，并在不添加烧结助剂的条件下真空烧结制备了 YAG 透明陶瓷。图 3.5

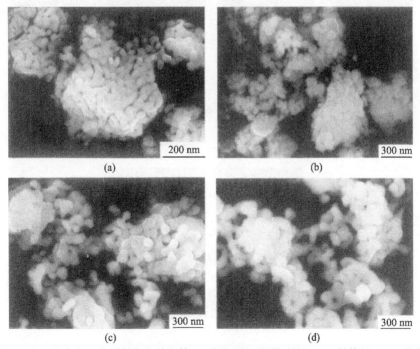

(a)　　　　　　　　　　(b)

(c)　　　　　　　　　　(d)

图 3.5　以氨水为沉淀剂制备的前驱体及不同温度下煅烧所得 YAG 粉体的 SEM 形貌

(a) 前驱体；(b) 1000℃；(c) 1100℃；(d) 1200℃

是以氨水为沉淀剂制备的前驱体及不同温度下煅烧所得 YAG 粉体的 SEM 形貌。从图中可以看出，前驱体是由纳米尺度一次颗粒组成亚微米硬团聚所构成，在不同温度下煅烧所得的 YAG 粉体团聚严重，形貌与前驱体近似。

图 3.6 是以碳酸氢铵为沉淀剂制备的前驱体及不同温度下煅烧所得 YAG 粉体的 SEM 形貌。从图中可以看出，该前驱体虽然也有明显的团聚，但其团聚程度远低于采用氨水为沉淀剂所制备的氢氧化物前驱体。在不同温度下煅烧所得的 YAG 粉体均具有较好的分散性，即使在 1200 ℃时晶粒明显长大，而粉体仍保持较好的分散性。

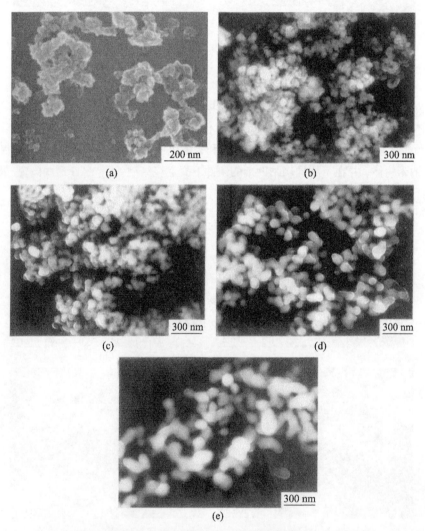

图 3.6　以碳酸氢铵为沉淀剂制备的前驱体及不同温度下煅烧所得 YAG 粉体的 SEM 形貌
(a) 前驱体；(b) 900℃；(c) 1000℃；(d) 1100℃；(e) 1200℃

　　李江等[14]以硫酸铝铵和硝酸钇为原料，以 NH_4HCO_3 为沉淀剂，采用共沉淀法制备了平均颗粒尺寸约为 40 nm，单分散、无团聚、形状规则的 YAG 纳米粉体，并且研究了 NH_4HCO_3 和氨水两种不同沉淀剂对前驱体的组成、热行为、相转变过程和形貌等的影响[15,16]。在氨水溶液中滴加 Y、Al 混合盐溶液，生成形式为 $5Al(OH)_3·3Y(OH)_3$ 的复合前驱体，因为在氨水溶液中，Al^{3+} 和 Y^{3+} 只与电离产生的 OH^- 结合。而在 NH_4HCO_3 溶液中滴加 Y、Al 混合盐溶液，生成碳酸盐或是氢氧化物是由溶液中电离的 CO_3^{2-}、OH^- 与金属离子的结合能力决定的。在 NH_4HCO_3 溶液中滴加 $NH_4Al(SO_4)$ 溶液，在不同的 pH 条件下可能生成 $NH_4Al(OH)_2CO_3$、$Al(OH)_3$ 两种物质，沉淀物的成分主要是由 NH_4HCO_3 在溶液中电离生成的 OH^- 和 CO_3^{2-} 两种离子与 Al^{3+} 的结合能力决定，该实验条件下生成的是 $Al(OH)_3$。在 CO_3^{2-} 浓度很高的 NH_4HCO_3 溶液中滴加 $Y(NO_3)_3$ 溶液，生成物一般可以表示为 $Y_2(CO_3)_3·nH_2O(n = 2~3)$，$n$ 的数值可由差热分析得到精确确定[17]。对前驱体做 X 荧光分析，结果表明其化学成分如下(分析结果以氧化物形式表示)：Al_2O_3, 23.8%(质量百分数，下同)；Y_2O_3, 33.3%；SO_3, 0.40%；SiO_2, 0.15%；Fe_2O_3, 0.13%。经计算得到前驱体中 $n(Al) : n(Y) = 4.8 : 3$，与化学计量 $5 : 3$ 比较接近。所以前驱体的组分为 $10[Al(OH)_3]·3[Y_2(CO_3)_3·nH_2O]$，结晶水的数目 n 可由 TG-DTA 得到较精确的验证。

　　图 3.7 是以 NH_4HCO_3 为沉淀剂生成的前驱体的 TG-DTA 曲线，样品质量损失是个连续的过程，TG 曲线中表现为连续下降。主要的质量损失发生在 400℃以下，几乎占了总质量损失的 60%，这是由于 NH_3、H_2O 分子的释放和部分 CO_3^{2-} 分解引起的。在更高温度下的质量损失，主要是由于 CO_3^{2-} 的进一步分解引起的。升温至 1200℃的过程中样品总的质量损失为 39.2%，与 $10[Al(OH)_3]·3[Y_2(CO_3)_3·2H_2O]$ 复合前驱体的理

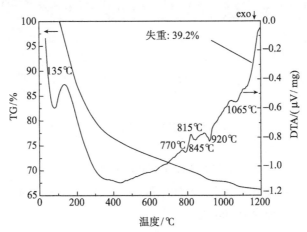

图 3.7　以 NH_4HCO_3 为沉淀剂制得的 YAG 前驱体的 TG-DTA 曲线

论失重 39.5%非常吻合。所以前驱体比较精确的组分为 10[Al(OH)$_3$]·3 [Y$_2$(CO$_3$)$_3$·2H$_2$O]，同时在这一过程中，DTA 曲线中出现 3 个吸热峰和 2 个放热峰。在 135℃出现较大的吸热峰，这主要是由于结晶水失去和吸附水蒸发引起的。在 770℃和 815℃出现的吸热峰分别是由 Al(OH)$_3$ 和 Y$_2$(CO$_3$)$_3$·2H$_2$O 分解引起的。在 845℃出现的放热峰是由 YAM(Y$_4$Al$_2$O$_9$)相的结晶引起的，在 920℃出现的放热峰是由 YAP(YalO$_3$)相的结晶引起的，在 1065℃出现的放热峰是由于 YAG 相的生成而引起。

图 3.8 是以 NH$_4$HCO$_3$ 为沉淀剂生成的前驱体及其经过不同温度煅烧后所得粉体的 XRD 图谱。从图中可以看出，前驱体为无定型相。经过 800℃煅烧所得粉体由立方 Y$_2$O$_3$ 和 Al$_2$O$_3$ 组成。900℃煅烧的粉体中开始出现 YAM 和 YAG 相，但主晶相仍为 Y$_2$O$_3$。在 1000℃和 1100℃煅烧，YAP 衍射峰强度增加，Y$_2$O$_3$ 衍射强度降低，YAG 相成为主晶相。经过 1200℃和 1300℃煅烧，除了还有极少量的 YAM 相，所有物相几乎全部转化成 YAG 相。使用谢乐公式计算 1000℃、1100℃、1200℃和 1300℃煅烧所得 YAG 粉体的晶粒尺寸，从（211）衍射峰计算出来的平均晶粒尺寸分别为 39nm、49nm、101nm 和 135nm。

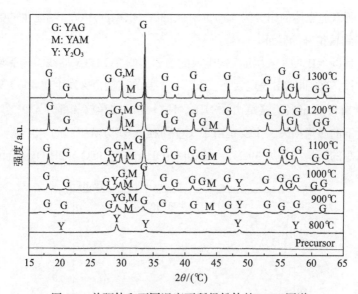

图 3.8   前驱体和不同温度下所得粉体的 XRD 图谱

图 3.9 是分别以 NH$_3$·H$_2$O 和 NH$_4$HCO$_3$ 为沉淀剂生成的两种前驱体经过 1000℃煅烧所得 YAG 粉体的 TEM 形貌图。从图中可以，两种 YAG 粉体的颗粒分散性较好，近似呈球形，平均粒径约为 100 nm。

Liu 等[18]以 Al(NO$_3$)$_3$·9H$_2$O、Y(NO$_3$)$_3$·6H$_2$O 和 Nd$_2$O$_3$ 为原料，MgO 和 TEOS 为烧

结助剂，NH₄HCO₃ 为沉淀剂，采用共沉淀法制备了 Nd:YAG 前驱体。图 3.10 是 Nd:YAG 前驱体的 TG-DTA 分析结果。从图中可以看出在 250~800℃宽的吸收峰是由于碳酸盐的分解，949℃的放热峰是由于 YAG 相的形成。TG 曲线上可以看出 900℃以上几乎没有失重发生。

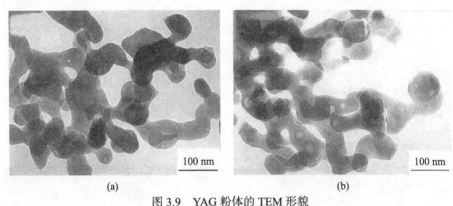

(a)　　　　　　　　　　　　　(b)

图 3.9　YAG 粉体的 TEM 形貌

(a) 沉淀剂 NH₃·H₂O；(b) 沉淀剂 NH₄HCO₃

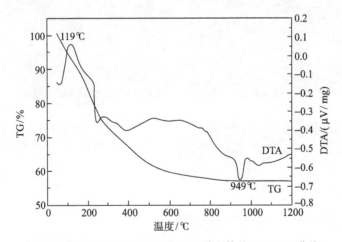

图 3.10　共沉淀法制备的 Nd:YAG 前驱体的 TG-DTA 曲线

图 3.11 是 Nd:YAG 前驱体以及不同温度下煅烧所得粉体的 XRD 图谱。从图中可以看出，800℃时，粉体为无定型；900℃时，粉体全部转变成立方 YAG 相；1000℃时衍射峰更加尖锐，说明晶粒尺寸变大。

图 3.12 是在 1000℃煅烧所得的 Nd:YAG 粉体(添加不同含量 MgO)的 SEM 形貌照片。从图中可以看出，不添加 MgO 的 Nd:YAG 粉体团聚严重，平均颗粒尺寸高达

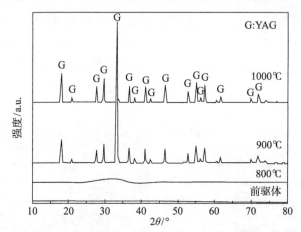

图 3.11 Nd:YAG 前驱体以及不同温度下煅烧所得粉体的 XRD 图谱

图 3.12 添加不同含量 MgO 所得 Nd:YAG 粉体的 SEM 形貌照片

(a) 不添加 MgO；(b) 添加 0.008 wt%MgO；(c)添加 0.01 wt%MgO；(d) 添加 0.012 wt%MgO

500 nm；添加 0.008 wt%MgO 所得的 Nd:YAG 粉体的团聚体尺寸约为 300 nm；添加

0.01 wt%MgO 所得的 Nd:YAG 粉体则团聚成 100 nm 椭圆形;当添加量超过 0.012 wt% 时，粉体团聚严重。

山东大学刘宏课题组在湿化学法合成 YAG(或 RE:YAG)纳米粉体方面也做了大量的探索性工作。Li 等[19]使用不同的沉淀剂以共沉淀法辅以超声分散制备了平均粒径仅为 15 nm 的 YAG 纳米粉体，同时也采用混合溶剂热法在低温(300℃)和低压(10 MPa)条件下合成了 YAG 纳米粉体，反应时间为 2 h 制备的 YAG 纳米粉体呈球形、分散性好、晶粒尺寸仅为 20~30 nm。随着反应时间延长至 3 h，YAG 纳米粉体发生团聚，颗粒形状也变得不规则。

4) 溶胶–凝胶法

溶胶–凝胶法[20,21]就是将金属氧化物或氢氧化物溶胶转变为凝胶，再将凝胶干燥后进行煅烧制得氧化物粉体的方法。该方法合成的粉体具有较高的化学均匀性和纯度，颗粒细，而且可以容纳不溶性或不沉淀组分。Fujioka 等[22]采用溶胶–凝胶法制备了双掺杂 Cr, Nd:YAG 粉体，并且研究了其发光性能。

De la Rosa 等[23]采用改良的溶胶–凝胶法在远低于共沉淀法的合成温度(800℃)下制备了纯 YAG 相纳米晶。这些 YAG 纳米晶的形状不规则、颗粒尺寸分布不均匀，大颗粒的尺寸约为 10 μm，而小颗粒的尺寸在 1~2 μm，如图 3.13(a)所示。图 3.13(b)是 1150℃热处理获得的 YAG 纳米晶的 AFM 形貌照片。从图中可以看出，粉体是由纳米晶组成的微米尺寸的团聚颗粒构成。

图 3.14 是 800℃和 1150℃两个温度下热处理获得的 YAG 粉体的 TEM 形貌。从图中可以看出，800℃热处理所得的 YAG 纳米晶尺寸非常细小，与 XRD 计算的结果吻合。在 1150℃热处理所得的 YAG 粉体的平均晶粒尺寸也仅有 96 nm。

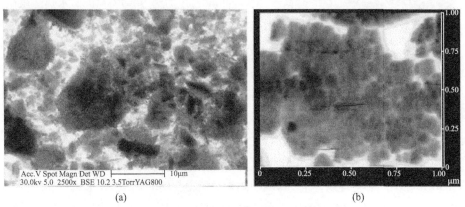

(a)　　　　　　　　　　　　　　　(b)

图 3.13　800℃热处理获得的 YAG 纳米晶的 SEM 形貌(a)和 1150℃热处理
获得的 YAG 纳米晶的 AFM 形貌(b)

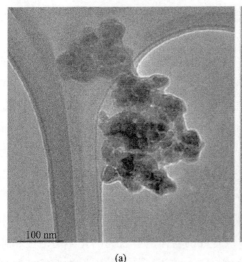 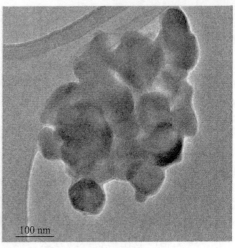

(a)   (b)

图 3.14   不同温度热处理所得 YAG 粉体的 TEM 形貌

(a) 800℃；(b) 1150℃

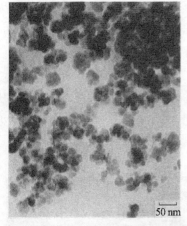

图 3.15   醇热处理(300℃)异丙醇铝和
醋酸钇所得 YAG 粉体的 TEM 形貌

但是，溶胶–凝胶法需要昂贵的醇盐作为原料，成本较高，并且凝胶干燥时会形成严重的团聚，所制备的粉体烧结性能较差。

5) 水热(溶剂热)法

水热合成粉体主要是利用氧化物在水中的溶解度小于氢氧化物在水中溶解度的原理来制备粉体[24,25]。水热合成 YAG 粉体的温度为 350~600℃，压力为 70~175MPa。水热法虽然能获得 YAG 纳米粉体，但产量较低，并且需要高温高压条件。溶剂热法和水热法类似，是用有机溶剂作为溶剂或分散剂，在高温高压的情况下制备粉体。Inoue 等[26]将化学计量配比的异丙醇铝和醋酸钇放在丁二醇中，采用醇热反应在 300℃合成了平均颗粒尺寸仅为 30 nm 的纯相 YAG 纳米粉体(如图 3.15 所示)。

Nishi 等[27]以相同的方法在300℃合成了平均颗粒尺寸为32 nm 的 Er:YAG 纳米晶。图 3.16 是在不同热处理条件下 Er:YAG 纳米晶所得粉体的 FESEM 形貌照片。从图中可以看出，随着热处理温度的提高，晶粒尺寸明显变大，但是晶粒尺寸随保温时间的变化则不是很明显。

图 3.16　不同热处理条件下所得 Er:YAG 纳米晶的 FESEM 形貌照片

(a) 800℃×6 h；(b) 800℃×24 h；(c) 1000℃×6 h；(d) 1000℃×24 h

张旭东等[28]利用铝和钇的硝酸盐为起始原料，用乙醇作分散剂，在 280℃保温 4 h 下合成了球形的 YAG 晶粒。在溶剂热反应过程中，溶剂中反应的前驱物通过溶解、脱水、析晶以及生长的过程直接形成 YAG 晶粒，无中间相形成，晶粒平均尺寸约为 80 nm，且尺寸分布均匀，晶粒间无团聚。

6) 燃烧法

燃烧合成法[29~33]是通过氧化剂(如金属硝酸盐)与有机燃料(尿素、柠檬酸、甘氨酸、碳酰肼和糖胶等)的放热反应实现的。Li 等[34,35]以硝酸钇、硝酸铝和硝酸钕为原料，以柠檬酸为燃料，采用凝胶燃烧法合成了不同掺杂浓度、不同颗粒尺寸和不同团聚程度的 Nd:YAG 纳米粉体。图 3.17 是不同组分的前驱体经 850℃煅烧所得 Nd:YAG 粉体的 FETEM 形貌照片。总的来讲，晶粒尺寸随着柠檬酸盐与硝酸盐摩尔比的增大而增大。

该方法的优点是合成粉体粒度小、结晶性好、合成温度低、反应过程时间短、过程简单[36]。但由于燃烧反应的突发性和剧烈性，反应过程不容易控制，合成的粉体颗粒形状不规则，团聚较严重。

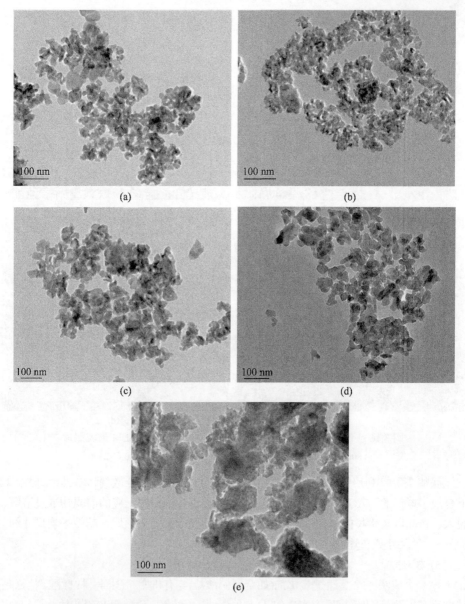

图 3.17　前驱体经 850℃煅烧所得 Nd:YAG 粉体的 FETEM 形貌照片

柠檬酸盐与硝酸盐的摩尔比：(a) 0.1；(b) 0.167；(c) 0.277；(d) 0.333；(e) 0.667

2. 烧结助剂

烧结助剂在激光透明陶瓷(如 Nd:YAG 陶瓷)的制备过程中起着关键性作用。在没有使用烧结助剂的情况下，很难获得高光学质量的 YAG 透明陶瓷。De With 等[37]发现无论是真空反应烧结高纯 Y_2O_3 和 Al_2O_3 混合粉体，还是直接真空烧结硫酸盐热分解法制备的 YAG 超细粉体，都使用了烧结助剂(前者为 SiO_2，后者为 MgO)才获得半透明的 YAG 陶瓷。Sekita 等[2]在均相沉淀法合成 Nd:YAG 纳米粉体的过程中也加入了氧化硅凝胶作为烧结助剂，然后真空烧结制备了 1.0%Nd:YAG 的透明陶瓷，逐步使其吸收系数由 2.5~3.0cm^{-1} 降低至 0.25cm^{-1}[3]。即使这样，Nd:YAG 的透明陶瓷样品中的微气孔浓度仍然比较高，所以难以实现激光输出。1995 年，Ikesue 等[1]在固相反应烧结颗粒尺寸小于 2 µm 的 Al_2O_3、Y_2O_3 和 Nd_2O_3 粉体的过程中使用了正硅酸乙酯(TEOS)作为烧结助剂。高质量的粉体原料结合优良的烧结助剂，Nd:YAG 透明陶瓷的光学质量出现质的飞跃，实现了高效连续激光输出。对于掺杂浓度为 1.2at%~7.2at%的 Nd:YAG 陶瓷，如果没有 TEOS 添加，Nd:YAG 陶瓷中第二相 $Y_{1-\sigma}Nd_\sigma AlO_3$ 的生成量随着钕掺杂浓度的提高而增加[38]。在 Nd:YAG 透明陶瓷制备工艺中引入 SiO_2 添加剂可以控制晶界移动速率，有效地阻止二次再结晶。在 YAG 透明陶瓷的制备过程中，也采用 MgO 作为烧结助剂。MgO 的作用机理如下：MgO 作为烧结助剂可以抑止晶粒异常生长，MgO 均匀分布于材料中且浓度低于在主晶相中的极限溶解度，这样它就不会以新的固相(非主晶相)在界面上析出；MgO 和 Al_2O_3 反应得到的镁铝尖晶石分布于 YAG 的晶粒之间，抑制了晶粒的长大；另外 MgO 的加入增大了结构缺陷，从而加速了气孔经晶界排出体外的传质过程[39]。但是 Mg^{2+} 或者 Si^{4+} 的引入会引起电荷不平衡(过剩负电荷或正电荷)和晶格畸变(离子半径失配)，应按照电荷补偿和离子半径补偿的要求进行调节。

　　中国科学院上海硅酸盐研究所以商业氧化物粉体为原料，以 TEOS 和 MgO 为烧结助剂，成功制备了 Nd:YAG、Yb:YAG、Tm:YAG、Ho:YAG、Er:YAG 和复合结构 YAG/Nd:YAG 等一系列高质量的激光透明陶瓷。Yang 等[40,41]同样采用 TEOS 和 MgO 复合烧结助剂制备了直线透过率大于 82%的 Nd:YAG 透明陶瓷。图 3.18 是使用不同烧结助剂制备的 Nd:YAG 透明陶瓷的直线透过率曲线，样品的烧结温度为 1780℃。从图中可以看出，使用 SiO_2、SiO_2+MgO 和 MgO 三组烧结助剂制备的 Nd:YAG 透明陶瓷在 1064 nm 处的透过率分别为 76.9%、83.8%和 48.2%。使用复合烧结助剂的 Nd:YAG 透明陶瓷的光学透过率远高于单独使用 SiO_2 和 MgO 烧结助剂的样品。

　　图 3.19 是使用不同烧结助剂制备的 Nd:YAG 透明陶瓷的热腐蚀抛光表面和断口形貌。使用 SiO_2 烧结助剂制备的样品的平均晶粒尺寸为 30 µm，有些晶粒发生异常长大，但是没有第二相存在。样品在大晶粒区域为穿晶断裂，而在小晶粒尺寸区域则是沿晶断裂方式。使用 SiO_2+MgO 复合烧结助剂制备的样品的平均晶粒尺寸仅为 10 µm，无明显的气孔和第二相存在，样品的断裂模式为穿晶断裂。使用 MgO 烧结助剂制备的

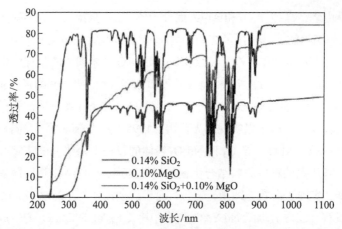

图 3.18　使用不同烧结助剂制备的 Nd:YAG 透明陶瓷的直线透过率曲线

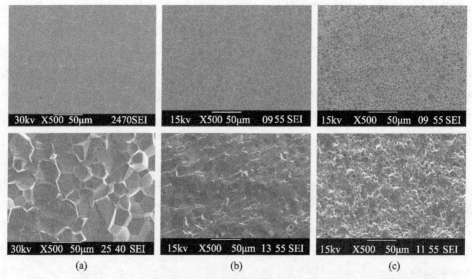

图 3.19　使用不同烧结助剂制备的 Nd:YAG 透明陶瓷的热腐蚀抛光表面和断口形貌

(a) SiO$_2$；(b) SiO$_2$ + MgO；(c) MgO

样品的平均晶粒尺寸仅为 3 μm，样品并非完全致密，在三叉晶界处有大量的气孔，导致样品的透过率不高。SiO$_2$+MgO 复合烧结助剂的添加不仅能有效地促进致密化，同时也能控制 Nd:YAG 透明陶瓷的晶粒尺寸，有力提高样品的光学透过率。

　　除了上面提及的几种烧结助剂，SiO$_2$+La$_2$O$_3$ 和 SiO$_2$+B$_2$O$_3$ 复合烧结助剂也可以用来制备高质量的 Nd:YAG 透明陶瓷。Liu 等[42]以高纯商业 α-Al$_2$O$_3$、Y$_2$O$_3$ 和 Nd$_2$O$_3$ 粉体为原料，以正硅酸乙酯(TEOS)和 La$_2$O$_3$ 为烧结助剂，采用固相反应和真空烧结 (1730℃×20 h)制备 Nd:YAG 透明陶瓷。图 3.20 是加入不同含量 La$_2$O$_3$(0 wt%、0.4 wt%、

0.8 wt%、1.2 wt%)和相同含量 TEOS(0.5 wt%)制备的 Nd:YAG 透明陶瓷的实物照片。从图中可以看出，四个样品均具有很好的透光性，透过样品可以清晰看到纸上面的字。

图 3.20　加入不同含量 La$_2$O$_3$(从左到右分别为：0 wt%、0.4 wt%、0.8 wt%、1.2 wt%)和相同含量 TEOS 制备的 Nd:YAG 透明陶瓷的实物照片

　　图 3.21 是添加不同含量 La$_2$O$_3$ 制备的 Nd:YAG 透明陶瓷的实物照片的直线透过率曲线，测试样品的厚度为 6 mm。四个样品在激光工作波长 1064 nm 处的直线透过率均在 82%以上。在 400 nm 处，添加 0 wt%、0.4 wt%、0.8wt%和 1.2 wt%La$_2$O$_3$ 所获得的 Nd:YAG 透明陶瓷的透过率分别为 79.7%、81.4%、82.5%和 79.6%。当 La$_2$O$_3$ 的添加量为 0.8 wt%时，样品在 200~1100 nm 的透过率最高。

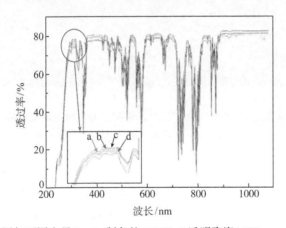

图 3.21　添加不同含量 La$_2$O$_3$ 制备的 Nd:YAG 透明陶瓷(Φ23 mm × 6 mm)的
实物照片的直线透过率曲线
a: 0 wt%；b: 0.4 wt%；c: 0.8 wt%；d: 1.2 wt%

　　图 3.22 是添加不同含量 La$_2$O$_3$ 制备的 Nd:YAG 透明陶瓷的热腐蚀抛光表面的 EPMA 形貌照片。从图中可以看出，当没有添加 La$_2$O$_3$ 时，样品的晶粒内部和晶界处均有微气孔存在，平均晶粒尺寸约为 13 μm；当 La$_2$O$_3$ 的添加量为 0.4 wt%时，除了气孔数量略有减少外，显微结构无明显的变化；当 La$_2$O$_3$ 的添加量为 0.8 wt%时，样品的

晶粒内部和晶界处几乎没有微气孔存在，晶粒尺寸减小为约 10 μm；当 La$_2$O$_3$ 的添加量继续增加至 1.2 wt%时，样品中重新出现较多数量的微气孔。适量 La$_2$O$_3$ 烧结助剂的添加可以有效降低烧结温度，减少晶粒尺寸，并且有利于气孔的排出。

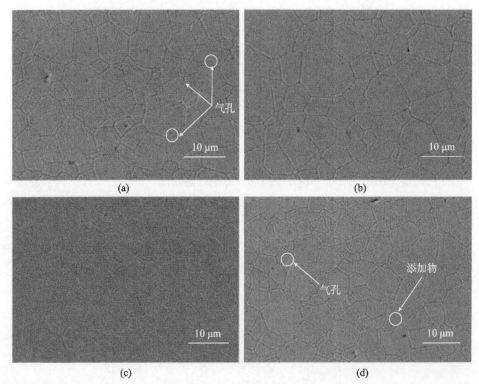

图 3.22 添加不同含量 La$_2$O$_3$ 制备的 Nd:YAG 透明陶瓷的热腐蚀抛光表面的 EPMA 形貌照片
(a) 0 wt%；(b) 0.4 wt%；(c) 0.8 wt%；(d) 1.2 wt%

Steveson 等[43]以高纯商业 α-Al$_2$O$_3$、Y$_2$O$_3$ 和 Nd$_2$O$_3$ 粉体为原料，以正硅酸乙酯 (TEOS)和三硼酸甲酯(B$_2$O$_3$ 源)为烧结助剂，采用固相反应烧结在较低的温度下制备了高质量的 Nd:YAG 透明陶瓷。图 3.23 是添加 0.34 mol% B$_2$O$_3$-SiO$_2$(B^{3+}:Si^{4+} = 0.5)复合烧结助剂，采用流延成型和真空反应烧结制备的 Nd:YAG 陶瓷的表面 FESEM 形貌。在 1600℃烧结，延长保温时间能完全排除气孔。烧结温度升至 1700℃，晶粒尺寸显著增大。

图 3.24 是分别以 SiO$_2$ 和 B$_2$O$_3$-SiO$_2$ 为烧结助剂，采用流延成型和真空反应烧结技术制的 Nd:YAG 陶瓷的直线透过率曲线。添加 SiO$_2$ 和 B$_2$O$_3$-SiO$_2$ 烧结助剂情况下的烧结温度分别为 1700℃和 1600℃，保温时间均为 8 h。这两个 Nd:YAG 透明陶瓷的平均晶粒尺寸分别为 20 μm 和 7 μm,样品在 400~1100 nm 范围内的直线透过率接近 84%。

B_2O_3 的加入显著降低了 Nd:YAG 透明陶瓷的烧结温度, 从而有效地细化了陶瓷的晶粒。

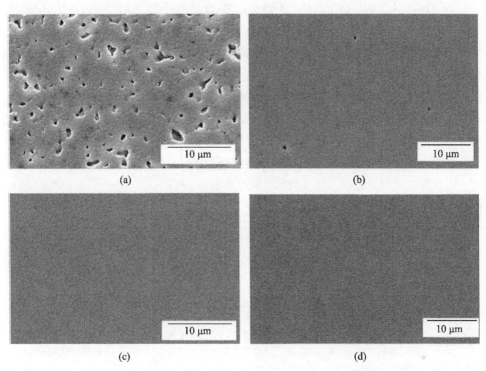

图 3.23　添加 0.34 mol% B_2O_3-SiO_2 复合烧结助剂制备的 Nd:YAG 陶瓷的表面 FESEM 形貌
(a) 1550℃×2 h; (b) 1600℃×2 h; (c) 1600℃×8 h; (d) 1700℃×2 h

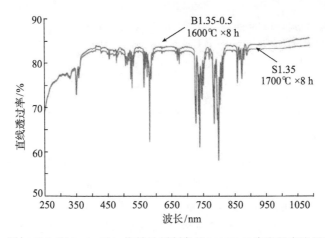

图 3.24　添加 SiO_2 和 B_2O_3-SiO_2 烧结助剂制备的 Nd:YAG 陶瓷的直线透过率曲线
S1.35 代表添加 1.35 mol% Si^{4+}; B1.35-0.5 代表添加 0.9 mol% Si^{4+}-0.45 mol%B^{3+}

3. 成型工艺

激光陶瓷的成型是烧结前的一个重要步骤,素坯的性能(如相对密度和结构均匀性等)直接影响烧结过程以及陶瓷的显微结构与光学性能。对于微米或是亚微米级粉体,通常可以采用传统干压成型结合冷等静压成型工艺。但是,对于湿化学法制备的纳米粉体,由于其极细的颗粒和巨大的比表面积给陶瓷素坯成型带来了极大的困难,不仅素坯密度低(主要是因为纳米粉体在单位体积上的颗粒接触点多,成型的摩擦阻力大),还经常会出现分层、开裂等问题,因此需要寻求不同于传统成型方法的新技术。激光陶瓷用纳米粉体的成型方法除了干法成型(包括冷等静压成型、超高压成型和橡胶等静压成型)外,还经常采用注浆成型、凝胶直接成型、凝胶浇注成型和流延成型等湿法成型方法。湿法成型工艺的主要分类和优缺点如表 3.1 所示。

表 3.1   湿法成型工艺的主要分类和优缺点

工艺类型	优点	缺点	商业化	备注
水基注模	简易,快速	黏度高,尺寸有限,发生热量传递	否	凝胶固化,环境友好
离心注浆	一步过滤成型	需要附加设备	否	离心力固化,适合管状元件
直接凝固	良好的流变性,无尺寸和壁厚限制,素坯密度高	添加剂昂贵,较窄的 pH 范围,有气体生成,素坯强度较低	是	凝聚固化,最终产品机械性能优异
电泳注浆	适用于梯度功能复合材料和涂层	对电流参数敏感	否	电泳固化,已应用在传统陶瓷领域
凝胶注模	应用广泛,无尺寸和壁厚限制	持久性有限,固化速率较慢,素坯密度较低	是	凝胶固化,应用于致密和多孔陶瓷
水解诱导	简易,快速,无尺寸和壁厚限制,素坯密度高	铝污染,有气体生成,素坯强度较低	是	水解固化,不适用于所有类型的陶瓷
压力注浆	快速	需要干燥工序,需要额外设备	否	压力梯度固化,应用于传统陶瓷
温度诱导	简易	发生热量传递,有气体生成	否	凝聚固化,技术较新

1) 干压成型

干压成型是制备激光陶瓷最常用的成型方法,就是将粉体装入金属模腔中,施以压力使其成为致密坯体。干压成型的常规方法包括单向加压、双向加压和振动加压等。干压成型的优点是生产效率高、废品率低,生产周期短,素坯密度大、强度高,适合大批量工业化生产;缺点是成型产品的形状有较大限制,坯体强度低,坯体内部致密度和结构不均匀等。冷等静压成型法是将较低压力下干压成型的素坯密封,在高压容器中以液体为压力传递介质,使坯体均匀受压。在激光透明陶瓷的制备中使用冷等静压成型不仅可以获得高的素坯密度，还可以压碎粉体中的团聚体。目前典型的冷等静压设备所能达到的最高压力为 550 MPa 左右。

在固相反应烧结制备的 YAG 透明陶瓷的断口形貌中发现，在同一片陶瓷的不同部位，晶粒尺寸不尽相同，甚至有很大的差异。晶粒尺寸大小及其分布与成型方式和素坯密度分布紧密相关。在单向压力压制的素坯中，相对密度从上往下依次递减，在冷等静压以后相对密度和密度的均匀性会有所提高，但密度仍然存在一定程度的不均匀分布[44]。图 3.25 是采用单向干压成型制备的 YAG 陶瓷的断口形貌。从图中可以看出，素坯密度的差异会影响到样品的晶粒尺寸和断裂方式。在素坯密度较大的区域，晶粒较细小，断裂方式以沿晶断裂为主；素坯密度较小的区域，晶粒较粗大，断裂方式以穿晶断裂为主。采用不同的样品放置方式都得到了类似的结果，可以排除温度场的影响，况且对于厚度为数毫米的样品，样品中的温度差异很小，可以忽略不计。

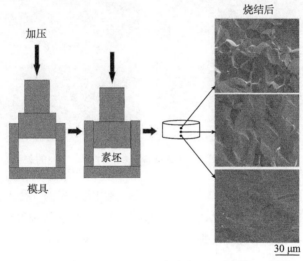

图 3.25　单向加压与晶粒尺寸分布之间关系的示意图

图 3.26 是干压时单向加压和双向加压对烧结后样品晶粒尺寸的影响。设定加压方向为垂直方向，横坐标为到样品中心的垂直方向的距离，纵坐标为横向(与加压方向垂直)一定长度内的平均晶粒尺寸。从图中可以看出，晶粒尺寸的分布与加压方式关系很大。单向加压时，沿加压方向样品的相对密度越来越低，相对密度最低的点偏向图中右侧，与晶粒尺寸大小的分布趋势相反。对于相对密度较低的区域，晶粒尺寸大。如图 3.26 中 A、B 两点所示，素坯密度大的 A 区域的平均晶粒尺寸为 20 μm 左右，而素坯密度小的 B 区域的平均晶粒尺寸则超过了 40 μm。双向加压时 YAG 陶瓷中心的相对密度最低，对应的晶粒尺寸最大，晶粒强度变弱，断裂方式主要为穿晶断裂；样品

表面区域的相对密度较高，晶粒尺寸相对较小，断裂方式以沿晶断裂为主。

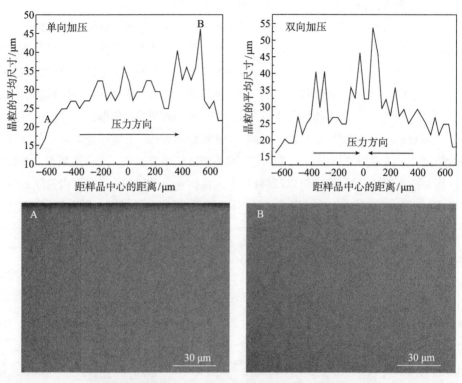

图 3.26　加压方式与 YAG 陶瓷晶粒尺寸分布之间的关系

在同一样品内部，晶粒尺寸较大的区域经常会出现较多的气孔，如图 3.27 所示。晶粒尺寸较大的区域存在很多晶内气孔，晶粒尺寸较小的区域则很少存在晶内气孔。大尺寸晶粒内气孔一旦形成就很难排出，小尺寸晶粒内区域的气孔一般位于晶界处，比较容易排出。

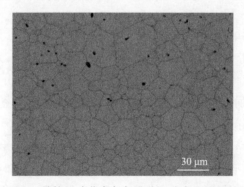

图 3.27　晶粒尺寸分布与气孔位置分布之间的关系

对于干压成型的样品，素坯的密度对最终烧成的 YAG 陶瓷的直线透过率影响较大。图 3.28 为不同素坯的相对密度对烧结后 Er:YAG 陶瓷直线透过率的影响。从图中可以看出，素坯的平均密度越高，Er:YAG 陶瓷的透过率也越高。

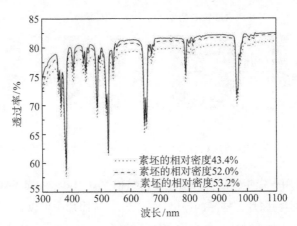

图 3.28　素坯的相对密度与烧结后 Er:YAG 陶瓷直线透过率之间的关系

但是必须指出的是，对于厚度不大的陶瓷素坯，干压成型获得的素坯的相对密度已经达到 48%~49%，而经过冷等静压处理后，相对密度只提高到 51%~52%。干压成型的素坯如果厚度不大的话，可以不用再冷等静压处理而直接真空烧结。图 3.29 为未经冷等静压的素坯经过真空烧结后获得的 1.0 at% Er:YAG 透明陶瓷的直线透过率曲线。从图中可以看出，样品的直线透过率已经接近其理论值。但是对于尺寸和厚度均较大的干压成型素坯，冷等静压后处理过程则不可或缺。

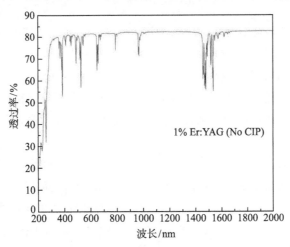

图 3.29　直接干压成型制备的 1 at% Er:YAG 陶瓷的直线透过率曲线

干压成型结合冷等静压后处理的成型方式不仅适合于单一组分的素坯成型，同时也适用于简单的复合结构成型。图 3.30 是采用干压成型制备层状复合结构 YAG/Nd: YAG/YAG 陶瓷素坯的示意图[45]。

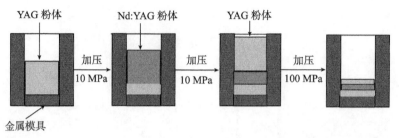

图 3.30 干压成型制备层状复合结构 YAG/Nd:YAG/YAG 陶瓷素坯的示意图

图 3.31 是采用陶瓷工艺制备的层状复合结构 YAG/1.0 at%Nd:YAG/YAG 透明陶瓷(1720℃×50 h)的实物照片，样品的厚度为 5 mm。从照片中可以看出，层状复合结构 YAG 透明陶瓷的光学透过性和光学均匀性均较好。

图 3.31 层状复合结构 YAG/1.0 at%Nd:YAG/YAG 透明陶瓷(Φ16 mm×5 mm)的实物照片

图 3.32 是层状复合结构 YAG/1.0 at%Nd:YAG/YAG 透明陶瓷的断口及热腐蚀抛光表面 EPMA 形貌。从图中可以看出，样品主要以穿晶方式断裂；平均晶粒尺寸为 15 μm，且分布均匀；晶粒内部和晶界处没有明显的杂质、气孔存在。系统地观察发现，YAG 陶瓷和 Nd:YAG 陶瓷之间不存在明显的界面，这说明干压成型和真空烧结技术制备的层状复合结构 YAG/Nd:YAG/YAG 激光陶瓷比单晶"焊接"技术制备复合结构更有优势。

干压成型结合冷等静压成型的方法同时也可以用来制备尺寸较大的复合结构 YAG 透明陶瓷。图 3.33 是复合结构 YAG/2.0 at%Nd:YAG 透明陶瓷的实物照片和直线透过率曲线[46]。从图中可以看出，样品中没有任何肉眼可见的宏观缺陷，样品在激光工作波长 1064 nm 处的直线透过率高达 83.6%，在可见光 400 nm 处的直线透过率高达 82%。

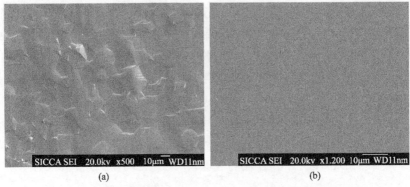

(a)　　　　　　　　　　　　　　(b)

图 3.32　层状复合结构 YAG/1.0 at%Nd:YAG/YAG 透明陶瓷的断口及
热腐蚀抛光表面的 EPMA 形貌

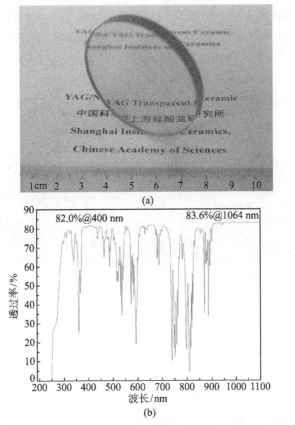

图 3.33　复合结构 YAG/2.0 at%Nd:YAG 透明陶瓷(Φ56 mm×6 mm)的实物照片(a)和
直线透过率曲线(b)

超高压成型是目前发展很快的成型方法，在透明陶瓷的成型中有一定的应用。成型压力越高，素坯密度越大，烧结温度也就越低，容易在较低的温度下获得致密的透明陶瓷。Kaygorodov 等[47]采用激光蒸发法制备了 Nd:Y$_2$O$_3$ 纳米粉体，为了防止烧结过程中的开裂，Nd:Y$_2$O$_3$ 纳米粉体在 800℃煅烧处理使其由单斜相转化成立方相。然后通过磁脉冲超高压力(1.6 GPa)成型制备陶瓷素坯，陶瓷素坯在 1700℃真空烧结获得致密的、平均晶粒尺寸为 30~40 μm 的 Nd:Y$_2$O$_3$ 透明陶瓷。Bagaev 等[48]也采用激光蒸发法制备了 Nd:Y$_2$O$_3$ 纳米粉体，然后采用磁脉冲超高压力成型制备了陶瓷素坯，陶瓷素坯经过真空烧结获得了气孔率低达 1 ppm 的 Nd:Y$_2$O$_3$ 透明陶瓷。但是超高压成型制备的陶瓷素坯容易出现开裂、密度不均匀等现象，在激光陶瓷制备中并没有得到广泛的应用。

2) 注浆成型

注浆成型在透明陶瓷的制备中也有广泛的应用，其主要工序为：将陶瓷粉料配成具有流动性的泥浆，然后注入多孔模具内(主要为石膏模)，水分在被模具(石膏)吸入后便形成了具有一定厚度的均匀泥层，脱水干燥过程中同时形成具有一定强度的坯体。注浆成型特别适合用于制备形状复杂、大尺寸和复合结构的样品。

2002 年，日本神岛化学公司(Konoshima chemical Co., Ltd)以共沉淀法制备的 Nd:YAG 纳米粉体为原料，使用注浆成型工艺和真空烧结工艺制备出光学性能优异的 Nd:YAG 陶瓷棒，其尺寸为 Φ4 mm×105 mm(如图 3.34 所示)。

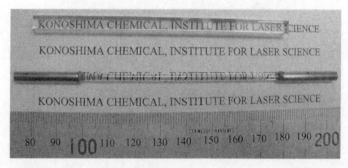

图 3.34   日本神岛化学公司采用注浆成型和真空烧结工艺制备的透明 Nd:YAG 陶瓷棒

中国科学院上海硅酸盐研究所[49]开发了一种利用注浆成型制备钇铝石榴石基透明陶瓷的方法。周军等[50]以无水乙醇作为分散介质，采用注浆成型工艺和真空烧结技术制备了光学质量良好的 YAG 透明陶瓷。双面抛光、厚度为 3 mm 的 YAG 透明陶瓷样品(烧结温度 1800℃，如图 3.35 所示)。在可见光范围内的直线透过率为 79%左右，在近红外波段的透过率为 80%左右(如图 3.36 所示)。

YAG 透明陶瓷样品的平均晶粒尺寸约为 30 μm，晶界处和晶粒内部均无杂质和第二相存在，但样品中仍有少量气孔残留。采用无水乙醇做分散剂进行注浆成型是一种

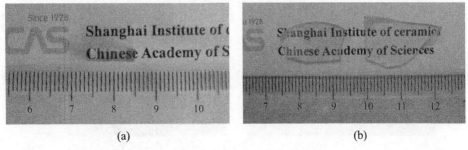

(a)　　　　　　　　　　　　　　　　　(b)

图 3.35　采用注浆成型制备的 YAG 透明陶瓷的实物照片((a)3 mm 厚，(b)1.5 mm 厚)

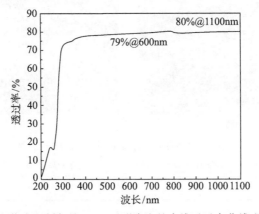

图 3.36　注浆成型制备的 YAG 透明陶瓷的直线透过率曲线(厚度 3 mm)

很有发展潜力的透明陶瓷成型方法。

　　与非水基注浆成型相比，水基注浆成型具有成本低、使用安全健康、便于大规模生产等优点。Appiagyei 等[51]以商业 Y_2O_3 和 α-Al_2O_3 为原料，以 PAA 为分散剂、PEG4000 为黏结剂、TEOS 为烧结助剂，利用柠檬酸调节 pH，采用注浆成型制备了陶瓷素坯。素坯在 600℃预处理以去除有机物，然后在 1800℃真空烧结获得 YAG 透明陶瓷。图 3.37 是采用注浆成型和真空烧结制备的 YAG 陶瓷的热腐蚀抛光表面形貌。当 PAA 的添加量为 0.1 wt%时，水基浆料的分散性好，陶瓷素坯的均匀性也好，最终烧结的 YAG 的相对密度高达约 100%。当 PAA 的添加量大于 0.15 wt%时，浆料的分散性变差，素坯的均匀性也降低，最终烧结的 YAG 中残留较多的气孔。

　　图 3.38 是采用水基注浆成型和真空烧结制备的 YAG 陶瓷和单晶的直线透过率曲线。添加 0.1 wt% PAA 的 YAG 透明陶瓷在 340~840 nm 波长的直线透过率均大于 80%，与单晶的透过率接近。随着 PAA 添加量的增加，浆料的稳定性变差，素坯密度的均匀性变差，导致烧结的 YAG 陶瓷中残留气孔增加，样品的直线透过率降低。总而言之，将注浆成型与纳米粉体制备技术和真空烧结技术结合起来制备激光透明陶瓷，将是一条很有前景的途径。

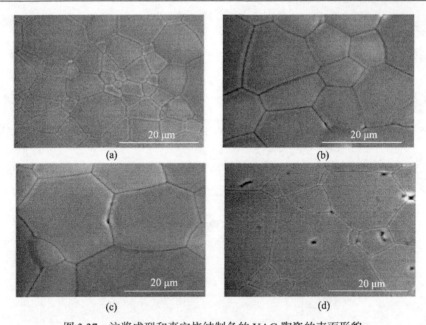

图 3.37　注浆成型和真空烧结制备的 YAG 陶瓷的表面形貌

(a) 添加 0.1 wt% PAA；(b) 添加 0.15 wt% PAA；(c) 添加 0.20 wt% PAA；(d) 添加 0.25 wt% PAA

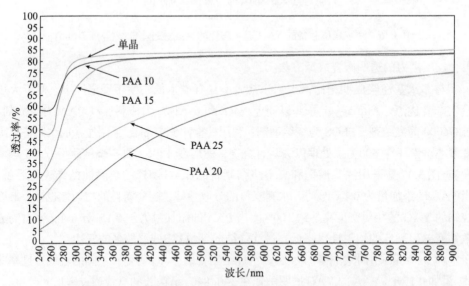

图 3.38　水基注浆成型制备的 YAG 透明陶瓷和单晶的直线透过率曲线样品的厚度为 1 mm

PAA10(添加 0.1 wt%PAA)；PAA15(添加 0.15 wt%PAA)；PAA25(添加 0.25 wt%PAA)；PAA20(添加 0.20 wt%PAA)

3) 流延成型

流延成型作为一种制备大面积薄平陶瓷材料的重要成型工艺而被广泛应用于电

子工业、集成电路和能源等领域。通过控制括刀高度可使基板厚度控制在 0.03~2.5 mm。通常它需要在陶瓷粉体中添加溶剂、分散剂、黏结剂和塑性剂等有机成分，通过球磨

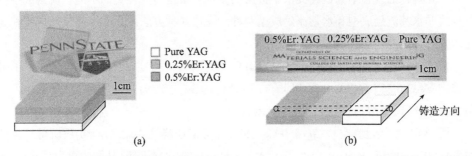

图 3.39　共流延成型技术制备复合结构 YAG/0.25Er:YAG/0.5 at%Er:YAG 透明陶瓷的示意图

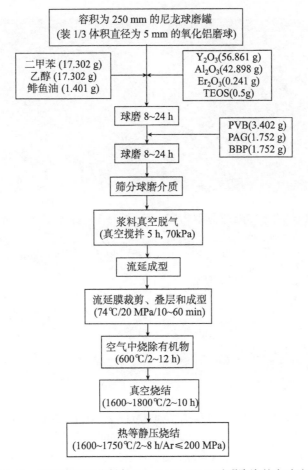

图 3.40　流延成型工艺制备 0.5 at% Er:YAG 透明陶瓷的实验流程

或用超声波分散的方法制得分散均匀的浆料，然后在流延机上用括刀制成一定厚度的素坯膜，素坯膜通过干燥、叠层、排胶和烧结制成符合要求的多层复合材料。流延工艺为激光陶瓷的复合结构设计提供了极大的便利。根据溶剂种类的不同，流延成型可以分为非水基流延成型和水基流延成型两种。在这两种方法中，非水基流延成型首先在激光陶瓷上获得了突破。

Kupp 等[52]以 Y_2O_3、$\alpha\text{-}Al_2O_3$ 和 Er_2O_3 粉体为原料，采用共流延成型技术制备了复合结构 YAG/0.25 Er:YAG/0.5 at% Er:YAG 透明陶瓷(图 3.39)。图 3.40 是流延成型工艺制备 0.5 at% Er:YAG 透明陶瓷的实验流程。

图 3.41 是经过真空烧结(1650℃×4 h)和热等静压烧结(1675℃×8 h)后所得复合结构 YAG/0.25 at% Er:YAG/0.5 at% Er:YAG 透明陶瓷的 SEM 形貌。从图中可以看出 YAG陶瓷、0.25 at% Er:YAG 陶瓷和 0.5 at% Er:YAG 陶瓷的平均晶粒尺寸分别为 2.1 μm、

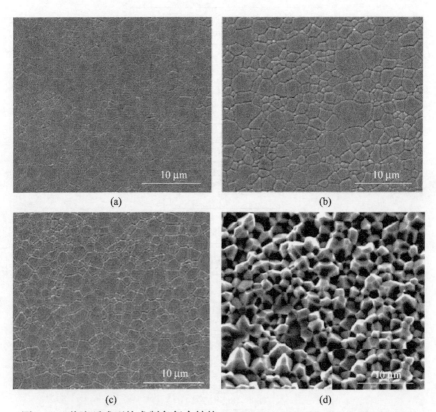

图 3.41　共流延成型技术制备复合结构 YAG/0.25 at% Er:YAG/0.5 at% Er:YAG
透明陶瓷的 SEM 形貌

(a) YAG 陶瓷表面；(b) 0.25 at% Er:YAG 陶瓷表面；(c) 0.5 at% Er:YAG 陶瓷表面；
(d) 0.5 at% Er:YAG 陶瓷断口

2.2 μm 和 2.0 μm，样品非常致密、结构均匀。样品各部分在激光工作波长 1645 nm 处的直线透过率均达到 84%，与单晶的透过率相接近。

图 3.42 是垂直纸面放置的复合结构 YAG/0.25 at% Er:YAG/0.5 at% Er:YAG 陶瓷激光棒的实物照片。由于陶瓷激光棒的长度为 62 mm，上端面与纸面之间的距离大，所以只有样品下面的部分图像能够清楚地聚焦。通过陶瓷激光棒，下面的图像仍然很清晰，所以样品具有较好的光学质量。

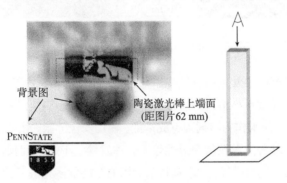

图 3.42　垂直纸面放置的复合结构 YAG/0.25 at%Er:YAG/0.5 at%Er:YAG 透明陶瓷的实物照片

Tang 等[53]以颗粒尺寸为 5 μm、200 nm 和 3 μm 的高纯 Y$_2$O$_3$、α-Al$_2$O$_3$ 和 Yb$_2$O$_3$ 粉体为原料，以鱼油为分散剂、重量比为 1:1 的乙醇和二甲苯为溶剂、PAG 和 BBP 为塑化剂、PVB 为黏结剂，采用球磨工艺制备不同组分的流延浆料。流延机上用括刀制成一定厚度的素坯膜，素坯膜通过干燥、叠层、排胶和烧结制成了 YAG/20 at% Yb:YAG/YAG 组分的陶瓷素坯。素坯经过真空烧结(1730℃×30 h)获得了复合结构 YAG/20 at%Yb:YAG/YAG 透明陶瓷(图 3.43)。图 3.44 是该复合结构透明陶瓷表面和截面(垂直各组分平面)的显微结构照片。从图中可以看出，样品中残余气孔很少，没有观察到明显的晶粒异常长大现象，平均晶粒尺寸约为 5 μm。

图 3.43　复合结构 YAG/20 at% Yb:YAG/YAG 透明陶瓷的实物照片

图 3.44　复合结构 YAG/20 at%Yb:YAG/YAG 透明陶瓷表面和截面的 SEM 形貌照片

非水基流延制膜中常用的有机溶剂有乙醇、丁酮、三氯乙烯、甲苯等。使用有机溶剂制得的料浆黏度低，溶剂挥发快，干燥时间短。缺点在于有机溶剂多易燃有毒，对人体健康不利。而水作为溶剂则有成本低、使用安全健康、便于大规模生产等优点。其缺点在于：①对粉体颗粒的润湿性较差，挥发慢，干燥时间长；②料浆除气困难，气泡的存在影响基板的质量；③水基料浆所用的黏结剂多为乳状液，市场上产品较少，黏结剂的选择受制；④某些陶瓷材料能与水反应[54]。中国科学院上海硅酸盐研究所在水基流延成型制备 YAG 激光透明陶瓷方面开展了大量的工作并取得了重大进展，所得的 YAG 透明陶瓷在 1064 nm 处的直线透过率已高于 80%[55]。

4. 烧结工艺

激光透明陶瓷主要采用无压烧结和热等静压烧结两种烧结技术来制备，在无压烧结过程中通过改变工况条件，例如真空或者还原性气氛(一般为氢气)来促进微气孔的排除达到高度致密化[56~62]。

无压烧结是陶瓷烧结工艺中最简单的一种烧结方法。它是指在正常压力下具有一定形状的陶瓷素坯在高温下经过物理化学过程变为致密、坚硬的具有一定性能的烧结体的过程。烧结驱动力主要是自由能的变化，即粉末表面积减少、表面能下降。无压烧结过程中物质传递可通过固相扩散来进行，也可通过蒸发凝聚来进行。气相传质需要把物质加热到足够高的温度以便有可观的蒸气压，对一般陶瓷材料作用甚小。对于某些单靠固相烧结无法致密的材料，经常采用添加少量烧结助剂的方法，在高温下生成液相，通过液相传质来达到烧结的目的。无压烧结是在没有外加驱动力的情况下进行的，所得材料性能相对于热压工艺的要稍差一些。但工艺简单，设备制造容易，成本低，易于制备复杂形状制品和批量生产。

由于无压烧结可以制备大和复杂的陶瓷构件，能够大量和低成本生产所以被认为工业上最有效的生产方法，无压烧结的烧结机理目前仍然没有完全弄清楚。

当没有外力作用，烧结时材料的线收缩可以由下式表示

$$\varepsilon_\rho(T,t) = \frac{BD(T)\phi^{(m+1)/2}\Sigma}{G(T,t)^m kT} \tag{3.4}$$

式中，ε_ρ 为线收缩率，它是温度和时间的函数；B 为常数；D 为与温度相关的扩散系数；ϕ 为应力强化系数；Σ 为烧结应力；$G(T,t)$ 为依赖于温度和时间显示晶粒粗化的函数；k 为玻尔兹曼常量；m 为扩散机理相关的指数。

那么对于稳定的烧结升温速率，式(3.4)中晶粒尺寸与温度和时间的关系就由下式表示

$$G^n(T,t) = G_0^n + \frac{I}{\beta}\int_{T_0}^{T}\exp\left(-\frac{Q_d}{kT}\right)dt + \frac{J}{\beta}\int_{T_0}^{T}\exp\left(-\frac{Q_{nd}}{kT}\right)dt \tag{3.5}$$

式中 I、J、Q_d 和 Q_{nd} 都是常数。由于被积函数仅是温度的函数，当 $G^n \gg G_0^n$，式(3.5)可以简化为

$$G^n = \frac{1}{\beta}f(T) \tag{3.6}$$

$f(T)$ 为温度函数；β 为升温速率。

因此，在没有外来的作用下，并且 $G^n \gg G_0^n$，式(3.4)可以简化成

$$\varepsilon_\rho \approx \beta \times f(T) \tag{3.7}$$

所以说无压烧结的致密化在很大的程度上依赖于烧结温度，当然烧结活化剂和坯体的填充密度对材料的最终烧结致密度也会产生一定的影响。

要制备高质量的激光透明陶瓷，一般需要使用真空烧结工艺。Ikesue 等[1]首次使用固相反应和真空烧结技术制备了能够实现高效连续激光输出的 Nd:YAG 透明陶瓷。中国科学院上海硅酸盐研究所也采用相同的烧结工艺制备了结构均匀、致密、晶界干净、无第二相的 Nd:YAG 透明陶瓷，如图 3.45 所示[63]。

Zhou 等[64]采用固相反应和真空烧结技术制备了不同掺杂浓度，具有高光学透过率的 Er:YAG 透明陶瓷，图 3.46 是双面抛光后样品的实物照片。从图中可以看出样品呈粉红色，并且随 Er 掺杂浓度的增加，呈现的颜色也越来越深。不同掺杂浓度的 Er:YAG 透明陶瓷在可见光波段的直线透过率均大于 82%[65]。

法国的 Rabinovitch 等[66]以商业氧化物粉体为原料，采用固相反应制备了 2.0 at% Nd:YAG 透明陶瓷，并实现了连续激光输出，最高的斜率效率为 10%。美国宾西法尼亚州立大学 Messing 研究小组[67]采用固相反应烧结工艺成功制备了不同掺杂浓度、高质量的 Nd:YAG 透明陶瓷，并且研究了其烧结致密化和晶粒生长行为。图 3.47 是不同掺杂浓度的 Nd:YAG 透明陶瓷(1800℃×16 h)的热腐蚀抛光表面形貌。从图中可以看

出，所有样品均完全致密、无气孔，掺杂浓度对 Nd:YAG 透明陶瓷晶粒尺寸的影响不明显。意大利陶瓷科学技术研究所的 Esposito 等[68]也以高纯的、微米氧化物粉体为原料，采用冷等静压和注浆成型工艺制备了 YAG 陶瓷素坯，最后用真空烧结技术制备了 YAG 透明陶瓷。

(a)   (b)

图 3.45　Nd:YAG 透明陶瓷的断口 EPMA 和 HRTEM 形貌照片

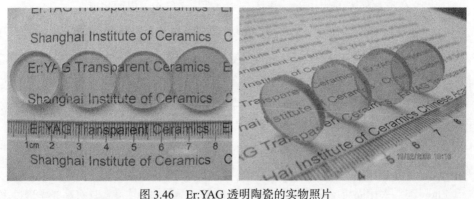

图 3.46　Er:YAG 透明陶瓷的实物照片

双面抛光，厚度为 2 mm，Er 的浓度从左至右依次为 1 at%、5 at%、10 at%、15 at%、
30 at%、50 at%、70 at%和 90 at%

在稀土离子掺杂 YAG 陶瓷的烧结过程中，烧结温度、保温时间和升温速率等均会对材料的致密度、显微结构和光学透过率等产生明显的影响[16,69]。图 3.48 是真空烧结 1.0 at%Nd:YAG 陶瓷的相对密度与烧结温度的关系。从图中可以看出，致密化过程主要发生在 1550~1700℃；致密化速度最快的阶段是 1550~1650℃，相对密度迅速从 75.7%上升到 95%，在 1650~1720℃是个缓慢的致密化过程，相对密度仅从 95%上升至 99.4%；继续提高烧结温度，Nd:YAG 陶瓷的密度几乎保持不变。

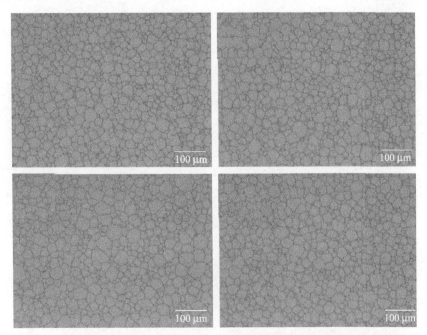

图 3.47　真空烧结(1800℃×16 h)Nd:YAG 透明陶瓷的热腐蚀抛光表面形貌照片

(a) 0；(b) 1 at%；(c) 3 at%；(d) 5 at%

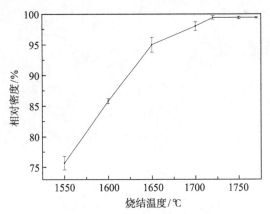

图 3.48　真空烧结 1.0 at%Nd:YAG 陶瓷的相对密度与烧结温度的关系

　　图 3.49 是在 1720℃真空烧结 1.0 at%Nd:YAG 陶瓷的相对密度与保温时间之间的关系。从图中可以看出，保温时间从 2 h 增加到 5 h，Nd:YAG 陶瓷的相对密度迅速从 97.1%上升到 98.9%；保温时间为 10 h 时，相对密度增加到 99.4%；保温时间延长至 30 h，相对密度缓慢增加到 99.8%；继续增加保温时间，相对密度几乎不再发生变化。

　　图 3.50 是在不同温度下烧结的 1.0 at%Nd:YAG 陶瓷的热腐蚀抛光表面 EPMA 形

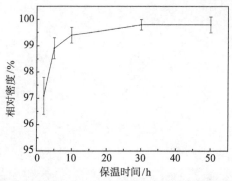

图 3.49　真空烧结 1.0 at%Nd:YAG 陶瓷的相对密度与保温时间之间的关系

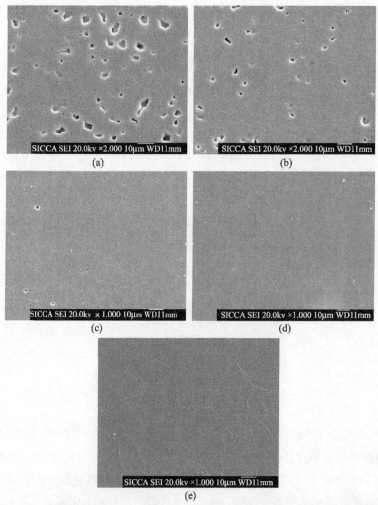

图 3.50　不同温度下烧结 1.0 at%Nd:YAG 陶瓷的热腐蚀抛光表面 EPMA 形貌
(a) 1550℃；(b) 1600℃；(c) 1650℃；(d) 1700℃；(e) 1720℃×10 h

貌图。从图中可以看出，在 1550℃烧结的 Nd:YAG 陶瓷中存在大量的气孔，平均晶粒尺寸约为 5 μm；在 1600℃烧结的 Nd:YAG 陶瓷中气孔的数量有所减少，晶粒尺寸几乎没有变化；当烧结温度为 1650℃时，大量气孔被排除，仅少量残留在晶界处，平均晶粒尺寸也增大到 10 μm 左右；当烧结温度为 1700℃时，气孔几乎完全被排除，平均晶粒尺寸上升到 15 μm 左右；继续提高烧结温度至 1720℃，残留的微量气孔进一步被排除，晶粒尺寸增大并不明显；当继续升高烧结温度，样品产生"玻璃化"现象。

　　图 3.51 是不同保温时间下烧结的 1.0 at%Nd:YAG 陶瓷的热腐蚀抛光表面 EPMA 形貌，烧结温度为 1720℃。从图中可以看出，随着保温时间的延长，Nd:YAG 晶粒长大，残留气孔进一步排除。保温时间为 2 h、5 h、30 h 和 50 h 的 1.0 at%Nd:YAG 陶瓷的平均晶粒尺寸分别约为 7 μm、10 μm、15 μm 和 20 μm。保温时间为 30 h 的 Nd:YAG 陶瓷样品具有较高的致密度和均匀的晶粒尺寸。

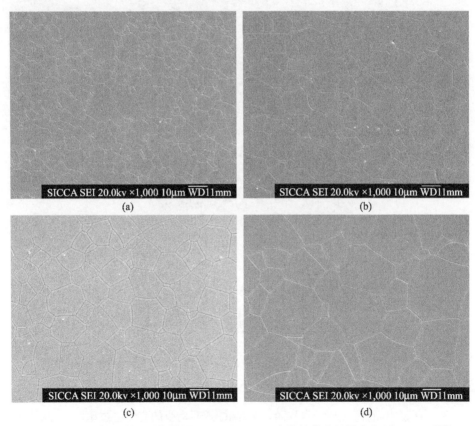

图 3.51　不同保温时间下烧结的 1.0 at%Nd:YAG 陶瓷的热腐蚀抛光表面 EPMA 形貌

(a) 1720℃×2 h；(b) 1720℃×5 h；(c) 1720℃×30 h；(d) 1720℃×50 h

　　除了烧结温度和保温时间，烧结时的升温速率对 Nd:YAG 陶瓷的显微结构和光学透过率产生明显的影响。图 3.52 是采用不同升温速率所制备的 Nd:YAG 透明陶瓷的热腐蚀抛光表面 EPMA 形貌[70]。随着升温速率的升高，样品的晶粒尺寸增大，晶内和晶界气孔增多。升温速率为 1℃/min 时，晶粒均匀缓慢生长，为气孔的排除提供了充裕的时间，显微结构致密，无明显的气孔存在，晶粒尺寸均匀，平均晶粒尺寸约为 10 μm (图 3.52(a))。当升温速率为 2℃/min 时，部分晶粒尺寸显著增大，最大晶粒尺寸约为 20 μm，晶粒内和晶界处出现少量气孔(图 3.52(b))。当升温速率为 5℃/min 时，样品的晶粒尺寸与升温速率为 2℃/min 时相似，但是除了残余气孔，样品中出现了明显的富钇第二相(图 3.52(c))。

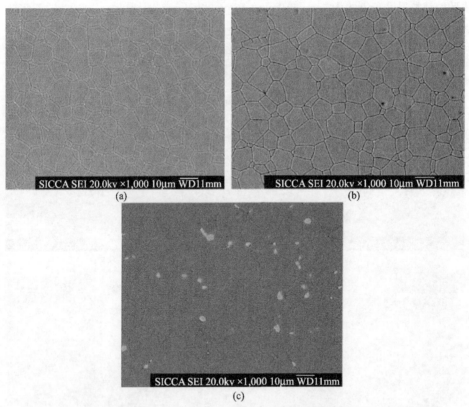

图 3.52　不同升温速率制备的 Nd:YAG 透明陶瓷的热腐蚀抛光表面 EPMA 形貌
(a) 1℃/min；(b) 2℃/min；(c) 10℃/min

　　图 3.53 是不同升温速率下制备的 Nd:YAG 透明陶瓷的直线透过率曲线。从图中可以看出，升温速率分别为 1℃/min、2℃/min 和 5℃/min 情况下制备的样品在 400 nm 处的透过率分别是 82.4%、81.2%和77.9%。微气孔和第二相的产生会显著影响 Nd:YAG

透明陶瓷在低波段的透过率。相比微气孔，第二相对 Nd:YAG 透明陶瓷的光学透过率的影响更加显著。

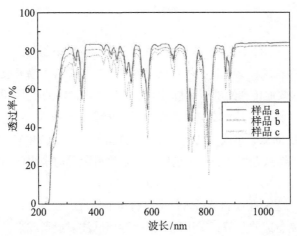

图 3.53　不同升温速率制备的 Nd:YAG 透明陶瓷的直线透过率曲线

(a) 1℃/min；(b) 2℃/min；(c) 5℃/min

　　热等静压烧结工艺是制备激光陶瓷的另一种有效方法。热等静压是一种使材料在加热过程中经受各向均衡的气体压力，在高温高压同时作用下使材料致密化的烧结工艺。1955 年由美国首先研制成功，20 世纪 70 年代开始运用在陶瓷烧结领域。它不需要刚性模具来传递压力，从而不受模具强度的限制，可选择更高的外加压力。随着设备的发热元件、热绝缘层和测温技术的进步，热等静压设备的工作温度已达到 2000℃或更高，气体压力为 300~1000 MPa。热等静压烧结设备主要包括：高压容器、高压供气、加热、冷却、气体回收、安全和控制系统等。由于热等静压是用高压气体将压力作用于试样，因此具有连通气孔的陶瓷素坯是不能直接进行热等静压烧结，必须先进行包套处理，称为包套 HIP，又称直接 HIP 法。同时也可以对已烧结到 93%~94% 以上相对密度的陶瓷部件进行热等静压的后处理，称为 Post-HIP，即无包套 HIP。

　　通常气孔、杂质、表面粗糙度、表面缺陷等是影响陶瓷材料的重要因素。例如材料的强度可以由下式表示

$$\sigma = \frac{Z}{Y}\left(\frac{2E\varpi}{C}\right)^{1/2} \tag{3.8}$$

式中，Y 为与缺陷深度和被测试体几何形状有关的无量纲系数；Z 为与缺陷形状有关的无量纲系数；C 为表面缺陷的深度尺寸；E 为弹性模量；ϖ 为断裂能。

　　HIP 产生高致密产品主要有两种方法：①直接包封密度达到 50%~80% 理论密度的

样品，然后进行高温等静压；②直接高温等静压密度已达到 95%理论密度以上的样品。高温等静压的主要作用是：①颗粒的破裂和重新排列；②接触颗粒的变形重排；③单独气孔的收缩。

1) 包套 HIP

对包套材料的要求：①良好的耐高温性，在烧结温度下不与制品发生反应，在冷却过程容易与制品脱离；②优良的可焊性，容易密封且焊缝不易开裂；③良好的可变形性，压力可以有效地传递给受压材料且不应引起陶瓷素坯的变形；④足够大的黏度，当包套采用熔化材料时，其黏度应足够大，不至于渗入烧结体。包套用材料主要有用于较低的 HIP 温度的低碳钢或不锈钢；对于陶瓷材料尤其是碳化硅、氮化硅等通常用 Mo、W、Ta 等高熔点金属或石英玻璃作为包套材料。目前采用玻璃包套技术已经成功制备出燃气轮机用的涡轮转子等复杂形状的制品。

包套 HIP 的工艺：①粉料置备，包括原料粉末处理、加入各种添加剂、加入黏结剂后混合造粒或制备成浆料等；②干压、冷等静压、注射成形或浆料浇注成形，制备出尺寸形状精确和密度一致的陶瓷素坯；③排除黏结剂；④包套；⑤热等静压；⑥去除包套；⑦制品表面处理。

在热等静压过程中，可根据烧结材料、包套材料及 HIP 设备来选择不同的烧结方法，例如：①先加热到烧结温度，再升到所需压力；②先加到一定压力，再升到烧结温度，再升到所需压力；③在室温下先加到预定烧结温度时的所需压力，然后升温到烧结温度。

在 HIP 过程中，可以根据烧结材料选择不同的高压气体，最常用的是氩气。碳化硅、氮化硅等非氧化物陶瓷也常选用氮气作高压介质；对于氧化物陶瓷也用氧气作高压介质；氢气和甲烷主要用于金属材料的 HIP。

2) 无包套 HIP 技术

无包套 HIP 技术是将陶瓷烧结体直接放在炉膛中热等静压，它的主要作用是对陶瓷烧结体的后处理，例如消除材料中的剩余气孔、愈合缺陷和表面改性等。此方法有一个必要的条件是陶瓷烧结体不含有连通和开口气孔，即一般来讲陶瓷烧结体需要达到其理论密度的 93%以上。HIP 后处理只能减少烧结体中剩余气孔的数量和大小，即消除小气孔、缩小大气孔的尺寸，而不能改变晶粒及第二相的分布。如果陶瓷烧结体的潜在的断裂源是气孔，则 HIP 后处理能够改善其断裂强度；如果陶瓷烧结体的潜在的断裂源是存在第二相或由异常晶粒长大引起的粗晶，则 HIP 后处理不能提高材料的强度。HIP 后处理的效果强烈地依赖于陶瓷烧结体的显微结构，其烧结体必须具有一个均匀细密的显微结构，即晶粒尺寸必须小而均匀，剩余的气孔数量少、尺寸小。直径为 R 的闭口气孔在压力 P 下进行热等静压后处理所需的时间 t 可用下式表示

$$t = kTR^2 / 2D_L \Omega P \tag{3.9}$$

式中，k 为玻尔兹曼常量，T 为 HIP 温度，D_L 为晶格扩散系数，Ω 为原子体积。由此可见气孔消除时间与气孔直径的平方成正比。

　　与传统的无压烧结方法和热压烧结方法相比，热等静压烧结的优点在于：①降低烧结温度和减少烧结时间，避免材料在高温和长时间烧结中引起晶粒的异常长大、二相物质生成、不同组分间的反应、高温分解等；②提高材料性能，尤其是高温性能，主要是可以避免过多的使用烧结助剂即减少甚至消除晶界玻璃相的生成等。HIP 也可有效地减少甚至排除全部气孔，特别是大尺寸气孔，并能消除在常规烧结方法中无法排除的颗粒三角区域的封闭气孔；③由于 HIP 技术是各向均衡加压，因此可以装备复杂形状和较大尺寸的制品。表 3.2 是 HIP 的一些方法和它的应用。

表 3.2　HIP 的一些方法及应用

方法	应用
压力注入	液相物质注入石墨预制件、多孔陶瓷和复合材料
扩散接合	金属–陶瓷和陶瓷–陶瓷的接合，金属基复合材料
粉体固化	透明陶瓷、$BaTiO_2$ 电介质、氮化硅结构陶瓷、大氧化铝容器、超耐热合金
热等静压后处理	切割工具–陶瓷或碳化物、多层电容器、磁性铁电体、金属陶瓷
热等静压烧结	金属陶瓷、陶瓷切割工具、钛合金
超高压烧结	耐热金属、陶瓷

　　采用热等静压制备激光陶瓷已经有一些成功的例子。2009 年，美国宾夕法尼亚州立大学的 Lee 等[71]采用真空烧结结合热等静压(HIP)的工艺，在添加 SiO_2 烧结助剂只有 0.02 wt%的情况下获得了晶粒尺寸为 2~3 μm 的 Nd:YAG 透明陶瓷。研究还发现，热等静压烧结(1675℃×4 h，200 MPa)的 1.0 at%Nd:YAG 透明陶瓷晶粒尺寸与 SiO_2 添加量有关。当 SiO_2 的添加量小于 0.08%时，晶粒生长的机理是固相扩散，所以晶粒生长随着 SiO_2 的添加变化不明显。当 SiO_2 的添加量高达 0.14%时，晶粒生长的机理是液相扩散，此时晶粒生长速度快，如图 3.54 所示。

　　总的来说，影响透明陶瓷烧结的因素很多，主要包括起始颗粒尺寸和团聚状态、烧结温度、保温时间、升温速率、烧结气氛和压力等。对于烧结温度而言，温度升高引起颗粒的蒸气压增高，扩散系数增大，黏度降低，从而促进了蒸发–冷凝、离子和空位扩散以及颗粒重排和黏性塑性流动过程使烧结加速。对于烧结时间而言，延长烧结时间对黏性流动机理的烧结比较明显，而对体积扩散和表面扩散机理影响较小。不合理地延长烧结时间，有机会加剧二次再结晶作用，反而得不到充分致密的制品。对起始颗粒尺寸而言，减小陶瓷颗粒度则粉体的总表面能增大因而会有效加快烧结，尤

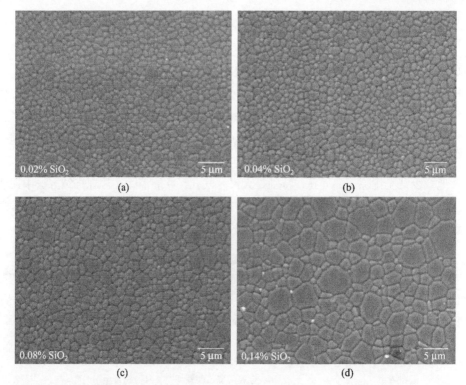

图 3.54　热等静压烧结(1675℃×4 h，200 MPa)1.0 at%Nd:YAG 透明陶瓷晶粒尺寸
与 SiO₂ 添加量的关系
(a) 0.02%；(b) 0.04%；(c) 0.08%；(d) 0.14%

其是对扩散和蒸发–冷凝机理。就烧结压力的影响而言，烧结后期坯体中闭气孔的气体压力增大，抵消了表面张力的作用，此时，闭气孔只能通过晶体内部扩散来填充，而体积扩散比界面扩散要慢得多。压力可以提供额外的推动力以补偿被抵消的表面张力，使烧结得以继续和加速。这是由于当外加剪切力超过物质的非牛顿型流体的屈服点时颗粒将出现流动，传质速度加大，闭气孔通过物质的黏性或塑性流动得以消除。对于烧结气氛而言，气氛不仅影响陶瓷本身的烧结，也会影响添加物的效果。烧结气氛的作用具体表现在如下两个方面。

1) 物理作用

在烧结后期，坯体中孤立气孔逐渐缩小，压力增大，逐步抵消了作为烧结推动力的表面张力作用，烧结趋于缓慢，使得在通常条件下难以达到完全烧结。这时继续致密化除了由气孔表面过剩空位的扩散外，闭气孔中的气体在固体中的溶解和扩散等过程起着重要作用。当烧结气氛不同时，闭气孔内的气体成分和性质不同，它们在固体中的扩散、溶解能力也不相同。扩散系数与气体分子尺寸成反比。例如在氢气氛中烧结一般比在氮气氛中烧结有利于闭气孔的消除。

2) 化学作用

主要表现在气氛物质和烧结体之间的化学反应。通常在烧结由正离子扩散控制时，氧化气氛或者氧分压较高有利于烧结，这是由于氧被烧结物质表面吸附或者发生化学反应，使晶体表面形成正离子缺位型的非化学计量化合物，正离子空位增加，扩散和烧结被加速，同时闭气孔中的氧可以直接进入晶格，并和带负电价氧空位一样沿表面进行扩散。而在负离子扩散控制时，还原气氛或较低的氧分压将导致带负电价氧离子空位产生并且促进烧结。

5. 退火工艺

稀土离子掺杂 YAG 透明陶瓷的退火工艺通常在空气或是在氧气气氛中进行，退火工艺不仅对 YAG 透明陶瓷的表观产生影响，同时也会对样品的光学和光谱特性能产生影响。

图 3.55 是真空烧结的 1.3 at%Nd:YAG 陶瓷(1720℃×50 h)经双面抛光后的实物照片[72]。退火前的样品颜色呈暗红色，而退火后样品的颜色呈淡紫色，且具有更好的透光性和光学均匀性。

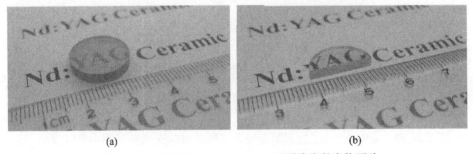

(a)　　　　　　　　　　　　　　　　　　　(b)

图 3.55　双面抛光 1.3 at%Nd:YAG 透明陶瓷的实物照片
(a) 未退火；(b) 退火后(1450℃×20 h)

图 3.56 为双面抛光的 1.3 at%Nd:YAG 陶瓷(1720℃×50 h)退火前后的透过率曲线。从图中可以看出，退火前后样品在激光工作波段 1064 nm 处的直线透过率分别为 80.7%和 82.4%。退火前的样品在可见光范围内的透过率较红外波段有较大幅度的下降；退火后的样品在可见光和红外波段的透过率基本保持一致。

相对于 Nd:YAG 透明陶瓷，退火工艺对 Yb:YAG 透明陶瓷的影响更加明显[73]。图 3.57 为 1 at%Yb:YAG 透明陶瓷退火前后的实物照片。从图中可以看出，无论是退火前还是退火后，Yb:YAG 陶瓷都是非常的透明，透过陶瓷样品可以清晰的看到后面的字迹。退火前的样品为蓝绿色，退火后样品为无色。Yb:YAG 透明陶瓷由于是在真空条件下烧结所得，样品处于缺氧状态，也就是还原性气氛，所以样品中的镱离子主要为 Yb^{2+}，样品呈现为蓝绿色。当 Yb:YAG 陶瓷样品在空气中(氧化性气氛)中长时间退火处理后，Yb^{2+}全部被氧化成 Yb^{3+}，样品就由蓝绿色转变成无色透明。

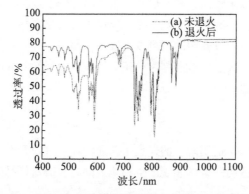

图 3.56   1.3 at%Nd:YAG 透明陶瓷退火前后的透过率曲线

(a) 未退火；(b) 退火后(1450℃×20 h)

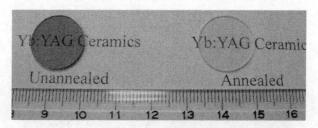

图 3.57   1 at%Yb:YAG 透明陶瓷退火前后的实物照片

图 3.58 为 1 at%Yb:YAG 透明陶瓷退火前后的吸收光谱。从图中可以看出，退火

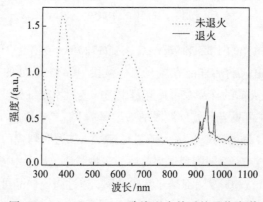

图 3.58   1 at% Yb:YAG 陶瓷退火前后的吸收光谱

后 Yb:YAG 陶瓷在 916 nm、941 nm、968 nm 处有强的吸收峰，对应于 Yb^{3+}的 $^2F_{7/2} \rightarrow$ $^2F_{5/2}$ 跃迁。其中最强的吸收峰为 941 nm，因此适合 LD 的泵浦，无需严格的温度控制即可获得相匹配的 LD 泵浦源的泵浦波长。退火前，陶瓷样品的吸收峰比较多，除了在 850~1050 nm 有吸收峰以外，在 380 nm 和 640 nm 处还有两个很强的吸收峰。这主要是因为 Yb:YAG 陶瓷是在真空还原性气氛下烧结，镱离子主要以 Yb^{2+}的形式存在，同时样品中还存在氧空位等缺陷。380 nm 处的吸收对应于 Yb^{2+}的吸收，而 640 nm 处的吸收是由于氧空位引起的。

6. 抛光工艺

抛光工艺对 YAG 透明陶瓷的表面形貌和光学透过率有明显的影响。采用普通级抛光工艺，YAG 透明陶瓷的表面容易有划痕、凹坑等缺陷。而激光级光学表面加工能显著减少样品的表面起伏和划痕，提高光学透过率。图 3.59 是复合结构 YAG/2.0 at%Nd: YAG 透明陶瓷的直线透过率曲线。样品的尺寸为 Φ56 mm×6 mm，其中 YAG 陶瓷部分的厚度为 4 mm，2.0 at%Nd:YAG 陶瓷部分的厚度为 2 mm。从图中可以看出，激光级抛光工艺能显著提高样品的光学质量。普通级抛光样品和激光级抛光样品在激光工作波长 1064 nm 处的直线透过率分别为 81.2%和 83.6%，在可见光波段 400 nm 处的透过率分别为 79.0%和 82.0%[46]。

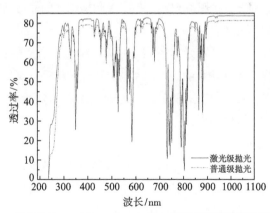

图 3.59　复合结构 YAG/2.0 at%Nd:YAG 透明陶瓷的直线透过率曲线

原料的选择、烧结助剂的选择和用量的控制、混合工艺、成型工艺、烧结工艺、后处理工艺和加工工艺等都会影响 YAG 透明陶瓷的显微结构和光学质量。要使 YAG 陶瓷达到高度透明，制备工艺必须满足下面的要求[16]：①原料的纯度高，粉体的颗粒细小且分散性好；②烧结助剂的添加能够促进烧结，有利于气孔的排除，抑制晶粒异常生长，同时又不会出现新相；③原料和烧结助剂能够均匀混合，但又尽可能不引入杂质；④干压后的素坯再进行冷等静压成型，使素坯具有较高的致密度和均匀性；⑤烧结制度有利于气孔排除，防止晶粒异常生长和形成晶内气孔；⑥合理的退火制度，有利于残余应力和氧空位的消除；⑦高精度的光学加工，减少表面起伏和划痕造成入射光损耗。

3.1.2 倍半氧化物透明陶瓷的制备与微结构

倍半氧化物主要包括 Y_2O_3、Sc_2O_3 和 Lu_2O_3，由于这三种物质无论是结构、性能还是制备方法上都具有相似性，所以可以用 Y_2O_3 作为代表来阐述倍半氧化物透明陶瓷的制备方法和显微结构。氧化钇透明陶瓷的制备方法主要有两种：①采用湿化学法制备高烧结活性的 Y_2O_3 超细粉体，然后在不添加任何烧结助剂的情况下烧结获得透明陶瓷；②以商业高纯 Y_2O_3 粉体为原料，添加一定量的烧结助剂，利用球磨工艺处理陶瓷粉体，然后在高温下烧结获得透明陶瓷。接下来将从粉体的选择与合成、烧结助剂的选择和用量的控制、成型技术、烧结技术等方面来探讨 Y_2O_3 透明陶瓷的制备工艺。

1. 粉体的选择与合成

高质量粉体的选择是获得高性能透明陶瓷的关键。粉体的尺寸、粒径分布、形状以及颗粒的团聚状态都会直接影响到致密化行为和烧结体的显微结构[74]。理想的陶瓷粉体的性能包括[75]以下几方面。

1) 亚微米尺寸

烧结驱动力正比于粉体颗粒的表面曲率，与粉体的粒径呈反比。但是过细粉体的表面处于不稳定状态，极易产生团聚而较难处理。通常选择颗粒尺寸为亚微米的粉体作为制备氧化钇透明陶瓷的原料。

2) 较窄的尺寸分布

相对较窄的或者单一的粒径分布可以更好地避免差分收缩的发生。较大的粉体颗粒由于本身就相对致密，在成型过程中发生比周围环境小的收缩，导致成型体中应力的存在，这样的应力会继承到烧结过程中，导致烧结后样品微观结构的不均匀分布。

3) 形状均一

形状均一的粉体颗粒容易排列紧密，使得在致密化过程中物质传输具有最近的路线和最高的速率。并且，均一的形状可以使得粉体在干燥和烧结过程中能够各向同性地线性收缩。

4) 无团聚或少团聚

颗粒团聚首先会使粉体的比表面积减少、烧结活性下降、烧结难度增加。其次在烧结时团聚体内部和外部会按照不同的烧结速率分别烧结，即差分烧结，导致大气孔和裂缝的产生。

5) 化学纯度高

高的化学纯度是得到透明陶瓷的前提。极少量杂质相的存在，容易在烧结体中产生大量的散射中心而导致陶瓷不透明。同时，杂质离子的引入，容易使透明陶瓷发生吸收损耗，降低其光功能特性。

6) 最大的本体颗粒密度

粉体颗粒必须具有最大的本体密度，尽可能少的气孔含量。具有内部气孔的颗粒不是理想的透明陶瓷粉体，容易在烧结过程中在陶瓷内形成晶粒内包裹气孔。

氧化钇粉体的制备方法包括：沉淀法、燃烧法、喷雾热解法、乳液膜法、溶胶-凝胶法、化学气相沉积法等。以下就几种常见的方法逐一介绍。

1) 沉淀法

利用沉淀法制备陶瓷氧化物粉体涉及两个步骤：①首先是通过沉淀的方法将溶液中的金属离子沉淀出来，得到前驱体；②然后通过煅烧使前驱体分解，得到氧化物粉体。在溶液中沉淀出前驱体通常分为两个过程：首先是形成晶核，然后是晶核生长。这两个过程都受化学过饱和度的影响。在沉淀过程中颗粒尺寸分布主要是受到反应速率、成核速率、晶核生长速率以及团聚速率的影响。　煅烧过程主要发生的物理和化学变化有：①热分解，除去化学结合水，CO_2，NO_x 等挥发性杂质，在较高温度下，氧化物还可能发生固相反应，形成有活性的化合状态；②再结晶，可得到具有一定的晶形、大小、孔结构和比表面的晶粒。Ikegami 等分别通过氨水[76]和碳酸氢铵[77]对硝酸钇进行滴定，得到片层状碱式硝酸钇和纳米棒状碳酸钇前驱体。经过煅烧，得到球形纳米粉体，粉体尺寸在 50~100 nm，只有少量软团聚的存在。

由于沉淀法制备过程中，反应太快，成核和生长过程很难控制，且在沉淀剂加入过程中容易导致局部的不均匀性，因此常规的的沉淀法很难获得单分散的粉体。利用均相沉淀方法可以较容易地制备出分散良好的微米/亚微米尺寸的球形颗粒[78]。均相共沉淀法是指在溶液中加入某种试剂[75]，使其在适宜的条件下从溶液中均匀地生成沉淀剂，并且与溶液中的其他离子结合发生沉淀的方法。而一般的滴定沉淀过程是通过逐滴加入沉淀剂配合快速搅拌来控制颗粒的成核与长大的。与滴定沉淀过程不同，在均相沉淀时，沉淀离子在反应发生的瞬间已经均匀分布(分子尺度)在溶液之中，因此通过对反应条件的控制，可以使得晶粒同时成核，同时长大，得到大小均一的粉体颗粒。但是如果成核的过程与晶核生长过程交替发生，那么只能保证同一批成核的粉体颗粒大小相同，总体看，粉体颗粒尺寸依然不是均一的。所以应尽量使得反应中的成核过程完成后再开始晶核生长。利用尿素在加热过程中缓慢水解，从而在溶液中慢慢产生沉淀剂并参与反应的均相沉淀方法可以较容易地制备出分散良好的微米/亚微米尺寸的球形颗粒，Sordelet 和 Matijevic 等在此方面进行了深入的研究。Silver 等[79]通过在均相沉淀过程中引入 EDTA 作为络合剂，实现了单分散的、粒径可控的球形 RE:Y_2O_3:纳米发光材料的制备，通过控制 EDTA 的量，可以控制球形颗粒的粒径在 60~800 nm 变化[80]。

2) 燃烧法

燃烧法合成氧化物粉体是通过氧化剂如金属离子的硝酸盐和有机燃料的放热反应而实现的,常用的燃料有尿素(CH_4N_2O)、糖胶($C_2H_5NO_2$)、甘氨酸($C_2H_5NO_2$)和卡巴肼(CH_6N_4O)等[81~84]。由于燃烧过程中会放出大量的气体，这样可以有效防止粉体颗粒之间的团聚和晶粒的生长，从而保证所获得的粉体晶粒尺寸小、比表面积高。通过选择氧化剂和燃料的比例可以很好地控制最终的火焰燃烧温度，从而有效控制所获得的粉体的晶粒大小。此外，某些离子很难找到合适的沉淀剂而形成沉淀，通过燃烧合成则可解决这一问题，如 Li^+等[78]。Tao 等[85]采用甘氨酸和稀土硝酸盐为起始原料，采用燃烧法合成了 Eu^{3+}:Y_2O_3 纳米粉体，通过控制不同的甘氨酸/尿素的比例获得了 8 nm，40 nm 和 70 nm 的 Eu^{3+}:Y_2O_3 粉体。

燃烧法由于反应过程迅速而剧烈，很容易造成粉体的硬团聚和有机物的残留，烧结活性较差，燃烧过程中放出 NO 和 NO_2 等有毒气体会造成大气的污染。还有，燃烧合成过程中，各个位置的火焰燃烧温度并不一致，这很容易造成粉体在局部显微结构上的不均匀。

3) 喷雾热解法

喷雾热解法可以制备颗粒尺寸为微米和亚微米级的氧化物粉体，具体制备工艺为：先将原料化合物配制成溶液或胶体溶液，然后在超声振荡作用下雾化成气溶胶状雾滴，在载气的输运下到达高温热解炉中，在很短的时间内，雾滴发生溶剂蒸发、溶质沉淀、干燥和热解反应，最后得到相应的纳米晶粉体[78]。Kang 等采用该方法成功合成了不同粒径的球形 Eu^{3+}:Y_2O_3 粉体。研究发现，随着溶液浓度从 0.03 mol/L 增加到 1.5 mol/L，Eu^{3+}:Y_2O_3 粉体的粒径由 0.3 μm 变为 1.2 μm，且球形微粒表面光滑，无团聚，粒度分布范围窄[86,87]。

喷雾热解法最大的缺点是所制备的球形颗粒多数是空心的，通常需要在喷雾热解过程中加入柠檬酸和聚乙二醇等聚合物，使高温喷雾分解过程中液滴形成黏稠的凝胶，从而最终获得实心的或密实度相对较高的球形颗粒粉体。

4) 微乳液法

微乳液通常由表面活性剂、助表面活性剂、溶剂和水(或水溶液)组成。在此体系中，两种互不相溶的连续介质被表面活性剂双亲分子分割成微小空间形成微型反应器，其大小可控制在纳米级范围，反应物在体系中反应生成固相粒子。由于微乳液能对纳米材料的粒径和稳定性进行精确控制，限制了纳米粒子的成核、生长、聚结、团聚等过程，从而形成的纳米粒子包裹有一层表面活性剂，并有一定的凝聚态结构。两种互不相溶的溶剂在表面活性剂的作用下形成乳液，在微泡中经成核、聚结、团聚、热处理后得纳米粒子，其特点是粒子的单分散和界面性好。Hirai 等[88]通过水/油/水(W/O/W)乳液膜法制备出一系列不同种类稀土离子掺杂的高分散性 Y_2O_3 纳米粉体，其主要步骤如下：首先采用 Span 83 为表面活性剂，VA-10/DTMBPA/Cyanex 272 为萃取剂，制备出包含稀土离子的 W/O/W 乳液，再从外层的水相萃取出稀土离子，并使其进入内层的水相，从而形成 20~60 nm 粒径的球形草酸盐前驱体。通过在 700℃下煅烧 5 h，最终得到氧化物纳米发光粉体。

微乳液法与其他制备方法相比，具有明显的优势和先进性，是制备单分散纳米粒子的重要手段，近年来得到了很大的发展和完善。

5) 溶胶凝胶法

溶胶–凝胶法是在高纯、常温、缓和和可控速的反应条件下，通过金属醇盐、无机盐或配合物等溶液的水解、聚合、缩聚、胶溶、凝胶化、干燥、热解等步骤获超细粉体的一种方法。Soo 等[89]采用该方法成功合成了晶粒尺寸在 2.5~5.5 nm 的 Tb:Y_2O_3 纳米粉体。具体制备包括：首先采用金属 Na 与异丙醇反应生成异丙醇钠，再将其与 YCl_3 和 $TbCl_3$ 反应获得异丙醇钇和异丙醇铽，然后再将其放入过量的正丁醇中进行共沸蒸馏，最后得到含不同 Tb^{3+} 掺杂浓度的晶粒尺寸在 2.5~5.5 nm、分散性良好的纳米晶颗粒。

采用溶胶–凝胶法能够制备出颗粒尺寸均一、性能良好的 Y_2O_3 纳米粉体，过程易控制，但通常需要价格昂贵的金属醇盐作为原料，因此应用范围受到了一定的限制。

6) 水热合成法

水热合成法是指在一定的温度和压力条件下，利用水溶液中物质化学反应所进行的合成方法。在亚临界和超临界水热条件下，由于反应处于分子水平，反应性提高。Sharma 等[90]往氯化钇和氨水反应后的溶胶中加入氧化钇晶种，再经过水热反应得到颗粒尺寸为 44 nm 的 Y_2O_3 纳米粉体，一次粒径大小为 12 nm。该粉体具有高达 197m²/g 的比表面积。

水热反应具有均相成核的特点，合成的粉体产物纯度高，分散性好、粒度易控制。但是水热合成法的产量低下，很大程度限制其应用范围。

7) 化学气相沉积法

化学气相沉积法(CVD)也是一种常用的纳米粉体合成方法，通过控制反应腔内压力和靶的距离可以较好地实现对所获得的粉体粒径的控制。Konrad 等[91]以 $Y(C_{11}H_{19}O_2)_3$ 和 $Eu(C_{11}H_{19}O_2)_3$ 作为前驱体，采用一种改进了的 CVD 法成功合成出晶粒尺寸仅 10 nm 左右、软团聚的立方相 $Eu:Y_2O_3$ 纳米粉体。

稀土离子掺杂 Y_2O_3 透明陶瓷制备不仅要求合成的粉体具有较高的烧结活性，同时希望粉体制备能实现批量化以满足后续透明陶瓷烧结的需要。所以在上述 Y_2O_3 粉体的合成方法中，沉淀法在 Y_2O_3 透明陶瓷制备工艺中具有综合性优势。许多科研工作者[16,75,78,92]在沉淀法合成 Y_2O_3 粉体上做了大量的探索性工作。李江[16]采用沉淀法合成了 Y_2O_3 纳米粉体，具体制备工艺为：首先将适量的 Y_2O_3(纯度 99.99%)粉体溶解于浓 HNO_3(超级纯)中，加入去离子水稀释，配制浓度为 0.15 mol/L 的 $Y(NO_3)_3$ 溶液，添加适量的 $(NH_4)_2SO_4$(分析纯)到配制好的 $Y(NO_3)_3$ 溶液中。使用氨水($NH_3 \cdot H_2O$，分析纯)作为沉淀剂，所用的浓度为 1.0M 和 2.0M。将配制好的氨水溶液以 3ml/min 的速度逐渐滴加到不断搅拌的 $Y(NO_3)_3$ 溶液中，直至溶液最终的 pH 为 8.0 左右。继续搅拌 30min，静置陈化 24 h，然后将所得到的沉淀液置于布氏漏斗中抽滤，并用去离子水洗涤 3~5 次，以除去吸附在粉体表面的 NH_4^-、NO_3^-等，经无水乙醇(分析纯)洗涤 2~3 次并抽滤后，将所得滤饼置于烘箱中在 90℃的温度下干燥 24 h 得到疏松的前驱体。最后将干燥后的前驱体于氧化铝研钵中研磨并过 200 目筛，于空气中在 600~1200℃下煅烧 2 h，获得所需的 Y_2O_3 粉体。

图 3.60 是以 $NH_3 \cdot H_2O$ 为沉淀剂所制备的 Y_2O_3 前驱体的 TG-DTA 曲线[93]。从 DTA 曲线中可以发现，在 111℃、310℃和 543℃附近出现 3 个明显的吸热峰，相应的 TG 曲线上显示 8.6%、10.0%和 14.8%三个明显的失重。在 800~1000℃几乎没有失重，而在 1000~1200℃又出现 2.2%的失重。

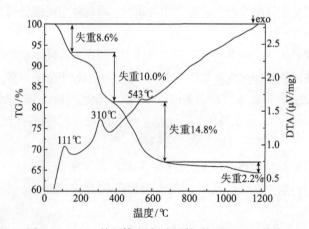

图 3.60 Y_2O_3 前驱体(添加硫酸铵)的 TG-DTA 曲线

　　图 3.61 是前驱体经过不同温度煅烧后所得粉体的 XRD 图谱。从图中可以看出，经过 500℃煅烧所得的粉体已经开始晶化，其 XRD 图谱与纯的立方 Y_2O_3 结构(JCPDS No. 43-1036)一致，没有其他衍射峰存在；提高煅烧温度至 800℃，晶化更为完全；进一步提高煅烧温度，随着 Y_2O_3 晶粒尺寸的长大，衍射峰更加尖锐。

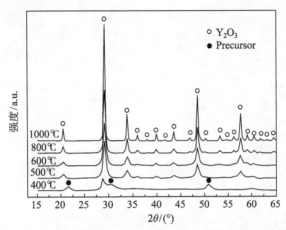

图 3.61　前驱体在不同温度下煅烧 2 h 后得到的粉体的 XRD 图谱

　　图 3.62 是 Y_2O_3 前驱体及其在不同温度下煅烧所得粉体的 FTIR 图谱。经过 500℃煅烧的粉体已经出现 Y-O 键的特征振动，表明 Y_2O_3 粉体开始晶化。随着煅烧温度的升高，Y-O 键的特征振动更加明显，表明 Y_2O_3 粉体的结晶程度不断提高。

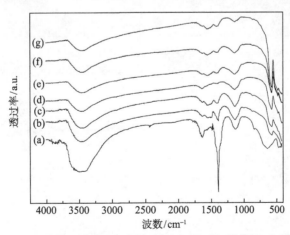

图 3.62　Y_2O_3 前驱体及其在不同温度下煅烧所得粉体的 FTIR 图谱

　　图 3.63 为 Y_2O_3 前驱体和经过不同温度煅烧的 Y_2O_3 粉体的 FETEM 形貌。从图中可以看出，前驱体大部分是呈薄片状的团聚体。经过 800℃煅烧后，颗粒之间仍存在

团聚，但颗粒的边界开始变得清晰。当煅烧温度继续提高到 1000℃时，Y_2O_3 粉体的

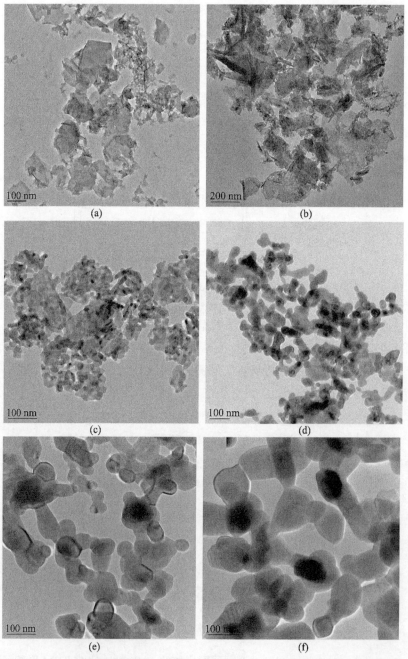

图 3.63　Y_2O_3 前驱体及其经过不同温度煅烧所得 Y_2O_3 粉体的 FETEM 形貌照片

(a) 前驱体；(b) 600℃×2 h；(c) 800℃×2 h；(d) 1000℃×2 h；(e) 1100℃×2 h；(f) 1200℃×2 h

显微结构得到了明显的改善，团聚状况大大减轻，平均颗粒尺寸约为 70 nm，且大小分布均匀。随着煅烧温度进一步提高，颗粒尺寸有所变大，并且观察到"烧结颈"的存在，但颗粒形状仍基本保持球形。

图 3.64 是不添加$(NH_4)_2SO_4$，在相同工艺条件下制备的 Y_2O_3 前驱体及其经过不同温度煅烧所得 Y_2O_3 粉体的 FETEM 形貌照片。从图中可以看出，不添加$(NH_4)_2SO_4$和添加$(NH_4)_2SO_4$所制备的前驱体和经过 600℃煅烧所得的 Y_2O_3 粉体的形貌差别不大。经过 600℃煅烧所得的 Y_2O_3 粉体结晶性不是很好，团聚程度比较大。提高煅烧温度至 800℃，Y_2O_3 粉体的分散性有所改善，但部分团聚颗粒之间已有"烧结颈"形成。进一步提高煅烧温度至 1000℃，Y_2O_3 粉体的晶粒发生长大，颗粒之间的"烧结现象"更加严重。

对比图 3.63 和图 3.64 中 Y_2O_3 粉体的形貌可以发现，添加$(NH_4)_2SO_4$能够明显减

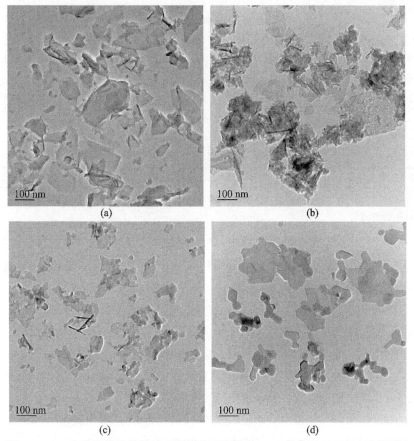

图 3.64　Y_2O_3 前驱体及其经过不同温度煅烧所得 Y_2O_3 粉体的 FETEM 形貌照片

(a) 前驱体；(b) 600℃×2 h；(c) 800℃×2 h；(d) 1000℃×2 h(不添加硫酸铵)

轻 Y_2O_3 粉体的团聚。$(NH_4)_2SO_4$ 在共沉淀法制备 Y_2O_3 粉体的过程中的作用可以从以下方面来说明[94,95]：从对粉体制备过程的观察发现，添加了$(NH_4)_2SO_4$后，滴定完成后沉淀沉降的速度明显慢于不添加$(NH_4)_2SO_4$ 所形成的沉淀的沉降速度，且添加$(NH_4)_2SO_4$后所形成的沉淀非常容易过滤。这很可能是由于$(NH_4)_2SO_4$的添加改变了胶体沉淀颗粒表面的 ζ 电位，使得 ζ 电位升高，造成颗粒之间的斥力增加，从而防止了颗粒团聚的发生。

在沉淀过程中，SO_4^{2-} 将吸附于颗粒的表面，这种吸附是化学吸附，难以在随后的洗涤过程中除去。这样，就有一定量的 SO_4^{2-} 残留在所合成的前驱体中。在随后的粉体煅烧过程中，由于 SO_4^{2-} 的分解温度较高，在 $Y(OH)_{3-x}(NO_3)_x·nH_2O$ 分解完全后，吸附于粉体颗粒表面的 SO_4^{2-} 将发生分解，这就相当在两个相邻的颗粒之间产生了类似于空间位阻效应的作用，从而有效防止了在比较高的温度下煅烧 Y_2O_3 粉体时颗粒之间的团聚或者烧结现象的发生。此外，Ikegami 等认为[77]，在沉淀过程中 SO_4^{2-} 的添加将导致颗粒形状变得更加圆润和光滑，这是因为 SO_4^{2-} 的吸附在一定程度上消除了 Y_2O_3 各个晶面生长速率的不同，使得 Y_2O_3 晶粒出现各向同性生长的趋势。

表 3.3 是前驱体经过不同温度煅烧所得 Y_2O_3 粉体的比表面积。从表中可以看出，Y_2O_3 开始晶化时(500℃)粉体具有最大的比表面积，随着煅烧温度提高，Y_2O_3 粉体的比表面积逐渐减小。$(NH_4)_2SO_4$的添加使 Y_2O_3 粉体的比表面积减小，但煅烧温度越高，比表面积受温度的影响越小。

表 3.3   不同温度下煅烧所得 Y_2O_3 粉体的比表面积

煅烧温度/℃	400	500	600	800	1000	1100	1200
比表面积/(m²/g)	44.0	77.1	66.1	53.6	23.6	13.8	9.0
比表面积/(m²/g) 添加$(NH_4)_2SO_4$	—	25.9	20.6	19.4	14.9	9.3	7.1

以添加$(NH_4)_2SO_4$制备的Y_2O_3粉体为例,采用不同的计算方法来评估其颗粒尺寸。根据 XRD 的分析结果，用 Scherrer 公式计算纳米晶 Y_2O_3 粉体的晶粒尺寸 d_{XRD}；用 BET 法测得的比表面积来估算粉体的当量球径 d_{BET}；由 FETEM 所观测出的一次颗粒粒径 d_{TEM}。表 3.4 是采用上面 3 种不同计算方法所得到的 Y_2O_3 粉体的颗粒尺寸。用 Scherrer 公式计算晶粒尺寸时采用了(222)晶面衍射峰的半高宽数据。从表 3.4 可以看出，随着煅烧温度的升高，Y_2O_3 粉体的晶粒尺寸变大，但即使在 1200℃的高温，晶粒生长也并不是特别明显。比表面积测试的颗粒尺寸均大于用 Scherrer 公式计算得到的晶粒尺寸，但颗粒尺寸也随着煅烧温度的升高而增大，这说明制备 Y_2O_3 粉体颗粒并非单分散，而是存在一定程度的团聚。由 FETEM 所观测出的一次颗粒粒径也随着煅烧温度的升高而增大。对比表中 d_{XRD}、d_{BET} 和 d_{TEM} 的数据可以发现，当煅烧温度为

1000℃左右时，用 Scherrer 公式计算得到的晶粒尺寸与 BET 法所得到的当量球径以及由 TEM 直接观测出的一次粒径三者之间保持了较好的一致性，也就是说该温度下煅烧所得的 Y_2O_3 粉体具有较好的分散性。

表 3.4　采用不同计算方法所得到的 Y_2O_3 粉体的颗粒尺寸

煅烧温度/℃	500	600	800	1000	1100	1200
d_{XRD} / nm	12	13	19	35	41	50
d_{BET} / nm	46	58	61	80	128	168
d_{TEM} / nm	—	10	30	70	90	100

除了煅烧温度、是否添加 $(NH_4)_2SO_4$ 会对 Y_2O_3 粉体的颗粒形貌、尺寸和团聚状态等产生影响，Y^{3+} 的浓度、沉淀剂种类和稀土离子的掺杂等也会影响粉体的形貌、结构和组分等[78]。在共沉淀合成过程中，将发生成核与生长过程。成核速率与生长速率的相对大小将在很大程度上决定粉体的粒径、分散状态和形貌，而成核速率的大小与起始反应物的浓度有着很密切的联系。图 3.65 是不同的 $Y(NO_3)_3$ 溶液浓度(0.10 M*、

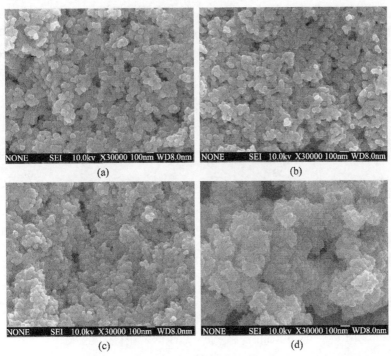

图 3.65　采用不同 $Y(NO_3)_3$ 溶液浓度所合成 Y_2O_3 粉体的 FESEM 形貌照片

(a) 0.10M；(b) 0.125 M；(c) 0.18 M；(d) 0.25 M

* M = mol/L

0.125M、0.18 M 和 0.25 M)下来合成 Y_2O_3 粉体的 FESEM 形貌照片。从图中可以看出，当 $Y(NO_3)_3$ 溶液的浓度低于 0.18 M 时，所获得的粉体的形貌和粒径均没有显著变化，颗粒尺寸较均匀，分散性较好。而当 $Y(NO_3)_3$ 溶液的浓度提高到 0.25 M 时，粉体的团聚现象显著加剧，且颗粒出现了各向异性生长的趋势。这是由于随着起始反应物浓度的增大，溶液中的成核中心增多，从而导致颗粒与颗粒之间碰撞几率增加，这就导致了粉体团聚现象的加剧。实验结果表明，从粉体制备角度考虑，最佳的 $Y(NO_3)_3$ 溶液的浓度应该在 0.10~0.18 M。

在沉淀法合成 Y_2O_3 基粉体方面，常常采用的沉淀剂有氨水、碳酸氢铵、草酸盐等。草酸盐法在透明 Y_2O_3 基陶瓷研究早期发挥了重要的作用，然而现在看来，该方法所制备的粉体由于团聚较严重，往往需要在更高的温度或压力条件下才能烧结成透明。近年来，采用碳酸氢铵为沉淀剂的方法引起了人们的重视，人们普遍认为采用该沉淀剂可以获得较高烧结活性的粉体。然而，该法在合成 Y_2O_3 基粉体时，存在着不能将溶液中的稀土阳离子完全沉淀下来，从而导致组分流失的问题，并影响到产率[96]；而且由于碳酸氢铵中引入了碳，在煅烧过程中需要很小心的处理，否则很容易造成碳的残留，而影响最终陶瓷烧结体的性能。章健[78]分别采用氨水和碳酸氢铵作为沉淀剂来合成 Y_2O_3 基纳米粉体，并比较了两种方法所获得的粉体形貌(图 3.66)。图 3.66(a)为采用碳酸氢铵为沉淀剂所获得的粉体的形貌照片，可以发现，所合成的粉体呈很薄的片状结构，且片状颗粒的大小不一，这与采用氨水(图 3.66(b))所合成的粉体在形貌上有很大的不同。

NONE　　SEI　10.0kv X30000 100nm WD8.2nm　　　NONE　　SEI　10.0kv X30000 100nm WD8.4nm

　　　　　　　　(a)　　　　　　　　　　　　　　　　　　　(b)

图 3.66　采用不同沉淀剂合成的 Y_2O_3 纳米粉体的 FESEM 照片

(a) 碳酸氢铵；(b) 氨水

稀土离子在 Y_2O_3 基质晶格中的存在状态对发光影响很大，当稀土离子处于比较刚性的 Y_2O_3 基质晶格的晶体场环境中时，对发光是比较有利的；而如果掺杂的稀土离子不能完全固溶入 Y_2O_3 晶格的话，则发光性能将大大降低。通过测试不同 Er^{3+} 掺杂浓度下的 Y_2O_3 纳米晶粉体的 XRD 图谱，并采用 Guinier-Hägg 相机测试其晶胞参数随着 Er^{3+} 掺杂浓度的变化，来考察稀土离子掺杂对 Y_2O_3 基质晶格的影响。

图 3.67(a)为制备条件相同而 Er^{3+} 掺杂浓度不同的 Y_2O_3 纳米晶的 XRD 图谱，为了便于观察峰的位置，将其在 26°~38°之间展宽[如图 3.67(b)所示]。从图中可见，当 Er^{3+} 的掺杂浓度在 0~15 mol%之间变化时，XRD 结果均表明其为纯的 Y_2O_3 立方相结构，没有任何其他杂相的出现，且无论掺杂浓度的如何变化，观察不到峰的位移。Guinier-Hägg 相机的测试结果也证实了这一点。如表 3.5 为采用该法所测试的不同 Er^{3+} 掺杂量情况下的晶胞参数数据。从中可以发现，没有掺杂的 Y_2O_3 的晶胞参数为 10.6044 Å，这与文献数据吻合得很好。当 Er^{3+} 的掺杂浓度低于 1.0 mol%时，Er^{3+} 掺杂量对晶胞参数几乎没有影响。这是因为 Er^{3+} 的有效离子半径为 89 pm，略小于 Y^{3+} 的有效离子半径(为 90 pm)；因此，当掺杂浓度较低时，其对晶胞参数的影响还体现不出来。随着

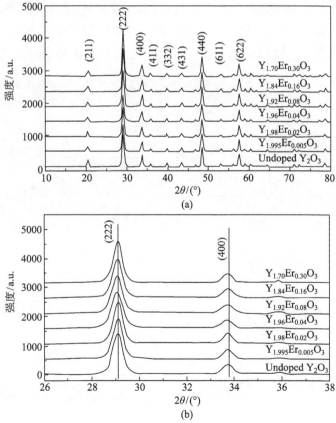

图 3.67　(a)不同浓度 Er^{3+} 掺杂的 Y_2O_3 纳米晶的 XRD 图谱

(b) XRD 图谱在 26°~38°间的展宽

表 3.5   不同浓度 Er^{3+} 掺杂 Y_2O_3 粉体的晶胞参数

	Er^{3+}掺杂浓度/mol%	晶胞参数/Å
未掺杂 Y_2O_3	0	10.6044
$Y_{1.995}Er_{0.005}O_3$	0.25	10.6045
$Y_{1.98}Er_{0.02}O_3$	1.0	10.6033
$Y_{1.92}Er_{0.08}O_3$	4.0	10.5996
$Y_{1.70}Er_{0.30}O_3$	15.0	10.5802

Er^{3+}掺杂浓度的进一步提高，其对晶胞参数的影响逐渐明显，当 Er^{3+}掺杂浓度达到 15.0 mol%时，晶胞参数已经下降到 10.5802 Å，即使考虑误差因素，其晶胞参数还是发生了显著的变化。对比在同样工艺条件下所制备的未掺杂的 Y_2O_3 粉体和 15 mol% $Er{:}Y_2O_3$ 粉体的显微结构发现，两者的形貌基本一致，粒径均在 60 nm 左右，粒径均匀，分散性较好。该结果表明，少量稀土离子的掺杂不会对所合成粉体的形貌产生影响。

为了降低 Y_2O_3 陶瓷的烧结温度，Huang 等[97]采用氨水共沉淀法制备了 Nd^{3+}，$La^{3+}{:}Y_2O_3$ 前驱体，并且在不同温度下煅烧获得了 Nd^{3+},$La^{3+}{:}Y_2O_3$ 纳米粉体，其 SEM 形貌如图 3.68 所示。从图中可以看出，原始前驱粉体具有较为明显的片状形貌，片状

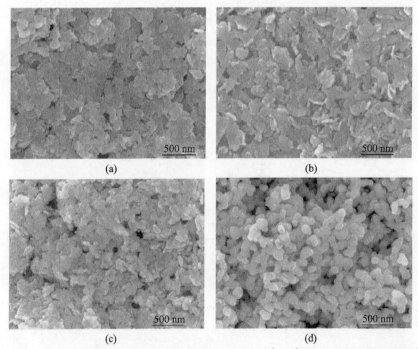

图 3.68   前驱体及其不同煅烧温度下获得的共掺杂 Nd^{3+},$La^{3+}{:}Y_2O_3$ 粉体的 SEM 形貌

(a) 前驱体；(b) 600℃；(c) 900℃；(d) 1100℃

之间团聚不明显。经过 600℃煅烧，可以观察到更多的片状颗粒，厚度变化不大，其长宽开始减小，粉体部分发生分解，但基本保持其片状轮廓。煅烧温度升至 900℃，可以观察到更多的粉体开始分解，出现棒状和小片状交织在一起的形貌。进一步提高温度至 1100℃，形成具有近球形粉体颗粒，且颗粒尺寸均匀，未出现大的团聚体，粉体颗粒尺寸在 60 nm 左右[75]。

此外，Huang 等[98]采用尿素均相共沉淀法制备了单分散、球形 Nd:Y$_2$O$_3$ 纳米粉体。均相共沉淀法制备 Nd:Y$_2$O$_3$ 粉体的具体工艺为：将商业氧化钇粉体(99.99%)溶于 65%的浓硝酸(分析纯)，配制硝酸钇溶液；加入一定量的尿素后，将烧杯置于 90 ℃的烘箱中静置数小时后产生沉淀；过滤后，用去离子水洗数次后，冷冻干燥，经高温煅烧得到单分散 Y$_2$O$_3$ 粉体[75]。图 3.69 为不同工艺条件下制备的单分散、球形 Nd:Y$_2$O$_3$ 纳米粉体的 SEM 形貌。当控制尿素浓度为 0.16 mol/L，硝酸钇浓度为 2.5×10^{-2} mol/L，硝酸钕浓度为 1.25×10^{-3} mol/L。随着唯一的变量时间的增加，颗粒尺寸从反应 2 h 时的 250 nm，增加到反应 31 h 后的 1350 nm。

固定 Y(NO$_3$)$_3$浓度 2.5×10^{-2} mol/L，Nd(NO$_3$)$_3$浓度 1.25×10^{-3} mol/L 以及反应时间 4 h，研究发现尿素与钇离子的浓度比和粉体的颗粒尺寸有密切的关系。随着尿素/钇离子浓度比从 7 提高到 120，粉体的颗粒尺寸从 766 nm(图 3.69(a))下降到 180 nm。比值为 48时，Nd:Y$_2$O$_3$ 粉体颗粒的微观形貌如图 3.69(c)所示，平均颗粒尺寸为 509 nm。尿素与钇离子的浓度比较高时，粉体的颗粒尺寸较小。较多尿素的存在会释放较多的碳酸根，在瞬间产生更多的晶核。鉴于溶液中钇离子的浓度是有限的，较多的晶核导致粉体颗粒尺寸减小。但是当尿素钇离子比值高至 120 时，虽然还能得到球形粉体，但是颗粒间团聚较厉害，不再是单分散。原因可能是细粉能量较高，更倾向于团聚。　控制尿素浓度为 0.16 mol/L，钕离子占总阳离子的 5 at%，反应时间为 7 h，钇离子浓度与 Nd:Y$_2$O$_3$ 粉体的颗粒尺寸也有密切的关系。当钇离子浓度为 0.01 mol/L 时，Nd:Y$_2$O$_3$ 粉体的平均颗粒尺寸为 966 nm；当浓度为 0.025 mol/L 时，平均颗粒尺寸约为 766 nm(图 3.69(a))。研究结果表明，粉体颗粒尺寸随着钇离子浓度的提高而减小。但是当钇离子浓度达到 0.08 mol/L 时，粉体颗粒发生缠结(图 3.69(d))。所以为了得到单分散的球形粉体，钇离子的浓度应该不超过 0.08 mol/L。固定尿素浓度为 0.16 mol/L，钇离子浓度为 2.5×10^{-2} mol/L，反应时间是 7 h，随着钕离子加入量增加，Nd:Y$_2$O$_3$ 粉体的颗粒尺寸变大，颗粒尺寸分布也变大。图 3.69(a)和图 3.69(e)分别是钕离子含量为 5%和15%时 Nd:Y$_2$O$_3$ 粉体的微观形貌。

采用尿素均相沉淀法制备 Nd:Y$_2$O$_3$ 粉体，在烘箱中反应时间较长，受热不均匀，产量较低。采用微波加热方式，可以使溶液始终均匀受热，从而得到具有单一尺寸的 Y$_2$O$_3$ 粉体。黄毅华[75]采用与烘箱均相沉淀相同的盐溶液，即 2.5×10^{-2} mol/L Y(NO$_3$)$_3$，

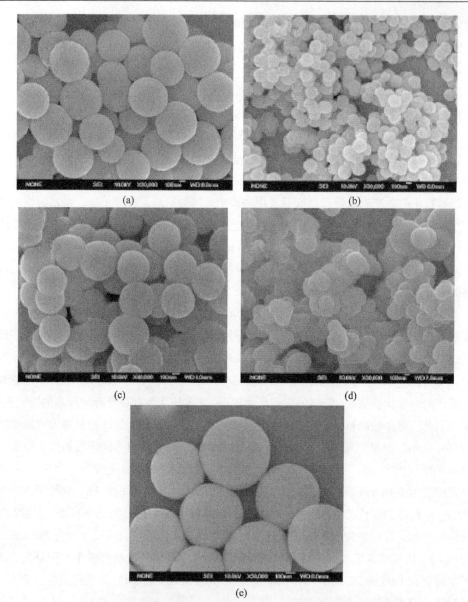

图 3.69　不同工艺条件下制备的 Nd:Y$_2$O$_3$ 粉体的 SEM 形貌

(a) 2.5×10^{-2} mol/L Y(NO$_3$)$_3$，1.25×10^{-3} mol/L Nd(NO$_3$)$_3$，0.16 mol/L 尿素，放置 7 h；(b) 2.5×10^{-2} mol/L Y(NO$_3$)$_3$，

1.25×10^{-3} mol/L Nd Y(NO$_3$)$_3$，0.16 mol/L 尿素，放置 2 h；(c) 2.5×10^{-2} mol/L Y(NO$_3$)$_3$，1.25×10^{-3} mol/L

Nd(NO$_3$)$_3$，1.2 mol/L 尿素，放置 7 h；(d) 8×10^{-2} mol/L Y(NO$_3$)$_3$，4×10^{-3} mol/L Nd(NO$_3$)$_3$，0.16 mol/L 尿素，

放置 7 h；(e) 2.5×10^{-2} mol/L Y(NO$_3$)$_3$，3.75×10^{-3} mol/L Nd(NO$_3$)$_3$，0.16 mol/L 尿素，放置 4 h

5×10^{-4} mol/L Nd(NO$_3$)$_3$，和 1.2 mol/L 的尿素混合溶液，将其放入 700W 微波炉中，反应 6 min 后取出并过滤沉淀。经过干燥煅烧，得到的 Nd:Y$_2$O$_3$ 粉体的颗粒尺寸在 100 nm

左右，呈单分散和单尺寸(图 3.70)。微波加
热均相沉淀法制备的 Nd:Y$_2$O$_3$ 粉体的颗粒尺
寸远小于烘箱加热制备的粉体，其原因是在
微波加热方式中，分子受热振动使得颗粒更
加不容易团聚，并且均匀加热使得尽可能多
的晶核一次产生，从而导致了晶粒的减小。

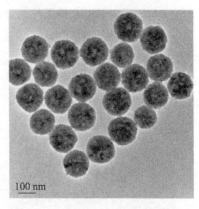

图 3.70　微波均相共沉淀法制备的
Nd:Y$_2$O$_3$ 纳米粉体的 FETEM 形貌

2. 烧结助剂

在没有使用烧结助剂的情况下，要获得
高光学质量的 Y$_2$O$_3$ 透明陶瓷，对粉体的要求
非常高，同时需要昂贵的高温热等静压(HIP)
设备来辅助烧结。所以合适的烧结助剂在
Y$_2$O$_3$ 透明陶瓷的制备过程中起着关键性作用，烧结助剂的加入不仅能调控样品的显微
结构，同时也能提高光学透过率。Y$_2$O$_3$ 透明陶瓷烧结助剂的选择应遵循以下原则[92]：
①添加剂的价态与主相阳离子的价态不同，离子取代时形成点缺陷，促进烧结致密化；
②添加离子大小与主相阳离子相近，避免引起大的晶格畸变或改变主晶相的晶体结
构；③添加剂的价态与主相阳离子的价态相同，添加剂可与主晶相形成固溶体。国外
制备 Y$_2$O$_3$ 透明陶瓷大多采用 ThO$_2$ 或 BeO 做添加剂来降低烧结温度[99]，但是这些添
加剂具有放射性、毒性或者价格昂贵，给制备带来很大困难。国内在 Y$_2$O$_3$ 透明陶瓷
过程中对一些可能合适的烧结助剂(如 MgO，SiO$_2$，ZrO$_2$，La$_2$O$_3$ 等)进行的筛选，研
究了这些烧结助剂对 Y$_2$O$_3$ 透明陶瓷烧结性能的影响，并对其作用机理进行了较深入
地分析[92,100]。图 3.71 是以 MgO 为烧结助剂，采用真空烧结技术(1800℃×20 h)制备的
Y$_2$O$_3$ 陶瓷表面的 SEM 形貌照片。从图中可以看出，Y$_2$O$_3$ 陶瓷的晶粒内部和晶粒之间
存在很多气孔，并且晶粒尺寸也不均匀。

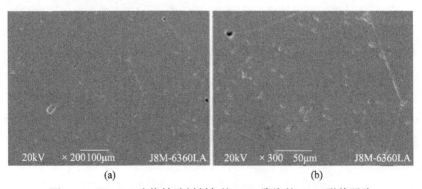

图 3.71　以 MgO 为烧结助剂制备的 Y$_2$O$_3$ 陶瓷的 SEM 形貌照片

(a) 放大 200 倍; (b)放大 300 倍

大量气孔的出现以及晶粒的不均匀分布导致 Y_2O_3 陶瓷并不透明。

当采用正硅酸乙酯(TEOS)为烧结助剂时，烧结的 Y_2O_3 陶瓷(1800℃×20 h)呈半透明。添加 0.5 wt%TEOS 烧结的 Y_2O_3 陶瓷在近红外的直线透过率约为 30%。图 3.72 为制备的 Y_2O_3 陶瓷的 SEM 形貌照片。从图中可以看出，陶瓷的晶粒内部和晶粒之间有很多圆形的气孔。由从 SiO_2 和 Y_2O_3 二元相图可以得知，两者在 1400℃的高温下也不发生任何化学反应，随着温度进一步升高至 1700℃，SiO_2 会熔化成液相而促进烧结。

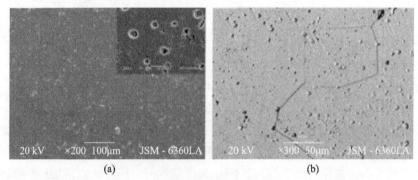

图 3.72　以 TEOS 为烧结助剂制备的 Y_2O_3 陶瓷的 SEM 形貌照片

(a) 放大 200 倍; (b) 放大 300 倍

鉴于 Y_2O_3 通常作为 ZrO_2 陶瓷的烧结助剂，Hou 等[101]探索了用 ZrO_2 作为烧结助剂来制备 Y_2O_3 透明陶瓷。根据 Y_2O_3-ZrO_2 的二元相图，ZrO_2 的掺杂浓度范围定为 0.1 at%到 10 at%。将高纯 Y_2O_3 和 ZrO_2 按照化学计量比$(Y_{1-x}Zr_x)_2O_3(x = 0$、0.001、0.004、0.007、0.01、0.03、0.05、0.10) 配制粉料，按质量比 1:4:1 加入玛瑙球、无水乙醇和球磨，干燥后使用单轴压机将粉体压制成直径 20 mm 的素坯，再经冷等静压在 210 MPa 下进一步提高素坯密度。将 800℃预烧后的坯体在真空烧结炉中进行烧结，保温温度为 1800℃，保温时间 20 h，保温阶段烧结炉内真空度优于 $1.0×10^{-3}$Pa，降温后取出样品[92]。图 3.73 是添加不同量 ZrO_2 制备的 Y_2O_3 陶瓷经双面抛光后的实物照片。从图中可以看出 ZrO_2 添加剂很大程度上提高了陶瓷的透明度，随着 ZrO_2 含量的增加，透明度呈现出明显的变化趋势：先提高，后降低。

图 3.74 为 Y_2O_3 陶瓷的晶格常数和相对密度随 ZrO_2 添加量的变化曲线。从图中可以看出，晶格常数随 ZrO_2 掺杂量的增加而减少，这是由于 Zr^{4+}半径 (0.8Å)比 Y^{3+}半径(0.9Å)小的缘故。同时相对密度随 ZrO_2 掺杂量的增加先急剧增大，之后基本保持不变，这说明 ZrO_2 的掺入可以极大提高 Y_2O_3 陶瓷的烧结致密度，有利于实现陶瓷的透明化。

图 3.75 为 Y_2O_3 透明陶瓷经 H_3PO_4 腐蚀后的表面 SEM 形貌照片。$(Y_{0.97}Zr_{0.03})_2O_3$ 透明陶瓷的晶粒内部和晶界处没有明显的杂质、气孔存在，晶粒尺寸相对均匀，无

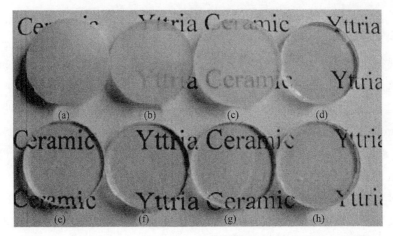

图 3.73　添加不同量 ZrO_2 制备的 Y_2O_3 陶瓷经双面抛光后的实物照片

(a) 0%；(b) 0.1%；(c) 0.4%；(d) 0.7%；(e) 1%；(f) 3%；(g) 5%；(h) 10%

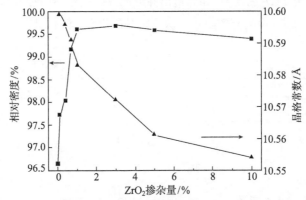

图 3.74　Y_2O_3 陶瓷晶格常数和相对密度与 ZrO_2 添加量的关系曲线

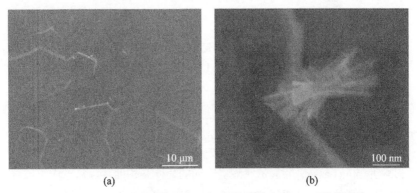

图 3.75　Y_2O_3 透明陶瓷经 H_3PO_4 腐蚀后的表面 SEM 形貌照片

(a) $(Y_{0.97}Zr_{0.03})_2O_3$；(b) $(Y_{0.90}Zr_{0.10})_2O_3$

异常长大晶粒出现，平均晶粒尺寸约为 15 μm(图 3.75(a))。图 3.75(b)为 $(Y_{0.90}Zr_{0.10})_2O_3$ 透明陶瓷晶界处的 SEM 照片。从图中可以看出，晶界处有第二相析出，对其进行 EDS 成分扫描得知晶界处 Zr 元素的含量明显高于晶粒内部，由此可推断晶界处析出物为 ZrO_2，这是由于 ZrO_2 的添加量超出了其在 Y_2O_3 晶格中的固溶极限。

图 3.76 为真空烧结(1800℃×20 h)条件下，添加不同量 ZrO_2 的 Y_2O_3 透明陶瓷(厚度 2.0 mm)的直线透过率曲线。从图中可以看出，随着 ZrO_2 的添加量从 0 at%增加到 10 at%，透过率呈现出先增大后减小的趋势。在 ZrO_2 掺杂量为 3 at%时，透过率呈现出最高值，该样品在可见光波长 600 nm 处的透过率为 76.1%，在近红外波长 1100 nm 处的透过率高达 78.8%，已接近理论透过率。ZrO_2 的最佳掺杂浓度与 ZrO_2 在 Y_2O_3 中的固溶度有关，根据 ZrO_2-Y_2O_3 相图[102]，ZrO_2 在 Y_2O_3 中形成固溶体时的最大溶解度约为 4 at%，3 at%ZrO_2 的掺杂量恰好接近固溶极限，即最大程度上提高点缺陷的浓度，又不会在晶界上析出第二相，形成散射中心，降低透过率。当 ZrO_2 掺杂量增加时(10 at%)，会有部分 ZrO_2 在 Y_2O_3 晶界析出并形成散射颗粒，导致透过率下降；当 ZrO_2 含量较少(0.1 at%)时，不能有效阻止二次再结晶的出现，气孔难以完全排出，样品的透过率低下。

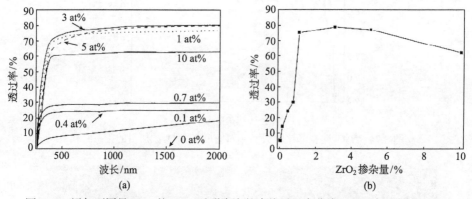

图 3.76　添加不同量 ZrO_2 的 Y_2O_3 透明陶瓷的直线透过率曲线(a)和添加不同量 ZrO_2 掺杂量的 Y_2O_3 透明陶瓷在 1100 nm 处的直线透过率(b)

除了 ZrO_2，La_2O_3 也是一种制备 Y_2O_3 透明陶瓷的有效烧结助剂[103~107]。图 3.77 是以 La_2O_3 为烧结助剂制备的 Yb:$(La_{0.1}Y_{0.9})_2O_3$ 透明陶瓷的实物照片和直线透过率曲线[108]。从图中可以看出，样品的最高透过率达 80%，接近其理论值。

图 3.78 是 Yb:$(La_{0.1}Y_{0.9})_2O_3$ 透明陶瓷表面的显微结构照片。从图中可以看出，无论是晶粒内部还是晶界处几乎没有气孔存在，样品的晶粒尺寸主要在 30~50 μm。

Yi 等[109]以商业 Y_2O_3 和 Tm_2O_3 为原料，以 La_2O_3 和(或)ZrO_2 为烧结助剂，采用真

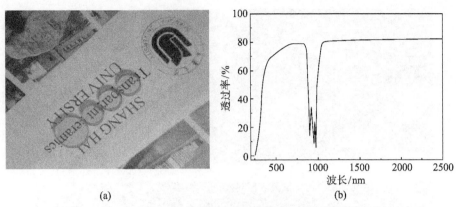

图 3.77　Yb:(La$_{0.1}$Y$_{0.9}$)$_2$O$_3$透明陶瓷的实物照片(a)和直线透过率曲线(b)

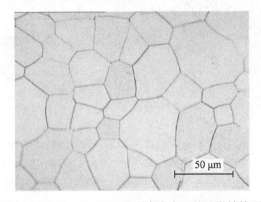

图 3.78　Yb:(La$_{0.1}$Y$_{0.9}$)$_2$O$_3$透明陶瓷表面的显微结构照片

空烧结方法制备了 Tm:Y$_2$O$_3$ 透明陶瓷。氧化物粉体按照组分(Zr$_x$La$_y$Tm$_{0.03}$Y$_{0.97-x-y}$)$_2$O$_3$ 进行配比，Tm^{3+}的掺杂浓度固定为 3 at%。图 3.79 是在 1500℃和 1600℃烧结的 (Zr$_x$La$_y$Tm$_{0.03}$Y$_{0.97-x-y}$)$_2$O$_3$ 陶瓷的化学腐蚀表面的 SEM 形貌照片。对于单独掺 9 at%La 的陶瓷，无论烧结温度为 1500℃或 1600℃，样品不仅晶粒尺寸大而不均匀，同时样品中存在大量的气孔。对于共掺 9 at%La 和 3 at%Zr 的陶瓷，不仅晶粒尺寸细小，而且无明显的气孔存在。在 1500℃和 1600℃烧结的样品平均晶粒尺寸分别为 9.6 μm 和 10.1 μm，晶粒尺寸远小于单独掺杂 Zr$^{4+[110]}$和 La$^{3+[111]}$的样品。

　　图 3.80 是 1500℃和 1600℃烧结的(Zr$_x$La$_y$Tm$_{0.03}$Y$_{0.97-x-y}$)$_2$O$_3$ 陶瓷的直线透过率曲线。从图中可以看出，共掺 9 at%La 和 3 at%Zr 的陶瓷的透过率明显高于单独掺 9 at%La 的陶瓷样品。

　　图 3.81 是在 1700℃和 1800℃烧结的(Zr$_x$La$_y$Tm$_{0.03}$Y$_{0.97-x-y}$)$_2$O$_3$ 陶瓷的化学腐蚀表面的 SEM 形貌照片。从图中可以看出，在相同的烧结温度下，共掺 3 at%La 和 3 at%Zr 的陶瓷的晶粒尺寸大于单掺 3 at%Zr 的陶瓷样品，这说明 La^{3+}的掺杂能促进烧结。单

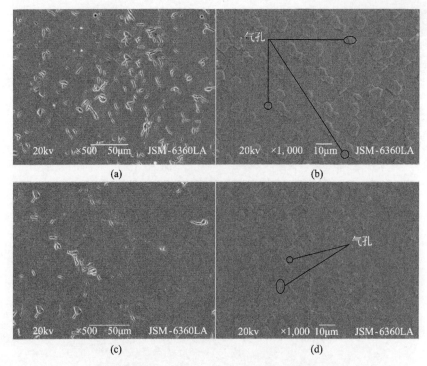

图 3.79　化学腐蚀$(Zr_xLa_yTm_{0.03}Y_{0.97-x-y})_2O_3$陶瓷表面的 SEM 形貌照片

(a) 样品 1(9 at%La, 1500℃)；(b) 样品 2(9 at%La, 3 at%Zr, 1500℃)；

(c) 样品 3(9 at%La, 1600℃)；(d) 样品 4(9 at%La, 3 at%Zr, 1600℃)

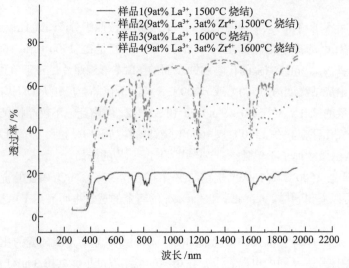

图 3.80　1500℃和 1600℃烧结的$(Zr_xLa_yTm_{0.03}Y_{0.97-x-y})_2O_3$陶瓷的直线透过率曲线

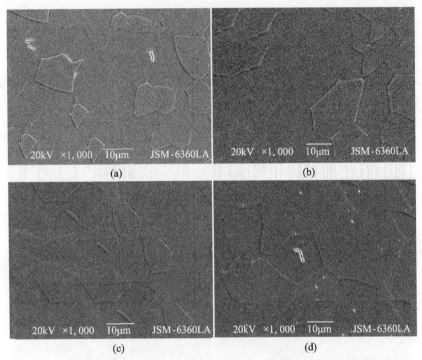

图 3.81　化学腐蚀 $(Zr_xLa_yTm_{0.03}Y_{0.97-x-y})_2O_3$ 陶瓷表面的 SEM 形貌照片
(a) 样品 5 (3 at%Zr, 1700℃)；(b) 样品 6 (3 at%Zr, 3 at%La, 1700℃)；
(c) 样品 7 (3 at%Zr, 1800℃)；(d) 样品 8 (3 at%Zr, 3 at%La, 1800℃)

掺 3 at%Zr 的陶瓷在 1800℃烧结获得致密的显微结构，而共掺 3 at%La 和 3 at%Zr 的陶瓷则在 1700℃就获得类似的致密结构。单掺 3 at%Zr 的陶瓷在 1700℃烧结未能完全致密化，而共掺 3 at%La 和 3 at%Zr 的陶瓷在 1800℃则出现过烧现象。

3. 成型工艺

1) 干压成型/冷等静压成型

在成型方面，Y_2O_3 透明陶瓷常采用干压和冷等静压成型，这两种成型方法适于制备形状简单的样品。侯肖瑞[92]以 3 at%ZrO$_2$ 为烧结助剂，采用干压结合冷等静压处理的成型方法和真空烧结技术，成功制备了具有较高透过率的 Yb:Y_2O_3 透明陶瓷。图 3.82 是获得的不同 Yb 掺杂浓度的 Y_2O_3 透明陶瓷的实物照片，烧结温度为 1800℃，保温时间为 20 h。从图中可以看出，Yb^{3+}掺杂浓度的提高对 Y_2O_3 陶瓷的透明度没有影响，样品透过率较高，可以清楚地看到下面的字体。

图 3.83 是不同 Yb 掺杂浓度的 Y_2O_3 透明陶瓷样品表面经过磷酸腐蚀后的 SEM 形貌照片。从图中可以清楚地看到，所有样品的晶粒尺寸相对均匀，无晶粒的异常长大

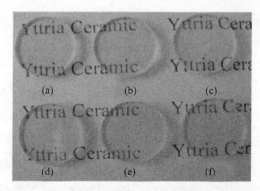

图 3.82 不同 Yb 掺杂浓度的 Y₂O₃ 透明陶瓷的实物照片

(a) 1.0 at%；(b) 3.0 at%；(c) 5.0 at%；(d) 8.0 at%；(e) 10.0 at%；(f) 15.0 at%

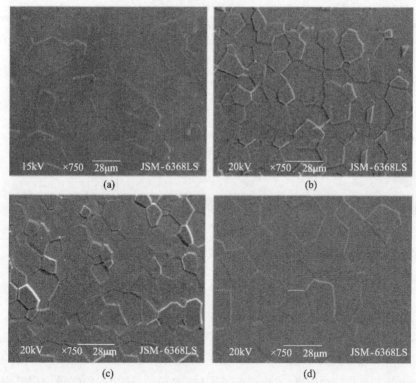

图 3.83 不同 Yb 掺杂浓度 Y₂O₃ 透明陶瓷样品表面经化学腐蚀后的 SEM 形貌照片

(a) 0；(b) 3.0 at%；(c) 5.0 at%；(d) 8.0 at%

现象；晶界干净，未观测到气孔和杂质的存在。随着 Yb^{3+} 浓度的增加，晶粒呈长大趋势，随着 Yb^{3+} 浓度从 0 at%提高到 3.0 at%、5.0 at%和 8.0 at%，样品的平均晶粒尺寸从 15.8 μm 增加到 18.9 μm、22.1 μm 和 26.5 μm。这主要是因为 Yb^{3+} 和 Y^{3+} 半径的差异会导致轻微的晶格畸变，这种晶格畸变在烧结过程中会加速晶界处的物质传输，促进烧结进行。而这种晶格畸变随着 Yb^{3+} 含量的增加而加剧，质量传输和晶粒长大的速率随之提高，所以晶粒尺寸随着 Yb^{3+} 含量的增加而增大。

2) 注浆成型

随着 Y_2O_3 透明陶瓷的研究进展和在相关行业的潜在应用，对其尺寸和形状提出了更高的要求。这对现有的 Y_2O_3 透明陶瓷的成型工艺提出了挑战。而湿法成型如注浆成型适于制备形状复杂的大尺寸陶瓷部件[112]。靳玲玲[113]以高纯商业 Y_2O_3 粉体为原料，以 ZrO_2 为烧结助剂，注浆成型制备 Y_2O_3 素坯，并在较低的温度下真空无压烧结制备高光学质量的 Y_2O_3 透明陶瓷。注浆成型制备氧化钇透明陶瓷的工艺流程如图 3.84 所示。将市售氧化钇粉体、硝酸锆、氧化锆磨球和无水乙醇一起放入球磨罐中混合球磨 12 h，60℃下干燥 24 h，过 200 目筛后，在 1000℃下煅烧 2 h，ZrO_2 的添加量范围是 0 mol%~9 mol%；然后以去离子水为溶剂，聚丙烯酸盐类为分散剂。添加不同的分散剂用量，将煅烧后的粉体配制成固含量为 10vol%~40vol%的水基浆料，然后将上述所配浆料注入石膏模具中；脱模后，将素坯在一定温度下预烧除去有机物，然后于 1840~1900℃真空气氛下无压烧结 5~15 h，真空度为 10^{-2}~10^{-4}Pa。烧结后的样品于 1500℃空气气氛下退火处理，保温 10 h。最后经过研磨、抛光处理，获得所需要的 Y_2O_3 陶瓷[114]。

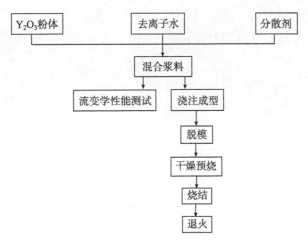

图 3.84　注浆成型制备氧化钇透明陶瓷的工艺流程图

图 3.85 为在 1840℃烧结，保温 8 h 所得 Y_2O_3 透明陶瓷的实物照片和直线透过率曲线。该样品在可见和近红外部分有相当高的直线透过率。波长为 400 nm 处的透过率为 76.8%，1050 nm 处的透过率为 81.0%。

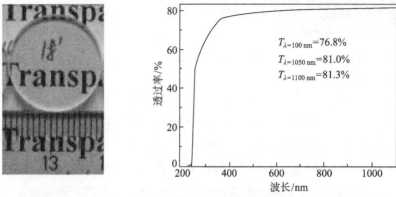

$T_{\lambda=100\,nm}=76.8\%$

$T_{\lambda=1050\,nm}=81.0\%$

$T_{\lambda=1100\,nm}=81.3\%$

图 3.85　Y_2O_3 透明陶瓷(厚度 2 mm)的实物照片和直线透过率曲线

图 3.86 是 Y_2O_3 透明陶瓷的断口和热腐蚀抛光表面的 SEM 形貌照片。从图中可以看出，断裂方式以穿晶为主，样品致密，无论在晶界处或是晶粒内部都几乎看不到气孔存在。样品的平均晶粒尺寸约为 6 μm，且晶粒尺寸比较均匀，没有发生异常长大的晶粒。

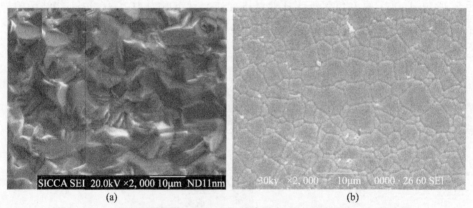

图 3.86　Y_2O_3 透明陶瓷的断口(a)和热腐蚀抛光表面(b)的 SEM 形貌图

此外，靳玲玲[113]对干压成型和注浆成型制备 Y_2O_3 透明陶瓷进行了系统的比较。图 3.87 是干法成型和注浆成型制备的 Y_2O_3 预烧体的断口显微结构照片。比较两个图可以看出，干法成型得到的预烧体更致密些，注浆成型得到的预烧体结构比较疏松，但是粉体颗粒分布更均匀。

图 3.88 是干法成型和注浆成型制备的预烧体和烧结体的密度比较。从图中可以看出，干法成型制备的预烧体的密度(62.6%)要高于注浆成型制备的预烧体的密度(57.2%)。但是经过 1840℃真空无压烧结 8 h 后，两种成型工艺对应的烧结体的致密度相同，均为 99.6%。

图 3.87　不同成型工艺得到的预烧体的显微断口结构

(a) 注浆成型；(b) 干法成型

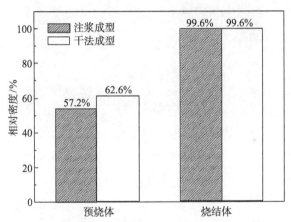

图 3.88　干法成型和注浆成型制备的预烧体和烧结体的密度比较

为了解释这种现象，测量了两种成型工艺得到的预烧体内部气孔的孔径分布 (图 3.89)。干法成型得到的预烧体的气孔分布宽，且为双峰，表明预烧体中密度及气孔分布是不均匀的，这是由于加压过程中，压力分布不均匀导致的；注浆成型得到的预烧体的气孔孔径小，分布窄，且为单峰，表明预烧体中密度及气孔分布是均匀的。

图 3.90 是干法成型和注浆成型得到的 Y_2O_3 透明陶瓷($1840\,^{\circ}\mathrm{C}\times8\,\mathrm{h}$)的实物照片。样品双面抛光，厚度为 1 mm。从图中可以明显看出，注浆成型得到的烧结体的光学质量要高于干法成型得到的烧结体的光学质量。

图 3.91 是两种不同成型工艺得到的 Y_2O_3 透明陶瓷的直线透过率曲线。从图中可以看出，注浆成型得到的陶瓷样品在 1100 nm 处的透过率为 80.5%，而干法成型得到的陶瓷样品在 1100 nm 处的透过率偏低，为 78.7%。

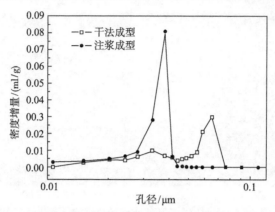

图 3.89 干法成型和注浆成型制备的预烧体内种气孔的孔径分布

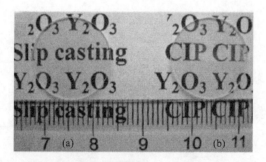

图 3.90 不同成型工艺得到的 Y_2O_3 透明陶瓷(1840℃×8 h，厚度 1.0 mm)的实物照片

(a) 注浆成型；(b) 干法成型

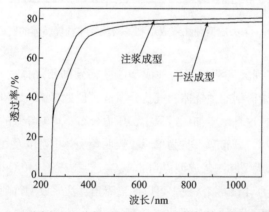

图 3.91 不同成型工艺得到的 Y_2O_3 透明陶瓷的直线透过率曲线

图 3.92 是两种不同成型工艺得到的 Y_2O_3 透明陶瓷的热腐蚀抛光表面的 SEM 形貌照片。两个样品从表面形貌看均很致密，无论从晶界处或是晶粒内部都几乎看不到

气孔存在。注浆成型得到的样品的平均晶粒尺寸约为 4.5 μm；而干法成型制备的样品的平均晶粒尺寸偏小，约为 3.6 μm。这是因为注浆成型得到的预烧体显微结构均匀，致密化速率快，在较低的温度下就达到了完全致密，进入了晶粒均匀生长的阶段。此时，晶粒尺寸稍微有所长大，但是并未出现少数晶粒的异常长大现象，没有残留小气孔。

图 3.92　不同成型工艺得到的 Y_2O_3 透明陶瓷的热腐蚀抛光表面的 SEM 形貌

(a) 注浆成型；(b) 干法成型

3) 流延成型

目前透明陶瓷的成型工艺主要是干压成型、冷等静压成型和注浆成型，而流延成型则可制备出具有复杂结构的透明陶瓷。流延成型也叫刀片法，是把浆料均匀地流到或涂到衬底上，或通过刀片均匀地刮到支撑膜上，形成均匀的膜浆，经干燥形成一定厚度的均匀素坯膜的成型方法。流延成型中常用的衬底有钢板、玻璃和光滑的有机薄膜，干膜的厚度约为 0.01~1 mm，有一定的柔韧性，可以任意裁剪。黄毅华[75]采用流延成型法制备出素坯膜，获得组成和厚度可控的 Yb 掺杂 Y_2O_3 透明陶瓷材料。探索了材料制备过程中的工艺和技术关键，阐述了膜的干燥、成型、脱粘和烧结等工艺过程中的参数调控。探索了适合流延的氧化钇粉体的制备和性质，选择了流延成型中的有机分散剂和黏结剂体系，并阐述了浆料的分散机制。流延成型所用的粉体颗粒尺寸不能太细，一般为 300 nm 以上，过细的粉体会使得浆料固含量较难提高，素坯密较低。对于透明陶瓷而言，粉体颗粒尺寸太大会导致比表面积较小，烧结驱动力差，很难得到完全致密化的透明陶瓷。图 3.93 是 Y_2O_3 流延薄膜照片。从图中可以看出，膜表面平整光滑，未见气泡、突起及裂纹等宏观缺陷(图 3.93(a))，干燥后素坯有一定的强度和韧性，可以进行弯曲和切割。干燥后膜厚度在 0.3 mm 左右(图 3.93(b))，流延膜可长期放置不变形。从流延膜表面的光学照片可以看出，流延膜中粉体分布均匀，无明显缺陷(图 3.93(c))。

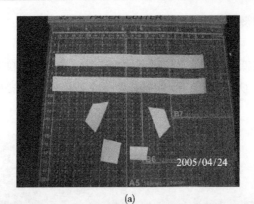

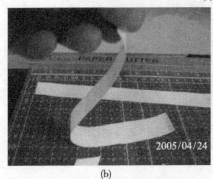

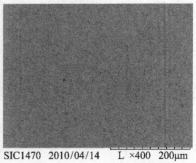

图 3.93   Y$_2$O$_3$ 流延薄膜照片

(a) 剪裁；(b) 弯曲；(c) 表面显微结构

图 3.94 是脱粘后层状复合结构 Y$_2$O$_3$ 陶瓷素坯的实物照片。从图中可以看出，脱粘后片层与片层之间缝隙清晰可辨，甚至脱粘以后还观察到片层脱落的现象。这说明片层之间的结合不很紧密。存在较大的空隙，这样的样品在烧结过程中是难以实现致密化的。另外流延样品所用的粉体粒径相对较大，会导致不易烧结。为此，必须将脱粘以后的素坯进行二次冷等静压处理来提高素坯密度。

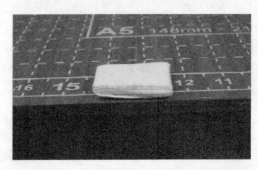

图 3.94   脱粘后层状复合结构 Y$_2$O$_3$ 陶瓷素坯的实物照片

图 3.95 为脱粘后层状复合结构 Y_2O_3 陶瓷素坯的 SEM 显微结构照片。从图中可以看出，脱粘后的素坯虽然比较均匀，但是空隙较大，比较疏松(图 3.95(a))。经过二次冷等静压成型处理后，素坯明显紧密了不少，素坯密度进一步得到提高。通过压汞法测试素坯的孔径分布发现，经过二次冷等静压成型处理，素坯中的最大气孔尺寸从原来的 500 nm 左右减小到 150 nm 左右。

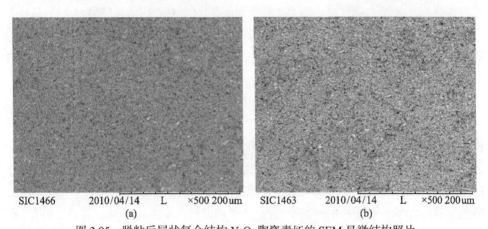

图 3.95 脱粘后层状复合结构 Y_2O_3 陶瓷素坯的 SEM 显微结构照片

(a) 脱粘后；(b) 二次冷等静压成型后

通过真空烧结工艺，获得了镱离子掺杂浓度渐变型复合结构 $Yb:Y_2O_3$ 透明陶瓷。图 3.96 是通过烧结所得样品中 Yb 和 Y 元素分布图。由图中可以发现，Yb 元素含量

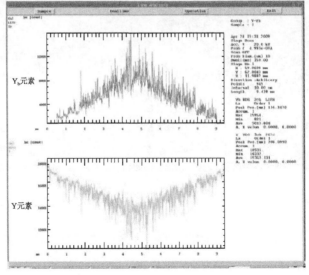

图 3.96 流延叠层设计的 Y_2O_3 透明陶瓷中的 Y_b 和 Y 元素分布

两边低中间最高，呈梯度分布，与设计时的思路完全符合。由于烧结时原子扩散，素坯中的 Yb 元素的阶梯状分布，在烧结体中变得比较平滑。

4. 烧结工艺

对于 Y_2O_3 透明陶瓷制备而言，烧结是一个非常重要的工艺技术。不同的烧结技术和烧结工艺参数(包括气氛、压力、温度制度等)都会对透明陶瓷的微观结构(晶粒大小，气孔数量和尺寸、晶界等)产生极大影响，从而最终影响材料的光学性能。Y_2O_3 透明陶瓷的烧结技术主要包括：热压烧结、气氛烧结(氢气氛、氧气氛等)、真空烧结和热等静压等。

1) 热压烧结

Majima 等[115,116]以高纯 Y_2O_3 粉体为原料，以 LiF 为烧结助剂，采用真空热压烧结技术获得了 Y_2O_3 透明陶瓷，并且研究了烧结制度和 LiF 对 Y_2O_3 陶瓷显微结构和光学透过率的影响。图 3.97 是真空热压烧结 Y_2O_3 陶瓷断口的 SEM 形貌照片。烧结助剂 LiF 的添加量为 3 wt%，烧结温度为 1300℃，保温时直接将压强增大至 44MPa，样品的透过率为 20%。从图中可以看出，样品的平均晶粒尺寸为 3~4 μm，晶界处仍有 LiF 残留。

图 3.97　真空热压烧结 Y_2O_3 陶瓷断口的 SEM 形貌照片(直接加压方式)

当真空热压烧结时采用逐步加压方式(图 3.98)，获得的 Y_2O_3 陶瓷的断口 SEM 形貌照片如图 3.99 所示。烧结助剂 LiF 的添加量为 3 wt%，烧结温度为 1300℃，样品在边缘区域和中间区域的透过率分别为 58%和 24%。边缘区域的平均晶粒尺寸为 3~4 μm，

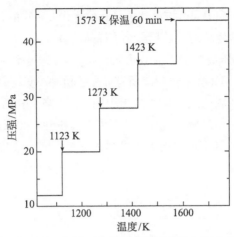

图 3.98 真空热压烧结逐步加压时烧结温度与压力的关系图

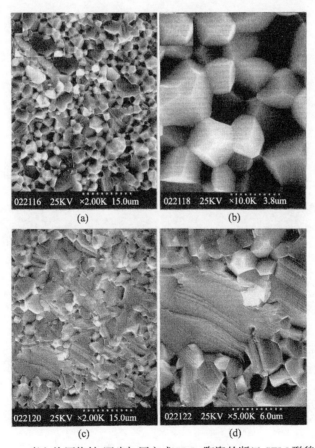

图 3.99 真空热压烧结(逐步加压方式)Y₂O₃ 陶瓷的断口 SEM 形貌照片

(a), (b)边缘区域; (c), (d)中间区域

没有检测到 LiF 残留。在中间区域虽然也没有检测到 LiF 残留，但是晶粒发生异常生长现象。中间区域异常生长的大晶粒影响了样品的直线透过率。

　　图 3.100 是真空热压烧结(逐步加压方式)Y_2O_3 陶瓷透过率与 LiF 添加量的关系图。当 LiF 的添加量从 0.5 wt%增加至 3%，所有样品的相对密度均高于 99.5%。在所有 LiF 添加量情况下，边缘区域的透过率均高于中间区域。当 LiF 的添加量为 1.0 wt%时，Y_2O_3 陶瓷边缘区域和中间区域的透过率分别为 78%和 59%；当 LiF 的添加量为 0.5 wt% 时，样品的中间区域变得不透明而无法检测透过率。该区域的平均晶粒尺寸约为 1 μm(图 3.101)，由于 LiF 的添加量偏少，液相烧结作用不明显，不能有效地排除气孔，所以样品在该区域几乎不透明。

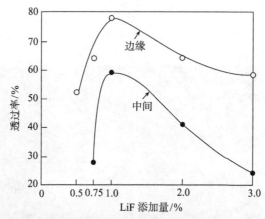

图 3.100　真空热压烧结(逐步加压方式)Y_2O_3 陶瓷透过率与 LiF 添加量的关系

图 3.101　真空热压烧结(逐步加压方式)Y_2O_3 陶瓷的断口 SEM 形貌照片

LiF 的添加量为 0.5 wt%

当 LiF 的添加量为 1.0 wt%时,真空热压烧结(逐步加压方式)时液相烧结作用显著,能够有效地排除残余气孔,获得的 Y_2O_3 陶瓷的平均晶粒尺寸为 3~4 μm(图 3.102),样品的透过率最高。

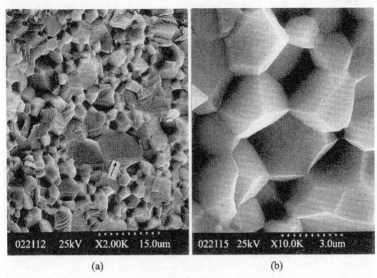

(a)　　　　　　　　　(b)

图 3.102　真空热压烧结(逐步加压方式)Y_2O_3 陶瓷的断口 SEM 形貌照片

LiF 的添加量为 1.0 wt%

2) 真空烧结

真空烧结是制备 Y_2O_3 透明陶瓷的一种有效烧结技术。Ikegami 等[77]采用沉淀法制备了单分散的 Y_2O_3 纳米粉体,然后用真空烧结技术在 1700℃的低温下获得了具有一定透过率的 Y_2O_3 透明陶瓷。Hou 等[117~119]以高纯商业氧化物粉体为原料,以 ZrO_2 为烧结助剂,采用真空烧结技术成功制备了高质量的上转换发光 Tm^{3+}/Yb^{3+}:Y_2O_3、Er^{3+}/Yb^{3+}:Y_2O_3 和 $Tm^{3+}/Er^{3+}/Yb^{3+}$:Y_2O_3 透明陶瓷。图 3.103 是制备的 Tm^{3+}/Yb^{3+}:Y_2O_3 透明陶

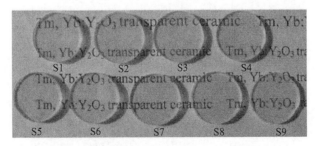

图 3.103　Tm^{3+}/Yb^{3+}:Y_2O_3 透明陶瓷的实物照片

S1 Yb/Tm=1; S2 Yb/Tm=5; S3 Yb/Tm=10; S4 Yb/Tm=15; S5 Yb/Tm=20; S6 Yb/Tm=25;
S7 Yb/Tm=30; S8 Yb/Tm=35; S9 Yb/Tm=40

瓷(Φ15 mm×2 mm)实物照片。从图中可以看到，所有陶瓷样品具有较高的透明度，可以清楚看到陶瓷片下面的字样。

图 3.104 是经过抛光后 Er^{3+}/Yb^{3+}:Y_2O_3 透明陶瓷(Φ15 mm×1 mm)的实物照片，随着 Er^{3+} 掺杂浓度的提高，陶瓷样品颜色加深。所有样品均呈现出较高的透过率，陶瓷片下面的文字清晰可见。

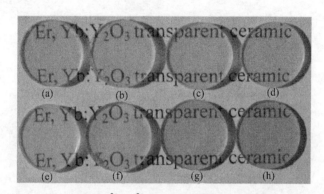

图 3.104　Er^{3+}/Yb^{3+}:Y_2O_3 透明陶瓷的实物照片
(a) Yb/Er = 50; (b) Yb/Er = 40; (c) Yb/Er = 30; (d) Yb/Er = 20; (e) Yb/Er = 10;
(f) Yb/Er = 7; (g) Yb/Er = 4; (h) Yb/Er = 1

图 3.105 是($Er_{0.05}Yb_{0.05}Y_{0.87}Zr_{0.03}$)$_2O_3$ 透明陶瓷的光学透过率曲线。虽然 Er^{3+}的浓度已经高达 5 at%，样品在近红外和可见光区域均呈现出较高的透过率，550 nm 和 1100 nm 处的透过率分别为 76.09%和 80.56%，接近于纯 Y_2O_3 透明陶瓷的透过率。位于 980 nm 处的吸收峰是 Yb^{3+} $^2F_{7/2} \rightarrow {}^2F_{5/2}$ 跃迁引起的。位于 380 nm，522 nm 和 1528 nm 的吸收峰来自于 Er^{3+}，分别对应于从基态 $^4I_{15/2}$ 到激发态 $^4G_{11/2}$、$^2H_{11/2}$ 和 $^4I_{13/2}$ 的跃迁。

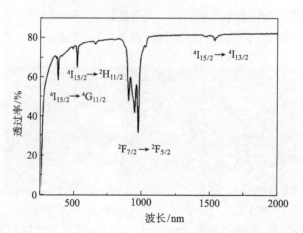

图 3.105　($Er_{0.05}Yb_{0.05}Y_{0.87}Zr_{0.03}$)$_2O_3$ 透明陶瓷的光学透过率曲线

图 3.106 是 $Tm^{3+}/Er^{3+}/Yb^{3+}:Y_2O_3$ 透明陶瓷的表面 SEM 形貌照片。从图中可以看出，样品的晶粒大小均匀，未发现异常长大现象，晶界干净，没有明显的气孔和第二相。

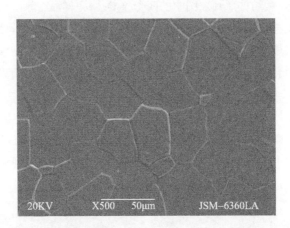

图 3.106　$Tm^{3+}/Er^{3+}/Yb^{3+}:Y_2O_3$ 透明陶瓷的表面 SEM 形貌

3) 氢气氛烧结

氢气氛烧结技术早已成功应用于高压钠灯所需的半透明 Al_2O_3 管的大批量工业制造，采用这种工艺可以直接得到高度透明的氧化物陶瓷，而无需后续的热处理工艺。另外，通过控制露点，在烧结过程中引入水蒸气，有望排除原料中和材料制备过程中带来的 Fe 等杂质元素，这对于激光材料而言具有极其重要的意义。但是与真空烧结相比，氢气氛烧结的烧结温度往往比真空烧结高 50~100℃。章健[78]通过简单的共沉淀工艺，采用氨水为沉淀剂，可以制备出颗粒尺寸均匀、分散性良好并具有较好烧结活性的稀土离子掺杂 Y_2O_3 纳米晶粉体，然后采用氢气氛烧结工艺成功制备了稀土离子掺杂 Y_2O_3 透明陶瓷(图 3.107)。

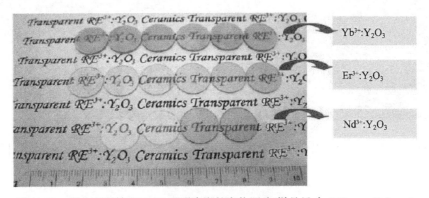

图 3.107　稀土离子掺杂 Y_2O_3 透明陶瓷的实物照片(样品尺寸 Φ12 mm×0.5 mm)

为了探明粉体煅烧温度对透过率产生影响的原因，研究了采用不同煅烧温度的粉体所制备的陶瓷块体的显微结构。图 3.108 为采用不同温度煅烧粉体所制备的 Nd:Y$_2$O$_3$ 陶瓷断口的 SEM 显微结构照片。图中的四个 Y$_2$O$_3$ 陶瓷样品，除了粉体煅烧温度不同以外，其他制备工艺参数完全一致，烧结温度为 1850℃，保温时间为 3 h。从图中可以看出，当粉体煅烧温度在 1000℃以下时，Nd:Y$_2$O$_3$ 陶瓷的显微结构均很致密，无明显的气孔存在，随着粉体煅烧温度的升高，其晶粒尺寸呈增大的趋势。当煅烧温度从 850℃升到 1000℃时，Nd:Y$_2$O$_3$ 陶瓷的晶粒尺寸从约 2 μm 增大到约 6 μm。当煅烧温度提高到 1100℃时，晶粒尺寸迅速长大，晶粒尺寸增大到 10 μm 以上，且晶粒尺寸变得很不均匀，显微结构中出现了很多气孔，气孔的尺寸基本都在 1 μm 以下。由于这些气孔的尺寸与可见光波长非常接近，产生非常严重的光散射现象，会极大降低可见光波段的直线透过率。

图 3.108 不同煅烧温度的粉体经氢气氛烧结所制备的 Nd:Y$_2$O$_3$ 陶瓷断口的 SEM 显微结构照片
(a) 850℃；(b) 900℃；(c) 1000℃；(d) 1100℃

在沉淀法制备 Y$_2$O$_3$ 纳米粉体的过程中，硫酸铵的添加明显改善了粉体的团聚状况和分散性能，并对 Nd:Y$_2$O$_3$ 透明陶瓷的烧结产生重要影响。图 3.109 所示为硫酸铵对 Nd:Y$_2$O$_3$ 透明陶瓷显微结构的影响。硫酸铵的添加使 Nd:Y$_2$O$_3$ 透明陶瓷的晶粒更加细小、均匀，样品的透过率更高(图 3.110)。

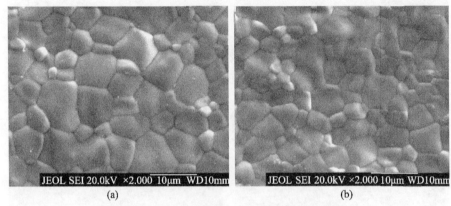

图 3.109　Nd:Y$_2$O$_3$ 透明陶瓷的 SEM 显微结构照片

(a) 未添加硫酸铵；(b) 添加硫酸铵

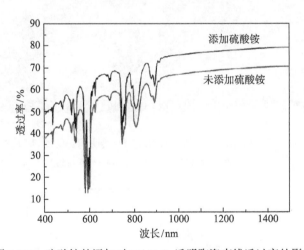

图 3.110　硫酸铵的添加对 Nd:Y$_2$O$_3$ 透明陶瓷直线透过率的影响

除了 Nd:Y$_2$O$_3$ 的粉体性能以外，烧结温度对 Nd:Y$_2$O$_3$ 透明陶瓷的显微结构和透过率也有显著的影响。图 3.111 是不同烧结温度下制备的 Nd:Y$_2$O$_3$ 透明陶瓷的断口 SEM 形貌照片。从图中可以发现，除了 1700℃温度下烧结样品存在较多的微气孔，其余三个样品的显微结构均看不出有明显差别，但相对密度随着烧结温度的提升而增大。

图 3.112 是不同烧结温度下制备的 Nd:Y$_2$O$_3$ 透明陶瓷的直线透过率曲线。从图中可以看出，随着烧结温度的提高，样品的透过率逐渐升高。当烧结温度为 1700℃时，

其 1000 nm 处的透过率只有 25%；当烧结温度升高到 1850℃，其透明性得到了显著改善，透过率达到 74%。

图 3.111   不同烧结温度下制备的 Nd:Y₂O₃ 透明陶瓷的断口 SEM 形貌

(a) 1700℃；(b) 1750℃；(c) 1820℃；(d) 1850℃

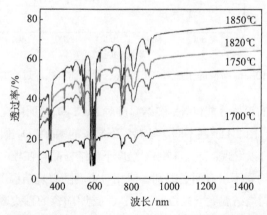

图 3.112   不同烧结温度下制备的 Nd:Y₂O₃ 透明陶瓷的直线透过率曲线

4) 氧气氛烧结

在空气气氛下是很难获得 Y_2O_3 透明陶瓷，这是因为形成闭气孔无法穿过晶格而停留在陶瓷体内部。即使在晶界处，也会因为其较大的体积而减缓气体的扩散速度。而氧气环境下，由于氧气分子在高温下可以电离成离子，氧离子可以通过氧化钇晶格中的氧空位在其中扩散[120]。因此，在氧气环境下烧结氧化物透明陶瓷是可行的。黄毅华[75]以沉淀法制备的 Y_2O_3 纳米粉体为原料，以 ZrO_2 为烧结助剂，采用氧气氛烧结在 1650℃获得了 Y_2O_3 透明陶瓷(图 3.113)。样品在近红外波段的直线透过率高达 80%，与理论透过率相接近。

图 3.113　氧气氛烧结 Y_2O_3 透明陶瓷的实物照片

图 3.114 是氧气氛烧结掺锆 Y_2O_3 透明陶瓷抛光表面的 SEM 形貌照片。样品在 1600℃腐蚀 5min，其平均晶粒尺寸为 2 μm 左右，晶粒大小均匀，无异常晶粒长大，未见明显的气孔存在。

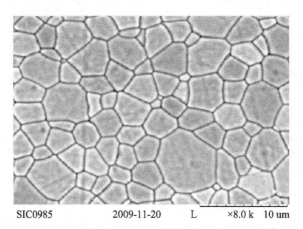

SIC0985　　　　　2009-11-20　　　L　　×8.0 k　10 um

图 3.114　氧气氛烧结 Y_2O_3 透明陶瓷表面的 SEM 形貌照片

Zr^{4+}的引入抑制了Y_2O_3陶瓷的晶粒长大、降低了烧结温度。锆离子作为 4 价施主离子，添加入氧化钇中后会引入氧间隙$[O_i]$，而形成的氧间隙会限制钇间隙$[Y_i]$的产生，有效地降低了氧化钇的晶界移动，限制晶粒的生长。Huang 等[121]系统研究了掺入氧化锆对于氧化钇晶粒生长的影响。图 3.115 是纯氧化钇陶瓷和掺杂 0.5 at%Zr 的氧化钇陶瓷表面的 SEM 显微结构照片，烧结温度为 1650℃。对于未掺杂锆离子的 Y_2O_3 陶瓷，当保温 0 h，1 h 和 3 h 时，样品的晶粒尺寸分别为 2.41μm，3.47μm 和 4.6 μm；对于

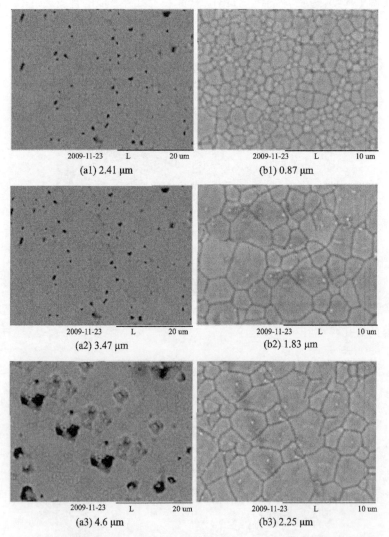

图 3.115　不同保温时间下掺杂与未掺杂锆离子的 Y_2O_3 陶瓷表面 SEM 形貌

(a1), (a2), (a3)未掺杂锆离子，保温时间分别为 0 h，1 h 和 3 h；(b1), (b2), (b3)掺杂锆离子，
保温时间分别为 0 h，1 h 和 3 h

掺杂 0.5 at%Zr 的 Y_2O_3 陶瓷,当保温 0 h、1 h 和 3 h 时,样品的晶粒大小分别为 0.87μm、2.01μm 和 2.25 μm。所以在相同的烧结温度和相同的保温时间下,掺杂 0.5 at%Zr 的 Y_2O_3 陶瓷的晶粒尺寸要明显小于纯 Y_2O_3 陶瓷的晶粒尺寸。未掺杂的 Y_2O_3 陶瓷中可以观察到很多气孔的存在,随着保温时间的增加,气孔尺寸逐渐变大;而掺杂锆离子的 Y_2O_3 陶瓷中未见明显的气孔存在。说明掺入锆离子后,晶粒生长得到有效抑制,气孔率明显降低。

　　5) 热等静压烧结(HIP)

　　热等静压烧结技术制备 Y_2O_3 透明陶瓷是目前最成功的工艺路线。日本神岛化学公司采用湿化学法合成 Y_2O_3 纳米粉体并采用热等静压烧结技术成功制备了激光级稀土离子掺杂 Y_2O_3 透明陶瓷(图 3.116)。图 3.117 是厚度为 1.05 mm 的 Y_2O_3 透明陶瓷在紫外–近红外波段的直线透过率曲线。从图中可以看出, Y_2O_3 透明陶瓷的透过率已接近其理论值。

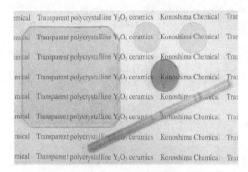

图 3.116　日本神岛化学公司研制的 Y_2O_3 透明陶瓷的实物照片

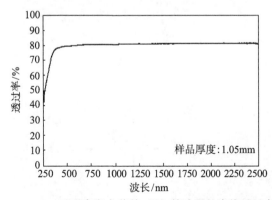

图 3.117　Y_2O_3 透明陶瓷在紫外–近红外波段的直线透过率曲线

　　Kim 和 Sanghera 等[122~124]通过对商业倍半氧化物(包括 Lu_2O_3 和 Y_2O_3)提纯获得高纯的 $Yb:Lu_2O_3$ 和 $Yb:Y_2O_3$ 纳米粉体,然后通过热等静压烧结的方法获得了高质量的 Yb:Lu$_2$O$_3$ 和 Yb:Y$_2$O$_3$ 透明陶瓷，并且实现了高效、连续激光输出。图 3.118 是 2.0 at%Yb:Y$_2$O$_3$ 和层状复合结构 Yb:Y$_2$O$_3$ 透明陶瓷的实物照片。

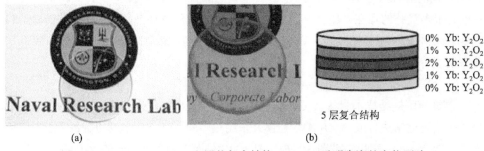

图 3.118   2.0 at%Yb:Y$_2$O$_3$ 和层状复合结构 Yb:Y$_2$O$_3$ 透明陶瓷的实物照片

图 3.119 是以商业 Lu$_2$O$_3$ 粉体和提纯后的 Yb:Lu$_2$O$_3$ 纳米粉体为原料，采用热等静压烧结方法获得的 Lu$_2$O$_3$ 和 Yb:Lu$_2$O$_3$ 透明陶瓷的直线透过率曲线、实物照片和显微结构照片。从图 3.119(a)中可以看出，采用提纯 Yb:Lu$_2$O$_3$ 纳米粉体为原料制备的 Yb:Lu$_2$O$_3$ 透明陶瓷的透过率远高于采用商业 Lu$_2$O$_3$ 粉体制备的 Lu$_2$O$_3$ 透明陶瓷，并接近其理论透过率值。从图 3.119(b)和图 3.119(c)可以看出，采用商业 Lu$_2$O$_3$ 透

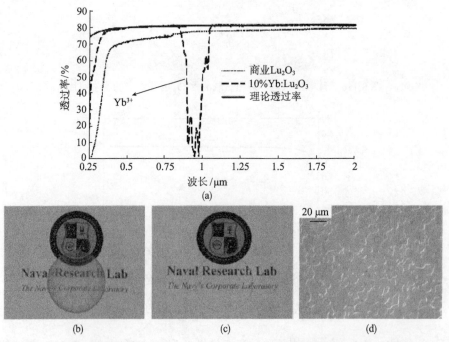

图 3.119   热等静压烧结获得的 Lu$_2$O$_3$ 和 Yb:Lu$_2$O$_3$ 透明陶瓷的直线透过率曲线、
实物照片和显微结构照片

明陶瓷的边缘偏灰,并且有较多的裂纹;而采用提纯 Yb:Lu$_2$O$_3$ 纳米粉体制备的 Yb:Lu$_2$O$_3$ 透明陶瓷透光性好,没有裂纹存在。这是由于商业 Lu$_2$O$_3$ 粉体的化学纯度低、颗粒团聚严重所造成的。从图 3.119(d)中可以看出,采用提纯 Yb:Lu$_2$O$_3$ 纳米粉体制备的 Yb:Lu$_2$O$_3$ 透明陶瓷的结构致密、无明显的气孔存在,样品的晶粒尺寸 5~20 μm。

所以,要获得高质量的倍半氧化物透明陶瓷,实现其可控制备,必须精确控制制备工艺中的每一个步骤。倍半氧化物透明陶瓷制备工艺的突破,必将大大拓展光功能透明陶瓷在军事、医疗、能源、通信和工业等方面的应用。

3.1.3　TM^{2+}: II-VI 族中红外激光材料的制备

TM^{2+}: II-VI 族中红外激光材料的制备主要有以下几种方法。

1) 晶体生长

美国劳伦斯·利弗莫尔国家实验室首次制备 TM^{2+}: II-VI 体系材料即采用的晶体生长的方法。由于 II-VI 族化合物熔点高、蒸气压大,采用普通的熔融晶体生长的方法比较困难。因此常采用的晶体生长方法是改进后的布里兹曼法(Bridgeman),即在高温熔融的同时施加高压。以 ZnSe 为例,生长 ZnSe 单晶时,除了需要 1650℃的高温,还需要同时充以 70kg/cm^2 的高纯氩气[125],这大大提高了对设备的要求。此外,有文献报道[126]采用双层密封坩埚的方法制备 ZnSe 单晶以减少挥发损失和对坩埚的腐蚀。除了挥发性问题,还要考虑到掺杂离子的熔点与基质材料的差别所导致的晶体生长的困难。由于晶体生长方法中的种种困难,现在该体系材料制备中已较少使用。

2) 扩散掺杂法

该方法是目前发展最为成熟,使用最为广泛的方法。具体来说,是先制备出 II-VI 族化合物的多晶体,然后采用镀膜的方法,在多晶体表面镀一层掺杂离子的金属膜,然后在高温条件下,在真空密封的环境中进行长时间扩散实现掺杂。制备多晶体基质的方法有多种,常用的如 CVD、CVT、PVT 等;镀膜的方法也较为灵活,如磁控溅射、脉冲激光沉积等。图 3.120 和图 3.121 是美国阿拉巴马大学 Mirov 小组[127]采用扩

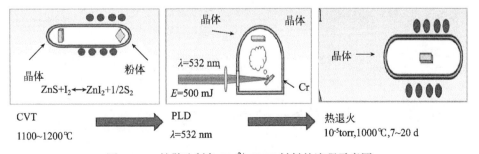

图 3.120　扩散法制备 TM^{2+}: II-VI 材料的流程示意图

TM^{2+}: 过度金属离子

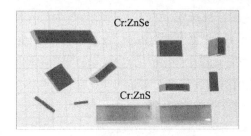

图 3.121　采用扩散法制备的 Cr:ZnS/ZnSe 样品实物

散法制备 Cr:ZnS/ZnSe 的工艺流程示意图和实物照片。

3) 热压法

热压法在 20 世纪六七十年代已经成熟地运用于 ZnS/ZnSe/MgF$_2$ 等红外窗口材料的制备[128]。利用热压法制备 TM^{2+}:II-VI 材料，主要发挥了陶瓷方法工艺简单、规模化以及制备灵活性等优点。利用热压成型，可以制备复合结构、梯度浓度、波导结构等形式的材料。具体步骤是将预处理的粉体与基质粉体混合后热压成型(图 3.122)。目前热压样品相对于扩散样品仍有一定的差距(图 3.123)，但未来的潜在优势仍有待于进一步发掘[129]。

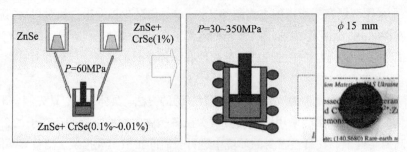

图 3.122　热压制备 Cr:ZnSe 流程图及样品实物照片

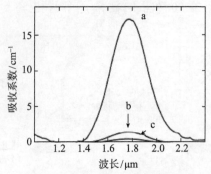

图 3.123　Cr:ZnSe 样品吸收曲线

a. 扩散多晶样品；b, c. 热压样品

3.1.4　非对称体系光学透明陶瓷

非对称体系光学透明陶瓷将以氧化铝(Al_2O_3)、硅酸镥(LSO)和氟磷酸钙(FAP)这三个具体材料体系为实例来说明其制备方法与性能。

1. 氧化铝透明陶瓷

α-Al_2O_3 的晶体结构是：离子半径大的氧离子，排列成密排六方点阵骨架，离子半径小的铝离子排入骨架的间隙处，组成 A_2X_3 型菱形晶格，铝离子在结构中并不填充全部空隙，而只填充总数的三分之二，如图 3.124 所示。这种结构表现出很强的各向异性，它们的热膨胀系数由两个方向决定，即平行晶轴和垂直晶轴方向，不同晶轴的热膨胀系数亦不同，晶粒之间亦会产生同样的现象。

在 20 世纪 50 年代末，美国 GE 公司的 Coble 博士(图 3.125)成功报道了商品名为 Lucalox 的氧化铝透明陶瓷[130]，从而一举打破了人们的传统观念。透明氧化铝是第一个实现透明化的先进陶瓷材料，氧化铝透明陶瓷的最大特点是对可见光和红外光具有良好的透过性。此外，氧化铝透明陶瓷还具有高温强度大、耐热性好、耐腐蚀性强、电绝缘好、热导率高的优点，因此该材料得

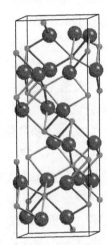

图 3.124　α-Al_2O_3 的晶体结构

到了广泛的实际应用，如用于节能照明的高压钠灯的电弧管、用于光催化有机合成的超大功率高压钠灯管、高显色性的陶瓷金卤灯电弧管以及半导体产业装备中的抗等离子体腔体等。常见的氧化铝透明陶瓷可以用来制备高压钠灯的灯管，高压钠灯的工作

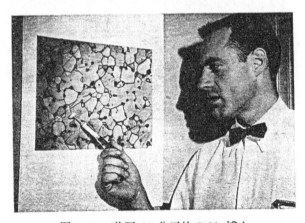

图 3.125　美国 GE 公司的 Coble 博士

温度高达 1200℃，压力大、腐蚀性强，选用氧化铝透明陶瓷为材料成功制造出高压钠灯，它的发光效率比高压汞灯提高一倍，使用寿命达 2 万小时，是使用寿命最长的高效电光源[131]。目前，世界范围内每年有约 7000 万只透明氧化铝管生产和销售。20世纪 90 年代初飞利浦公司又将透明氧化铝用作金卤灯的电弧管开发出了显色性好、光效高、寿命长的陶瓷金卤灯[132]。

　　掺 Ti 的氧化铝单晶(钛宝石)具有大增益带宽、高饱和通量、高量子效率及热稳定性等特点，是目前综合性能最好、应用最广泛的可调谐激光材料。但是，其生产周期长、能耗和成本高。同时，它还受到其他许多方面的限制，如光学激活离子不能大量掺杂、激活离子在晶体中纵向分布不均匀等。Murotani 等[133]对掺 Cr 氧化铝透明陶瓷做过一些基础性的研究，提出氧化铝透明陶瓷用作激光介质的可能性。$Cr^{3+}:Al_2O_3$ 是第一种具有激光发射的晶体，其机械强度高，热膨胀系数小，热导率高，化学组分与结构十分稳定，因此它是一种应用广泛的固体激光工作物质。

　　传统的半透明氧化铝陶瓷管主要采用注浆成型、冷等静压或挤出成型等成型方法，在真空或 H_2 气氛(> 1700℃)烧结。所制备的氧化铝陶瓷的晶粒大小约 25 μm，在可见光波段的直线透过率一般为 10%~15%[134]。为了制备高透过率的氧化铝陶瓷，拓展其在激光介质及可—红外窗口的应用潜力，世界各国的材料研究学者进行了大量研究工作。近年来研究的热点集中在亚微米晶透明氧化铝、晶粒定向透明氧化铝以及固态晶体生长法制备氧化铝单晶。Hayashi 等[135]率先采用高温热等静压(HIP)制备了具有亚微米晶粒的透明氧化铝，使可见—红外光的透过率得到显著提高(~60%)。随后，Krell 等[136]、Kim 等[137]、司文捷等[138]相继采用日本大明化学工业的 TM-DAR 高纯商业氧化铝原料粉，通过 HIP 烧结、放电等离子体烧结(SPS)制备得到了亚微米晶粒的透明氧化铝陶瓷。亚微米晶透明氧化铝的烧结温度较低(<1400℃)，陶瓷体的相对密度很高，晶粒尺寸小于 1 μm，因此被称为亚微米晶透明氧化铝陶瓷。亚微米晶透明氧化铝具有两个显著优点：优异的力学性能和高可见光透过率。由于细晶强化效应，这种具有细小晶粒的透明氧化铝的三点抗弯强度达 700~812MPa，显微硬度达到 20~21GPa[139]。该透明氧化铝不仅烧结温度低，光学性能接近蓝宝石，而且力学性能优于蓝宝石，有望用作陶瓷金卤灯等高强气体放电灯的电弧管，还有可能取代蓝宝石单晶作为导弹头罩和红外窗口，并应用于国防及民用领域。

　　图 3.126 为 Krell 等[140]制备的亚微米晶透明氧化铝陶瓷与传统多晶氧化铝陶瓷(PCA)透过率[134]的比较，亚微米晶透明氧化铝具有较高的透过率，在 600 nm 处直线透过率约 60%，大大高于高压钠灯用半透明氧化铝管的透过率。事实上，很多学者研究了晶粒尺寸与透过率的关系，提出了一些模型拟合关系式。当晶粒尺寸远大于波长时，可用几何光学解释陶瓷中的散射。而对于晶粒尺寸<20 μm 时的散射情况，Apetz

等[141]运用 Rayleigh-Gans-Debye 光散射理论，各向异性透明陶瓷假设为一个具有平均晶粒尺寸的球形粒子均匀分布于均质基体中的体系，提出了适用于各向异性、小尺寸晶粒的微晶光散射模型，得到具有双折射的各向异性透明陶瓷的直线透过率表达式。当透明氧化铝陶瓷的晶粒尺寸小于光波波长时(入射光波长不变)，透过率将随晶粒减小而增大。因此，制备亚微米晶透明氧化铝可以实现透过率的显著提高。该理论模型与 Apetz 等[141]得到的实验结果符合得很好。虽然亚微米晶透明氧化铝与传统半透明氧化铝比较，强度和透过率都有很大提高，但是在小于 500 nm 光谱段透过率却有很大降低(图 3.126)。有一种被普遍接受的解释是当晶粒大小与波长接近时，晶粒对入射光的散射最强，导致紫外波段的透过率降低。换言之，亚微米晶透明氧化铝并没有全部解决氧化铝的晶界双折射的问题。

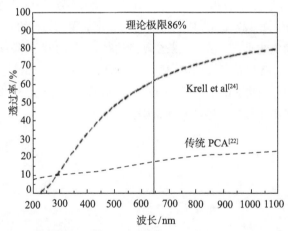

图 3.126　亚微米晶透明氧化铝陶瓷与传统 PCA 透过率的比较

近年来，超导强磁场技术获得很大发展，日本、法国、德国等发达国家都相继投入了大量人力和物力，竞相开展强磁场利用方面的研究工作。强磁场在控制材料的物理化学过程中相变、结晶、取向、表面形貌等方面均取得了大量的科研成果，并由此诞生了强磁场材料科学。从材料学角度，由于强磁场下电磁力的作用范围可达到原子尺度，因此非铁磁性材料在强磁场中也可表现出一系列显著的现象，这意味着磁场应用范围有可能从传统的铁磁性材料为主扩大到整个材料领域，这是磁场应用的一个重大突破。磁场诱导晶粒取向工艺(magentic-field-assiated orientation of grain，MFAOG)，最初被应用在高温超导体陶瓷中形成织构化结构[142,143]。2002 年左右，美国、日本等发达国家开始了利用强磁场开发定向排列的陶瓷材料，Makiya 等用钛白作为原料，在强磁场下制备出高密度晶粒取向的 TiO_2 陶瓷[144]，Si_3N_4 陶瓷[145]和 Al_2O_3 陶瓷[146]，但其详细的机理研究还未见任何报道。上海大学的任忠鸣课题组研究了金属 Bi[147]，

Al-Ni 合金[148]，Pb-Sn 合金[149]，Bi-Mn[150]合金等体系的定向凝固，发现强磁场强烈地影响着凝固组织的微结构。现有研究结果表明，利用强磁场对顺磁或抗磁陶瓷粒子的作用制备取向组织从而改善陶瓷的性能很有应用前景。

氧化铝晶体的光轴与 c 轴方向平行，因此当光透过这种晶粒定向排列的透明氧化铝陶瓷时，从一个晶粒射出的光到另一个晶粒，其所遇的物理环境是相同的，理论上来说可以消除晶界的双折射。基于此构想，Mao 等[151]将超强静磁场应用于透明氧化铝陶瓷的制备，研制出晶粒定向的透明氧化铝，在晶粒大小与传统半透明氧化铝相当(~25 μm)的情况下，得到的可见光波段透过率显著提高(~55%)，并且在小于 500 nm 波段仍然保持大于 40%的高透过率。 显然，这是在研制高透过率非立方晶系透明陶瓷方面取得的一项有意义的进展。其制备过程如下：先在磁场辅助下注浆成型得到 c 轴定向排列的陶瓷素坯，然后在大于 1800℃、H₂ 氛下烧结得到晶粒定向的透明氧化铝陶瓷。X 射线衍射谱(图 3.127)显示，所制备的透明氧化铝陶瓷晶粒的 c 轴是定向排列的，这为透明氧化铝陶瓷的研究提供了一条全新的途径。图 3.128 为晶粒定向透明氧化铝陶瓷(左图)和传统的晶粒无序氧化铝陶瓷(右图)的实物照片，样品厚度均为 0.8 mm，样品距离纸面的距离均为 8 mm。从图 3.128 中可以看出，具有晶粒取向结构的氧化铝陶瓷的透过率明显高于晶粒无序的氧化铝陶瓷。

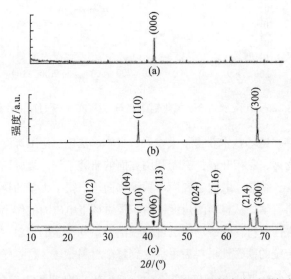

图 3.127 垂直于磁场方向(a)，平行于磁场方向(b)晶粒定向透明氧化铝陶瓷和晶粒无序半透明氧化铝陶瓷(c)的 XRD 图谱

图 3.129 是在 12T 磁场成型制备的氧化铝陶瓷和无磁场环境下成型制备的氧化铝陶瓷的直线透过率曲线。在磁场中成型的样品的透过率有了突破性的提高，在可见光

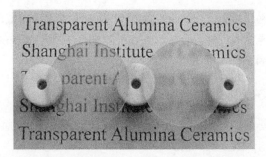

图 3.128　晶粒定向氧化铝陶瓷(左)和晶粒无序氧化铝陶瓷(右)的实物照片

(样品距离纸面的距离为 8 mm)

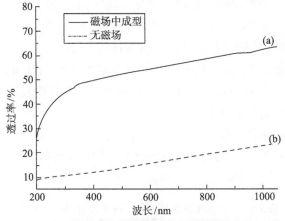

图 3.129　氧化铝透明陶瓷的透过率曲线

(a) 在 12T 磁场中成型；(b) 无磁场

范围内达到了 50%~60%。而且在 200~400 nm 的紫外波段仍然保持较高的透过率。

图 3.130 是在磁场中制备的氧化铝透明陶瓷的断口 SEM 显微形貌。从图中可以看

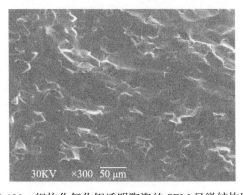

图 3.130　织构化氧化铝透明陶瓷的 SEM 显微结构照片

出，样品的平均晶粒尺寸约为 30 μm，与常规的透明氧化铝陶瓷的晶粒相当。此外，在晶粒内部以及晶界上有气孔存在，这些气孔影响了氧化铝陶瓷的透过率，所以织构化氧化铝透明陶瓷的光学性能有进一步提升的空间[152]。

2. 硅酸镥(LSO)透明陶瓷

在新型医用闪烁体的探索中，掺 Ce 的硅酸盐一直是研究的重点和热点。这类闪烁体包括 LSO，LPS，LGSO，YSO 等[153~155]。

掺 Ce 硅酸镥(LSO:Ce)材料最初是作为阴极射线管用磷光粉进行研究的。1990 年，Melcher 和 Schweitzer 发现它是一种具有潜在应用价值的新型闪烁体，该晶体的光输出是 BGO 的 4~5 倍，衰减时间不足 40ns，密度(7.4g/cm³)与 BGO 相当，发光波长 420 nm，特别适合于高能γ射线的快速探测，因而被认为是迄今为止综合性能最好的闪烁体。加上其抗辐照硬度高、无潮解等优异特性，非常适用于高性能正电子湮没断层扫描成像技术(PET)做探测器材料，也可应用于核医学成像(CT、SPECT)、油井钻探、高能物理、核物理、安全检查、环境检查等方面，引起国际闪烁晶体界极大关注。在 PET 应用领域，LSO 已成为最好的 BGO 替代品。

由于 LSO 晶体物理化学性能好，透光范围宽，Lu 原子半径、电负性、化学性质等与快衰减离子铈相近，特别适合做铈离子掺杂性能优异闪烁晶体的基质。Ce:LSO 晶体的闪烁性能与典型闪烁晶体比较如表 3.6 所示[156]。

表 3.6　Ce:LSO 晶体与典型闪烁晶体的闪烁性能比较

晶体	NaI	CaI	GSO	BGO	PWO	LSO
折射率	1.85	1.80	1.85	2.15	2.16	1.82
密度/(g/cm³)	3.67	4.51	6.71	7.13	8.28	7.41
有效原子序数 Z_{eff}	51	54	59	74	—	66
辐射长度/cm	2.59	1.85	1.38	1.12	0.89	1.14
衰减时间/ns	230	700/7000	56/600	60/300	15	11/36
峰值发射/ nm	415	560	430	480	420	410~420
光输出/%	100	85	20~25	12~16	0.5	76
能量分辨率/%	7.0	9.0	7.8	9.5	—	10.0
辐射硬度	10^3		$>10^8$	10^{5-6}	—	$>10^6$
吸湿性	高	弱	无	无	无	无

从表 3.6 可以看出，LSO 是综合性能优良的闪烁晶体，与其他闪烁晶体相比，LSO 具有明显的优势：

(1) LSO 具有光输出高，相当于 NaI(TI)的 76%、BGO 的 4~5 倍，绝对光输出可达 25000~295000 ph/MeV。

(2) ~40ns 的衰减时间优于 BGO 的 300 ns、NaI(TI)的 230 ns、CsI(TI)的 700 ns，即使与 CeF$_3$ 的 30 ns 相比也不逊色。

(3) 有高密度和高原子序数，辐射长度与 BGO 相当，对 X 射线和 γ 射线的吸收好，探测效率高，远远优于 NaI(Tl)、CsI(Tl)等晶体，并且使用晶体尺寸也比较小，有利于器件小型化并最终降低 PET 整机成本。

(4) 发光主波长为 420 nm，位于光电倍增管的敏感区域，可有效探测光脉冲。

(5) 抗辐照硬度高，在辐射剂量为 10^6 时不会出现损伤，在剂量达 10^8 时表现出微小的损伤。

另外，LSO 的折射率小，对光的散射小，每个 PMT 可耦合 144 块晶体，而 BGO 只能耦合 16 块 PMT；物理化学稳定性好，不需要其他的处理，加工方便。

由于 LSO 闪烁晶体综合性能优异，它的发现引起了世界闪烁晶体界的广泛关注，美国(CTI 等)、日本(HITACHI)、德国(SIMENS 等)、俄罗斯(RAMET 等)等国某些科研机构与大公司都加强对 LSO 的研究力度，尤其是对 LSO 闪烁性能和器件的研究。目前，虽然商业 PET 已经出现在市场，但 LSO 在闪烁晶体领域并没有占据主导地位，除了市场的原因，LSO 晶体生长技术是一个非常重要的原因。当前面临的主要问题是晶体生产成本高昂，及晶体开裂和多个发光中心导致的光输出不稳定。LSO 的熔点高达 2100℃，如此高的生长温度对生长设备提出了严重挑战，主要表现在坩埚中的铱特别容易挥发或被熔蚀到熔体中，这不仅增加了生长成本，而且挥发出的铱金颗粒容易进入晶体中形成光散射中心。由于 Ce 的分凝系数很小，仅为 0.25，导致生长的 LSO 晶体中铈离子很难实现高掺杂，而且浓度沿径向分布极不均匀；同时，作为发光中心的铈离子是一个变价元素，其价态、占位与分布特征对晶体的闪烁性能具有重要的影响作用，然而，受分凝系数影响其含量较小，导致分析测试比较困难，所以至今有关晶体中铈离子的价态及其对晶体闪烁性能方面的研究还进展缓慢[157]。目前国际上已有 LSO:Ce 非对称体系闪烁透明陶瓷的报道，但整体透过率水平较低，厚度为 1 mm 的样品在可见光区域的透过率只有 10%左右[158~160]，而 LSO 晶体的透过率可达到 80%以上。虽然如此，LSO 陶瓷依然展现了其优异的闪烁性能，其关键闪烁性能，如光产额甚至达到了晶体的 90%以上。

Lu$_2$O$_3$-SiO$_2$ 相图如图 3.131 所示。从图中可以看出，存在 Lu$_2$O$_3$·SiO$_2$(LSO)和 Lu$_2$O$_3$·2SiO$_2$(LPS)两个稳定相。值得一提的是，LPS 同样是一种综合闪烁物理性能优异的闪烁晶体。LPS 的空间群为单斜晶系，空间群为 C2/m；晶格常数为 a = 6.7665Å，b = 8.8407Å，c = 4.7195Å 和 β = 101.95°。Lu^{3+}在 LPS 中只有一种格位，Lu^{3+}与 6 个 O^{2-}近邻，构成的扭曲 LuO$_6$ 八面体，共边相连成平行的片，并与分离的 Si$_2$O$_7$ 双硅氧四面体交替按层状排列[161]，如图 3.132 所示。其平均光输出达到 22000 ph/MeV，衰

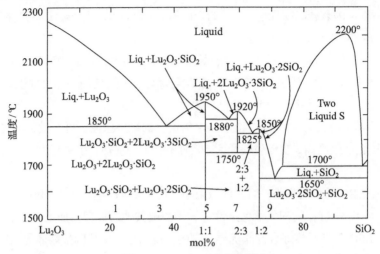

图 3.131　Lu_2O_3-SiO_2 相图

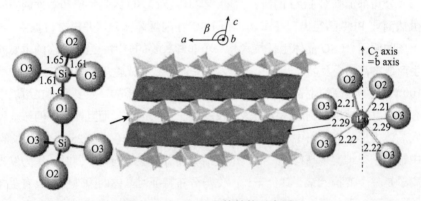

图 3.132　LPS 的晶体结构示意图

图中表示了每个 Si—O 和 Lu—O 键的长度，单位为 Å

减时间为 32ns，密度为 6.23g/cm³，熔点为 1900℃。总体来说，LPS:Ce 具有较大的密度、较高的光输出、较快的衰减时间，且与目前 LSO:Ce 闪烁晶体相比，LPS:Ce 闪烁晶体没有余辉，高温发光效率稳定，可以达到 500 K[162]。对于透明陶瓷的制备，为了尽可能减少晶界双折射造成的光线最终的散射，我们希望通过精确控制组分的配比而得到单相的 LSO 陶瓷。

1) 超细纳米粉体结合热等静压烧结工艺

热等静压是使陶瓷素坯在高温和高压下得到快速致密化的过程，它可以使很多难以烧结的陶瓷材料烧结到很高的致密度。Wang 等[163]以喷雾热解法获得了比表面积为 38.5 m²/g 的超细纳米粉体。根据比表面积计算得到的粉体粒径为 20.2 nm。从图 3.133

粉体的 SEM 形貌上来看，大部分粉体的粒径范围在 10~100 nm，但也有 500~1000 nm 的比较大的团聚体存在。从烧结的角度来说，这种大的团聚体不利于气孔的最终排出，应当尽量避免。经冷等静压成型后，先将材料预烧结，得到含有较多气孔的坯体。研究表明，随着预烧结温度的升高，材料的致密度提升，从图 3.134 的 XRD 图谱可以看出，经过预烧结后，就只有单相的 LSO 相存在。但材料最终的致密化则通过热等静压(HIP)的烧结方式来完成。

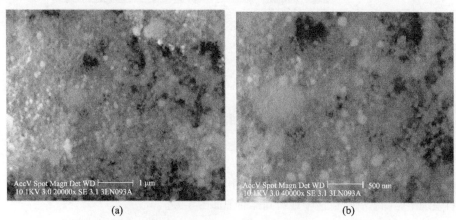

图 3.133　煅烧后所得到的 LSO 粉体(600℃×2 h)的 SEM 形貌照片

(a) 放大 20000 倍；(b) 放大 40000 倍

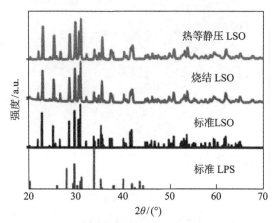

图 3.134　预烧结和 HIP 后 LSO 陶瓷的 XRD 图谱

从图 3.135 中 LSO 陶瓷的 SEM 形貌照片可以看出，预烧结后，材料的晶界处还有明显的气孔存在，在热等静压时，晶界则扮演了气孔快速排出的通道。热等静压后材料在晶粒尺寸基本没有长大的前提下气孔基本被排出，经密度测试，致密度达到了99.8%。

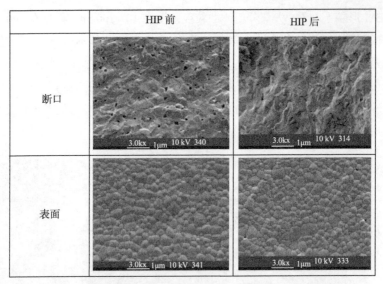

图 3.135　HIP 前后 LSO 陶瓷的表面及断口 SEM 形貌照片

　　热等静压烧结所得的 LSO 陶瓷的实物照片如图 3.136 所示。对于 1 mm 的样品，材料呈现半透明状，可以清晰地看到样品下面的字迹。

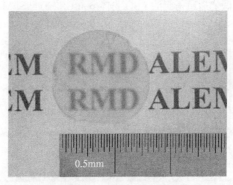

图 3.136　热等静压烧结所得 LSO:Ce 陶瓷的实物照片(样品厚度为 1 mm)

　　热等静压烧结所得 LSO:Ce 陶瓷的直线透过率曲线如图 3.137 所示。样品在 420 nm 处的透过率为 11%，这在是目前报道的 LSO 陶瓷的最高透过率数值。

　　但是值得一提的是，尽管 LSO 陶瓷的透过率数值与单晶 LSO 相比还相去甚远，而闪烁性能测试则显示了 LSO 陶瓷的应用潜力和竞争力，^{22}Na 激发源测得的其光输出达到了 30 100 ph/MeV，达到了单晶的 90%以上，用 ^{22}Na 及 ^{137}Cs 分别为激发源时，测得的能量分辨率为 15%和 18%(图 3.138)，同等条件下单晶的能量分别率为 10%和 9%，衰减时间和单晶一致为 40ns(图 3.139)。

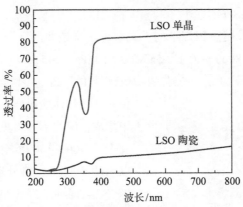

图 3.137　LSO 陶瓷及晶体的直线透过率曲线

样品的厚度均为 1 mm

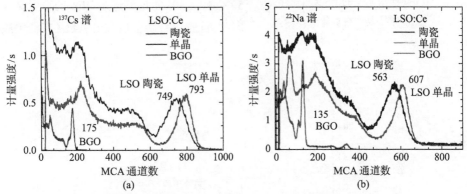

(a)　　　　　　　　　　　　　　(b)

图 3.138　LSO:Ce 陶瓷、LSO:Ce 单晶及 BGO 单晶的光产额对比

(a) 以 Cs 为激发源；(b) 以 Na 为激发源；LSO:Ce 陶瓷的光产额仅比单晶低 6%~7%

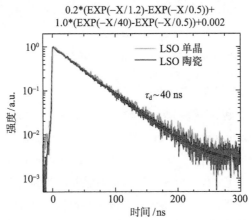

图 3.139　LSO:Ce 陶瓷及 LSO:Ce 单晶的衰减时间

2) 热压法制备 LSO 陶瓷

Lempicki[164]等采用热压烧结的方式获得了半透明的 LSO 陶瓷，烧结温度为 1700℃，所加压力为 8000 psi(约为 55 MPa，1 MPa = 145 psi)，保温时间为 2 h。其实物照片如图 3.140 所示，1 mm 的样品在背景灯箱的照射下可以透字。热压烧结时石墨模具和发热体使得样品在一个还原性的气氛中烧成，因此不可避免地要出现氧空位，研究表明，1000~1300℃空气气氛中的热处理可以消除氧空位。热处理前后的热释光结果(图 3.141)表明，经过热处理后，陶瓷里的陷阱几乎都可以消除。尽管样品只是半透明，但其闪烁发光的效率依然达到了晶体LSO的 50%~60%，从而足够满足 PET 的实用要求。因此，目前LSO陶瓷研究已引起了广泛关注。

图 3.140　热压法制备的 LSO 陶瓷样品实物(样品放置在灯箱上)

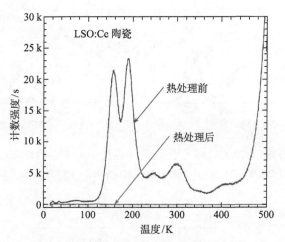

图 3.141　退火前后 LSO 陶瓷的热释光曲线

3) 放电等离子烧结(SPS)LSO 陶瓷

脉冲电流烧结技术包括等离子活化烧结(plasma activated sintering, PAS)系统和放电等离子烧结(spark plasma sintering, SPS)系统，它的显著特点是快速低温烧制材料[165]。与通常的烧结方法相比，SPS 过程中的蒸发–凝聚的物质传递要强得多，因此除了使烧结体快速致密化之外，SPS 所需的烧结温度也要低几百摄氏度，有利于得到纳米陶瓷[166]。Lin 等[167]采用溶胶–凝胶法合成了平均粒径在 100~200 nm 的纳米 LSO 粉体(图 3.142)。

图 3.142　溶胶–凝胶法制备的 LSO:Ce 粉体的 SEM 形貌

　　相比固相法而言，这种 LSO 粉体的粒径要小很多，因此较高的烧结活性也使得其可以在较低的烧结温度下完成致密化。采用放电等离子烧结工艺，在较低的温度下(1350℃)通过短的保温时间(5min)，在压力为 50MPa 的条件下获得了半透明的 LSO 陶瓷。经空气中退火处理(1000℃×15 h)后，样品中的氧空位被消除，样品也从不透明变成了半透明状(图 3.143)。

(a)　　　　　　　　　　　　　　　(b)

图 3.143　LSO:Ce 陶瓷空气气氛退火前(a)和退火后(b)的实物照片

3. 氟磷酸钙(FAP)透明陶瓷

　　1968 年，Mazelsky 等首次采用提拉法生长出了氟磷酸钙(FAP)晶体，对其物性进行了研究[168]。尽管 FAP 晶体的热力学性能不是很好，但近年来随着激光二极管(LD)的迅速发展以及一些小型低热载荷的中低频率的激光二极管抽运激光器的需求[169]，对材料热力学性能的要求有所下降，Yb:FAP 晶体重新成为人们研究的热点。FAP 基质

为 Yb^{3+} 提供较大的晶场分裂能,从而具有吸收和发射截面大、阈值低、增益大、成本低等特点。

Yb:FAP 晶体的生长系统较为复杂,为方便起见,将 FAP 看作由 $Ca_3(PO_4)_2$ 和 CaF_2 作用的赝二元体系[170], 如图 3.144 所示。$Ca_3(PO_4)_2$ 和 CaF_2 相互间有一定的固溶度,且体系在 1680℃存在 $n[Ca_3(PO4)_2]:n(CaF_2)$ 为 3:1 的 FAP,其中的 $Ca_3(PO_4)_2$ 由 $CaHPO_4$ 和 $CaCO_3$ 反应形成,整个反应的化学方程式如下

$$6CaHPO_4 + 3CaCO_3 + CaF_2 = 2Ca_5(PO_4)_3F + 3H_2O + 3CO_2\uparrow \qquad (3.10)$$

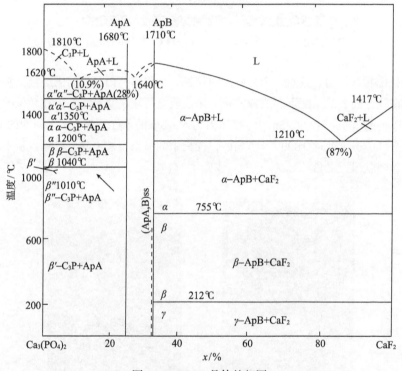

图 3.144　FAP 晶体的相图

日本科学家 Akiyama 等在对 HAP(羟基磷灰石)的磁场下晶粒定向进行研究后[171~173],成功将其运用在 FAP 上,具体的制备方法如图 3.145 所示[174]。他们得到的 Nd:FAP 透明陶瓷(厚度 0.48 mm)在 1064 nm 处的透过率达到了 82%,其散射损耗为 $1.5cm^{-1}$,达到了比较高的光学质量。

Asai 等根据经典的磁化理论引入磁化能,并从形状磁各向异性能、磁晶各向异性能的角度出发,以能量最低原理解释了实验现象。对于非磁性材料,发生磁取向通常需要满足 3 个条件:第一是晶体元胞具有磁各向异性;第二是磁各向异性能大于

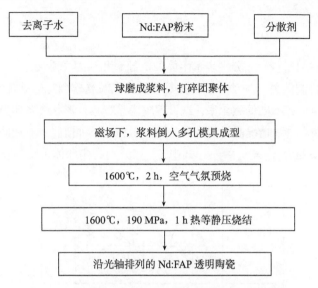

图 3.145　晶粒定向的 Nd:FAP 透明陶瓷的制备流程图

热能，即

$$|\Delta U|V > kT \tag{3.11}$$

式中，V 是粒子的体积，k 是玻尔兹曼常量，T 是热力学温度，ΔU 是晶体不同方向的磁化能差，被定义为

$$\Delta U = U_i - U_j \qquad U_i = -\frac{\chi_i}{2\mu_0(1+N\chi_i)}B^2 \tag{3.12}$$

式中，下标 i, j 表示晶体的不同方向，χ_i 为磁化率，μ_0 为真空磁导率，N 为退磁因子；第三是介质的约束较弱以至弱磁化力能使晶体发生转动。

　　弱磁性(顺磁性、抗磁性)金属或合金在磁场中凝固时主要以旋转取向机制形成凝固组织。其旋转机制的动力学研究，目前有 2 种模型。一种是把旋转晶粒当作球体处理[175]，这就假定晶粒具有磁晶各向异性，即晶粒在各个方向的磁化率是不同的，其转动的驱动力矩就是由这种磁晶各向异性产生的，它具有如下的形式

$$T = \frac{1}{2\mu_0}V\Delta\chi B^2 \sin\theta \tag{3.13}$$

式中，$\Delta\chi = \chi_1 - \chi_2$，$\theta$ 为磁化方向(X_1)与磁场强度方向的夹角。阻碍晶粒转动的阻力矩由洛伦兹力和黏滞阻力产生，它们分别有如下的形式

$$L = \frac{4}{15}\pi r^5 \sigma B^2 \frac{\mathrm{d}\theta}{\mathrm{d}t} \tag{3.14}$$

$$R = 8\pi r^3 \frac{\mathrm{d}\theta}{\mathrm{d}t} \tag{3.15}$$

式中，r 为晶粒半径，σ, η 分别表示熔体的电导率和动力学黏度。

旋转取向机制的另一种动力学模型是将旋转晶粒当作椭球体处理[176]，椭球体的长轴和短轴方向具有不同的磁化率，这可理解为晶粒具有形状磁各向异性，当然也包括磁晶各向异性。这种情况晶粒受到的驱动力矩和上一种情况具有相同的形式，只是其中的磁化率差变为 $\Delta\chi = \chi_a - \chi_c$，式中 χ_a, χ_c 分别为椭球体短轴和长轴方向的磁化

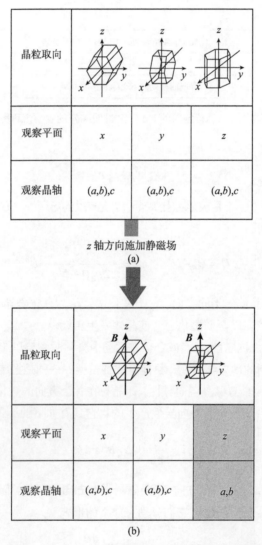

图 3.146　当 $\chi_c > \chi_{a,b}$ 时，六方晶系材料体系在磁场下的晶粒取向示意图

率。其阻力矩则具有下面的形式：

$$T_f = \frac{16}{3}\pi\eta(c^4-a^4)\bigg/\left[\left(\frac{2c^2-a^2}{\sqrt{c^2-a^2}}\ln\frac{c+\sqrt{c^2-a^2}}{a}-c\right)\frac{\mathrm{d}\theta}{\mathrm{d}t}\right]$$ (3.16)

式中，a，b 分别为椭球体半长轴和半短轴的长度。

从能量的角度分析，磁场使晶体取向的原理是，晶粒受力矩作用转到一稳定的方向，以便减少磁化能。由式(3.12)可知，粒子具有磁各向异性时，不同方向磁化率不同，磁化能也就不同。以六方晶系为例，χ_c，$\chi_{a,b}$ 分别表示在 c 轴及 a，b 轴方向的磁化率。当 $\chi_c > \chi_{a,b}$ 时，则有 $U_c < U_{a,b}$，晶体的 c 轴容易平行于磁场方向取向，如图 3.146 所示[171]；相反，如果 $\chi_c < \chi_{a,b}$，则有 $U_c > U_{a,b}$，于是晶体的 a 轴或 b 轴易于平行于磁场方向取向，

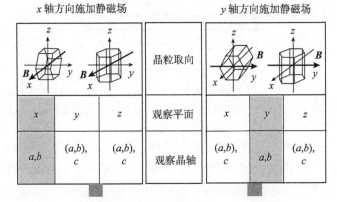

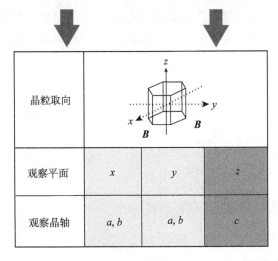

图 3.147　当 $\chi_c < \chi_{a,b}$ 时，六方晶系材料体系在磁场下的晶粒取向示意图

也就是说，粒子的 c 轴可以在垂直于磁场方向的所有平面内，因此在这种情况下，不能得到单轴取向晶体组织，为获得单一取向需将样品绕垂直于磁场的方向旋转。HAP 在磁场中取向的机制见图 3.147。旋转磁场的实验装置如图 3.148 所示。

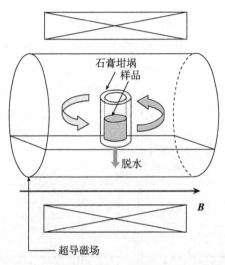

图 3.148　当 $\chi_c < \chi_{a,b}$ 时，为获得沿光轴方向定向排列所用的浆料旋转设施示意图

晶体在磁场中的取向原理是能量最低原理，现有研究集中在晶体在磁场中转向而降低能量的方面。这仍需在基本模型方面开展研究，以能描述磁场、晶体各向异性、晶体颗粒间相互作用、介质的影响等，为实际应用提供基础。

把磁场下晶粒定向技术应用到透明陶瓷领域是一个值得关注的研究方向，对减少双折射效应，提高光学质量有重要意义。因此，探索非对称体系透明陶瓷材料的晶粒定向问题，研究作用规律并阐明作用机理对拓宽透明陶瓷的应用领域有着积极的推动作用。

3.2　光功能透明陶瓷的性能

光功能透明陶瓷的性能将从光学散射损耗、力学性能、热性能、激光性能、激光诱导损伤和闪烁特性等方面重点阐述。

3.2.1　光功能透明陶瓷的光学散射损耗

1. 光在透明陶瓷中的传播

在陶瓷的性能中，利用其光学性能的光功能陶瓷材料，虽然投入实际应用的时日不多，进步却是飞速的。光功能陶瓷材料具有重要地位的首要理由是，不同于金属，其价带与导带间的能隙大，在很大的波长范围内都能透明。另外，原子间结合力较弱，而选择由质量大的原子组成的物质，能抑制原子间的声学共振，直至远红外波段也能透光。陶瓷与高分子材料不同，具有耐磨性、耐腐蚀性、耐热性、高强度、不易变形等，具有很高的环境稳定性。

入射光在材料表面的反射，在内部的吸收、散射造成能量的损耗，剩余的以透过光的形式呈现。因此，要得到透光性好的陶瓷材料，必须选择光损耗少的材料。但是，反射是由光的传播、介质和材料固有的折射率差值决定的相对值，除非完全消除反射，否则是无法避免损耗的。另一方面，光的吸收，是由构成材料的物质中的电子迁移和原子自旋、声学共振产生的光能吸收现象引起的，是物质的固有属性。因此，在工作波长范围内，如果选择不会显现该固有吸收的物质，就有可能制备得到透光性高的材料。

物质基于电子跃迁的光学现象，就是光的吸收和发光。光吸收，除了构成透明陶瓷物质的晶格振动和分子振动导致的红外波段吸收以外，还包括了基于带间电子跃迁的短波段吸收。与构成物质的原子间结合力有关的晶格振动状态决定光的吸收，由于构成原子的质量大且结合力小而共振频率降低，吸收波长会红移。另一方面，短波段的吸收端是由物质能带间隙的大小决定的。带隙宽的绝缘体(大于 3.5eV)由于带间迁移必需的光的波长段位于紫外段，就一定是不吸收可见光的透明材料。与此相对的，在硅中，由于带隙约为 1eV，可见光全部被吸收，只能透过红外光。但是，当透明的绝缘体中混入了会引起基态与激发态间电子跃迁的杂质原子时，就会产生特征吸收并显色。例如，氧化铝中含 Cr^{3+} 而变成红色的红宝石，因为 Ti^{3+} 而变成蓝色的蓝宝石。另外，积极利用了这种电子跃迁产生的光吸收的产品，还有将跃迁金属离子和稀土离子作为杂质离子添加的着色玻璃。

除此之外，在碱金属卤化物中经常可见被空穴捕获的电子导致的色心，或者经 X 射线、紫外线、γ 射线、中子线等照射产生的晶格缺陷导致的光致色变现象产生的光吸收，也已用于探测器、存储器。另外，电化学物质被氧化、还原时产生的的原子跃迁导致的光吸收带来的着色–退色现象，已知为电致色变效应，已应用于显示元件。

尽管光的一部分被材料表面反射，再在内部被吸收，如果妨碍光直行的散射中心不存在的话，残余的光就能在材料里直进直出。所谓光的散射中心，是指材料制备过程中引入的气孔、添加剂或杂质的偏析等材料的不完整性和不均一性造成的散射，以及晶粒的各向异性造成的折射率不连续产生的物质固有的散射。这些散射中心造成的光损耗，依赖所用的光的波长，而且，晶界上的散射与晶粒的双折射效应的大小有关。因而，为了减小散射引起的光损耗，必须要防止气孔和异质物的产生，找寻各向异性小的物质，多组分要均匀固溶从而减小各向异性的影响。

　　与单晶和玻璃在熔融状态下的制备技术不同,类似于粉末冶金制备工艺的透明陶瓷具有可制备出较大尺寸，具有复合结构、力学热学性能好的样品等优点。但正是这类制备方法也带来显著的弱点。主要问题是透明陶瓷中的缺陷导致陶瓷的透明性降低问题。这些缺陷包括相界、微气孔、杂质、非主晶相、表面缺陷和色心等。

　　透明陶瓷的透明性是指光线能够透过的能力。要使陶瓷透明，其前提是使光通过。入射到陶瓷的光，一部分表现为表面的反射和内部的吸收和散射，剩下的就成为透射光。入射强度为 I_0 的光线，通过厚度为 d 的样品后，透过强度 I 可以用下式表示[177~179]

$$I = I_0(1-R)^2 \exp[-(\alpha + \beta_p + \beta_b)d] \tag{3.17}$$

式中，R 为反射率，α 为样品的吸收系数，β_p 为气孔和杂质相所引起的散射系数，β_b 为晶界引起的散射系数。β_b 可以进一步分为双折射引起的反射、晶界偏析相引起的散射以及晶界结晶不完整所引起的吸收。从式(3.17)可以看出，R、α、β_p、β_b 小的材料具有良好的透光性。虽然光吸收和光散射都引起光的损耗，但光吸收过程涉及光能向其他形式能量的转变，如电子跃迁、分子振动等；而光散射过程中没有能量形式的转变，光的能量没有改变，但它改变了光的传播途径和方向。陶瓷的相组成、晶体结构、晶界、气孔率和表面光洁度等是影响其透明性的主要因素。

　　当光线从一个晶粒进入相邻晶粒时，由于陶瓷中晶粒的取向是随机的，若该晶体具有双折射现象，则将产生界面反射和折射，而且在不同取向晶粒的晶界上还将产生应力双折射。因此，透明陶瓷通常选用具有高对称性的立方晶系材料，如 YAG，Y_2O_3，Sc_2O_3 等。洁净的晶界，即晶界上没有杂质、非晶相和气孔存在，或晶界层非常薄，其光学性质与晶粒内部几乎没有区别，因此也不会成为光散射中心。

　　图 3.149 是不同气孔率的 Nd:YAG 陶瓷的光散射系数与波长的关系，图中也列出了 Nd:YAG 晶体的数据作为比较[178]。

　　气孔是影响陶瓷材料透过率最重要的因素，一般陶瓷材料由气孔引起的光散射将远大于晶界区，甚至是非主晶相和非晶相(玻璃相)等引起的散射损耗。气孔可以用气孔体积分数和它们的大小、形状和分布(包括粒径分布)来描述。对于透明陶瓷，常用光学显微镜对规定体积内的气孔数量和尺寸进行记录，定量测定气孔率[180]。例如对于首例 Nd:Y_2O_3 陶瓷激光器，其气孔率仅为(0.33×10^{-6})[181]。透明陶瓷中的微气孔，可存在于晶界上和晶粒内部，主要为闭气孔。

　　陶瓷材料微结构中的杂质包括原料或工艺中由于污染而引入的杂质、掺杂离子和作为添加剂的杂质离子。对于原料中或工艺中由污染引入的杂质，如果它们与基质形成固溶体，部分显色离子可能引起有害的吸收带引起光损失。而对于那些不溶解或者

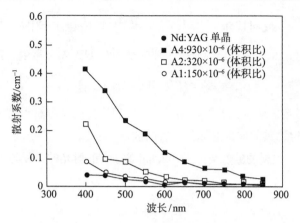

图 3.149　不同气孔率的 Nd:YAG 陶瓷的光散射系数与波长的关系

溶解度极低的杂质，则将聚集在晶界上，形成不同于晶粒的晶界相，并引起较大的界面损耗。对于稀土掺杂离子，当掺入浓度低于溶解度上限时，则成为材料中的光吸收中心。添加剂则进入晶格成为材料的一部分，在构建陶瓷的微结构平衡中发挥重要作用；当掺杂浓度高于溶解度上限时，则将出现非主晶相[182]，第二相与主晶相形成界面，且折射率不同于主晶相，从而构成了新的光散射中心。

当透明陶瓷进行光透过率精确测试或加工成光学元件时，必须对样品进行高精度光学加工。因加工引起的表面起伏和划痕导致表面具有较大的粗糙度，即呈微小的凹凸状，光线入射到这种表面上会产生漫反射，严重降低陶瓷的透光率，而且这也可能对样品表面镀制的光学薄膜质量产生很大影响。

对于散射前后波长不发生变化的弹性散射，根据散射中心的尺度(设为 a_0)，可分为 Rayleigh 散射、Mie 散射和 Tyndall 散射[177,178]。

当 $a_0 \square \lambda$ 时(λ 为入射波长)，主要的散射类型为 Rayleigh 散射，散射系数 β_R 可表达为

$$\beta_R = \frac{24\pi^3 n_0^4}{\lambda^4} NV^2 \left[\frac{n^2 - n_0^2}{n^2 + 2n_0^2} \right]^2 \tag{3.18}$$

即在折射率为 n_0 的连续相中存在体积为 V、折射率为 n 的气孔或异相情况下的散射截面，N 为单位体积内的散射中心数目。散射光强度随观察方向而改变

$$I_\varphi = I_0(1 + \cos^2 \varphi) \tag{3.19}$$

I_φ 为观察方向与入射光束传播方向的夹角为 φ 时的散射光强度,是对散射光在所有角度积分的结果，如果假设散射颗粒为半径为 d 的小球($a_0 = 2d$)则式(3.18)可以改写为

$$\beta_R = [128\pi^5 d^6/(3\lambda^4)]\{[(n/n_0^2)^2 - 1]/[(n/n_0)^2 + 2]\}^2 \tag{3.20}$$

当 a_0 与入射光波长 λ 可比拟时，主要的散射类型为 Mie 散射，散射系数为

$$\beta_M = CNV /[(\lambda - ka_0^2)/a_0] \tag{3.21}$$

式中，C、k 为常数，N，V 与式(3.18)同，而散射光强的角分布也随 a_0/λ 而变化，和 Rayleigh 散射相比，其前向散射加强，后向散射减弱。

当 $a_0 \gg \lambda$ 时，主要的散射类型为 Tyndall 散射，散射光的光强与入射光波长无关，其散射系数

$$\beta_T = \frac{3}{8}k'V_f a_0 \tag{3.22}$$

式中，k' 为常数，V_f 为散射颗粒的体积分数($V_f = NV$)。

综上所述，散射系数与散射颗粒尺寸和入射光波长的变化规律大致为：散射系数随着散射粒子尺寸的增大而增加，当散射粒子尺寸大约等于入射光波长时散射系数达到极大值，并随着粒子尺寸的继续增大而减小；当散射粒子尺寸远大于入射光波长时，散射系数趋于常值，不再随光波波长而改变。

2. 光学散射损耗表征方法

1) 利用透过率曲线计算

利用 Lambda 9 UV/VIS/NIR、瓦立安 5000 等分光光度仪测量透明陶瓷样品的吸收(或者透过)光谱，测试精度小于 1 nm。测试前要对光谱仪进行校正，测试的原理根据光的吸收定律(Lambert 定律)。

$$T = \frac{I}{I_0} = e^{-\alpha l} \tag{3.23}$$

式中，T 为透过率，I_0 为入射光强度，I 为透过透明陶瓷样品厚度为 l 的介质后的光强度，α 为吸收系数。

透明陶瓷样品的折射率随波长的关系由色散公式决定，简化的色散公式可表示为 $n(\lambda) = A + \dfrac{B}{\lambda^2}$，样品都是在未镀增透膜的情况下测量透过率的，根据菲涅尔反射原理

$$R(\lambda) = \frac{[n(\lambda) - 1]^2}{[n(\lambda) + 1]^2} \tag{3.24}$$

R 为反射率，n 为透明陶瓷介质的折射率(如 YAG 在 1064 nm 处 $n = 1.82$，则反射率为 8.4 553%)。材料的透过率 $T = 1 - R$，未镀膜情况下实测透过率 T 与吸收系数之间的关系如下

$$T = \frac{I(\lambda)}{I_0(\lambda)T(\lambda)^2} = \mathrm{e}^{-\alpha l} \tag{3.25}$$

所以，吸收系数

$$\beta = \alpha = \frac{-\ln\left\{\dfrac{I(\lambda)}{I_0(\lambda)}\dfrac{1}{[1-R(\lambda)]^2}\right\}}{l} \tag{3.26}$$

透明陶瓷基质在某段波长不存在吸收的情况下，材料的散射损耗系数 β 等于材料的吸收系数 α。此种测量方法的优点是比较方便、简洁；缺点是与样品加工质量、光谱仪的测试精度有很大关系。与此种方法比较接近的是利用标准激光棒对比测试，分别测出 1064 nm 激光通过标准棒和待测棒的能量，然后进行换算。

2) 利用多个长度的陶瓷棒，多次测量透过率的方法

对上面透明陶瓷散射损耗公式(3.25)取对数，可以得到

$$\ln T = -\beta l + 2\ln(1-R) \tag{3.27}$$

所以可以利用透明陶瓷长度作为横坐标，透过率取对数作为纵坐标，所得曲线的斜率就是散射损耗的值，此种方法需要多次测量，结果较准确。

3) 利用透射电镜，构建散射缺陷模型

透明陶瓷，得益于其透明的光学特性，使得借助于光学显微设备对陶瓷内部的无损观察成为可能。图 3.150 是采用透光显微镜、图像采集设备和图形图像处理软件联用进行的气孔观察和分析的示意图。一块肉眼观察透明性良好，通过两面精细抛光的陶瓷样品，在高倍显微镜的观察下，可以将陶瓷内部的微气孔影像清晰地展现出来，

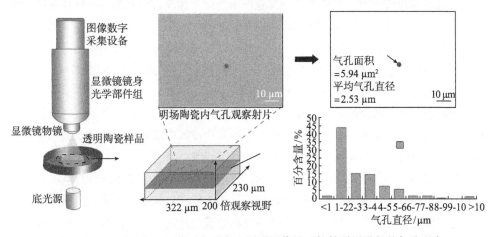

图 3.150　显微设备、图像采集设备和图形图像处理软件联用进行的气孔观察

并可通过调节显微设备聚焦平面的位置，观察透明陶瓷空间方向上任意位置的气孔分布情况。通过显微设备底光源透射载物台上的透明陶瓷样品并将影像投射入显微镜物镜后，会在显微镜的成像区域内看到明亮的白色区域和星星点点的小黑点。前者是顺利通过陶瓷透明部分的底光源，后者是被透明陶瓷内气孔散射后而减弱的光线或者说陶瓷内气孔在物镜上的投影。在显微镜观察透明陶瓷内气孔的过程中，伴随聚焦平面的移动，可以观察到内气孔的散射圈逐渐内缩，当聚焦平面恰与气孔所在平面重合时，散射圈与气孔投影重合共像，叠加成深色的黑点；当聚焦平面继续移动时，气孔散射影和投影再度分开，直至内气孔投影像远离成像平面而消失在视野中。图 3.151 是采用透光显微镜观察气孔中的对焦成像过程。

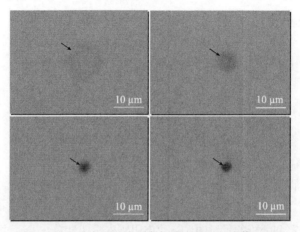

图 3.151　透光显微镜观察气孔中的对焦成像过程

通过显微设备、图像采集设备和专业图形图像处理软件的联用，可以在观察透明陶瓷内气孔的同时，将其加以量化。利用陶瓷透明区域和气孔区域透光性能的差别可以得到明暗反差强烈的数字图像，使用软件将显微镜观察下的透明陶瓷内部影像摄片中的气孔圈选出来并标尺度量，就能够获得共焦平面上气孔的投影数据(如面积、平均半径等)。在透明陶瓷内气孔为理想球体的假设下，更可以进一步求和累加得到显微镜观察区域内的透明陶瓷的体积气孔率，重复作业，通过多点多区域分析就能表征出样品的平均气孔率。此外，由于在显微镜观察的摄片过程中常常会引入电子摄录设备的数字噪声，所以偶尔会在摄片中出现难以分辨的区域，为了区分摄片上仪器噪声和真实气孔，需要有一种辅助的参比情况来加以佐证。显微镜的暗场观察恰好就满足了上述参比要求的需要。所谓暗场显微镜观察，是指不使用显微镜底光源投射样品观察而是通过添加边侧光源为入射光，经由样品内部的散光点散射入射光源进入物镜区成像的手段(图 3.152)。由于没有光源从样品底端透过，因此所得的影响中大范围是黑色的无数字信号区域，只有存在气孔且在垂直方向上散射侧光源投影入物镜的小区域会形成亮点信号，暗场环境下的显微镜观察结果刚好和明场效果相反，但却比明场效果有更小的噪声干扰。

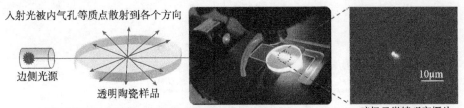

图 3.152　微气孔的透光显微镜暗场观察

通过以上方法得到的样品气孔率数据与由透明陶瓷样品的透过率计算导出的散射损耗相关联即可得到透明陶瓷内气孔对陶瓷光学散射损耗的影响，如图 3.153 所示[183]。

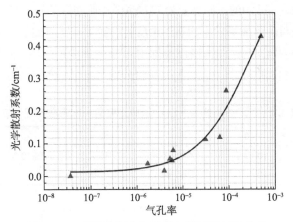

图 3.153　透明陶瓷内气孔率与散射损耗的关系

4) 利用散射损耗测试仪测量

利用积分球测量经过样品后的散射能量和透过能量，然后利用下列公式计算材料的散射损耗(β)和吸收损耗(α)，其装置示意图如图 3.154 所示。

$$\beta = \frac{P_s / P_i (1-r)}{[(1-r)^2 - P_T / P_i] L} \ln \left[\frac{(1-r)^2}{P_T / P_i} \right]$$

$$\alpha = \left[\frac{(1-r)^2 - P_T / P_i}{(1-r) P_S / P_i} - 1 \right] \beta \tag{3.28}$$

其中 P_s 为利用积分球测得的散射能量，P_i 为入射能量，r 为剩余反射率，P_T 为投射能量，L 为样品长度。

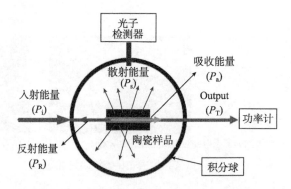

图 3.154   利用积分球测量散射损耗的示意图

3. 光学散射对透明陶瓷透过率影响

根据色散公式和已知的不同波长处 Nd:YAG 透明陶瓷的折射率，可以求出所有波长处 Nd:YAG 透明陶瓷的折射率和菲涅尔反射损耗，其结果如表 3.7 所示。图 3.155 是根据色散公式得出的 YAG 透明陶瓷随波长变化的理论透过率[184]。从图中可以看出，随着波长向短波长递进，YAG 透明陶瓷材料的透过率是逐渐下降的。

表 3.7   不同波长处 Nd:YAG 透明陶瓷的折射率和菲涅尔反射损耗

测试波长/ nm	410	546	660	920	1064
折射率/n	1.862 4	1.839 7	1.830 4	1.820 7	1.818 1
菲涅尔反射损耗	0.090 77	0.087 44	0.086 45	0.084 66	0.084 3

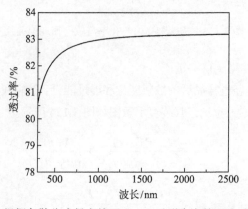

图 3.155   根据色散公式得出的 Nd:YAG 透明陶瓷的理论透过率曲线

在激光工作波长 1064 nm 处, 不同光学透过率的 Nd:YAG 透明陶瓷的光学散射损耗如表 3.8 所示。

表 3.8　1064 nm 处不同透过率 Nd:YAG 透明陶瓷的散射损耗(样品厚度 5 mm)

透过率/%	78	79	80	81	82	83	83.4
散射损耗/cm^{-1}	0.14	0.12	0.093	0.068	0.043	0.019	0.0096

4. 光学散射损耗对透明陶瓷激光性能的影响

从四能级速率方程可以得到激光器在脉冲稳态工作条件下光泵阈值和振荡能量公式并表示为损耗系数 α 的函数[177]。

激光振荡器由反射系数分别为 R_1 和 R_2 的两面镜子和长度为 l 的激活材料构成, 假设在反转的激光介质中单位长度的增益系数为 g, 并将除腔镜反射不完全而引起的损耗外的其他损耗统一用单位长度的吸收系数 α 来表示, 则激光振荡的阈值条件为

$$R_1 R_2 \exp[(g-\alpha)2l] \geqslant 1 \tag{3.29}$$

也可以用基本的激光参量来描述上述阈值条件

$$n_2 - \frac{g_2 n_1}{g_1} > \frac{\tau_{21} 8\pi\nu^2}{\tau_c c^3 g(\nu_s, \nu_0)} \tag{3.30}$$

式中, n_1, n_2 为下能级和上能级的粒子数密度; g_1, g_2 分别为两能级的简并度; τ_{21} 为上能级寿命; τ_c 为衰变时间常量。从方程(3.30)中可以看出, 泵浦功率越高, 反转粒子数就越多, 激光线宽也随之增宽, 因此远离中心的 $g(\nu_s, \nu_0)$ 值也能够满足阈值条件。实际激光系统的线宽与激活材料的线宽、泵浦功率和谐振腔的特征有关。

设振荡器维持阈值工作所需要的泵浦速率(阈值泵浦速率)为 W_p, 则对四能级系统有

$$\frac{n_2}{n_0} = \frac{W_p \tau_f}{W_p \tau_f + 1} \tag{3.31}$$

τ_f 为上能级的荧光衰减时间。

为了维持阈值条件下的粒子数反转, 晶体泵浦带内必须吸收的最小泵浦功率等于阈值时激光跃迁的荧光功率, 对四能级系统

$$P_{th} = \frac{h\nu n_{th}}{\tau_f} \tag{3.32}$$

上面讨论激光阈值时, 阈值以稳定态的反转粒子数表征, 即速率方程中的 $\partial n/\partial t = 0$。因此, 令 $\phi = 0$ 时忽略了受激发射效应, 这对阈值条件是一种很好的假设。

然而当超过阈值时，谐振腔内就建立起受激发射和光子密度，由速率方程可知，$\partial n/\partial t$ 随光子密度的增加而降低，当反转粒子数趋于稳定值时，就达到稳定态，此时泵浦源促成的向上跃迁和受激发射、自发发射引起的向下跃迁相等。若 $\partial n/\partial t = 0$，且有强光子密度，则稳定态的反转粒子数为

$$n = n_{\mathrm{tot}}\left(W_{\mathrm{p}} - \frac{\gamma - 1}{\tau_{\mathrm{f}}}\right)\left(\gamma\phi c\sigma + W_{\mathrm{p}} + \frac{1}{\tau_{\mathrm{f}}}\right)^{-1} \tag{3.33}$$

现在以工作参量来表示式(3.33)，当系统内不存在受激发射时，设 $\phi = 0$，此时，小信号增益系数为

$$g_0 = \sigma_{21} n_{\mathrm{tot}}[W_{\mathrm{p}}\tau_{\mathrm{f}} - (\gamma - 1)](W_{\mathrm{p}}\tau_{\mathrm{f}} + 1)^{-1} \tag{3.34}$$

当泵浦功率超过阈值，并从谐振腔获得了反馈时，腔内光子密度 ϕ 将开始随 g_0 按指数规律开始增加。光子密度一旦很大，系统的增益将依下式降低

$$g = g_0\left[1 + \frac{\gamma\phi\sigma_{21}c}{W_{\mathrm{p}} + (1/\tau_{\mathrm{f}})}\right]^{-1} \tag{3.35}$$

g 为饱和增益系数。可用系统的功率密度 I 来表示光子密度，因为 $I = c\phi h\nu$，所以

$$g = \frac{g_0}{1 + I/I_{\mathrm{s}}} \tag{3.36}$$

式中

$$I_{\mathrm{s}} = \left(W_{\mathrm{p}} + \frac{1}{\tau_{\mathrm{f}}}\right)\frac{h\nu}{\gamma\sigma_{21}} \tag{3.37}$$

为系统的饱和参量，当小信号增益系数减小一半时，它决定了激活介质内的光通量。从上面的讨论可以看出，小信号增益仅取决于材料的参量和对激活材料的泵浦功率，而饱和增益系数还与谐振腔内的功率密度有关。对于均匀谱线加宽或非均匀加宽的激光器，饱和增益与稳定态辐射强度的函数关系是非常重要的。

在激光应用中，设计者的主要目的是要在其他要求满足的情况下获得最高功率的输出性能，因此就要弄清振荡器中有利于提高激光效率的不同参量之间的关系，熟悉激光器工作过程中的各种能量转换关系和传输机制。

图 3.156 给出了输入电能转换为激光输出的能量流程图，习惯上将这一过程分为 4 步[177]：

(1) 输送到泵浦源的输入电能向有效泵浦辐射的转换。有效泵浦辐射的定义是激光介质所能吸收的泵浦辐射，如果光谱输出与增益介质吸收带匹配，LD 或 LD 阵列的输出就表示有效泵浦辐射。这一过程可用转换因子 η_{p}(泵浦效率)表示。市售连续或准

连续的 LD 或 LD 阵列的典型 η_p 值为 0.4~0.5。

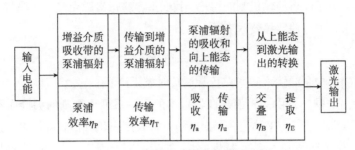

图 3.156　固体激光系统能量流程图

(2) 泵浦源发射的有效泵浦辐射向增益介质的传输。在二极管泵浦的激光器中，辐射的传输比较简单，如果用参量 r 表示光学系统或激活介质的反射损耗和溢出损耗，则辐射传输的转移效率 η_T 可表示为 $\eta_\text{T} = 1 - r$，由于激光晶体与光学元件都镀有增透膜，所以这类系统的辐射传输损耗很小，典型的 η_T 在 0.85~0.95。

(3) 增益介质吸收的泵浦辐射与向上激光能级传输的能量。这一能量传输分为两个过程，首先是 η_a 表示的增益介质吸收的有效泵浦辐射，其次是 η_u 表示的从基态向上能级的高效能量传输。吸收效率 η_a 为吸收的功率与进入激光介质的功率之比，它随泵浦源光谱区的吸收系数和增益介质的路径长度而变化，激光二极管泵浦的激光器吸收效率近似为

$$\eta_\text{a} = 1 - \exp(-\alpha_\text{D} l) \tag{3.38}$$

α_D 为激光晶体对二极管发射波长的吸收系数，l 为晶体内的光学长度。

上能态的吸收效率 η_u 定义为激光跃迁时发射的功率与泵浦带吸收的功率之比，对于典型的 Nd:YAG 激光器，由发射波长为 808 nm 的 LD 泵浦时，实验值得到 $\eta_\text{u} = 0.72$。

(4) 上能态的能量转换为激光输出。这一过程也分为两部分，即谐振腔模与激活介质泵浦区的光谱交叠效率 η_B 以及存储于激光上能级能够提取出来作为激光输出的提取效率 η_E。光束的交叠效率表示谐振腔模与激光介质的泵浦功率或增益分布之间的空间交叠。η_B 值在 0.1~0.95。提取效率表示输出激光时上能态全部可用的能量或功率的百分数，$\eta_\text{E} = P_\text{out}/P_\text{avail}$。对不同的振荡器，$\eta_\text{E}$ 有不同的表达形式。

当激光振荡器内的泵浦源通电后，在谐振腔内从噪声中建立起来的辐射通量将迅速增大，增益系数因辐射通量的增大而减小，最终达到稳定值。部分腔内功率将从谐振腔中耦合输出，并表现为有效的激光输出。若用谐振腔的几何参数和增益系数表示

$$P_\text{out} = A\left(\frac{1-R}{1+R}\right)I_\text{s}\left(\frac{2g_0 l}{L - \ln R} - 1\right) \tag{3.39}$$

式中，A 表示激光晶体的截面，其他参数意义与前面相同。

有了前面关于能量传输机制的讨论，我们很容易得出激光输出功率与系统输入功率的比较关系，用各种转移效率表示

$$P_{\text{out}} = \eta_{\text{E}}\eta_{\text{P}}\eta_{\text{B}}\eta_{\text{a}}\eta_{\text{u}}P_{\text{in}} \tag{3.40}$$

即输出功率与泵浦输入功率在正常运转时成正比。

必须指出的是，自由运转的振荡器输出的是一系列不规则的尖峰而不是光滑脉冲，因此输出功率是一个平均值，是对所有脉冲长度求积分得到的结果。造成这种尖峰脉冲现象的原因是激光的弛豫振荡，弛豫振荡是引起固体激光器输出产生不稳定波动的重要机理，在激光形成之前，我们要利用弛豫振荡产生的尖峰脉冲来形成激光振荡，但当激光振荡建立起来后，为了得到稳定的激光输出，我们必须对弛豫振荡加以限制。弛豫振荡尖峰取决于模式结构、谐振腔的设计和泵浦功率等系统参量，是谐振腔内的辐射与激活物质存储能量之间的动态相互作用引起的，要减小弛豫振荡就要消除产生振荡的根源。通常可以采用有源反馈系统对弛豫振荡加以抑制，或采用增益开关对其加以利用。

结合透明陶瓷内的损耗与谐振腔内的损耗，则有

$$L' = 2\alpha l + L_{\text{M}} \tag{3.41}$$

式中，L' 为谐振腔内的住返损耗。对于图 3.157 所示的激光振荡器，我们假设 R1 为全反射镜，镜子反射损耗 L_{M}，增益介质(透明陶瓷)的散射损耗为 a，增益介质内的功率密度或腔内功率密度 I_{int} 为

$$I_{\text{int}} = \left(\frac{1+R}{1-R}\right)I_{\text{out}} \tag{3.42}$$

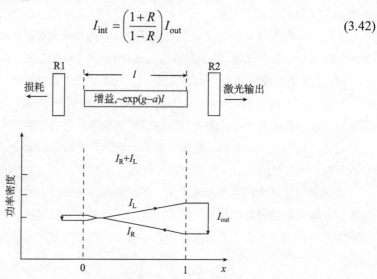

图 3.157　激光振荡器内的循环功率示意图

谐振腔的输出功率为

$$P_{\text{out}} = A\left(\frac{1-R}{1+R}\right)I_{\text{int}} \tag{3.43}$$

$$P_{\text{out}} = A\left(\frac{1-R}{1+R}\right)I_{\text{s}}\left(\frac{2g_0 l}{L-\ln R}-1\right) \tag{3.44}$$

对于四能级系统，小信号增益系数

$$g_0 = \sigma_{21}n_0 W_P \tau_{\text{f}} \tag{3.45}$$

式中，$W_P n_0$ 表示单位时间、单位体积内从基能级转移到上激光能级的原子数，有

$$W_P n_0 = \eta_Q W_{03} n_0 = \eta_Q P'_{\text{ab}} / h\nu_P V = \eta_Q \eta_s P'_{\text{ab}} / h\nu_L V \tag{3.46}$$

所以小信号增益系数

$$g_0 = \sigma_{21}\tau_{\text{f}}\eta_Q\eta_s P'_{\text{ab}} / h\nu_L V = \eta_Q\eta_s\eta_B P'_{\text{ab}} / I_s V \tag{3.47}$$

$$P_{\text{out}} = A\left(\frac{1-R}{1+R}\right)I_S\left(\frac{2g_0 l}{L-\ln R}-1\right) = \left(\frac{1-R}{1+R}\right)AI_S\left(\frac{2\eta_u\eta_B P_{\text{ab}}}{(L-\ln R)AI_s}-1\right) \tag{3.48}$$

定义
$$P_{\text{out}} = \sigma_s(P_{\text{in}} - P_{\text{th}}) \tag{3.49}$$

其中，σ_s 为斜率效率，
$$\sigma_s = \frac{2(1-R)}{(1+R)(L-\ln R)}\eta_P\eta_T\eta_a\eta_u\eta_B\eta_E \tag{3.50}$$

阈值
$$P_{\text{th}} = \frac{(L-\ln R)AI_s}{2\eta_P\eta_T\eta_a\eta_u\eta_B\eta_E} \tag{3.51}$$

式中，L 表示激光腔内的散射损耗，应该是往返一次的散射损耗 L' 的 k 倍，$k = 1/(1-R)$。对于 LD 泵浦的连续激光，$\eta_P = 0.40 \sim 0.50$，$\eta_T = 0.8$，$\eta_a = 1$，$\eta_u = 0.72$，$\eta_B = 0.95$，对不同的振荡器，η_E 有不同的表达形式。

假设我们利用20%的输出耦合镜，透明陶瓷的厚度为0.3cm，散射损耗为0.05cm^{-1}，$L_M = 0$，则斜率效率 σ_s

$$\sigma_s = \frac{2\times 0.2}{(1+0.8)(10\times 0.05\times 0.3 - \ln 0.8)}\eta_P\eta_T\eta_a\eta_u\eta_B\eta_E$$
$$= 0.596\times 0.82\times 072\times 0.95\times 0.8 = 26\%$$

当散射损耗为 0.009 时，

$$\sigma_s = \frac{2\times 0.2}{(1+0.8)(10\times 0.009\times 0.3 - \ln 0.8)}\eta_P\eta_T\eta_a\eta_u\eta_B\eta_E = 38.8\%$$

损耗系数 β 与输出功率或激光效率成反比例衰减关系如图 3.158 所示。

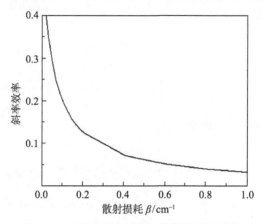

图 3.158   散射损耗与激光输出效率的关系

3.2.2   激光陶瓷的力学性能

激光陶瓷的力学性能对于激光器的设计和实际应用都很重要，特别是与激光性能关系最密切的断裂韧性，提高材料的断裂韧性能有效提高激光增益介质的抗热震性能。YAG 晶体是一种性能优异的激光增益介质，而 YAG 激光陶瓷则在制备工艺、价格、某些性能、成分可控性和掺杂离子均匀性等方面具有优势。然而，任何一种激光材料都需要通过结构设计以确保激光服役条件下的机械可靠性。下面简要介绍如何评估 YAG 激光陶瓷的力学性能。

根据工程陶瓷维氏硬度试验方法(中华人民共和国国家标准 GB/T 16534-1996)，Nd:YAG 激光陶瓷的维氏硬度的试验原理如下：以规定的试验力将两相对面夹角为 136° 的正四棱锥体金刚石压头压入试样表面，保持规定的时间后卸除试验力，测试压痕两对角线长度。以压痕单位表面积承受的试验力来表示维氏硬度值。维氏硬度测试时对 Nd:YAG 陶瓷样品的要求：①试样厚度不小于 1 mm；②试样面与相对面的平行度不大于 0.03 mm/cm；③试样的试验面应为平面，试验面的粗糙度按 GB 1031 规定测试值不大于 0.8 μm。具体试验的步骤为：①将硬度计放置在稳固的基础上，并调至水平，其水平度为 0.2/1000；②使试样试验面与压头轴线垂直；③调好显微镜焦距；④选择试验力为 49N；⑤在试验前或更换压头后，用相应的标准维氏硬度块进行校验，以判别压痕形状和硬度测定值是否正确；⑥以 0.3 mm/s 的加载速度施加负荷，在试验过程中不应有任何冲击或震动，保持试验力 10~15s，准确测量压痕对角线长度；⑦在同一试验面上压痕数量不少于 5 个；⑧相邻两压痕中心距离为压痕对角线长度的 10~15 倍，压痕中心至试样边缘距离至少为压痕对角线平均长度的 10～15 倍。

维氏硬度按下式计算

$$H_V = \frac{2F \cdot \sin\alpha}{\left(\dfrac{d_1 + d_2}{2}\right)^2} = 1.8544\frac{F}{\left(\dfrac{d_1 + d_2}{2}\right)^2} \tag{3.52}$$

式中，H_V 为维氏硬度，单位是 N/ mm^2；F 为试验力，单位是 N；α 为压头两端面相对面夹角；d_1、d_2 分别为两条对角线长度，单位是 mm。

以各点测量结果的算术平均值作为维氏硬度值，保留 3 位有效数字。

根据精细陶瓷弯曲强度试验方法(中华人民共和国国家标准 GB/T 6569-2006)测试 Nd:YAG 激光陶瓷的抗弯强度，其试验原理为，对矩形截面的梁试样施加弯曲载荷直到试样断裂，假定试样材料为各相同性和线弹性，通过断裂时的临界载荷、夹具和试样的尺寸可以计算试样的弯曲强度。本试验采用美国 INSTRON 公司的 Instron-1195 型万能材料试验机上测试材料的三点抗弯强度，试样的尺寸为 3 mm×4 mm×36 mm，双面抛光，两支点间的跨距为 30 mm。具体的试验步骤如下：①用精度为 0.002 mm 的千分尺测量试样的宽度 b 和厚度 d；试样的尺寸测量可以在测试前或测试后，如果试验前测试样品尺寸，应尽可能在接近中点的地方测量；如果试验后测量试样尺寸，应在试样的断裂处或接近断裂处测量试样尺寸；应小心操作避免测量时引入表面损伤。②选用合适的三点弯曲进行测试，在测试中应保证上下辊棒的清洁，保证辊棒没有严重的划痕并能自由得滚动。③把试样放在测试夹具的两根下辊棒中间，将 4 mm 宽的那一面接触辊棒。如果试样只有两个长边被倒角，放试样的时候应确保倒角在受拉面上。小心放置试样避免损伤。试样两端应伸出支撑辊棒的接触点大约相等的距离，前后距离误差小于 0.1 mm。④测试时，预压力不应大于强度预期值得 10%。检查试样和所有辊棒的线接触情况以保证一个连续的线性载荷。如果加载曲线不是连续均匀的则卸载，并按要求调节夹具以达到连续均匀的加载。⑤必要的时候加载过程可沿着辊棒画线来对试样做标记，以确定中点的辊棒位置是否变化，同时也可以判断断裂后残片的受压面或受拉面。画线可以使用比较软的绘图铅笔或标签笔。⑥在试样的周围放一些棉、纱、泡沫或其他材料，防止试样在断裂时飞出碎片。这些材料不应影响加载结构或夹具调节以及辊棒的运动，同时应在测试夹具周围放保护屏防止断裂碎片飞溅。⑦试验机横梁的速率应为 0.5 mm/min，由于试验夹具是刚性的，所以断裂时间通常在 3~30s 之间。⑧试验为消除或减小环境因素的影响，可以选择下列方法：在试验夹具的表面增加一个环境隔离层(例如干净的聚乙烯薄膜)；试验前用氮气冲洗试样；在流动的干燥氮气中进行试验；或者在试样的敏感面上覆盖一层石蜡，然后在实验室环境中进行测试。⑨确保试验载荷的均匀性，并记录试样断裂时的最大载荷；⑩清理碎片并准备试验分析。试验过程中应测量记录实验室湿度和温度。三点弯曲的抗弯强度的计算公式如下

$$\sigma_{\mathrm{f}} = \frac{3FL}{2bd^2} \tag{3.53}$$

式中，σ_{f} 为弯曲强度，单位为 MPa；F 为最大载荷，单位为 N；L 为夹具的下跨距，单位为 mm；b 为试样的宽度，单位为 mm；L 为平行于加载方向的试样高度(厚度)，单位为 mm。

陶瓷的弯曲强度取决于本身固有的抵抗断裂的能力以及陶瓷本身的特点，因而陶瓷的强度具有离散性，通常采用 6 个样品的测量结果的算术平均值作为陶瓷材料的抗弯强度。

采用维氏压痕法在美国 INSTRON 公司的 Instron Wilson-Wolpert-Tukon 2100B 型材料试验机上测试材料的断裂韧性(K_{IC})，载荷为 49N，应用 Niihara 等[185]的公式进行计算

$$K_{\mathrm{IC}} = 0.0089 \left(\frac{E}{H_{\mathrm{V}}} \right)^{0.4} \cdot P \cdot a^{-1} \cdot l^{-0.5}, \quad (0.25 \leqslant l/a \leqslant 2.5) \tag{3.54}$$

式中，H_{V} 是维氏硬度，E 为弹性模量，P 为载荷，a 为压痕的半对角线长度，$l = c - a$，c 为半裂缝长度。每六个数据点的平均值作为材料实测的断裂韧性。

随着制备工艺的改进，YAG 陶瓷的力学性能日益提高，并在一些方面明显超过单晶。表 3.9 列出了 YAG 透明陶瓷和单晶的力学性能的对比数据。从表中可以看出，陶瓷样品的硬度略高于单晶。Nd:YAG 陶瓷的断裂韧性对材料本性与加工工艺均相当敏感，所以其测试值差异较大，但总体上均明显高于单晶。本研究中 Nd:YAG 陶瓷的断裂韧性值仅为相应单晶样品的 1.37 倍；而 Kaminskii 等[186]测得的 Nd:YAG 陶瓷的断裂韧性值高达相应单晶样品的 2.89 倍。Kaminskii 等[187]对 YAG 陶瓷的进一步研究表明，细晶粒样品的断裂主要沿晶界发生，而粗晶粒样品的主要断裂机制是穿晶断裂，前者的裂纹主要在近晶界处产生，并沿着晶界传播而扩展，最终导致开裂；而后者的裂纹在晶粒内产生，晶界则阻碍了裂纹的传播。断裂方式的不同与晶界的作用密切相关，小尺寸晶粒的结构更完整，应力集中在晶界处，并使点缺陷集聚于此，成为样品中最薄弱的区域。而随着晶粒尺寸增大，晶界趋于完整，穿晶断裂更容易发生。

Mezeix 等[188]用扫描电子显微镜观察了 YAG 晶体和 YAG 多晶陶瓷的断裂表面(图 3.159)。图 3.159(a)中显示了 YAG 晶体的断裂面以及具有一系列断裂台阶的裂纹分支。在特定的开裂方向形成断裂台阶，这个区域以外形成玻璃状的表面和存在明显的分裂。图 3.159(b)中显示了 YAG 多晶陶瓷的断裂表面呈现出大量的颗粒状，并没有观察到晶体中大的裂纹分支角。

从上面 YAG 晶体和 YAG 多晶陶瓷的力学性能对比可以发现，YAG 多晶陶瓷的弹性模量和硬度与 YAG 晶体相似；YAG 多晶陶瓷的断裂韧性高于 YAG 晶体；YAG

表 3.9　文献中 YAG 透明陶瓷和单晶的力学性能数据

	YAG 单晶	YAG 陶瓷	参考文献
弹性模量/GPa	279.9 [111]	283.6	Mezeix et al.[188]
泊松比	0.230	0.226	Mezeix et al.[188]
		0.246	Quarles[189]
维氏硬度/GPa	—	14.6	Mezeix et al.[188]
	—	14.8	Quarles[189]
	—	12.6	Nakayama et al.[190]
	12	12.5	Li et al.[63]
史努伯硬度/GPa	13.5	—	—
	12.8	13.5	Mezeix et al.[188]
抗弯强度/MPa	235.8	306.2	Mezeix et al.[188]
	—	234	Mah et al.[191]
	252	341	Gentilman[192]
	—	250	Li et al.[63]
断裂韧性/MPa·m$^{1/2}$	1.48	1.59	Mezeix et al.[188]
	2.2	1.5	Mah et al.[191]
	1.8	5.2	Kaminskii et al.[186]
	1.64	2.18	Quarles[189]
	1.04	1.41	Gentilman[192]
	2.06	2.83	Li et al.[63]

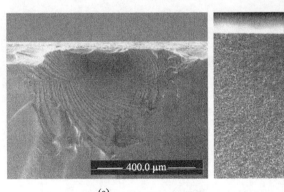

(a)　　　　　　　　　　　　(b)

图 3.159　YAG 晶体(a)和 YAG 多晶陶瓷(b)的 SEM 断裂表面

多晶陶瓷的强度则是明显高于 YAG 晶体。结合力学性能数据和裂纹扩展行为，可以认为 YAG 多晶陶瓷的抗接触损伤性能优于 YAG 晶体。

　　YAG 陶瓷的力学性能优于 YAG 晶体不仅取决于多晶陶瓷的本质特性，同时也跟其制备工艺和显微结构有直接的关系。李江[16]系统研究了制备过程中的烧结条件对

Nd:YAG 陶瓷力学性能的影响。图 3.160 是 1.0 at%Nd:YAG 陶瓷的硬度和弹性模量与烧结温度的关系曲线。从图 3.160 中可以看出，随着烧结温度从 1550℃上升到 1720℃，材料的维氏硬度从 2.7GPa 上升到 12.3GPa，这是由于 Nd:YAG 陶瓷的致密度提高所致。随着烧结温度提高到 1750℃和 1770℃，材料的维氏硬度分别下降到 10.6GPa 和 10.1GPa，这是由于陶瓷材料的"玻璃化"所致。弹性模量随着烧结温度的变化趋势与维氏硬度相似，总体上也随致密度的提高而增大，然而不同的是最大的弹性模量 229GPa 发生在烧结温度为 1750℃，随着烧结温度继续升高，材料的弹性模量降低。

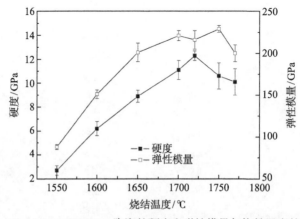

图 3.160　1.0 at%Nd:YAG 陶瓷的硬度和弹性模量与烧结温度的关系

图 3.161 是在 1720℃真空烧结的 1.0 at% Nd:YAG 陶瓷的硬度和弹性模量与保温时间的关系。随着保温时间从 2 h 增加到 10 h，Nd:YAG 陶瓷的硬度和弹性模量均有较大幅度的提高，这是由于材料的相对密度从 97.1%上升到 99.4%。随着保温时间的

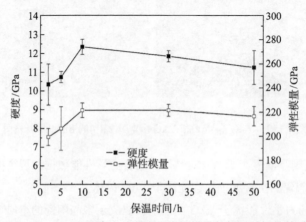

图 3.161　Nd:YAG 陶瓷的硬度和弹性模量与保温时间的关系

进一步增加，材料的硬度和弹性模量均略有降低，这很可能的是由于 Nd:YAG 陶瓷的致密度变化不大，而晶粒长大所致。Kaminskii 等[186,187]对 YAG 陶瓷的研究也表明，粗晶粒 YAG 陶瓷(晶粒尺寸 10~15 μm)的硬度略低于细晶粒样品(晶粒尺寸 1~2 μm)约 5%~7%。

图 3.162 是 1.0 at%Nd:YAG 陶瓷的抗弯强度和断裂韧性与烧结温度的关系。从图中可以看出，随着烧结温度从 1550℃上升到 1650℃，Nd:YAG 陶瓷的抗弯强度迅速从 80MPa 上升到 202MPa，这是因为材料迅速致密化的缘故；随着烧结温度上升到 1700℃，材料的抗弯强度略有增加(205MPa)；进一步提高烧结温度，材料的抗弯强度略有下降。在 1550~1750℃的温度范围内，Nd:YAG 陶瓷的断裂韧性随着烧结温度的上升而降低，这说明陶瓷烧结体内的残留气孔具有增韧的效果。随着烧结温度提升到 1770℃，材料的断裂韧性有较大幅度的下降，这是由于 Nd:YAG 陶瓷"玻璃化"所致。

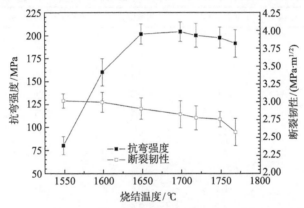

图 3.162　Nd:YAG 陶瓷的抗弯强度和断裂韧性与烧结温度的关系

图 3.163 是在 1720℃真空烧结的 1.0 at% Nd:YAG 陶瓷的抗弯强度和断裂韧性与保温时间的关系。从图中可以看出，Nd:YAG 陶瓷的抗弯强度随着保温时间的增加而增大，保温时间为 30 h 时，Nd:YAG 陶瓷的抗弯强度为 229MPa，这是由于材料的致密度不断增大所致，随着保温时间继续延长到 50 h，抗弯强度下降到 218MPa，这是由于晶粒长大所导致；断裂韧性随着保温时间的增加而一直略有增大，但变化不是很明显，保温时间为 30 h 的 Nd:YAG 陶瓷的断裂韧性为 2.83MPa·m$^{1/2}$。

表 3.10 是中国科学院上海硅酸盐研究所研制的 1.0 at%Nd:YAG 陶瓷(1720℃×30 h)和单晶在不同载荷下的维氏硬度和断裂韧性。从表中可以看出，不同的载荷对 Nd:YAG 透明陶瓷的维氏硬度和断裂韧性影响不是很明显。1.0 at%Nd:YAG 陶瓷和单晶的维氏硬度平均值分别是 12.5GPa 和 12.0GPa；断裂韧性的平均值分别为 2.21MPa·m$^{1/2}$ 和 2.06 MPa·m$^{1/2}$。

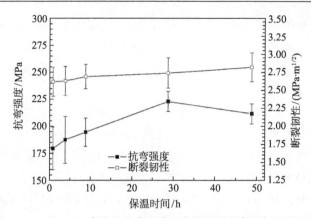

图 3.163　Nd:YAG 陶瓷的抗弯强度和断裂韧性与保温时间的关系

表 3.10　1.0 at%Nd:YAG 陶瓷和单晶的维氏硬度和断裂韧性

	维氏硬度/GPa	标准偏差	断裂韧性/(MPa·m$^{1/2}$)	标准偏差
陶瓷(载荷/kg)				
0.2	12.4	0.4	1.93	0.31
0.3	13.2	0.3	2.00	0.20
0.5	14.0	0.2	1.90	0.12
1.0	11.6	0.5	2.31	0.22
5.0	11.2	0.9	2.91	0.20
平均值	12.5	0.5	2.21	0.21
单晶(载荷/kg)				
0.2	11.3	0.6	2.01	0.38
0.3	12.1	0.6	2.07	0.18
0.5	12.6	0.6	1.98	0.13
1.0	12.2	0.5	2.17	0.06
平均值	12.0	0.5	2.06	0.19

　　随着制备工艺的不断优化，Nd:YAG 激光陶瓷的力学性能将进一步提高。作为一种新型的激光增益介质，Nd:YAG 激光陶瓷的综合优势将更加明显。

　　与 Nd:YAG 激光陶瓷相比，倍半氧化物激光陶瓷的研究则相对较少。Kaminskii 等[186,187]研究了纳米晶 Y$_2$O$_3$ 激光陶瓷的微硬度和断裂韧性，并与 Nd:YAG 激光陶瓷的性能进行了对比。图 3.164 是 Y$_2$O$_3$ 单晶在(111)解理面和 Y$_2$O$_3$ 陶瓷抛光表面的压痕显微照片，维氏硬度测试时的载荷为 0.5N。在 Y$_2$O$_3$ 单晶中，由于压痕引起的裂缝比陶瓷中的更长、更直，并且裂纹扩展是在解离面中进行。这是因为 Y$_2$O$_3$ 陶瓷中的晶界有效的阻止了裂纹的扩展。研究结果表明，Y$_2$O$_3$ 陶瓷的微硬度比相应的单晶材料超出 30%~35%。同时 Y$_2$O$_3$ 陶瓷阻止裂纹扩展的能力显著增强，其断裂韧性超出单晶 2.5

倍。此外，Kaminskii 等[193]还研究了 Lu₂O₃ 激光陶瓷的力学性能，采用压痕法得到的微硬度为 12.5GPa，断裂韧性为 4.1MPa·m^(1/2)。倍半氧化物激光陶瓷优异的力学性能够确保其在激光服役条件下长期稳定使用。

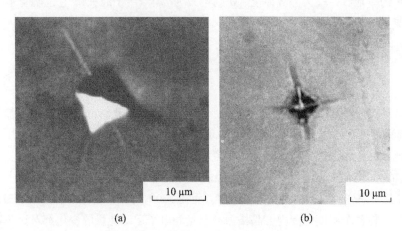

图 3.164　Y₂O₃ 单晶(a)和多晶陶瓷(b)的压痕显微照片(载荷 0.5N)

3.2.3　激光陶瓷的热性能

由于陶瓷制备工艺、仪器设备的突飞猛进以及 LD 泵浦技术的日益成熟，使得以 Nd:YAG 为代表的激光陶瓷性能取得突破。随后，激光陶瓷的发展，无论是从激光输出功率、发射波长、不同种类的基质和激活离子等呈现出加速发展的势态。2006 年，美国达信公司的 Nd:YAG 陶瓷热容激光器获得了 67kW 的功率输出。2010 年，多模块 Nd:YAG 陶瓷板条激光实现 105kW 的激光输出。在高功率运转下，激光介质由于吸收泵浦光而产生的热量和由于冷却过程所造成的各类热效应，是提高固体激光器输出功率的主要障碍。面对这一技术难题，人们从谐振腔结构、泵浦源和泵浦方式、激光介质形状和冷却方式等各个环节做出种种努力来降低热效应的影响，并已取得很大的成功。但激光材料本身的力学和热学性质始终是最受关注的问题，高功率陶瓷激光器的异军突起充分说明了这一点。Nd:YAG 陶瓷如普通陶瓷一样是一种微结构敏感材料，其热学性质的变化规律是十分重要的问题。

固体材料的热导率与激光材料的热效应关系密切，热导率可表达为

$$K = \frac{1}{3} C_V V_0 l \tag{3.55}$$

C_V 为体积热容，V_0 为声子平均速度(通常取固体中的声速)，l 为声子平均自由程，主要由两个因素决定，一是声子间相互碰撞引起的散射，它是晶格中热阻的主要来源；二是材料中各类缺陷特别是晶界引起的散射。Barabanankov 等[194~195]讨论了晶界对平

均自由程的影响，声子通过晶界的透过几率表达式为

$$f_\omega = 1 - A(l_{gb} \cdot q)^2 \tag{3.56}$$

式中，A 为一常数，l_{gb} 为晶界厚度，q 则定义为 ω/V_o(声子波矢)，它也隐含了 f_ω 对温度的关系，最终可以得到

$$l \propto \frac{R_0}{l_{gb} \cdot T^2} \tag{3.57}$$

其中 R_o 为平均晶粒尺寸。

　　将 1.0 at%Nd:YAG 透明陶瓷和单晶加工成 Φ5.5 mm×0.5 mm，采用差示扫描量热法(DSC)测定材料的比热，升温速率为 10℃/min。通入氩气作为保护气氛，用蓝宝石作为参比样品。图 3.165 是 Nd:YAG 陶瓷和单晶样品的比热与温度的关系。从图中可以看出，在室温到 700℃的温度范围内，比热容随着温度的上升而增加。室温时 1.0 at%Nd:YAG 透明陶瓷的比热容为 0.604J/(g·K)，而在 700℃时材料的比热容为 0.823J/(g·K)。一般来说，在各个温度范围内，晶格振动能量和电子运动能量的变化都对比热容的变化有贡献，只是在不同的温度，它们所作贡献的权重不同。当温度较高时，电子对比热容的贡献远小于晶格的贡献，一般可予忽略，通常只考虑晶格振动对比热容的贡献。根据德拜模型，在该温度范围内，Nd:YAG 透明陶瓷的比热容和 T^3 成正比。

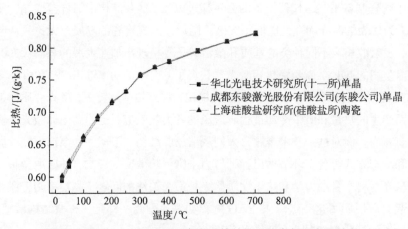

图 3.165　　1.0 at%Nd:YAG 陶瓷和单晶的比热容与温度的关系

　　用激光脉冲法测量 Nd:YAG 陶瓷和单晶的导温系数，样品尺寸为 Φ10.0 mm×2.0 mm，表面不抛光。为防止激光热导仪射出的激光透过试样，两面溅射 Au 膜，激光照射面喷涂 5 mm 的乳胶石墨高导热防透膜。使用钕玻璃激光器，脉冲为 1ms，脉冲能量为 3J。图 3.166 是 1.0 at%Nd:YAG 陶瓷和晶体的导温系数与温度的关系。从图中可以看出，Nd:YAG 陶瓷材料的导温系数随着温度的升高而减小。

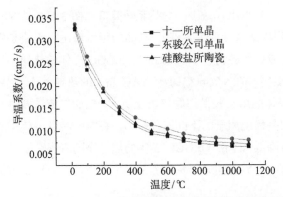

图 3.166　1.0 at%Nd:YAG 陶瓷和单晶的导温系数与温度的关系

图 3.167 是 1.0 at%Nd:YAG 陶瓷和单晶的导热系数与温度的关系。从图中可以看出，随着温度的升高 Nd:YAG 陶瓷的导热系数减小。室温下 1.0 at%Nd:YAG 透明陶瓷的导热系数为 9.23W/(m·K)，而在 600℃时导热系数下降为 3.38W/(m·K)。在该温度范围内，Nd:YAG 透明陶瓷的导热基本上是由声子平均自由程随温度升高而减少的规律决定，导热系数随着温度的升高而减小。根据 Yagi 等的报道[196]，Nd:YAG 透明陶瓷和单晶在室温时的热导率分别为 10.5 W/(m·K)和 10.7 W/(m·K)。

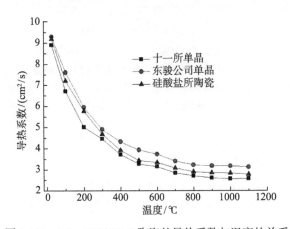

图 3.167　1.0 at%Nd:YAG 陶瓷的导热系数与温度的关系

影响陶瓷材料导热系数的因素[197]包括：化学组成、杂质含量、晶体结构、晶界、气孔率等。材料的化学组分越复杂，杂质含量越多，或者加入另一组分形成的固溶体越多，它的导热系数就降低得越明显，未掺杂的 YAG 晶体的热导率就高达 14 W/(m·K)。第二相或者杂质的加入，或固溶体的形成，都破坏了晶体的完整性，容易引起或者产生晶格畸变和位错，使得晶体结构变得复杂，从而引起声子或电子的散射增加，这都使得声子或电子的平均自由程减少, 导热系数降低。图 3.168 是 Yb:YAG 和 Yb:GGG 晶体热导率与 Yb^{3+}掺杂浓度的关系[198]。从图中可以看出, 无论是实验测量值、理论计算值还是参考文献中的数值, Yb:YAG 和 Yb:GGG 晶体的热导率均吻合得较好。未掺杂 GGG 晶体的热导率(8 W/(m·K))小于 YAG 晶体的热导率(10.4 W/(m·K))。与 YAG 晶体相比, GGG 晶体的熔点较低但摩尔质量更大。然而造成这两种石榴石基质材料之间显著差别的原因是稀土离子的不同取代行为。在 Yb:YAG 晶体中, 热导率随着掺杂浓度的升高而显著降低; 而在 Yb:GGG 晶体的热导率随着掺杂浓度的升高却只是略有下降, 这是由于 Yb 与 Y 之间原子量的差异远大于 Yb 与 Gd 之间的差异。

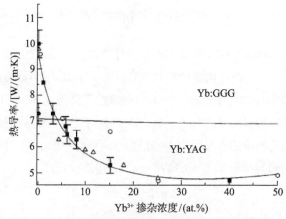

图 3.168　Yb:YAG 和 Yb:GGG 晶体热导率与 Yb^{3+}掺杂浓度的关系
实线代表理论计算值; 带误差棒的■代表 Yb:YAG 晶体的实验测量值; 带误差棒的
●代表 Yb:GGG 晶体的实验测量值; ○代表来源于文献[199]的热导率;
△代表来源于文献[200]的热导率; ■代表来源于文献[201]的热导率

　　陶瓷与单晶相比, 结构上的完整性及规则性都比较差, 加上晶界等影响, 都使声子的散射增加。气孔能够引起声子的散射, 气孔内的气体导热系数很低。因此气孔总是降低材料导热能力的。在较高温度下, 气孔率越大, 材料的导热系数越小。晶粒的尺寸也会对 Nd:YAG 陶瓷的导热系数产生影响, 晶粒小的样品热导率较低, 陶瓷样品的热导率仅为单晶的 1/7, 如图 3.169 所示。而从室温至 150K, 陶瓷样品与单晶的热导率几乎相同。晶界对导热系数的影响, 除了表现在它对声子的散射作用外, 还表现在它本身的导热系数和晶粒内部导热系数的差别上。由于相邻晶粒的取向不同, 晶界的原子排列远较晶粒内部不规则和疏松, 且易于聚集杂质, 因此导热系数比晶粒内部低。所以对于 Nd:YAG 透明陶瓷而言, 晶粒、晶界和气孔的导热系数各不相同, 这三者决定了致密、单相陶瓷的导热系数。减少晶界厚度、增大晶粒尺寸以及减少陶瓷中晶界体积百分比, 都能提高材料的导热系数。

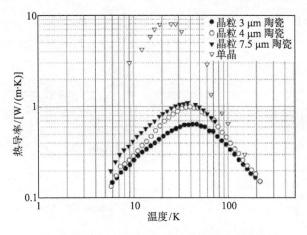

图 3.169 Nd:YAG 陶瓷和单晶的热导率实验结果

采用德国 NETZSCH 公司 DIL 402 C 型热膨胀仪测定 Nd:YAG 透明陶瓷样品的线热膨胀系数,测试样品的尺寸为 5 mm×5 mm×25 mm。为了减小设备的系统误差,在相同的实验条件下,采用氧化铝标样进行校准。根据中华人民共和国国家标准 GB/T 16535-1996,Nd:YAG 陶瓷的线热膨胀系数的试验方法原理为:试验受热膨胀,经推杆传递,由微分转换器使长度变化转换成电信号并放大、检测、记录。同时,膨胀计受热伸长,所记录下来的是试样与膨胀计热膨胀量的综合反应,称为表观线膨胀,用已知膨胀系数的标准试样校正后,即可得出材料的线热膨胀系数。对测量线热膨胀系数的仪器设备的要求包括:①热膨胀仪的精度应达到±0.001 mm;其重现性应在 ±0.001 mm 以内;②加热炉的设计应使试样的长度的热梯度小于 3℃;③根据测试温度范围,选用相应的标准热电偶及配套的温度显示器,精度为±0.5℃。

Nd:YAG 陶瓷的线热膨胀系数测试步骤包括:①选用氧化铝作为仪器修正值的标准样,用精度为±0.001 mm 的量具测量标准样;②按要求制备好待测样品,在室温下测量试样长度;③热膨胀仪与试样接触的推杆及支撑杆的表面要清洗干净,按所用仪器说明书要求安装试样,使热电偶接点与试样接触,选定好升温速率,待试样温度与炉温相同后再升温;④根据试样尺寸大小,选定升温速率为 5℃/min,升温至 1000℃。

Nd:YAG 陶瓷的平均线热膨胀系数按下式计算

$$\alpha = \frac{\Delta l}{l_0(T - T_0)} + \alpha' \tag{3.58}$$

式中,T_0 为初始温度,单位为℃;T 为试样的测试温度,单位为℃;Δl 为 T 时的表观伸长量,单位为 mm;l_0 为 T_0 时的试样长度,单位为 mm;α' 为仪器的校正常数。

图 3.170 是 1.0 at%Nd:YAG 陶瓷的线热膨胀系数与温度的关系曲线。从图中可以

看出，随着温度的升高材料的热膨胀系数线性增加，从 100℃的 $6.4×10^{-6}K^{-1}$ 上升到 1000℃的 $8.7×10^{-6}K^{-1}$。Nd:YAG 陶瓷的热膨胀系数与相同组分的单晶在数值上相差不大。

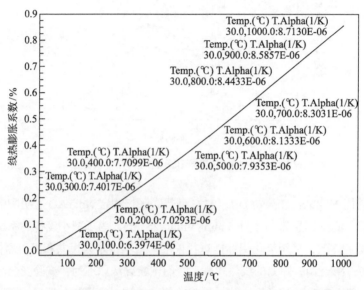

图 3.170   1.0 at%Nd:YAG 陶瓷的线热膨胀系数与温度的关系曲线

抗热震性是表征激光材料能够承受什么程度的高重复、高输入泵浦的重要参数。激光材料的形状不同时最大输入能量，可由下式表示

棒状： $$P_{max} \propto R_{max}l \tag{3.59}$$

板条状，碟片： $$P_{max} \propto R_{max}(S/t) \tag{3.60}$$

呈棒状时，最大输入能量与直径无关只与长度有关，比起一根粗棒，总截面积相同的 10 根细棒束成的制品的输入能量要高 10 倍。呈板条状或碟状时，最大输入能量随表面积的增大和厚度的变薄而增加。因此，在 Z 型板条激光器中，要尽可能地减小厚度，但激光介质的变形就加剧了。

折射率的非线性项的贡献，随着激光的强度 $|E^2|$ 的增加而不能忽略，因此折射率由下式表示

$$n = n_0 + n_2|E|^2 + n_4|E|^4 + \cdots \tag{3.61}$$

通常，只考虑 n_2 就足够了。在激光的强度分布呈高斯状时，由于光束中心部分的折射率会越来越高，激光材料会产生凸透镜的效果，光束会自聚焦。由于光束的强度分布一般呈穗状，局部的自聚焦使强度增加，导致激光损伤。为了避免这个效应，

希望材料的非线性折射率系数 n_2 尽可能小。在固体激光器中，泵浦导致材料温度上升，光路长度发生变化，产生热透镜效应，由温度分布引起的热应力导致双折射现象产生。这会阻碍激光震荡有损光束的偏振特性，因此必须要避免。

当激光器在高功率或高重复频率下运转时，要求激光材料具有高的热稳定性，以避免激光材料碎裂。干福熹等[202]提出一个热稳定系数 B 来表征材料的抗冷热急变性能(经验公式)

$$B = \frac{P_l}{\alpha E}\left(\frac{K}{C_p \cdot \rho}\right) \tag{3.62}$$

式中，P_l 为拉伸强度，α 为热膨胀系数，E 为杨氏弹性模量，K 为热导率，C_p 为热容，ρ 为密度。

从式(3.62)出发，可以比较 Nd:YAG 透明陶瓷和单晶的热稳定性，在式中出现的材料参数 α，E，K，C_p 和 ρ 等对材料的结构形态不甚敏感，即同一材料的单晶和陶瓷上述参数在数值上相差不大。因此，两者热稳定性的差异，主要取决于拉伸强度 P_l。陶瓷是脆性材料，一般不测试拉伸强度 P_l，通常情况下测试材料的断裂韧性 K_{IC}。因此，从已测得的 YAG 陶瓷和单晶的 K_{IC} 值以及上式，可以粗略推测出我们制备的 1.0 at%Nd:YAG 透明陶瓷的热稳定系数为相应单晶的 1.37 倍。

Ueda 等[203]的研究表明,稀土离子掺杂 YAG(或未掺杂 YAG 陶瓷)的激光损伤阈值特性与晶体相近甚至更优，如图 3.171 所示。

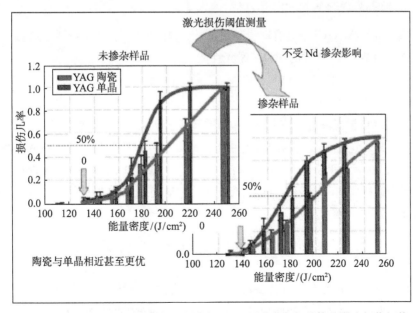

图 3.171　稀土离子掺杂 YAG(或未掺杂 YAG)透明陶瓷与晶体的激光损伤阈值

但是均质激光陶瓷如激光晶体一样，在激光服役条件下存在明显的热效应。激光晶体中的热效应主要由 3 个方面的效应组成，由温度梯度引起引起的折射率变化，由于热应力所引起的双折射热效应，以及由于泵浦面形变所导致的端面形变热透镜效应。为了降低温度梯度及改善其热效应，利用热键合技术将不掺杂晶体与同基质掺杂晶体键合在一起，形成复合晶体。由于不掺杂晶体起到热沉的作用，利于激光晶体更好地散热，一定程度上改善了晶体中心和侧面的温度梯度，减小了由端面形变引起的热透镜效应，有利于激光器的稳定及高功率运转。但是激光晶体的热键合技术不仅工艺复杂，制备成本高，而且键合界面处也是缺陷和应力集中的区域。更重要的是，由热键合技术制备的激光晶体复合结构并不能有效的改善其在激光服役条件下的热场分布。陶瓷制备工艺为激光陶瓷的复合结构设计提供了便利，国内外已有少量关于激光陶瓷复合结构的研究工作[45,204,205]。例如，通过复合结构设计和制备，在激光服役条件下掺杂浓度渐变型 Nd:YAG 透明陶瓷体内的热场分布比较均匀，热集中的现象得到了有效的控制。

从上面的研究结果发现，Nd:YAG 透明陶瓷具有良好的力学性能和热性能，并且可以通过复合结构设计来改善其热管理，所以与激光晶体相比是一种综合性能更优异的激光增益介质。

3.2.4 同质氧化物透明陶瓷的激光性能

1. 石榴石基透明陶瓷的激光性能

钇铝石榴石(YAG)几乎具有理想激光基质材料的一切优点。接下来将重点介绍不同稀土离子掺杂的 YAG 透明陶瓷的激光性能。

1) Nd:YAG 透明陶瓷

Nd:YAG 单晶是目前性能最好、产量最大、用途最广的固体激光器工作物质，所以 Nd 掺杂 YAG 激光陶瓷在该类材料中最受重视。对 Nd:YAG 激光陶瓷进行光谱特性分析有利于从理论上验证材料的激光性能。Judd-Ofelt 理论[206,207]对计算稀土离子的 $4f^N$ 电子组态的辐射跃迁十分有效，李江等[208]采用 Judd-Ofelt 理论对 Nd:YAG 激光陶瓷进行了光谱特性分析。按照 Judd-Ofelt 理论，从初态 $|(S,L)J|$ 到终态 $|(S',L')J'|$ 的谱线强度 $S_{JJ'}$ 为

$$S_{JJ'} = \sum_{\lambda=2,4,6} \Omega_\lambda \left| \left\langle f^N\psi,J \left\| U^\lambda \right\| f^N\psi,J' \right\rangle \right|^2 \tag{3.63}$$

式中，$\Omega_\lambda(\lambda=2,4,6)$ 为唯象强度参数，Ω_λ 与 J 有关，并且只含有晶场参数，所以可作为可调节参量。张量算子的性质限定 $\lambda=2$, 4, 6，这就是三参量 J-O 理论公式；U^λ

为约化矩阵元，只与掺杂离子有关，而与基质无关。

　　稀土离子掺入晶体后，属于同一 J 值的斯塔克能级靠得很近，形成一个 J 簇能级。与此相应地，两个 J 簇能级间的跃迁 $(J \rightarrow J')$ 给出一组靠得很紧的谱线，往往不能把每一根靠得很近的谱线清晰的分辨出来，这时候，可以利用三参量 Judd-Ofelt 公式计算线簇的总强度。对发光晶体，把吸收系数和自发辐射系数同谱线强度联系起来，如指定线系的积分吸收系数

$$\int k(\nu)\mathrm{d}\nu = N_J \frac{8\pi\nu e^2}{3hc^2} \cdot \frac{(n^2+2)^2}{9n} \cdot \frac{1}{2J+1} \cdot S_{JJ'} \tag{3.64}$$

式中，ν 为跃迁频率；N_J 为粒子数，e 为电子电量，n 为折射率，h 为普朗克常数，c 为光速。爱因斯坦自发发射系数为

$$A_{JJ'} = \frac{64\pi^4\nu^3 e^2}{3hc^2} \cdot \frac{n(n^2+2)^2}{9} \cdot \frac{1}{2J+1} \cdot S_{JJ'} \tag{3.65}$$

　　用 Judd-Ofelt 理论计算 Nd:YAG 陶瓷中 Nd^{3+} 的光谱参数，其具体步骤如下[16]：

　　(1) 测量吸收光谱。吸收光谱有若干个谱带，容易查出每一个谱带对应的 J' 的值 (初值为基态 J)。每一个吸收带的面积代表积分光密度，求出这些吸收带的面积，然后按照下式计算积分吸收系数

$$\int k(\lambda)\mathrm{d}\lambda = \int D(\lambda)\mathrm{d}\lambda /(0.43\delta) \tag{3.66}$$

其中 $D(\lambda)$ 是光密度，δ 是样品的厚度。按式(3.64)算出吸收带的实验谱线强度 $S_{JJ'}$（即吸收谱线强度）。

　　(2) Ω_λ 的计算。将式(3.63)用于吸收光谱，即与实验吸收强度 $S_{JJ'}$ 拟合，以便得出最佳 Ω_λ 参量，令

$$\sum_\lambda \Omega_\lambda U_{JJ'}^{(\lambda)} = S_{JJ'} \tag{3.67}$$

　　所有三价稀土离子的吸收跃迁 $U_{JJ'}^{(\lambda)}$ 已被列成表格，查出所测得吸收带的 $U_{JJ'}^{(\lambda)}$，如果谱相重叠大于 25%，则算作一个吸收带，对应的 $U_{JJ'}^{(\lambda)}$ 相加。严格的说，约化矩阵元 $U_{JJ'}^{(\lambda)}$ 的值与基质有关，拟合相当于解如下矩阵方程

$$S_{JJ_1'} = \Omega_2 U_{JJ_1'}^{(2)} + \Omega_4 U_{JJ_1'}^{(4)} + \Omega_6 U_{JJ_1'}^{(6)}$$

$$S_{JJ_2'} = \Omega_2 U_{JJ_2'}^{(2)} + \Omega_4 U_{JJ_2'}^{(4)} + \Omega_6 U_{JJ_2'}^{(6)}$$

$$\cdots\cdots \tag{3.68}$$

$$S_{JJ_n'} = \Omega_2 U_{JJ_n'}^{(2)} + \Omega_4 U_{JJ_n'}^{(4)} + \Omega_6 U_{JJ_n'}^{(6)}$$

上式写成矩阵形式即

$$S = U \cdot \Omega \tag{3.69}$$

采用最小二乘法来计算材料的强度参数 Ω_λ。

(3) 利用得到的 Ω_λ 参量和 Judd-Ofelt 公式计算发光谱线强度。计算 $Nd^{3+}(^4F_{3/2} \rightarrow {}^4I_{15/2})$，$(^4F_{3/2} \rightarrow {}^4I_{13/2})$，$(^4F_{3/2} \rightarrow {}^4I_{11/2})$，$(^4F_{3/2} \rightarrow {}^4I_{9/2})$，首先要计算 $\left| \left\langle {}^4F_{3/2} \left\| U^\lambda \right\| {}^4I_j \right\rangle \right|^2$ 约化矩阵元 ($J' = 15/2$，$13/2$，$11/2$，$9/2$)。三参量计算不考虑 J 混合，$\langle A| = \left\langle f^N \psi J \right| = \sum_{\alpha, S, L} h(\alpha SL) \cdot \left\langle f^N \alpha SL \right|$，即只考虑了居间耦合；把矩阵元表示为各个 SL 耦合态 $\left\langle f^N \alpha SLJ \right|$ 间的约化矩阵元之组合，有了 $U_{JJ'}^{(\lambda)}$，就可以计算发射跃迁几率 $A_{J'J'}$，由 $A_{J'J'}$ 乘以相应的 $h\upsilon$ 得到荧光强度。此外，同一上能级发光能级的几率求和得到辐射寿命

$$\tau_r = \frac{1}{\sum_j A_{J'J'}} \tag{3.70}$$

及量子效率

$$\eta = \frac{\tau_{ex}}{\tau_r} \tag{3.71}$$

式中，τ_{ex} 为实测的荧光寿命。荧光分支比为

$$\beta_{J'} = \frac{A_{J'J'}}{\sum_{j'} A_{J'J'}} \tag{3.72}$$

Nd:YAG 透明陶瓷的吸收系数 α 可用下式计算

$$\alpha = \frac{2.303 \lg(I_0/I)}{L} \tag{3.73}$$

式中，$\lg(I_0/I)$ 为光密度，L 为样品厚度。吸收截面可以表示为

$$\sigma_{abs} = \frac{\alpha}{N} \tag{3.74}$$

式中，α 为吸收系数，N 为单位体积内 Nd^{3+}的浓度，采用 ICP 测得 1.0 at%Nd:YAG 透明陶瓷中 Nd^{3+}的浓度约为 $1.38 \times 10^{20} cm^{-3}$。图 3.172 为 1.0 at%Nd:YAG 透明陶瓷的吸收截面与波长的关系。在泵浦波长 808 nm 处的吸收截面积为 $3.10 \times 10^{-20} cm^2$。

在所有 J-O 参数计算过程中，所有物理量的单位均采用克、厘米、秒单位制。由式(3.66)算出 $k(\lambda)$ 的值代入式(3.64)，得出 $S_{JJ'}$ 的值，再利用最小二乘法拟合，得出 Ω_λ ($\lambda = 2, 4, 6$)。经过计算得到 Nd^{3+}掺杂 YAG 的 J-O 强度参数为：$\Omega_2 = 0.24 \times 10^{-20} cm^2$；

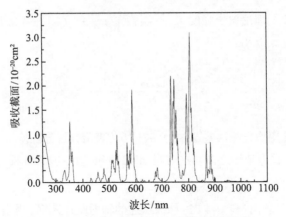

图 3.172　1.0 at%Nd:YAG 透明陶瓷的吸收截面

$\Omega_4 = 2.92 \times 10^{-20} \text{cm}^2$；$\Omega_6 = 5.24 \times 10^{-20} \text{cm}^2$。$\Omega_2$ 与基质结构和配位场的对称性有序性有密切关系：Ω_2 越小，离子性越强；Ω_2 越大，共价性越强。根据 J-O 理论，实验振子强度和理论振子强度分别为

$$f_{\text{exp}} = \frac{mc^2}{\pi e^2 \lambda^2 N} \int k(\lambda) d\lambda = \frac{1.1196 \times 10^{12}}{\lambda^2 N} \int k(\lambda) d\lambda \tag{3.75}$$

$$f_{\text{cal}} = \left\{ 8\pi^2 m\lambda (n^2+2)^2 / \left[3h(2J+1)9n \right] \right\} S_{JJ'} \tag{3.76}$$

$k(\lambda)$ 为吸收系数，单位为 cm^{-1}；波长 λ 的单位为 cm；电子的质量 $m = 9 \times 10^{-28}\text{g}$；电子电量 $e = 4.8 \times 10^{-10}\text{esu}$；光速 $c = 3 \times 10^{10}\text{cm/s}$；掺杂 Nd^{3+} 的格位浓度 $N = 1.38 \times 10^{20}\text{cm}^{-3}$。表 3.11 为 Nd:YAG 透明陶瓷中主要的吸收波长 λ、不同波长处的折射率 n、

表 3.11　Nd:YAG 透明陶瓷中的理论振子强度及实验振子强度

跃迁 $^4\text{I}_{9/2} \rightarrow$	$U_{JJ'}/(\text{cm}^{-1})$	λ / nm	n	$\int k(\lambda)\text{d}\lambda / 10^{-20}$	$f_{\text{exp}}/10^{-8}$	$f_{\text{cal}}/10^{-8}$
$^4\text{F}_{3/2}$	11360	880	1.823	129.3	146.0	146.0
$^4\text{F}_{5/2}+^2\text{H}(2)_{9/2}$	12400	806	1.824	736.0	831.4	831.44
$^4\text{F}_{7/2}+^4\text{S}_{3/2}$	13500	741	1.827	749.6	846.7	846.7
$^4\text{F}_{9/2}$	14700	680	1.829	73.3	82.8	82.77
$^4\text{G}_{5/2}+^2\text{G}(1)_{7/2}$	17200	581	1.837	662.3	748.1	748.14
$^2\text{K}_{13/2}+^4\text{G}_{7/2}+^4\text{G}_{9/2}$	19100	524	1.842	549.4	620.6	602.6
$^2\text{K}_{15/2}+^2\text{G}(1)_{9/2}+^2\text{D}(1)_{3/2}$	20800	481	1.848	108.1	122.1	122.1
$^4\text{G}_{11/2}$	21700	461	1.851	81.9	82.6	82.6
$^2\text{P}_{1/2}$	23100	433	1.855	27.3	30.8	30.8
$^4\text{D}_{3/2}+^4\text{D}_{5/2}+^2\text{I}_{11/2}+^4\text{D}_{1/2}+^2\text{L}_{15/2}$	28000	357	1.880	908.2	1025.9	1025.89
$^2\text{I}_{13/2}+^4\text{D}_{7/2}+^2\text{L}_{17/2}$	30050	333	1.890	238.6	269.5	269.5

积分面积 $\int k(\lambda)\mathrm{d}\lambda$、理论振子强度 f_{cal} 及实验振子强度 f_{exp}。谱线强度的实验值和理论值的均方根误差定义为

$$\delta_{\mathrm{rms}} = \left[\frac{\left(f_{\mathrm{exp}} - f_{\mathrm{cal}} \right)^2}{N_{\mathrm{tr}} - N_{\mathrm{par}}} \right]^{1/2} \tag{3.77}$$

线性回归的可靠性用均方根误差 $\delta_{\mathrm{rms}} = 9.97 \times 10^{-7}$ 表示，百分误差为 20%，表明 f_{cal} 和 f_{exp} 偏差很小，在误差范围之内，这表明 Judd-Ofelt 理论在计算稀土离子发光性能方面具有适用性。

由公式(3.65)可求出 $^4F_{3/2} \rightarrow {}^4I_J$ 能级跃迁的辐射跃迁几率，再由公式(3.72)求出荧光分支比，其结果列于表 3.12。由公式(3.70)计算所得到的 $^4F_{3/2} \rightarrow {}^4I_{11/2}$ 跃迁的辐射寿命 $\tau_{\mathrm{r}} = 249 \pm 50\mu s$，实测的荧光寿命 $\tau_{\mathrm{f}} = 257\mu s$，所以荧光量子效率 $\eta = \tau_{\mathrm{f}} / \tau_{\mathrm{r}}$ 接近 100%。荧光分支比反映发光的相对强弱，从表 3.12 可以看出，这四个波长处 1.88 μm 光最弱，1.06 μm 光最强，而且具有较强的荧光寿命，十分有利于激光的性能。

表 3.12　计算的主要发射的跃迁几率和荧光分支比

$J \rightarrow J'$	$\lambda /\mu m$	$A_{JJ'} /s^{-1}$	$\beta_{JJ'}$
$^4F_{3/2} \rightarrow {}^4I_{9/2}$	0.88	1406	0.350
$^4F_{3/2} \rightarrow {}^4I_{11/2}$	1.06	2118	0.528
$^4F_{3/2} \rightarrow {}^4I_{13/2}$	1.35	466	0.116
$^4F_{3/2} \rightarrow {}^4I_{15/2}$	1.88	24	0.006

图 3.173 为室温下 1.0 at%Nd:YAG 透明陶瓷和单晶的荧光光谱。从图 3.173 中可以看出，Nd:YAG 透明陶瓷的荧光光谱与 Nd:YAG 单晶相似，1045~1085 nm 处的发射

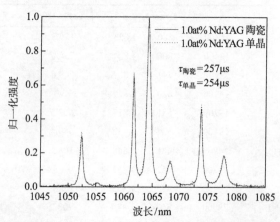

图 3.173　室温下 1.0 at%Nd:YAG 陶瓷(实线)和单晶(虚线)的荧光光谱

峰对应于 Nd³⁺ 的 ⁴F₃/₂→⁴I₁₁/₂ 跃迁，主荧光峰位于 1064 nm 处，实验测得的 1.0 at%Nd:YAG 透明陶瓷和单晶的荧光寿命分别为 257μs 和 254μs。

跃迁(⁴I₁₁/₂→⁴F₃/₂)的发射截面 σ_e 按以下公式计算

$$\sigma_{em}(\lambda) = \beta \frac{\lambda^2}{4\pi^2 \tau_f n^2 \Delta\nu} \tag{3.78}$$

式中，λ 为发射波长，荧光寿命 $\tau_f = 257\mu s$，荧光分支比 $\beta = 0.528$，$\Delta\nu$ 是半波段频率，n 为 Nd:YAG 透明陶瓷的折射率。由此计算的发射截面积(⁴I₁₁/₂→⁴F₃/₂)是 $3.81\times10^{-19}\text{cm}^2$。

通过 Judd-Ofelt 理论计算得到的光谱参数结果发现，Nd:YAG 透明陶瓷具有大的吸收截面和发射截面，高的荧光量子效率，所以我们从理论上也验证了 Nd:YAG 透明陶瓷是一种性能优良的激光材料。接下来我们将具体研究不同掺杂浓度 Nd:YAG 透明陶瓷的激光性能。

1995 年，日本学者 Ikesue 等[1]研制的 1.1 at%Nd:YAG 透明陶瓷采用 LD 端面泵浦方式，首次实现了 1064 nm 连续激光输出，激光阈值和斜率效率分别是 309mW 和 28%，其激光性能与提拉法制备的 0.9 at%Nd:YAG 晶体相近甚至更佳(图 3.174)。

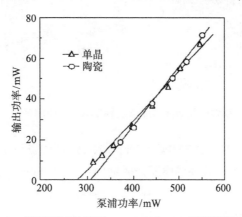

图 3.174　808 nm LD 端面泵浦条件下 1.1 at%Nd:YAG 透明陶瓷和 0.9 at%Nd:YAG
晶体的激光性能

LD 泵浦微片激光器由于具有结构紧凑、高效率、高功率等优点而受人关注。Nd:YVO₄ 晶体具有大的吸收界面，从而被广泛用于高效率微片激光器[209]。但是 Nd:YVO₄ 晶体的热导率仅为 Nd:YAG 晶体的二分之一，所以激光服役条件下的热机械性能差。虽然 Nd:YAG 晶体具有良好的热–机械性能，但是传统的提拉法单晶生长技术由于受分凝系数的影响，很难制备出掺杂浓度高于 1.5 at% 的 Nd:YAG 晶体。掺杂浓度低的 Nd:YAG 晶体对泵浦光的吸收效率低，不适合用于高效微片激光器。区熔法制备的 Nd:YAG 晶体的掺杂浓度可高达 4.5 at%，可是生长的晶体尺寸小，生长速度慢[210]。

Nd:YAG 透明陶瓷不受分凝效应的限制，可以实现高浓度和均匀掺杂。同时，高浓度掺杂 Nd:YAG 陶瓷具有良好的机械加工性、相对长的荧光寿命、高的热传导率、优良的物理化学稳定性等，因而其在固体微片激光器领域将成为非常优良的激光材料。用薄的高浓度掺杂的 Nd:YAG 陶瓷作为增益介质就可以有效地吸收泵浦光，从而可以使得激光器系统更加简洁小型化。

　　Shoji 等[211]采用 LD 端面泵浦方式，研究了高浓度掺杂 Nd:YAG 透明陶瓷的激光性能。作为对比实验，0.9 at%Nd:YAG 晶体也进行了激光实验。图 3.175 是该激光实验装置的示意图。809 nm 的 LD 作为泵浦源，泵浦光束通过光纤校准并通过透镜聚焦到厚度小于 1 mm 的样品中，泵浦光束的形状为半径为~90 μm 的光斑。样品的输入面镀 808 nm 的高透膜和 1064 nm 的高反膜，样品的输出面镀 1064 nm 的增透膜。输出耦合镜的曲率为 100 nm，激光谐振腔的腔长为 50 mm。

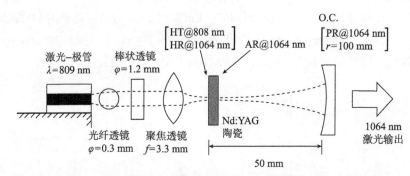

图 3.175　LD 端面泵浦高浓度掺杂 Nd:YAG 透明陶瓷的实验装置图

　　图 3.176 为 3.4 at%Nd:YAG 陶瓷、2.3 at%Nd:YAG 陶瓷和 0.9 at%Nd:YAG 晶体的激光输入–输出关系曲线。样品的厚度分别为 847μm，868μm 和 719 μm，输出耦合镜的透过率为 4.4%。从图中可以看出，在相同泵浦功率条件下，3.4 at%Nd:YAG 陶瓷的激光输出功率为 0.9 at%Nd:YAG 晶体的 2.3 倍。即使 Nd:YAG 透明陶瓷的在更高的掺杂浓度(4.8 at%)下，Nd:YAG 透明陶瓷仍能实现高效激光输出(图 3.177)[212]。这说明高浓度掺杂 Nd:YAG 陶瓷适合用作高效率、高功率微片激光器的增益介质。

　　影响 Nd:YAG 透明陶瓷激光性能的主要因素是光学散射损耗。Ikesue 等[1]首次实现激光输出的 Nd:YAG 透明陶瓷是采用固相反应烧结制得，其光学散射损耗为 0.009cm^{-1}。日本神岛化学公司采用尿素沉淀法制备了 Nd:YAG 纳米粉体，然后采用真空烧结技术制备了高质量的 Nd:YAG 透明陶瓷，其光学散射损耗与单晶(0.002cm^{-1})接近[213]。图 3.178 是采用该方法制备的 1.0 at%Nd:YAG 透明陶瓷以及 0.9 at%Nd:YAG 晶体的激光性能。采用端面泵浦方式进行激光实验，陶瓷与晶体的激光阈值均为 22mW，斜率效率分别为 58.5%和 55.2%[214]。

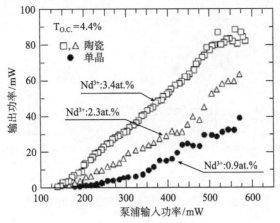

图 3.176　3.4 at%Nd:YAG 陶瓷、2.3 at%Nd:YAG 陶瓷和 0.9 at%Nd:YAG 晶体的激光性能

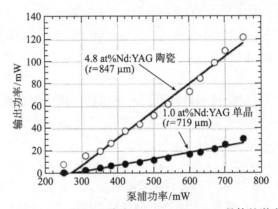

图 3.177　4.8 at%Nd:YAG 陶瓷和 1.0 at%Nd:YAG 晶体的激光性能

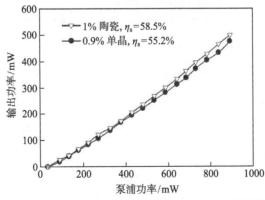

图 3.178　1.0 at%Nd:YAG 透明陶瓷和 0.9 at%Nd:YAG 晶体的激光性能

Lu 等[215]首次采用高功率虚拟点光源泵浦系统(VPS,图3.179)泵浦尺寸为 $\varPhi3$ mm×

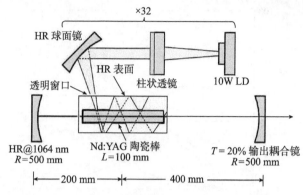

图 3.179　Nd:YAG 陶瓷激光腔和虚拟点光源示意图

5 mm 的 1.0 at%Nd:YAG 陶瓷棒实现了 31W 的 1064 nm 连续激光输出,斜率效率为 18.8%。

　　基于这一技术,日本的神岛化学公司、日本电气通信大学、俄罗斯科学院的晶体研究所等联合开发出一系列二极管泵浦的高功率和高效率固体激光器,激光输出功率从 31W 提高到 72 W、88 W 和 1.46 kW,光–光转化效率从 14.5%提高到 28.8%、30% 和 42%[215~216]。

　　中国科学院北京理化技术研究所使用中国科学院上海硅酸盐研究所提供的 Φ6 mm×100 mm Nd:YAG 陶瓷激光棒,采用侧面泵浦方式实现了高功率激光输出。激光头采用 808 nm LD 侧面泵浦耦合结构,每个激光头包括 5 个 LD 列阵,每个列阵包括 10 条准连续 LD,每个 LD 阵列的输出峰值功率为 100W,重复频率为 1~1000Hz 可调,脉冲宽度为 100~200μs 可调,平均功率可达 20W,因此每个激光头的总泵浦功率可达 1000W。5 个 LD 列阵环绕着 Nd:YAG 棒,提供均匀的侧面泵浦,Nd:YAG 棒由循环水进行高效冷却。图 3.180 是侧面泵浦 Nd:YAG 陶瓷和晶体激光棒的激光性能。

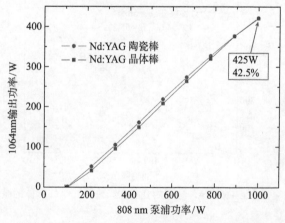

图 3.180　Nd:YAG 陶瓷棒对比晶体输出功率结果

使用 Nd:YAG 陶瓷激光棒时，当泵浦功率为 1000W 时，输出功率为 425W，光–光转换效率为 42.5%；相同条件下，对比使用晶体棒，当泵浦功率为 1000W 时，输出功率为 424W，光–光转换效率为 42.4%。两者输出功率相当，表明 Nd:YAG 陶瓷激光棒的质量已接近晶体[217]。

采用性能较好的 2 根 Φ6 mm×100 mm Nd:YAG 陶瓷激光棒，分别装在两个侧泵激光头中，通过双头串联与热补偿技术，进行高功率固体激光实验。如图 3.181 所示，两根 Nd:YAG 陶瓷棒分别放在 LD 侧面泵浦的激光头 1、2 中，其中 M1 为 1064 nm 全反射镜，M2 为 1064 nm 输出耦合镜，2 个侧面泵浦激光头，具有相同的结构，808 nm 泵浦功率最高可达约 2500W。激光棒与 LD 列阵由循环水冷却，调节激光器，产生准连续波 1064 nm 激光振荡，当输出功率达到最高时，由激光功率计测量。采用上述方法，测量了双棒串联 1064 nm 激光输出功率，结果如图 3.182 所示。从图中可以看出，当泵浦功率为 2511W 时，准连续 1064 nm 激光输出功率达 961W，光–光转换效率为 38.3%。

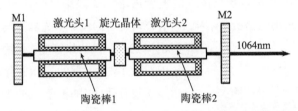

图 3.181　双头串接 Nd:YAG 陶瓷激光实验光路示意图

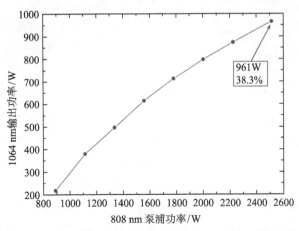

图 3.182　双头串接 Nd:YAG 陶瓷棒(Φ 6 mm×100 mm)激光实验结果

在此基础上，选用 3 根 Φ6 mm×100 mm Nd:YAG 陶瓷激光棒，分别装在 3 个侧泵激光头中，按优化设计的 MOPA 结构进行调节装配。当泵浦功率为 3433W 时，1064 nm

激光输出功率达 1020W，光–光效率为 30%，斜率效率为 40%。在最大激光输出功率情况下，激光重复频率为 1kHz，脉冲宽度约为 114μs，如图 3.183 所示。此次实验是国产陶瓷激光首次突破千瓦输出[217]。

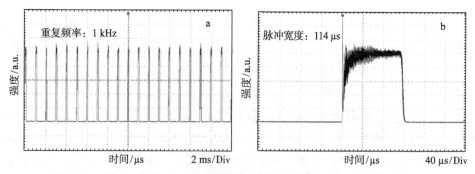

图 3.183　MOPA 结构 Nd:YAG 陶瓷激光的脉冲重复频率(a)和脉冲宽度(b)

　　根据目前高功率固体激光技术的发展需求，美国诺格公司与达信公司研制的 100kW 激光器都采用的是板条结构。达信公司将薄锯齿形激光器光学体系结构与陶瓷 Nd:YAG 激光增益介质相结合，改善了固体激光(SSL)的热管理，采用单个主振荡器泵

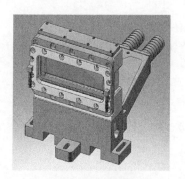

图 3.184　Nd:YAG 陶瓷板条
激光头设计模装图

浦串联的功率放大器的 MOPA 结构，采用的是掺杂(原子数分数)1%的板条，通过增加 Nd:YAG 薄陶瓷板条长度、板条数量和提高激光二极管的泵浦强度来提高激光器的功率，实现了 100kW 的激光输出。中国科学院北京理化技术研究所为了表征与评估中国科学院上海硅酸盐研究所提供的大尺寸 Nd:YAG 陶瓷板条，特别设计了一种高效冷却的侧面泵浦板条激光头，如图 3.184 所示。LD 面阵从板条的侧面进行高功率泵浦与冷却，LD 面阵为准连续运转，激光波长为 808 nm，总泵浦功率最高可达 7kW。

　　尺寸为 93 mm×30 mm×3 mm 的 Nd:YAG 陶瓷板条装入上述侧面泵浦板条激光头中，再将激光头放在谐振腔中，将直通式光路优化为 Z 形光路。图 3.185 是 Nd:YAG 陶瓷板条激光实验光路示意图，其中 M1 镜为 1064 nm 全反射镜，M2 镜为 1064 nm 激光输出镜，调节激光使之在板条内沿 Z 形光路传输，这样可以有效补偿热透镜效应。

　　在相同的 LD 泵浦功率与冷却条件下，分别测量了 Nd:YAG 陶瓷板条与 Nd:YAG 晶体板条的激光性能，如图 3.186 所示。当 LD 泵浦功率为 6691W 时，1064 nm 陶瓷板条激光输出平均功率达 2440W，光–光效率为 36.5%；1064 nm 晶体板条激光输出平均功率达 2510W，光–光效率为 37.5%，激光重复频率为 400Hz，脉冲宽度约为 160μs。从图 3.186 中可以看出，Nd:YAG 陶瓷板条输出功率与晶体板条已较接近[218]。

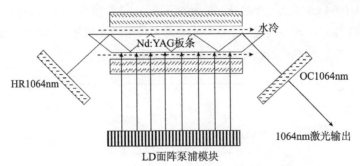

图 3.185　Nd:YAG 陶瓷板条 Z 形光路示意图

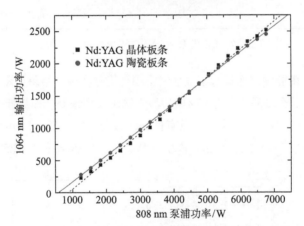

图 3.186　Nd:YAG 陶瓷板条与晶体板条激光输出功率

采用低量子亏损泵浦技术是获得高功率、高效率、高光束质量全固态激光输出的一种有效方法，尤其适用于陶瓷激光材料。对于固体激光材料如 Nd:YAG,采用 885 nm LD 进行低量子亏损泵浦，与 808 nm LD 泵浦相比，一方面可提高量子效率约 10%，另一方面减少废热约 30%，因此更易于获得更高功率、高效率与高光束质量固体激光输出[219]。但 Nd:YAG 材料对 885 nm 泵浦光的吸收系数比 808 nm 低 6 倍，一般可通过提高掺杂浓度或泵浦长度来保证吸收。中国科学院北京理化技术研究所对于中国科学院上海硅酸盐研究所提供的 Φ3 mm×40 mm Nd:YAG 激光棒进行了 885 nm LD 泵浦激光实验，以验证陶瓷材料在进行低量子亏损泵浦时是否能够实现高效率与高功率激光输出。计算表明，采用 885 nm LD 沿纵向泵浦 40 mm 长度的 Nd:YAG 陶瓷棒，吸收效率可达 96%以上，因此适于使用 885 nm 端面泵浦，可充分发挥 885 nm 低量子亏损泵浦的优势。

激光实验中,采用的 885 nm LD 光纤模块芯径为 400 μm、数值孔径为 0.22,885 nm 激光输出功率最高可达 150W。LD 光纤模块端面泵浦激光器结构如图 3.187 所示,其中 M1 镜为 1064 nm 高反、885 nm 高透的平面镜, M2 镜为 1064 nm 激光输出耦合镜, Nd:YAG 棒样品放在热沉中由循环水冷却,调节激光器使输出功率达到最高,输出激光经分束后,用功率计测量 1064 nm 激光输出功率。

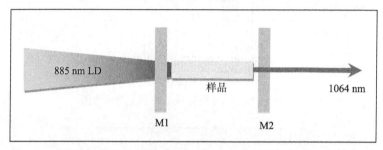

图 3.187　LD 端泵 Nd:YAG 棒激光实验示意图

对 Nd:YAG 陶瓷激光棒进行了最佳输出耦合优化实验,结果如图 3.188 所示。从图中可以看出,当输出耦合率为 15% 时,激光输出功率最高,即最佳输出耦合率约为 15%。在此条件下, Nd:YAG 激光棒具有良好的激光性能。当 885 nm LD 泵浦功率为 88 W 时,获得 1064 nm 激光输出功率为 55 W,光光转换效率达 62.5%。

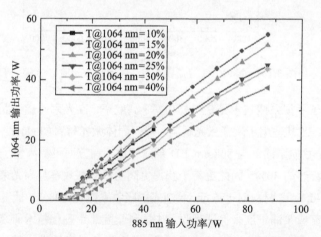

图 3.188　Nd:YAG 激光陶瓷棒进行输出耦合优化实验结果

Nd:YAG 激光陶瓷除常用的 1064 nm 波长,在 946 nm、1.1 μm 附近、1.3 μm 附近均能实现激光振荡。图 3.189 为室温下 Nd:YAG 陶瓷的激光振荡对应的四能级晶体场劈裂示意图[220]。1064 nm 和 1.1 μm 波段附近的激光振荡对应于 Nd^{3+}的 $^4F_{3/2} \rightarrow ^4I_{11/2}$ 跃迁；946 nm 激光振荡对应于 Nd^{3+}的 $^4F_{3/2} \rightarrow ^4I_{9/2}$ 跃迁；而 1.3 μm 波段附近的激光振荡则对应于 Nd^{3+}的 $^4F_{3/2} \rightarrow ^4I_{13/2}$ 跃迁。Strohmaier 等[220]利用 Nd:YAG 透明陶瓷中 Nd^{3+} 的 $^4F_{3/2} \rightarrow ^4I_{9/2}$ 跃迁实现了 946 nm 高效、连续激光输出(如图 3.190 所示)。激光阈值为 1.9 W，输出功率为 1.5 W，光–光转化效率为 22.5%。

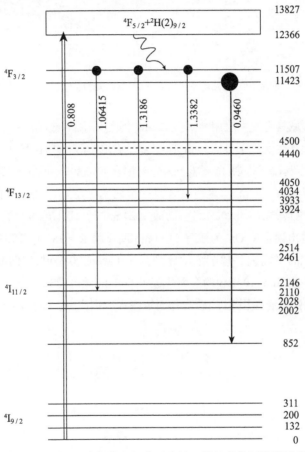

图 3.189 Nd:YAG 陶瓷激光振荡对应的四能级晶体场劈裂示意图

多波段共振荡激光在科学研究、激光雷达、天文等领域有潜在的应用。与 1064 nm 波长激光相同，Nd:YAG 陶瓷 1112 nm、1116 nm 和 1123 nm 激光均对应的是 Nd^{3+} 的 $^4F_{3/2} \rightarrow ^4I_{11/2}$ 跃迁。1.1 μm Nd:YAG 陶瓷激光具有应用潜力。例如，1112 nm 和 1116 nm 激光倍频后所得的 556 nm 和 558 nm 激光对人眼敏感，可应用于激光显示和照明领域，可以替换 He-Ne 543 nm 和 Kr 568 nm 激光源[221~223]。1123 nm 激光可以作为 Tm 上转换光纤激光器的泵浦光源以发射蓝光，同时来自于 1123 nm 倍频后的 561 nm 黄绿激

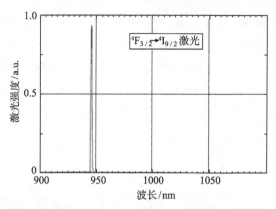

图 3.190　278K 下 946 nmNd:YAG 陶瓷激光发射谱

光在生物医学领域具有重大应用[224,225]。Zhang 等[226]采用 808 nm 激光二极管端面泵浦 Nd:YAG 陶瓷激光棒实现了 1123 nm 连续激光输出。图 3.191 是 LD 泵浦 1123 nm Nd:YAG 陶瓷激光示意图。激光泵浦源为光纤耦合 CW 808 nm 激光二极管，泵光在激光材料中的束腰约为 600 μm。尾镜 RM 是一个曲率半径为 3000 mm 的凹透镜，入光面镀 808 nm 的增透膜($R < 0.2\%$)，另一面镀 1123 nm 高反膜($R > 99.8\%$)和 808 nm 高透膜($T > 95\%$)。输出耦合镜 OC 为镀有 1123 nm 高反膜($R = 98\%$)，1064 nm 和 1319 nm 高透膜($T > 95\%$)的平面镜。掺杂浓度分别为 1.0 at%和 0.6 at%的两根 Nd:YAG 陶瓷激光棒(尺寸为 $\varPhi$4 mm×10 mm)的端面均镀上 808 nm 和 1123 nm 的增透膜。激光实验时，Nd:YAG 陶瓷激光棒用 In 线缠绕并固定在水冷铜座上，水温恒定控制在 18℃。

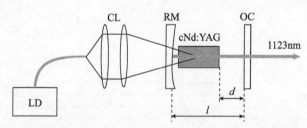

图 3.191　LD 泵浦 1123 nm Nd:YAG 陶瓷激光示意图
LD：激光二极管；CL：耦合透镜；RM：尾镜；OC：输出耦合镜

图 3.192 是 LD 泵浦 1123 nm Nd:YAG 陶瓷激光谱线。从图中可以看出，在 1000~1400 nm 波长范围内只有 1123 nm 激光振荡谱线。因为输出耦合镜 OC 镀有 1064 nm 和 1319 nm 的高透膜，这两个波段的激光振荡无法产生。输出耦合镜在 1112 nm、1116 nm 和 1123 nm 处的透过率分别为 5%、4%和 2%，1112 nm 和 1116 nm 波段的激光被有效抑制而无法产生激光振荡。

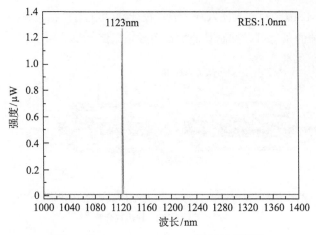

图 3.192　1123 nm Nd:YAG 陶瓷激光谱线

图 3.193 是 LD 泵浦 1123 nm Nd:YAG 陶瓷激光输出曲线。从图中可以看出，激光阈值低于 1.0W，最高激光输出功率为 10.8W，光–光转化效率为 41.4%。

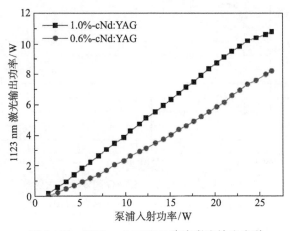

图 3.193　1123 nm Nd:YAG 陶瓷激光输出光谱

Liu 等[227]采用如图 3.194 所示的泵浦系统也获得了 1123 nm Nd:YAG 陶瓷激光输出。该泵浦系统使用两个激光模块是为了提供更高的泵浦功率以期获得更高的激光输出功率，两个激光模块所能提供的 808 nm 泵浦激光的最大功率为 2kW。Nd:YAG 陶瓷棒(尺寸 Φ 6 mm × 100 mm)两端面经激光级抛光后镀 1123 nm 增透膜。谐振腔采用平行平面镜，M1 镜面镀 946 nm、1064 nm 和 1319 nm 增透膜和 1123 nm 高反膜；M2 镜面镀 1123 nm 高反膜(R = 95%)，946 nm、1064 nm 和 1319 nm 高透膜(T > 85%)，M2 上波长 1112 nm 和 1116 nm 的透过率大于 6.5%。泵浦实验装置中 Nd:YAG 陶瓷激

光输出端面与 M2 镜之间插入插入一个波长校准器(其上有两面可调节的平行反射镜),
通过调整校准器的角度可以抑制其他波长的激光振荡[221]。

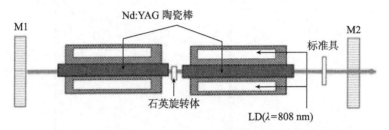

图 3.194　侧面泵浦 1123 nm Nd:YAG 陶瓷激光装置示意图
M1：腔镜；M2：输出耦合镜

图 3.195 是 1123 nm 波长 Nd:YAG 陶瓷激光发射谱。从图中可以看出，其他波长
的激光振荡已被完全抑制住，只存在 1123 nm 波长发射谱线，谱峰的半高宽为 0.07 nm。

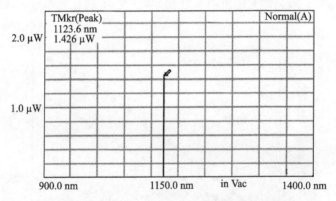

图 3.195　1123 nm 波长 Nd:YAG 陶瓷激光发射谱
横坐标每格为 50 nm，纵坐标每格为 0.2 μW

图 3.196 是 1123 nm 波长 Nd:YAG 陶瓷激光输出功率与泵浦功率的关系。对于
1123 nm 波长激光，当泵浦功率为 2000W 时，获得的输出功率为 509W，光–光转化效
率为 25.8%。相同的泵浦功率，1064 nm 波长激光的输出功率为 794W，光–光转化效
率为 39.7%。1123 nm 波长激光的效率低于 1064 nm 波长激光，这主要是由于 1123 nm
波长的发射截面比 1064 nm 波长的小约 15 倍所致。

图 3.197 是侧面泵浦 1116 nmNd:YAG 陶瓷激光实验装置示意图[228]。LD 泵浦源的
波长为 808 nm，最大泵浦功率为 1000W。Nd:YAG 陶瓷棒(尺寸 Φ6 mm × 100 mm)两
端面激光级抛光后镀 1116 nm 增透膜，谐振腔采用平行平面镜以获得高的光束质量，

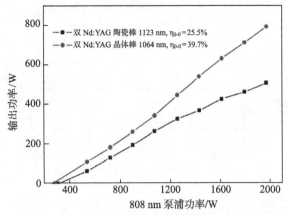

图 3.196　1123 nm 波长 Nd:YAG 陶瓷的激光输出功率与泵浦功率的关系

M1 镜面镀 946 nm、1064 nm 和 1319 nm 增透膜和 1116 nm 高反膜；M2 镜面镀 1116 nm 高反膜($R = 95\%$)，946 nm、1064 nm 和 1319 nm 高透膜($T > 85\%$)。除此之外，M2 镜上波长 1112 nm(透过率 $T = 7.8\%$)和 1116 nm(透过率 $T = 6.5\%$)的透过率大于 1116 nm。随着 LD 泵浦功率的升高，M2 上透过率最小的 1116 nm 最先达到激光阈值，

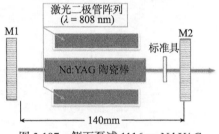

图 3.197　侧面泵浦 1116 nmNd:YAG 陶瓷激光实验装置示意图

并开始振荡。1116 nm 激光振荡消耗掉 Nd:YAG 透明陶瓷中的泵浦能量，1116 nm 增益饱和效应导致增益降低。因此，除了 1116 nm 激光，其他波长的激光振荡被完全抑制。

图 3.198 是 808 nm LD 泵浦 1116 nmNd:YAG 陶瓷激光发射谱与输出功率曲线。从图中可以看出，1116 nm 激光发射峰的半高宽为 0.07 nm，并无其他波长的激光谱线存在。1116 nm 波长激光泵浦阈值为 154W，随着泵浦功率升高，输出功率呈直线上升。泵浦功率为 1000W 时，输出功率为 248W 光–光转化效率为 24.8%。在相同的泵浦功率下，获得的 1064 nm 波长激光输出功率为 425W，光–光转化效率为 42.5%。不同波长激光输出功率的大小与上能级跃迁有关，1116 nm 激光的上能级低于 1064 nm，且其发射截面不到 1064 nm 的 1/15，决定了 1116 nm 激光转化效率低于 1064 nm 激光。

2) Yb:YAG 透明陶瓷

Yb:YAG 透明陶瓷无交叉驰豫振荡和激发态吸收，有较宽的吸收带、长的荧光寿命及高的量子效率，因此是一种理想的高功率激光材料[229]。Wu 等[73]对高质量的 1.0 at%Yb:YAG 透明陶瓷进行了激光实验，其实验装置如图 3.199 所示。Yb:YAG 透明陶瓷样品经过两面抛光、镀膜，陶瓷的尺寸为 4 mm×4 mm×4 mm。光输入端，镀

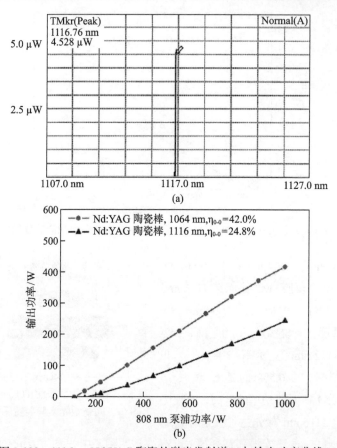

图 3.198　1116 nmNd:YAG 陶瓷的激光发射谱(a)与输出功率曲线(b)

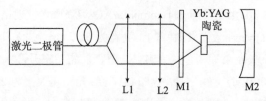

图 3.199　Yb:YAG 陶瓷激光实验装置图

940 nm 和 1030 nm 高透膜，反面镀 1030 nm 高透膜。泵浦源为光纤耦合的激光二极管，泵浦光的波长为 940 nm 左右。L1 和 L2 为聚焦透镜，焦距为 60 mm。泵浦光被透镜组聚焦在陶瓷样品上，光束的直径为 200 μm。M1 和 M2 为激光器的腔体，平面镜 M1 为输入耦合镜，镀 940 nm 增透膜和 1030 nm 高反射膜。凹率半径为 300 mm 的凹透镜 M2 为输出耦合镜，M2 的透过率可调。腔体的长度为 40 mm，腔体中的光学模式和泵浦光的模式保持一致。

当输出耦合镜的透过率为 4%、8%、10%时，1 at%Yb:YAG 陶瓷的激光输入功率和输出功率的关系如图 3.200 所示。可以看出，在耦合透镜的透过率为 4%、8% 和 10% 时，Yb:YAG 陶瓷激光器都获得了波长 1030 nm 处的连续激光输出。随着输出耦合镜的透过率从 4% 变化到 10%，激光输出阈值从 1.8 W 变化到 2.1 W，最大输出功率和激光效率也随之增大。当输出耦合镜的透过率为 10% 时，1030 nm 连续激光的最大输出功率为 1.02W，斜率效率为 25%，光–光转化效率为 15.4%。

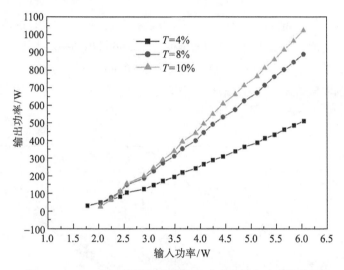

图 3.200　Yb:YAG 陶瓷激光器输入功率和输出功率的关系

从图中可以看出，Yb:YAG 陶瓷激光器的输出功率随输入功率的增大而线性增大，如果泵浦的功率继续的加大，将会获得更大的激光输出功率。激光谐振腔的长度可以通过改变 M2 的曲率半径来改变，Wu 等[73]研究了腔体的长度对输出功率的影响。当 M2 的曲率半径变化到 200 mm，激光谐振腔的长度为 18.5 cm，此时最大的连续激光输出的输出功率为 0.79 W，斜率效率为 17.5%。

2009 年，Hao 等[230]对掺杂浓度为 10 at% 和 5 at% 的 Yb:YAG 透明陶瓷进行激光实验。图 3.201 是 Yb:YAG 陶瓷激光的实验装置图。激光谐振腔包括两个平面镜，输入耦合镜 DM 镀 940~980 nm 的增透膜和 1020~1120 nm 的高反膜；输出耦合镜 OC 镀 1020~1120 nm 的部分反射膜。Yb:YAG 陶瓷的尺寸为 4 mm×4 mm×3.5 mm，两端面均镀上 940~980 nm 的增透膜。为了有效散热，陶瓷棒用金属铟箔包裹并固定在铜座上水冷至 12℃左右。光纤耦合的高功率激光二极管发射波长 968 nm、波宽 3 nm 的激光，400 μm 的纤芯作为泵浦源。

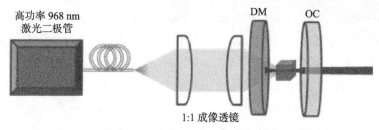

图 3.201   Yb:YAG 陶瓷激光示意图

图 3.202(a)为 10 at%Yb:YAG 透明陶瓷分别在 2%，5%，9%(OC 的透过率)耦合输出镜的情况下的激光输出曲线，其中横坐标为 LD 的输出功率。当输出耦合镜用 5% 时获得了最高的斜率效率 43.4%，激光波长为 1050 nm。图 3.202(b)为 5% Yb:YAG 激光透明陶瓷的实验结果，用 5% 输出耦合镜时获得了最高 39.6W 激光输出，斜率效率为 36.2%。

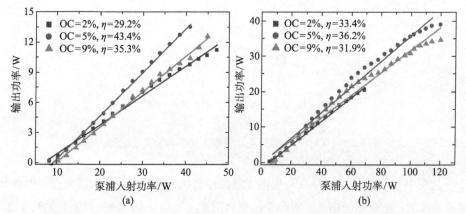

图 3.202   10 at%Yb:YAG(a)和 5 at%Yb:YAG(b)透明陶瓷的激光输出曲线

图 3.203(a)是 5 at%Yb:YAG 陶瓷激光的光束质量因子 M^2 与输出功率的关系曲线，图 3.203(b)是 Yb:YAG 陶瓷激光最大平均输出功率处的波长。从图 3.203 可以看出，光束质量因子与激光输出功率大致呈线性关系。插图显示 Yb:YAG 陶瓷激光的光束横模。当激光输出功率为 2W，10W，22W 和 38W 时，测得相应的激光束偏离角分别为 0mard，3.6mrad，6.8mrad 和 10mrad。当平均输出功率为 2W 时，波束图为对称的形状。随着输出功率增加，光束质量变差。当输出功率为 38W 时，计算所得的质量因子为 5.8。光束质量变差的原因很可能是由于高泵浦功率情况下，Yb:YAG 陶瓷中折射率的差异和激光发生衍射所致。如果要获得更高陶瓷激光输出功率，就必须进一步降低陶瓷的气孔率并对激光增益介质做更有效的冷却。

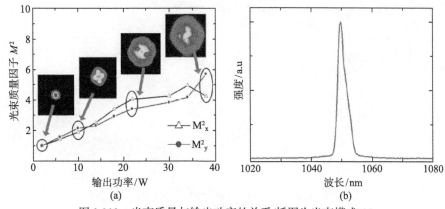

图 3.203　光束质量与输出功率的关系(插图为光束模式)(a)
和最大平均输出功率处的激光波长(b)

3) Er:YAG 透明陶瓷

中红外激光由于其独特的物理性能在很多领域具有不可替代的作用。1.5~1.7 μm 激光对人眼没有伤害，可应用于通讯，测距等领域；2.94 μm 激光对应水的最强吸收峰，因此广泛应用于外科、牙科和美容等医学领域。Er^{3+}能级丰富，在不同浓度时具有多种吸收和跃迁机制，低浓度 Er^{3+}激光材料一般用于输出 1.5~1.7 μm 的激光。

Li 等[231]以采用固相反应和真空烧结技术制备了高质量的 1.0 at%Er:YAG 透明陶瓷，并且 Er,Yb 光纤激光带内泵浦 Er:YAG 陶瓷实现了高效 1645 nm 激光输出。图 3.204 是 1.0 at%Er:YAG 透明陶瓷的直线透过率曲线和吸收光谱。从图中可以看出，样品在激光工作波长 1645 nm 处的直线透过率大于 83%，在泵浦波长 1532 nm 处的吸收系数高达 $1.5cm^{-1}$。

图 3.205 是 Er,Yb 光纤激光带内泵浦 Er:YAG 陶瓷激光示意图。作为激光增益介质用 1.0 at%Er:YAG 透明陶瓷的端面尺寸为 4.0 mm×4.0 mm，陶瓷激光棒的长度为 10.8 mm。两个端面具有激光级的光洁度和平行度，并涂上 1.5~1.7 μm 的宽波长高透膜($T > 99.7\%$)以降低泵光和激光的反射损耗。Er:YAG 陶瓷样品被固定在水冷却的铜热沉上使其温度维持在 20℃左右。激光测试用的 Er:YAG 陶瓷激光棒放在包含平面输入耦合镜(IC)和输出耦合镜(OC)的谐振腔中。IC 在激光工作波长 1600~1700 nm 处高反($R > 99\%$)，在 1532 nm 泵浦波长处高透($T > 97\%$)。OC 在泵浦波长处高反(97%)，在激光工作波长处的透过率为 10%。用输出功率大于 30 W、光束质量因子 M^2~2.2 的 Er,Yb 光纤激光带内泵浦 Er:YAG 陶瓷激光棒。

1.0 at%Er:YAG 透明陶瓷用上述装置进行激光实验，其输出功率与泵浦功率的关系曲线如图 3.206 所示。当 1532 nm 处的泵浦功率为 27.4 W 时，1645 nm 处连续激光输出为 13 W，相对于泵浦入射功率的斜率效率为 50.8%。据我们了解，该输出功率为

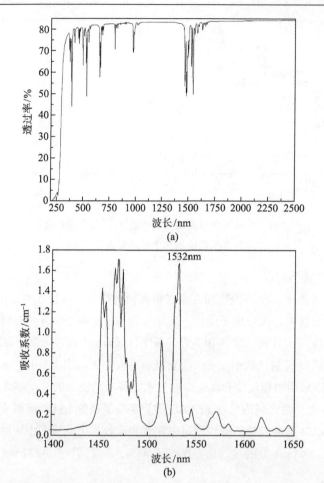

图 3.204　1.0 at%Er:YAG 透明陶瓷的直线透过率曲线(a)和吸收光谱(b)

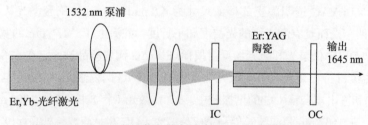

图 3.205　Er,Yb 光纤激光带内泵浦 Er:YAG 陶瓷激光示意图

1645 nm Er:YAG 陶瓷激光的最大输出功率。由于激光输出功率与泵浦功率呈线性关系，所以输出功率随着泵浦功率的增大仍有很大的提升空间。

　　Er:YAG 透明陶瓷除了能产生 1645 nm 波长的人眼安全激光，同时也能实现 1617 nm 的激光输出。该波长的铒激光对甲醇的吸收弱，可用于相干激光雷达和遥感。

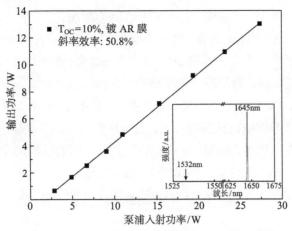

图 3.206　1.0 at%Er:YAG 透明陶瓷的激光输出曲线

由于铒激光在 1617 nm 处有强的吸收，所以该波段激光的阈值更高。为了实现 Er:YAG 透明陶瓷在 1617 nm 处的激光输出，必须在其达到激光阈值前抑制 1645 nm 波段的激光发射。图 3.207 是 1.0 at%Er:YAG 透明陶瓷的能级图和室温吸收光谱[232]。Yb,Er 共掺光纤激光器 1527~1570 nm 波长范围内连续可调，在 Er:YAG 透明陶瓷 1532 nm 吸收峰处可输出 30W 连续激光，光束质量因子 M^2~2。

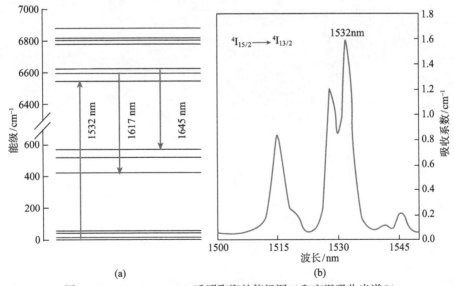

图 3.207　1.0 at%Er:YAG 透明陶瓷的能级图(a)和室温吸收光谱(b)

图 3.208(a)是 Er:YAG 透明陶瓷在 1617 nm 处的激光输出谱线(实线)和室温荧光光谱(虚线)。图 3.208(a)是 0.5 at%、1.0 at%Er:YAG 透明陶瓷在 1617 nm 处的输出功率随

着泵浦入射功率的变化关系曲线。从图 3.208(a)可以看出，无论是 0.5 at% Er:YAG 还是 1.0 at%Er:YAG 透明陶瓷，当输出耦合镜的透过率为 15%时，样品的输出功率较高。这是由于当输出耦合镜的透过率不同时，激发态 Er^{3+}离子的密度不同导致上转换发光损失不同。无论输出耦合镜的透过率是 15%还是 30%，0.5 at%Er:YAG 透明陶瓷的激光性能优于 1.0 at%Er:YAG 透明陶瓷，这是由于 1.0 at%Er:YAG 透明陶瓷的上转换发光损失高于 0.5 at%Er:YAG 透明陶瓷。人们普遍认为，Er:YAG 晶体中随着掺杂浓度的增加上转换发光显著增强，从而影响了激光性能[233]。当输出耦合镜的透过率为 15%，掺杂浓度为 0.5 at%时，Er:YAG 透明陶瓷具有最好的激光性能。当 1532 nm 处的泵浦入射功率为 28.8 W 时，1617 nm 处的最大连续输出功率为 14 W，对应的斜率效率为51.7%。

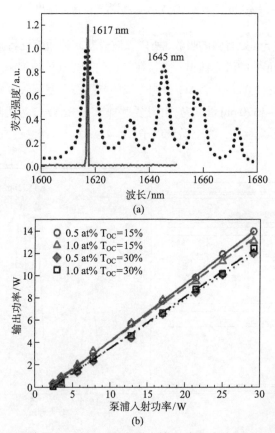

图 3.208　Er:YAG 透明陶瓷在 1617 nm 处的激光输出谱线(实线)和室温荧光光谱(虚线)(a)
以及激光输出曲线(b)

由于 Er^{3+}本身的三能级特性和对泵浦光的吸收系数较小，导致 Er^{3+}的发光输出效率非常低。为了提高材料对泵浦源吸收系数和发光输出效率，采取对 Er^{3+} 进行敏化的方法很有必要。迄今为止，在人们发现的敏化离子中，Yb^{3+} 是对 Er^{3+} 敏化效果最好的稀土元素。Yb^{3+} 的敏化作用表现在两个方面：首先 Yb^{3+} 对 940~980 nm 的抽运光的吸收截面比 Er^{3+} 大一个数量级，Yb^{3+} 的敏化增加了泵浦效率；其次 $Yb^{3+2}F_{5/2}$ 能级与 $Er^{3+4}I_{11/2}$ 能级高度相近并且 Yb^{3+} 发射谱和 Er^{3+} 的吸收谱之间的重叠较大，使得 Yb^{3+}/Er^{3+} 间可以有效地进行能量传递，显著提高掺 Er 材料的抽运效率，改善其光致发光性能[234,235]。Zhou 等[236]采用改进的固相反应法制备了掺杂浓度分别为 1%Er, 5%Yb、1%Er, 10%Yb、1%Er, 15%Yb、1%Er, 20%Yb 和 1%Er, 25%Yb 的 Er,Yb:YAG 透明陶瓷。图 3.209 是 Er,Yb:YAG 透明陶瓷的直线透过率曲线和吸收光谱。从图中可以看出，所有 Er,Yb:YAG 透明陶瓷样品在可见光和近红外波段的直线透过率均超过80%，并且随着 Yb 掺杂浓度的提高，Yb^{3+} 对应吸收峰随之增强。高质量的 Er:YAG 和 Er,Yb:YAG 透明陶瓷有望实现 1.5~1.7 μm 和 2.94 μm 波长的高效激光输出。

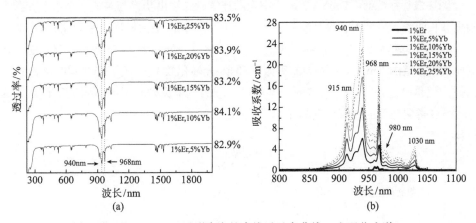

图 3.209　Er,Yb:YAG 透明陶瓷的直线透过率曲线(a)和吸收光谱(b)

4) Tm:YAG 透明陶瓷

Tm:YAG 材料为准三能级系统，在连续运转的条件下，通过交叉弛豫，一个吸收光子能使上激光能级产生两个激发态离子，使 Tm:YAG 激光器高效运转。2 μm 波段激光在激光测距、激光遥感、激光成像、光电对抗、医学诊断和治疗、科学仪器、材料处理、光学信号处理、数据处理等领域已显示出越来越广泛的应用前景。然而，目前国内乃至国际上的 2 μm 固体激光器中使用的都是 Tm:YAG，Ho:YAG，Cr, Tm, Ho:YAG，Er, Tm, Ho:YAG 等晶体。Zhang 等[237,238]成功制备了 Tm^{3+} 不同掺杂浓度的高质量的 Tm:YAG 激光透明陶瓷，并在国际上首次实现 Tm:YAG 透明陶瓷 2015 nm 处的连续激光输出。

根据荧光光谱和吸收光谱分析，选择 6 at%Tm:YAG 透明陶瓷用激光二极管端

面泵浦进行激光实验，其实验装置如图 3.210 所示。Tm:YAG 透明陶瓷样品加工成
1.2 mm × 5 mm × 6 mm 尺寸后，两个端面(1.2 mm×5 mm)平行抛光并镀膜(在 792 nm
和 2.01 μm 处增透)。泵浦源采用半导体激光器，输出中心波长为 792 nm。L1 和 L2
为透镜组，泵浦光束通过 L1 和 L2 聚焦在陶瓷表面。M1 和 M2 为平凹谐振腔，M1
镀 792 nm 增透膜，2015 nm 高反膜；M2 为输出耦合镜，在 2015 nm 处的透过率为 5%。

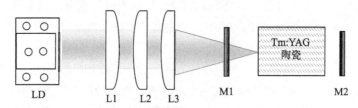

图 3.210　6 at%Tm:YAG 透明陶瓷的连续激光试验装置图

　　图 3.211 为 6 at% Tm:YAG 透明陶瓷的连续激光输出功率与泵浦功率关系和激光
输出波长曲线。当最大吸收泵浦能量 31.2 W 时，得到的最大输出功率为 4.5 W，激光
输出的阈值功率为 9.3 W。斜率效率和光–光转化效率分别为 20.5%和 14.1%。这个数
据比文献报道的 Tm:YAG 晶体(斜率效率和光–光转化效率分别为 26.8%和 14.2%[239])
稍低，但是已经是 2 μm 固体激光器材料领域的一个突破，说明本研究工作制备的
Tm:YAG 透明陶瓷的具有优良的光学质量，是一种非常有希望的 Tm:YAG 晶体的替代
材料。

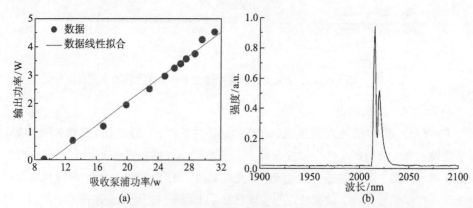

图 3.211　6 at% Tm:YAG 透明陶瓷的连续激光输出功率与泵浦功率关系(a)
和激光输出波长曲线(b)

　　Zhou 等[240]以连续 785 nm 钛宝石激光为泵浦源，采用端面泵浦方式实现了 6.0 at%
Tm:YAG 透明陶瓷的 2012 nm 连续激光输出。图 3.212 是 Tm:YAG 陶瓷激光装置示意
图。Tm:YAG 透明陶瓷的两个端面上均镀上 785 nm 和 2000 nm 的增透膜，典型 Z 形

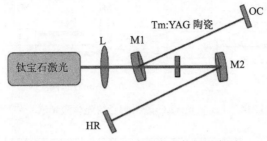

图 3.212　Tm:YAG 陶瓷激光装置示意图

腔的两个凹透镜(输入耦合镜 M1 和输出耦合镜 M2)的曲率半径均为 100 mm，M1 和 M2 均镀上特殊的二向色分光膜。该膜在 1900~2100 nm 波段范围内高反($R > 99.9\%$)，在 785 nm 处增透。785 nm 钛宝石泵浦光通过焦距为 100 mm 的透镜聚焦到陶瓷样品中。整个激光谐振腔的腔长为 790 mm，陶瓷样品的温度通过水冷系统控制在 12℃左右。

图 3.213 是不同输出耦合镜情况下 Tm:YAG 陶瓷激光输出功率与泵浦吸收功率的关系。当输出耦合镜的透过率为 3%时，Tm:YAG 陶瓷激光输出功率最高，为 860 mW，对应的斜率效率为 42.1%，光–光转化效率为 22%。通过优化激光谐振腔和输出耦合镜的透过率，有望实现更高效率、更高功率的 2 μm 激光输出。

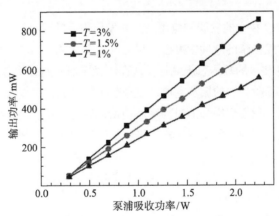

图 3.213　不同输出耦合镜情况下 Tm:YAG 陶瓷激光输出功率与泵浦吸收功率的关系

采用 805 nm LD 光纤模块端面泵浦方式，对掺杂浓度为 4 at% Tm:YAG 陶瓷进行了激光实验[241]。实验所用 Tm:YAG 陶瓷棒(3 mm×3 mm×17 mm)，M1 为全反镜，M2 为输出耦合镜，M3 为分束镜，如图 3.214 所示。冷却水温度为 8℃，2 μm 连续波激光输出功率曲线如图 3.215 所示，当 805 nm 泵浦激光功率为 99 W 时，2 μm 激光输出功率为 7.12 W，光–光效率为 7.2%。

为了提高激光器的输出性能，特别是压缩激光脉冲宽度和增大脉冲输出功率，出

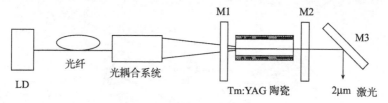

图 3.214   4 at%Tm:YAG 透明陶瓷的连续激光试验装置图

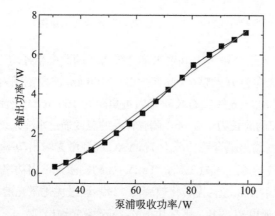

图 3.215   4 at%Tm:YAG 透明陶瓷的连续激光输出功率与泵浦功率关系

现了调 Q 技术。调 Q 技术的发展和应用是激光发展史上的一个重要突破。其特点是把激光能量压缩在宽度极窄的脉冲中发射，从而产生窄脉宽、高峰值功率、高重复频率的激光脉冲。调 Q 技术的基本思想就是设法在激光泵浦开始时使谐振腔的损耗增大，Q 值很低，即提高了激光器的振荡阈值，使振荡不能形成，工作物质上能级的反转粒子数密度大量积累。积累到饱和值时，突然使谐振腔的损耗变小，Q 值突增。这时，激光振荡迅速建立，腔内就象雪崩一样以极快的速度建立起极强的振荡，在短时间内反转粒子数大量被消耗，转变为腔内的光能量同时在激光器输出镜端耦合输出一个极强的激光脉冲，称为巨脉冲。可见，调 Q 技术实际上就是调节腔内的损耗。调 Q 技术又称为 Q 突变技术或 Q 开关技术。

目前，比较广泛采用的调 Q 方法有转镜调 Q、电光调 Q、声光调 Q 和饱和染料调 Q 等。在连续光(包括准连续光)泵浦的固体激光器中，采用声光调 Q 的方式。声光调 Q 就是利用激光通过声光介质中的超声场时产生衍射，使光束偏离出谐振腔，造成谐振腔的损耗增大，Q 值下降，因此激光振荡不能形成。故在光泵激励下其上能级反转粒子数将不断积累并达到饱和值。若这时突然撤出超声场，则衍射效应立即消失，腔损耗减少，Q 值猛增，激光振荡迅即恢复，其能量以巨脉冲形式输出。

图 3.216 为 Tm:YAG 透明陶瓷调 Q 激光试验装置图[242]。掺杂浓度为 6 at.% Tm:YAG 陶瓷样品加工成 1 mm×5 mm×6 mm 的尺寸后，两个端面(1 mm×5 mm)平行抛光并镀膜

(在 780±15 nm 和 2000±50 nm 处增透)。为有效散热，陶瓷样品包裹于钢箔中置于
15℃的冷却水中。泵浦源采用快轴准直激光二极管阵列(LDA)，输出中心波长 785 nm，
最大泵浦功率为 80 W。L1 和 L2 为透镜组，泵浦光束通过 L1(平凹柱面透镜，曲率半
径为 28 mm)和 L2(平凸柱面透镜，曲率半径为 22 mm)聚焦在陶瓷表面，聚焦后的光
束尺寸为~1.5 mm×0.5 mm。谐振腔由两个平面镜 M1 和 M2 组成，M1 镀膜 780±15 nm
处增透，2000±50 nm 处高反；M2 为输出耦合镜，在 2000±50 nm 处的透过率为 5%。
在长度为 80 mm 的工作腔中插入声光调 Q 开关(AO，Gooch & Housego，QS027-4M-
AP1)。将分光镜 M3 安置于输出耦合镜之后，用以同时测量输出功率和脉冲光。

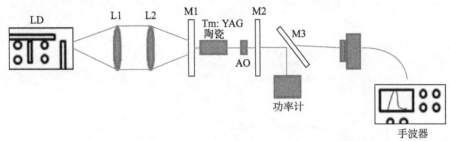

图 3.216　6 at%Tm:YAG 透明陶瓷的调 Q 激光试验装置图

　　Tm:YAG 透明陶瓷调 Q 激光试验结果如图 3.217 所示，在脉冲重复频率为 5 kHz、
1 kHz 和 500 Hz 时，得到最大平均输出功率分别为 11.8 W、11.32 W 和 10.2 W。

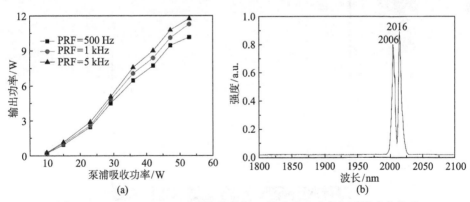

图 3.217　6 at%Tm:YAG 透明陶瓷的调 Q 激光输出功率与泵浦功率关系

　　图 3.218 为脉冲宽度和能量与吸收的泵浦功率的关系曲线。可见随着脉冲重复频
率的降低和吸收泵浦能量的增加，脉宽逐渐变窄。在吸收泵浦能量最高 53.2 W 和频频
为 500 Hz 时得到最窄脉宽为 69 ns。据我们所知，此结果是目前为止在 Tm:YAG 透明
陶瓷以及晶体激光试验中所得到的最窄脉宽，这应该归功于 Tm:YAG 透明陶瓷相比其

他材料更好的能量储存能力。同时，在同样条件下得到了最大单脉冲能量 20.4 mJ。图 3.219 为脉宽为 69 ns 的一个典型的脉冲轮廓。这些结果都证实了 Tm:YAG 透明陶瓷的优良性能，非常适合进行主动调 Q 激光操作。

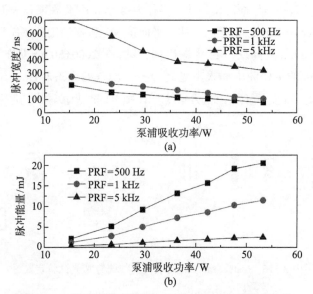

图 3.218 脉冲宽度和能量与泵浦吸收功率的关系曲线

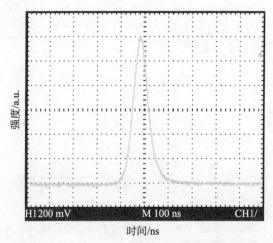

图 3.219 脉宽为 69 ns 的一个典型的脉冲轮廓

通常，掺 Tm 固体激光用商用高功率~0.8 μm GaAlAs 激光二极管作为泵源，在高掺杂浓度(譬如大于 3.0 at%)情况下，泵浦量子效率可以接近 2。采用该种泵浦方式并优化 Tm^{3+} 掺杂浓度，Tm:YAG 晶体中能观察到高效的交叉弛豫，激光效率能够远高于斯托克斯极限(~39%)[243]。然而，Tm[3+]掺杂浓度高会在增益介质中引起严重的热效应，显著降低有效的上能级寿命和输出光束质量，影响大功率激光输出。一个降低高功率掺 Tm 固体激光器热效应的可行方案是将 Tm[3+] 直接泵浦到激光上能级($^3H_6 \rightarrow {}^3F_4$)[244]。这种带内泵浦方式具有低量子亏损的特点，能够有效提升激光效率和光束质量。Wang 等[245]采用带内泵浦方式，实现了 Tm:YAG 透明陶瓷的高效率、高功率 2015 nm 激光输出。激光实验中采用的泵浦源为 1617 nm Er:YAG 陶瓷激光，发射带宽(FWHM)为~0.5 nm。图 3.220 是 4.0 at%Tm:YAG 陶瓷的吸收光谱和 1617 nm Er:YAG 陶瓷激光的发射光谱。Er:YAG 透明陶瓷的最强吸收峰位于~1622 nm 处，与 1617 nm Er:YAG 陶瓷激光泵浦源能很好的匹配。

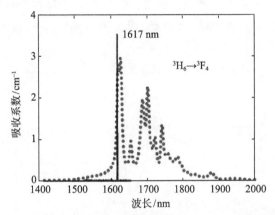

图 3.220　4.0 at%Tm:YAG 陶瓷的吸收光谱(虚线)和 1617 nm Er:YAG 陶瓷激光的发射光谱(实线)

　　图 3.221 是 4.0 at%Tm:YAG 陶瓷激光输出功率与泵浦入射功率的关系曲线，插图

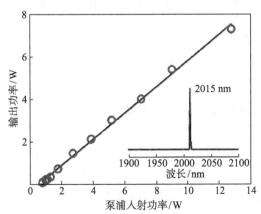

图 3.221　4.0 at%Tm:YAG 透明陶瓷激光输出功率与泵浦入射功率的关系曲线
输出耦合镜的透过率为 10%，插图为 2015 nm Tm:YAG 陶瓷激光的输出光谱

为 2015 nm Tm:YAG 陶瓷激光的输出光谱。当 1617 nm 激光的最大泵浦功率为 12.8W 时，近衍射极限 2015 nm 激光的输出功率为 7.3W，光束质量因子 M^2~1.1，激光阈值为 0.85W，对应于入射泵浦功率的斜率效率和光–光转化效率分别为 62.3%和 57%。采用高功率、高衍射极限的激光泵浦光源，通过降低 Tm^{3+}掺杂浓度和增加 Tm:YAG 陶瓷激光棒的长度，可以有效降低上转换发光损耗和热效应。

5) Ho:YAG 陶瓷激光

同为 2 μm 附近激光，Ho^{3+}激光(2.1 μm)相对于 Tm^{3+}激光(1.9 μm)有很多优势，如吸收和发射截面大、荧光寿命长等，因此其在 2 μm 激光器特别是医用激光器上的应用比 Tm 激光更为广泛。

Ho:YAG 透明陶瓷在传统激光二极管(LD)泵浦窗口 785~980 nm 范围内吸收非常弱，不能和商用 InGaAs 和 GaAs 等激光二极管有效耦合，不适合激光二极管抽运(如图 3.222 所示)。

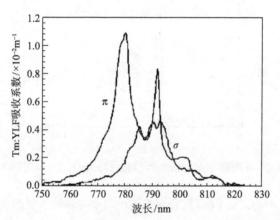

图 3.222　Tm:YLF 两束偏振光在 750~830 nm 内的吸收光谱[246]

Tm:YLF 激光器是 Ho 激光最常用也是最高效的泵浦源，YLF 基质材料的特点是：

(1) 适合使用 792~793 nm 的激光二极管直接抽运。图 3.222 为 Tm:YLF 两束偏振光在 750~830 nm 内的吸收光谱。

(2) Tm:YLF 的热透镜效应小，在同样的抽运条件下，YLF 的热透镜效应只有 YAG 的 1/10，光束质量高。

(3) Tm:YLF 为自然双折射，线偏振输出，没有 YAG 基质的热致双折射损耗。

图 3.223(a)为 Tm:YLF 有效发射截面图[246]，其 σ 偏振光发射峰 1.907 μm 和图 3.223(b) 中 Ho:YAG 透明陶瓷 1910 nm 波长附近的吸收峰符合，非常适合用来有效泵浦 Ho:YAG 透明陶瓷[247]。

Tm:YLF 激光泵浦 Ho:YAG 陶瓷激光试验装置如图 3.224 所示[248]。Tm:YLF 激光

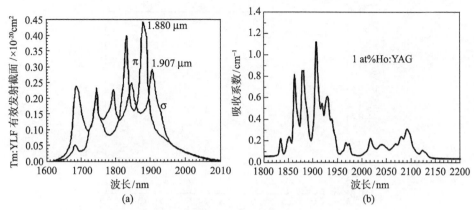

图 3.223　Tm:YLF 有效发射截面图(a)和 Ho:YAG 透明陶瓷在 1800~2200 nm 内的吸收光谱(b)

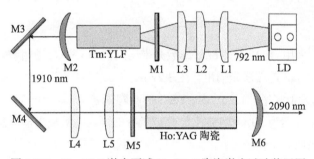

图 3.224　Tm:YLF 激光泵浦 Ho:YAG 陶瓷激光试验装置图

器中使用的陶瓷尺寸为 1 mm×6 mm×12 mm。泵浦传输系统由两个平–凸柱透镜和一个平凸球面透镜组成，三个透镜的焦距均为 90 mm。Tm:YLF 板条激光谐振腔为紧凑的平凹腔，输入耦合镜 M1 镀 792±15 nm 增透膜和 1910±25 nm 高反膜；输出耦合镜镀 1910±25 nm 波段反射率为 80%的膜。Tm:YLF 激光在 1910 nm 处的最大输出功率为 7.26W，M3 和 M4 镜镀 1910±25 nm 高反膜。陶瓷样品由发射波长~1910 nm 的 Tm:YLF 激光端面泵浦。Ho:YAG 陶瓷激光的谐振腔也采用与 Tm:YLF 激光相似的平凹腔。激光试验用样品尺寸为 1.5 mm×10 mm×18 mm，两个端面(1.5 mm×10 mm)经过平行镜面抛光后镀 1910 nm±25 nm 和 2100 nm±25 nm 增透膜。L4 和 L5 为两个焦距为 80 mm 的平凸球面透镜。Ho:YAG 陶瓷激光谐振腔由 M5 和 M6 两个平凹镜组成，M5 镀 1910±25 nm 增透膜和 2100±25 nm 高反膜，M6 为输出耦合镜，其在 2100±25 nm 处的透过率分别为 2%和 5%，曲率半径为 400 nm。试验时，冷却水温度为 15℃。

　　图 3.225 为 1 at.% Ho:YAG 透明陶瓷的激光试验结果。当最大吸收功率为 5 W，输出耦合镜的透过率分别为 5%和 2%时，得到最大激光输出功率分别为 1.2 W 和 0.6 W，中心波长为 2091 nm，斜率效率分别为 42.6%和 17.4%，激光阈值分别为 1.52 W

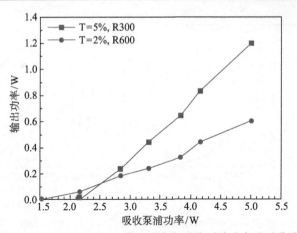

图 3.225   1 at% Ho:YAG 输出功率与吸收泵浦功率关系曲线

和 2.16 W。

　　Chen 等[249]采用~1907 nm Tm 纤维激光带内泵浦 Ho:YAG 透明陶瓷，实现了高功率、高效率 2097 nm 连续激光输出。图 3.226 是 Ho:YAG 透明陶瓷的吸收光谱和泵浦 Tm 纤维激光的发射光谱。1.5 at%Ho:YAG 透明陶瓷和 2.0 at%Ho:YAG 透明陶瓷对泵浦光的吸收效率分别为 90%和 95%，没有被吸收的泵光将被输出耦合镜反射回激光增益介质而再次吸收。

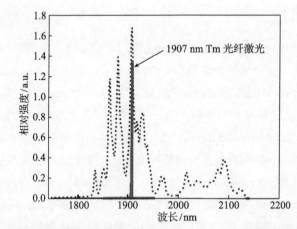

图 3.226   Ho:YAG 透明陶瓷的吸收光谱(虚线)和 Tm 光纤激光的发射光谱(实线)

　　图 3.227 是输出耦合镜透过率为 6%时，1.5 at%Ho:YAG 透明陶瓷和 2.0 at%Ho: YAG 透明陶瓷的激光性能。由于 1.5 at%Ho:YAG 透明陶瓷的上转换发光损失比 2.0 at%Ho: YAG 透明陶瓷小，所以最大输出功率和斜率效率更高。

　　图 3.228 是输出耦合镜透过率为分别为 3%和 6%时，1.5 at%Ho:YAG 透明陶瓷的

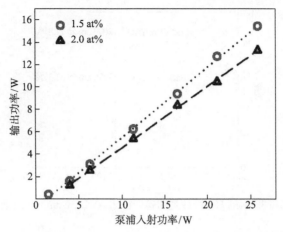

图 3.227　1.5 at%Ho:YAG 和 2.0 at%Ho:YAG 透明陶瓷的激光性能(输出耦合镜透过率为 6%)

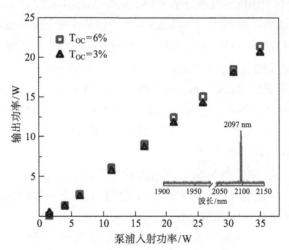

图 3.228　1.5 at%Ho:YAG 透明陶瓷的激光性能

插图为 2097 nm Ho:YAG 陶瓷激光的输出光谱

激光性能。输出耦合镜的透过率为 6%时，当 1907 nm 泵浦入射功率为 35W 时，产生 2097 nm 激光的最大输出功率为 21.4W，激光阈值为~1.2W，相对于泵浦入射功率的斜率效率和光–光转化效率分别为 63.6%和 61.1%。当泵浦功率大于 12W 时，由于激光波长吸收损耗的饱和斜率效率增大到 66%。从图 3.228 中可以看出，激光输出功率基本与泵浦入射功率呈线性关系，所以增大泵浦功率仍有提升输出功率的空间。

对于 3 at%Ho:YAG 透明陶瓷，没有实现激光输出，这是由于激光输出波长 2091 nm 正处在 Ho:YAG 陶瓷的 1800~2200 nm 连续吸收带内，因此随着掺杂浓度提高，吸收增强，2.1 μm 的激光输出被陶瓷样品重新吸收，检测不到出光信号。如图 3.229 所示，

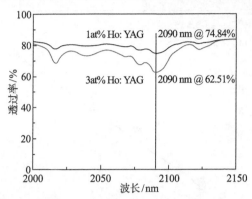

图 3.229   1 at%和 3 at%的 Ho:YAG 透明陶瓷在 2000~2150 nm 波长范围内的透过光谱

1 at%和 3 at%的 Ho:YAG 透明陶瓷在 2000~2150 nm 波长范围内的透过光谱，1 at% Ho:YAG 透明陶瓷在 2090 nm 处透过率为 74.8%，而 3 at% Ho:YAG 透明陶瓷在 2090 nm 处透过率下降到 62.5%。如果进一步提高 Ho 离子掺杂浓度，2090 nm 处透过率下降会更加严重，由此可判断高浓度的 Ho:YAG 透明陶瓷是不利于实现激光输出的。

要实现 Ho:YAG 透明陶瓷的激光输出，除了采用 1.9 μm Tm 光纤或激光二极管作为泵浦源，另一条有效的途径是 Tm, Ho 共掺，Tm 的掺杂可以吸收商用高功率 GaAlAs 激光二极管 780~790 nm 的泵浦光。Hazama 等[250]采用 783 nm 泵浦光实现了 Tm^{3+}, Ho^{3}: YAG 透明陶瓷的~2.1 μm 激光输出，光–光转化效率~11%。

6) $Nd:Y_3Sc_xAl_{5-x}O_{12}$ 透明陶瓷

$Y_3Sc_xAl_{5-x}O_{12}$ 是 YAG 和 $Y_3Sc_2Al_3O_{12}$ 的固溶体，因此 $Nd:Y_3Sc_xAl_{5-x}O_{12}$ 这种激光增益介质比 Nd:YAG 的化学式更加复杂。闪光灯泵浦组分可调的 $Nd:Y_3Sc_xAl_{5-x}O_{12}$ 晶体已经实现了激光振荡[251]。与晶体相比，$Nd:Y_3Sc_xAl_{5-x}O_{12}$ 透明陶瓷的一个重要优点是可以实现高浓度掺杂，从而有效提高泵浦光吸收效率[211]。所以 $Nd:Y_3Sc_xAl_{5-x}O_{12}$ 陶瓷激光不仅可以调节激光输出波长，也可以通过激光二极管泵浦和微片激光谐振腔设计来实现高效激光输出[252]。图 3.230 是 1.0 at%$Nd:Y_3Sc_xAl_{5-x}O_{12}$ 透明陶瓷对应于 $^4F_{5/2}$ + $^2H_{9/2} \rightarrow {}^4I_{9/2}$ 跃迁的吸收光谱[253]。该波段的吸收光谱由于处在 GaAlAs 激光二极管发射波长(808 nm)附近，所以显得尤为重要。1.0 at%$Nd:Y_3Al_5O_{12}$、1.0 at%$Nd:Y_3ScAl_4O_{12}$ 和 1.0 at%$Nd:Y_3Sc_2Al_3O_{12}$ 透明陶瓷在 808 nm 处的吸收系数分别为 $8.5cm^{-1}$、$6.8cm^{-1}$ 和 $7.2cm^{-1}$。

图 3.231 是室温下不同组分 1.0 at%$Nd:Y_3Sc_xAl_{5-x}O_{12}$ 透明陶瓷的 $^4F_{3/2}$ 辐射衰减曲线。通过简单的指数拟合，估算得到 1.0 at%$Nd:Y_3Al_5O_{12}$、1.0 at%$Nd:Y_3ScAl_4O_{12}$ 和 1.0 at%$Nd:Y_3Sc_2Al_3O_{12}$ 透明陶瓷的荧光寿命分别为 238 μs、256 μs 和 276 μs。当掺杂浓度增大到 5 at%时，$Nd:Y_3Sc_xAl_{5-x}O_{12}$ 透明陶瓷将发生严重的荧光淬灭效应。5.0 at%$Nd:Y_3Al_5O_{12}$ 和 5.0 at%$Nd:Y_3ScAl_4O_{12}$ 透明陶瓷的荧光寿命仅为 59.7 μs 和 93.7 μs。

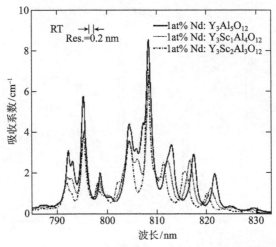

图 3.230　1.0 at%Nd:$Y_3Sc_xAl_{5-x}O_{12}$ 陶瓷在 785~833 nm 波长范围内的吸收光谱

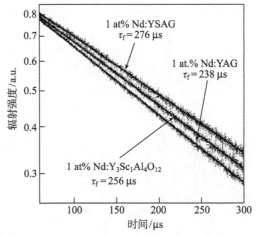

图 3.231　1.0 at%Nd:$Y_3Sc_xAl_{5-x}O_{12}$ 透明陶瓷的 $^4F_{3/2}$ 辐射衰减曲线

荧光寿命由简单的指数拟合估算所得

对于 Nd:$Y_3ScAl_4O_{12}$(Nd:YSAG)透明陶瓷而言，样品在 808 nm 处的吸收系数随着掺杂浓度的增大而增大(如图 3.232 所示)[254]。图 3.233 是 Nd:$Y_3ScAl_4O_{12}$(Nd:YSAG)透明陶瓷和 Nd:YAG 晶体的受激发射截面。从图中可以看出，Nd:YAG 晶体的发射带宽为 1.1 nm，而 Nd:YSAG 透明陶瓷的发射带宽为 5.5 nm。所以通过锁模技术，Nd:YSAG 透明陶瓷适合用作产生亚皮秒脉冲激光增益介质。

Nd:YSAG 陶瓷激光实验采用的是腔长 40 mm 的平凹腔，输出耦合镜的半径为 50 μm，在激光工作波长处的透过率为 5%和 10%。为了降低泵浦能量和激光输出功率间的量子亏损，振荡波长在 869 nm 的钛宝石激光直接泵浦 Nd:YSAG 陶瓷的激光上能

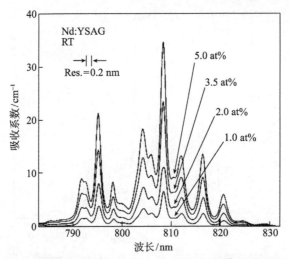

图 3.232 室温下 Nd:Y$_3$ScAl$_4$O$_{12}$(Nd:YSAG)透明陶瓷的吸收系数

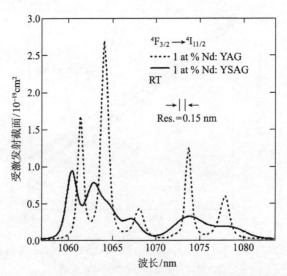

图 3.233 Nd:Y$_3$ScAl$_4$O$_{12}$(Nd:YSAG)透明陶瓷和 Nd:YAG 晶体的受激发射截面

级以提高斜率效率。焦距为 50 mm 的透镜用来把泵浦光在增益介质入射表面聚焦成直径为 25 μm 的束斑。图 3.234 是用作微片激光增益介质的 Nd:YSAG 陶瓷的连续激光输出功率与吸收泵浦功率之间的关系。当输出耦合镜的透过率为 10%时,2.0 at%Nd:YSAG 陶瓷激光的斜率效率高达 49.5%。当输出耦合镜的透过率为 5%时,2.0 at%Nd:YSAG 透明陶瓷的光–光转化效率最高,为 37.0%。

Nd:YSAG 陶瓷锁模激光实验装置设计如下:未镀膜的 1.0 at%Nd:YSAG 透明陶瓷固定在铜热沉上,通过水冷保持其温度在 20℃左右。为了减少菲涅耳损耗并获得线性

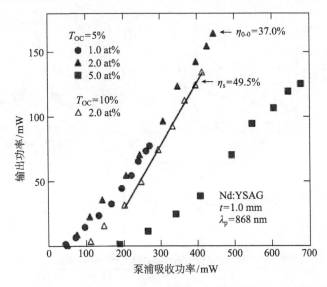

图 3.234 Nd:YSAG 陶瓷的连续激光输出功率与泵浦吸收功率之间的关系

极化激光束，激光增益介质与激光通光的正交方向成布儒斯特角放置。通过焦距为 75 mm 的透镜，869 nm 连续钛宝石激光被聚焦进陶瓷增益介质。透过陶瓷增益介质的泵光被镜面反射回，泵光吸收效率高达~76%。非线性镜由硼酸锂(LBO)晶体和输出耦合镜组成，整个腔长约为 2.2m，输出脉冲由光电探测器测量。在连续激光运转的情况下，泵浦吸收功率的阈值为 98 mW，斜率效率为 44.4%，激光发射谱有 1061 nm 和 1063 nm 两个峰。在锁模激光运转情况下，LBO 晶体加热到最佳相位匹配温度(148℃)，在这个温度下连续激光转变成 1063 nm 的自调 Q 锁模激光，1061 nm 没有激光运转，如图 3.235(a)所示。当 LBO 晶体加热到 151℃，1061 nm 激光被锁模而 1063 nm 激光不再锁模，如图 3.235(b)所示。在连续非锁模激光运转情况下，1061 nm 和 1063 nm 两个波段激光的平均输出功率降低至~560 mW，脉冲宽度(FWHM)约为 10ps，脉冲间隔为 13 nm，如图 3.235(c)和图 3.235(d)所示。

从光谱性能和激光性能的研究结果来看，Nd:YSAG 透明陶瓷即使在直接泵浦到发射能级的情况下也能通过微片激光系统设计来实现激光输出。通过锁模运转的激光性能研究发现，Nd:YSAG 透明陶瓷有望通过改进锁模技术和色散管理实现亚皮秒短脉冲。所以，Nd:YSAG 透明陶瓷很可能是一种性能优异的高功率、高效率的亚皮秒激光增益介质。

7) Yb:YSAG 透明陶瓷

Yb³⁺掺杂激光材料适合用作高功率激光二极管泵浦固体激光、超短脉冲激光、1 μm 波段可调激光的增益介质[255]。特别是因为 Yb:YAG 发射截面宽、量子亏损低而

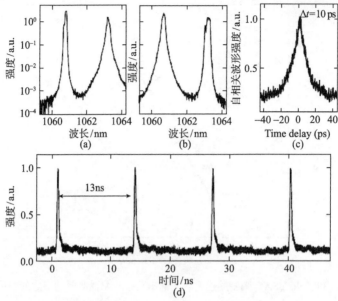

图 3.235　锁模 Nd:YSAG 陶瓷激光性能

(a)、(b)为激光波形；(c)为自相关波形；(d)为脉冲序列

在高功率激光二极管泵浦飞秒激光器上具有很大的优势。如果要实现高功率飞秒锁模激光输出，激光增益介质需要具备更大的发射截面、更大的发射带宽和更好的热–机械性能。为了结合玻璃的优势(如发射带宽大)和晶体的优势(优良的热–机械性能)[256]，日本的科研人员合成了一种具有畸变石榴石结构的 $Yb:Y_3Sc_xAl_{5-x}O_{12}$ 透明陶瓷，并且研究了该激光材料的光谱特征和激光性能[257]。图 3.236(a)是 15 at%$Yb:Y_3ScAl_4O_{12}$ 透明陶瓷和 25 at%Yb:YAG 晶体的室温吸收和发射光谱。$Yb:Y_3ScAl_4O_{12}$ 透明陶瓷的光谱特性如表 3.13 所示，其中发射截面由互易法和 F-L 公式计算[258]。YAG 和 YSAG 在 1030 nm 处的折射率为 1.84，由 F-L 公式计算所得的本征荧光寿命与使用折射率数值的互易法计算值相吻合。$Yb:Y_3ScAl_4O_{12}$ 透明陶瓷的本征荧光寿命为~1.1 ms，比 Yb:YAG 晶体的 0.85 ms 要长。虽然 $Yb:Y_3ScAl_4O_{12}$ 陶瓷在 1030 nm 处的峰值发射截面远低于 Yb:YAG 晶体，但是 $Yb:Y_3ScAl_4O_{12}$ 陶瓷在该发射峰的半高宽(~12.5 nm)是 Yb:YAG 晶体半高宽(~8.5 nm)的 1.5 倍。宽的发射带宽表明 $Yb:Y_3ScAl_4O_{12}$ 陶瓷适合产生锁模运转下的超短脉冲激光输出。同时由于 Yb[3+]激活离子准四能级激光的特点，必须考虑其发射波段的自吸收现象。为了使 $Yb:Y_3ScAl_4O_{12}$ 陶瓷在发射波长处透明，有必要对最小泵浦强度 I_{min} 进行研究。图 3.236(b)是 $Yb:Y_3ScAl_4O_{12}$ 透明陶瓷和 Yb:YAG 晶体在 970 nm 激光泵浦条件下的最小泵浦强度。与 Yb:YAG 晶体相比，$Yb:Y_3ScAl_4O_{12}$ 透明陶瓷具有更低、更平滑的 I_{min}。换句话说，Yb:YAG 晶体需要比 $Yb:Y_3ScAl_4O_{12}$ 透

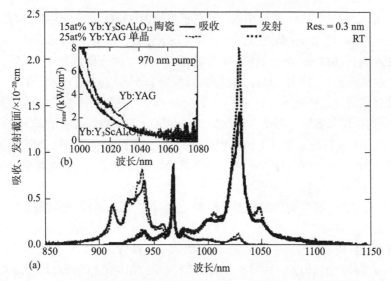

图 3.236　(a) Yb:Y₃ScAl₄O₁₂ 透明陶瓷和 Yb:YAG 晶体的室温吸收和发射光谱；
(b) 970 nm 激光泵浦条件下陶瓷和晶体的最小泵浦强度

明陶瓷高 1.5 的泵浦强度才能在低于 1030 nm 的波长处获得净增益。

采用 970 nm 和 940 nm 钛宝石激光泵浦源，Yb:Y₃ScAl₄O₁₂ 透明陶瓷进行了激光性能表征，其结果如图 3.237 所示。当使用 970 nm 激光泵浦，输出耦合镜的透过率为 20%时，激光阈值为 132 mW，1032 nm 激光的输出功率 600 mW(泵浦入射功率 1.12 W)，斜率效率高达 72%。当输出耦合镜的透过率分别为 5%、3%和 1%时，对应的斜率效

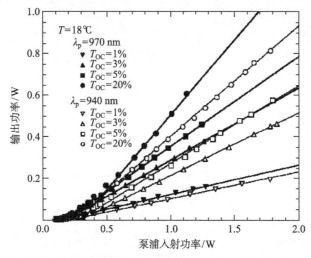

图 3.237　970 nm 和 940 nm 钛宝石激光泵浦下 Yb:Y₃ScAl₄O₁₂ 透明陶瓷连续激光
输出功率与泵浦入射功率的关系

率分别是 43%、35%、14%。输出耦合镜的透过率为 1%时，由于低的自吸收(或最小泵浦强度)而产生 1052 nm 激光振荡。当钛宝石激光波长调至 940 nm，输出耦合镜透过率为 20%时，1032 nm 激光的斜率效率降低至 54%，激光阈值为 154 mW。输出耦合镜的透过率为 5%，3%和 1%时，对应的斜率效率分别是 37%，30%，13%。根据不同输出耦合镜透过率情况下，15 at%Yb:$Y_3ScAl_4O_{12}$ 陶瓷激光谐振腔的往返损耗约为 2.5%[259]。这个结果表明，即使 15 at%Yb:$Y_3ScAl_4O_{12}$ 透明陶瓷的稀土离子掺杂浓度为 3.4 at%Nd:YAG 透明陶瓷的 4.4 倍，Yb:$Y_3ScAl_4O_{12}$ 陶瓷激光的损耗仍低于 Nd:YAG 陶瓷激光。Yb: $Y_3ScAl_4O_{12}$ 中 Yb^{3+} 的分凝系数较高是由于高掺杂浓度抑制了晶界数量所致[260]。

　　Yb:$Y_3ScAl_4O_{12}$ 透明陶瓷的发射截面为 $1.42×10^{-20}cm^2$，在激光波长 1030.8 nm 处的吸收截面为 $0.83×10^{-21}$ cm^2，如表 3.13 所示。使用 1 mm 厚的石英晶体双折射滤光片来进行激光波长调谐实验。在连续激光运转情况下，Yb:$Y_3ScAl_4O_{12}$ 陶瓷激光的调谐范围是 53 nm(波长范围 1012.9~1065.5 nm)，而 Yb:YAG 晶体激光的调谐范围是 43 nm(波长范围 1014.6~1 057.8 nm)。这些光谱特性和调谐实验表明 Yb: $Y_3ScAl_4O_{12}$ 陶瓷激光具有比 Yb:YAG 晶体激光更短的脉冲宽度。

表 3.13　室温下 Yb:$Y_3ScAl_4O_{12}$ 透明陶瓷和 Yb:YAG 晶体的光谱特性

参数/单位	Yb:$Y_3ScAl_4O_{12}$ 陶瓷		Yb:YAG 晶体	
掺杂浓度 C_{yb}/at%	15		25	
泵浦波长 λ_p/nm	942.3	969.3	940.6	968.8
吸收带宽 $\Delta\lambda_p$/nm	22	2.7	18	2.7
泵浦波长处吸收截面 $\sigma_{ab}(\lambda_p)$/cm^2	$7.0×10^{-21}$	$8.8×10^{-21}$	$8.2×10^{-21}$	$8.0×10^{-21}$
泵浦波长处激活离子的最小分数 β_{min}^p	0.82	0.52	0.83	0.53
泵浦饱和强度 I_{sat}^p (kW/cm^2)	27	21	30	30
峰值发射波长 λ_L /nm	1030.8		1030.1	
发射宽带 $\Delta\lambda_L$ /nm	12.5		8.50	
发射截面 $\sigma_{nm}(\lambda_L)$/cm^2	$1.42×10^{-2}$		$2.10×10^{-20}$	
激光波长处吸收截面 $\sigma_{ab}(\lambda_L)$/cm^2	$0.83×10^{-21}$		$1.3×10^{-21}$	
激光波长处激活离子的最小分数 β_{min}^L	0.055		0.058	
最小泵浦强度 I_{min}/(kW/cm^2)	1.59	1.29	1.87	1.95
本征带光寿命 t_0/ms	1.10		0.850	

　　图 3.238 是产生短脉冲 Yb:$Y_3ScAl_4O_{12}$ 陶瓷激光的实验装置示意图[261]。尺寸为 Φ9 mm×1 mm 的 15 at%Yb:$Y_3ScAl_4O_{12}$ 陶瓷片在成布儒斯特角和无冷却情况下使用。970 nm 钛宝石激光通过焦距为 75 mm 的透镜和 M1 镜聚焦到 Yb:$Y_3ScAl_4O_{12}$ 陶瓷内，经过陶瓷微片一趟后，残余的泵光被高反镜反射进入激光增益介质，从而增加了泵光吸收效率。为了评估 Yb:$Y_3ScAl_4O_{12}$ 透明陶瓷的锁模激光性能，设计的 Z 形

谐振腔包括两个曲率半径均为 100 mm 的折叠式反射镜(M1 和 M2)一个商业半导体可饱和吸收镜(SESAM)。设定半导体可饱和吸收镜的中心波长为 1045 nm，调制深度为 0.6%，饱和通量为 70μJ/cm²，弛豫时间为 20ps。为了获得自发锁模激光运转，激光模式用曲率半径为 200 mm 的 M3 镜聚焦在 SESAM 上的束斑直径为 94 μm，形成典型的脉冲通量为吸收体可饱和通量的 12 倍。插入 SF10 棱镜用来产生飞秒脉冲激光。计算所得增益介质内部的束腰为 73.6×40.0 μm²。

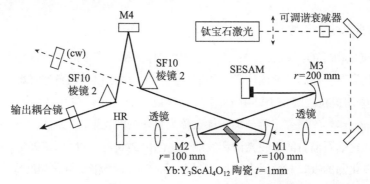

图 3.238　产生短脉冲 Yb:Y₃ScAl₄O₁₂ 陶瓷激光的实验装置示意图

　　当输出耦合镜的透过率为 2.5%时，Yb:Y₃ScAl₄O₁₂ 透明陶瓷的连续和锁模运转下激光输出性能如图 3.239 所示。在连续激光运转下，SESAM 用一个高反平面镜取代，并在有棱镜对和没有棱镜对的条件下测激光输出功率。当入射泵浦功率为 1.1W 时，最大连续激光输出功率为 331 mW，斜率效率为 36.4%。同时，由于 SF10 棱镜对的插入损耗(~7%)和耦合效率降低导致输出功率急剧降至 193 mW，斜率效率仅为 19.4%。因此在脉冲重复频率为 103 MHz 的锁模激光运转下，最大平均输出功率降低至 150 mW，

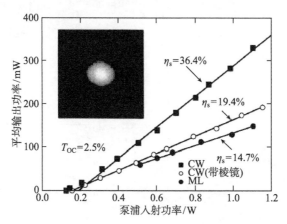

图 3.239　Yb:Y₃ScAl₄O₁₂ 透明陶瓷的连续和锁模运转下激光输出性能
输出耦合镜的透过率为 2.5%

对应的脉冲能量为 1.46 nJ。脉冲激光输出时的光束质量因子为 1.03(切向)×1.02(径向)，如图 3.239 的插图所示。脉冲宽度为 500 fs，在中心波段 1035 nm 处的带宽为 2.7 nm。被动锁模 Yb:$Y_3ScAl_4O_{12}$ 陶瓷激光的最短脉冲为 280fs，在 1035.8 nm 处的平均输出功率为 62 mW。Yb:$Y_3ScAl_4O_{12}$ 激光陶瓷的脉冲宽度比 Yb:YAG 晶体和其他激光陶瓷都要小。所以，这种畸变 Yb:$Y_3ScAl_4O_{12}$ 陶瓷用在高功率飞秒微片激光器上引起了人们的极大兴趣。

2. 倍半氧化物透明陶瓷的激光性能

倍半氧化物(Y_2O_3、Sc_2O_3、Lu_2O_3)适合用来作为稀土离子的基质材料[262]，同时由于其高的热导率，在高功率固体激光领域可成为除 YAG 以外的备选材料。Fornasiero 等[263]首次采用提拉法制备了可用于研究光谱和激光性能的高质量倍半氧化物晶体。随后，Petermann 等[264]研究了稀土离子掺杂倍半氧化物的光谱性能。从 Yb 离子掺杂倍半氧化物和钇铝石榴石的吸收光谱和发射光谱(图 3.240)可以看出，在 980 nm 附近 Yb^{3+} 掺杂倍半氧化物的吸收截面远大于 Yb:YAG，而 Yb^{3+} 掺杂倍半氧化物的峰值发射截面则略小于 Yb:YAG。在 Y_2O_3、Sc_2O_3、Lu_2O_3 和 YAG 中，Yb^{3+} $^2F_{5/2}$ 态的荧光寿命分别为 850 μs、800 μs、820 μs 和 954 μs[265]。由于 Yb^{3+} 掺杂倍半氧化物高的热导率和优良

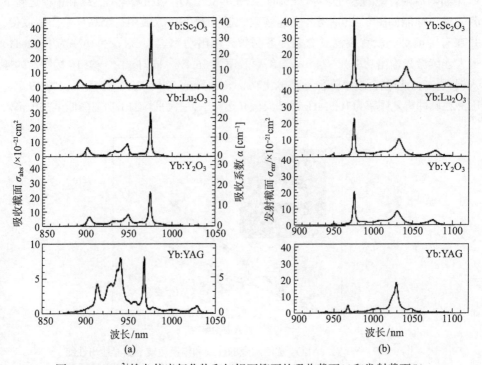

图 3.240　Yb^{3+}掺杂倍半氧化物和钇铝石榴石的吸收截面(a)和发射截面(b)

的光谱特性，所以该体系是一种具有潜力的激光材料。但是，倍半氧化物的熔点很高，用传统的晶体生长技术很难制备出高质量、大尺寸的晶体材料。进入 21 世纪，纳米技术和真空烧结技术迅猛发展，从而使高质量倍半氧化物激光陶瓷的制备变得可行。下面将重点介绍几种典型的倍半氧化物激光陶瓷的光谱和激光性能。

1. Nd:Y$_2$O$_3$ 透明陶瓷

立方结构 Y$_2$O$_3$ 由于其优异的综合性能而在激光材料领域受到广泛的关注。其中一个重要的优点是：Y$_2$O$_3$ 的热导率比 YAG 高，而热膨胀系数则与 YAG 相近[261]，但是 Y$_2$O$_3$ 的熔点高(~2430℃)并在~2280℃ 存在结构相变，所以采用传统的晶体生长技术很难生长出大尺寸、高质量的 Y$_2$O$_3$ 晶体，并且晶体的激光性能也不让人满意。纳米技术和真空烧结技术使制备高质量的 Nd:Y$_2$O$_3$ 透明陶瓷成为可能。Lu 等[266]研究了 $^4F_{3/2} \rightarrow {}^4I_{11/2}$ 通道两个波长的光谱性能和室温连续激光振荡。图 3.241 是 1.5 at%Nd:Y$_2$O$_3$ 透明陶瓷的 $^4I_{9/2} \rightarrow [^4F_{5/2} + {}^2H(2)_{9/2}]$ 吸收光谱。在~820 nm 处的最大吸收系数为~18cm^{-1}，Nd:Y$_2$O$_3$ 透明陶瓷的最强吸收峰与 Nd:YAG 透明陶瓷的最强吸收峰(约为 806.6 nm)有较大的差别[267]。虽然 LD 泵浦光波长受限制，但通过温度仍可调节激光波长，所以 1.5 at%Nd:Y$_2$O$_3$ 透明陶瓷的泵浦光波长仍采用~806.6 nm，该泵浦波长处样品的吸收系数约为 13cm^{-1}。

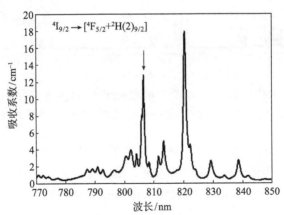

图 3.241　1.5 at%Nd:Y$_2$O$_3$ 透明陶瓷的室温吸收光谱

箭头表示泵浦波长

图 3.242 是 Nd^{3+}在 Y$_2$O$_3$ 和 YAG 透明陶瓷中的室温荧光光谱($^4F_{3/2} \rightarrow {}^4I_{9/2-13/2}$ 通道)。由于 Nd:Y$_2$O$_3$ 和 Nd:YAG 的晶体场(氧配位、超灵敏跃迁等)有本质的不同，所以这两种激光陶瓷材料的荧光分支比有显著的不同。对 Nd:YAG 透明陶瓷而言，$^4F_{3/2} \rightarrow {}^4I_{11/2}$ 跃迁的分支比 $\beta_{J,11/2}$ 是 $^4F_{3/2} \rightarrow {}^4I_{9/2}$ 通道分支的 1.6 倍。但是就 Nd:Y$_2$O$_3$ 透明陶瓷而言，

$^4F_{3/2} \rightarrow {}^4I_{11/2}$ 跃迁的分支比 $\beta_{J,11/2}$ 是 $^4F_{3/2} \rightarrow {}^4I_{9/2}$ 通道分支比的 1.2 倍。Nd:Y₂O₃ 和 Nd:YAG 透明陶瓷的荧光分支比与光谱品质参数 X_{Nd} 之间的关系如图 3.242 的插图所示。根据不同的荧光分支比，Nd:YAG 和 Nd:Y₂O₃ 透明陶瓷的光谱品质参数 X_{Nd} 分别为 0.43± 0.07 和 1.6±0.2。这个结果和从吸收光谱计算所得的数据非常吻合。

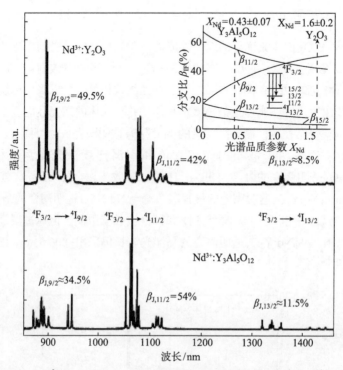

图 3.242　Nd³⁺在 Y₂O₃ 和 YAG 透明陶瓷中的室温荧光光谱($^4F_{3/2} \rightarrow {}^4I_{9/2\text{-}13/2}$)
插图为 Nd:Y₂O₃ 和 Nd:YAG 透明陶瓷的荧光分支比与光谱品质参数 X_{Nd} 之间的关系

图 3.243 是 Nd:Y₂O₃ 陶瓷激光实验装置示意图。最大输出功率为 1W 的 807 nm 激光二极管(50 μm 发射光束波形)作为泵浦源，输入镜是在 1064 nm 高反的平面镜，输出耦合镜是曲率半径为 250 mm、波长为 1064 nm，反射率为 97%的凹透镜。当 LD 的

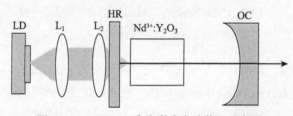

图 3.243　Nd:Y₂O₃ 陶瓷激光实验装置示意图
LD：激光二极管；L₁，L₂：焦距为 8 mm 的透镜；HR：高反镜；OC：输出耦合镜

输出功率为 1W 时，约 742 mW 的泵浦功率被聚焦到 Nd:Y$_2$O$_3$ 透明陶瓷样品的表面。样品的尺寸为 Φ14 mm×2.7 mm，激光谐振腔的长度约为 20 mm。

图 3.244 是没有镀膜的 1.5 at%Nd:Y$_2$O$_3$ 透明陶瓷的激光性能。当泵浦功率增大到 742 mW 时，激光输出功率为 160 mW，激光阈值为 200 mW，斜率效率为 32%。如果 Nd:Y$_2$O$_3$ 透明陶瓷表面镀上增透膜，斜率效率可以高于 40%。插图是 CW 激光输出的谱峰组成，激光振荡的光谱有 1074.6 nm 和 1078.6 nm 两个发射峰。

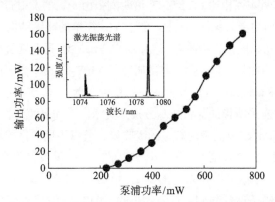

图 3.244　Nd:Y$_2$O$_3$ 透明陶瓷在 ^{4}F$_{3/2}$→^{4}I$_{11/2}$ 通道两个波长的激光性能
插图是 CW 激光输出的谱峰组成

图 3.245 是 Nd:Y$_2$O$_3$ 透明陶瓷中 Nd^{3+} 的 ^{4}F$_{3/2}$ 和 ^{4}I$_{11/2}$ 能级的室温晶体场劈裂示意图。1074.6 nm 和 1078.6 nm 这两个激光波长的荧光强度非常接近，所以即使在激光阈值附近这两个波长也能同时产生激光振荡。激光实验结果表明，Nd:Y$_2$O$_3$ 透明陶瓷是一种性能优良的激光增益介质，可以广泛应用于高功率工业激光系统。

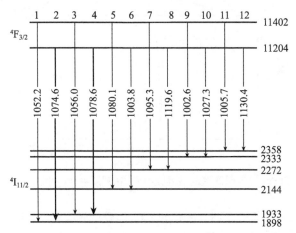

图 3.245　Nd:Y$_2$O$_3$ 透明陶瓷中 Nd^{3+} 的 ^{4}F$_{3/2}$ 和 ^{4}I$_{11/2}$ 能级的室温晶体场劈裂示意图

　　Yang[268]和 Hu[269]等在 Nd: Y_2O_3 透明陶瓷烧结的过程中引入 La_2O_3 作为烧结助剂，结果发现 La_2O_3 的添加不仅降低烧结温度，并且对材料的光谱性能有较大的影响。$Nd^{3+}:Y_{2-2x}La_{2x}O_3$ 透明陶瓷的吸收带宽是 $Nd:Y_2O_3$ 和 Nd:YAG 陶瓷的 4~7 倍，可与 LD 泵浦源有效耦合且无需水冷，有利于实现激光器件的小型化[270]。

　　2. Yb:Y_2O_3 透明陶瓷

　　与 Nd:Y_2O_3 透明陶瓷相比，Yb:Y_2O_3 透明陶瓷由于宽的发射带宽在可调谐或超短脉冲激光上的应用而更受人关注。但是，由于 Yb^{3+} 简单的能级结构使得 Yb: Y_2O_3 透明陶瓷存在上转换发光和激发态吸收等特点，所以 Yb: Y_2O_3 透明陶瓷的激光性能已经被进行了深入研究。2001 年，Lu 等[271]首次研究了 Yb:Y_2O_3 透明陶瓷的光谱特性和激光性能。图 3.246 是 8 at%Yb:Y_2O_3 透明陶瓷的室温吸收光谱($^2F_{7/2} \rightarrow {}^2F_{5/2}$)和荧光光谱($^2F_{5/2} \rightarrow {}^2F_{7/2}$)，其中箭头所指的 λ_{SE} 和 λ_P 分别是受激发射和泵浦波长。Yb:Y_2O_3 透明陶瓷在 0.930~0.955 μm 波长范围内有宽的吸收峰，所以不用严格控制温度就能使其在 0.94 μm 处稳定吸收。Yb:Y_2O_3 透明陶瓷中 Yb^{3+} 的 $^2F_{5/2}$ 态的荧光寿命为(0.82±0.01)ms。从荧光光谱可以看出，激光振荡发射的是 1.030 μm 和 1.077 μm 的光。但是由于准四能级光谱特性和实验条件的限制，自吸收小的 1.077 μm 波段更容易在室温下实现激光振荡。

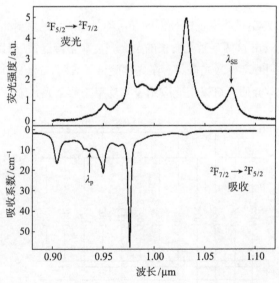

图 3.246　8 at%Yb:Y_2O_3 透明陶瓷的室温吸收光谱($^2F_{7/2} \rightarrow {}^2F_{5/2}$)和荧光光谱($^2F_{5/2} \rightarrow {}^2F_{7/2}$)

　　图 3.247 是激光二极管泵浦 8 at%Yb:Y_2O_3 陶瓷激光装置示意图，透镜 L 的焦距为 8 mm。功率为 3 W 的 940 nm 激光二极管作为泵浦源，光束的尺寸为 1 μm×100 μm。

从 LD 出来的激光由两个焦距为 8 mm 的凸透镜来校准和聚焦。LD 的输出功率为 3 W，经过两个透镜后聚焦在样品表面的激光功率为 2.63 W，聚焦后泵浦光的光斑尺寸为 150 μm×150 μm。Yb:Y$_2$O$_3$ 陶瓷样品的厚度为 2.3 mm，样品的一个端面镀上 1080 nm 的高反膜和 940 nm 的增透膜作为腔镜，样品的另一端面镀上 1030~1080 nm 的增透膜以减小谐振腔的损耗。输出耦合镜是一曲率半径为 50 mm，波长为 1070 nm，反射率为 97% 的凹透镜，整个激光谐振腔的长度约为 35 mm。

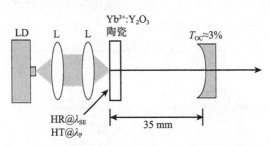

图 3.247　激光二极管泵浦 8 at%Yb:Y$_2$O$_3$ 陶瓷激光装置示意图

　　图 3.248 是室温下激光二极管泵浦 8 at%Yb:Y$_2$O$_3$ 陶瓷激光输入-输出关系曲线。从图中可以看出，当最大输入功率为 2.63 W 时，1.077 μm 激光的输出功率为 0.47 W，激光阈值约为 1.13 W，斜率效率约为 32%，激光光谱的宽度约为 2 nm。由于 Yb:Y$_2$O$_3$ 在 1.030 μm 处有非常强而宽的荧光发射，当泵浦功率高于饱和吸收功率时 1.030 μm 激光也会实现运转。Yb:Y$_2$O$_3$ 陶瓷在 1.030 μm 荧光发射峰的半高宽(15 nm)高于 Yb:YAG 陶瓷的半高宽(10 nm)。由于具有宽的激光光谱，Yb:Y$_2$O$_3$ 陶瓷激光通过锁模技术能够实现超短飞秒激光，并且其脉冲远比 Yb:YAG 陶瓷的短。同时，由于 1.030~1.077 μm 宽的发射峰，Yb:Y$_2$O$_3$ 透明陶瓷还开发出可调谐激光器。

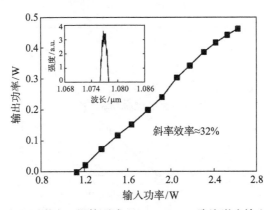

图 3.248　室温下激光二极管泵浦 8 at%Yb:Y$_2$O$_3$ 陶瓷激光输入-输出曲线
插图为激光输出光谱

Kong 等[272]采用激光二极管端面泵浦 8.0 at%Yb:Y$_2$O$_3$ 陶瓷实现了 1078 nm 的连续激光输出，当泵浦功率为 19.5 W 时，输出功率为 4.2 W，对应的斜率效率为 29%，全泵浦功率下的光束质量因子 M^2 为 1.63。图 3.249 是不同输出耦合镜反射率的情况下，Yb:Y$_2$O$_3$ 陶瓷激光输出功率与泵浦功率之间的关系曲线。当输出耦合镜反射率从 98%下降至 90%时，激光阈值从 3.08 W 增大至 10.35 W。输出耦合镜的反射率为 96%时，激光输出功率最高。研究还发现激光阈值波长会随着输出耦合镜的反射率的变化而发生变化。由于 Yb:Y$_2$O$_3$ 陶瓷的自吸收现象，当输出耦合镜反射率从 90%变化至 99.9%时，激光阈值波长大约有 5 nm 的漂移。

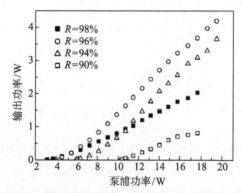

图 3.249　激光输出功率与泵浦功率之间的关系曲线

降低掺杂浓度，Yb:Y$_2$O$_3$ 透明陶瓷同时实现了 1030 nm 和 1075 nm 连续激光输出，1030 nm 和 1075 nm 激光的提取效率分别为 45%和 72%[273]。图 3.250 是 2.0 at% Yb:Y$_2$O$_3$ 陶瓷 1030 nm 激光的输入–输出关系曲线。从图中可以看出，激光输出功率随着泵浦吸收功率呈非线性增加。这种激光现象是由在激光阈值附近存在 1030 nm 激光的自吸收所引起的[274]。

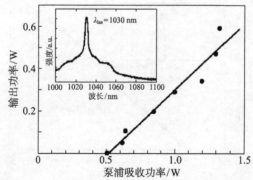

图 3.250　2.0 at% Yb:Y$_2$O$_3$ 陶瓷激光的输入–输出关系曲线

插图为 1030 nm 激光光谱

上面的结果表明，Yb:Y₂O₃ 透明陶瓷良好的光学性能和热性能，使其适合用于高功率激光二极管泵浦的激光系统。此外，Yb:Y₂O₃ 透明陶瓷在 1030 nm 和 1076 nm 处宽的发射带宽，可以实现锁模激光输出。Shirakawa 等[275]首次实现了激光二极管泵浦 Yb:Y₂O₃ 透明陶瓷的飞秒激光输出。通过半导体可饱和吸收镜(SESAM)在 1076.5 nm 处产生 98 MHz，615 fs 脉冲的方法实现被动锁模。Yb:Y₂O₃ 陶瓷激光的平均输出功率为 420 mW（泵浦吸收功率为 2.6 W），脉冲能量为 4.3 nJ。图 3.251 是 LD 泵浦 Yb:Y₂O₃ 陶瓷激光示意图。

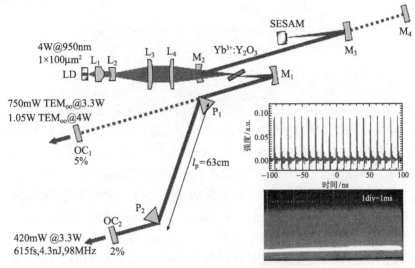

图 3.251　LD 泵浦 Yb:Y₂O₃ 陶瓷激光示意图
虚线表示连续激光运转下光束；右下角为锁模激光脉冲图

Kong 等[276]以 GaAs 衬底同时作为可饱和吸收体和输出耦合镜，用激光二极管端面泵浦方式实现了 Yb:Y₂O₃ 陶瓷的被动调 Q 激光输出。当入射泵浦功率为 17.7 W 时，平均输出功率为 510 mW。脉冲宽度为 50ns，对应脉冲重复频率为 52.6 KHz，最大脉冲能量为 7.7 μJ。随后，Kong 等[277]继续开发了高功率激光二极管泵浦下的 Yb:Y₂O₃ 陶瓷激光。当泵浦功率为 27W 时，1078 nm 连续激光输出功率为 9.2 W，激光阈值为 3.1 W，斜率效率为 41%。通过与 8.0 at%Yb:YAG 晶体的对比研究发现，相同掺杂浓度的 Yb:Y₂O₃ 陶瓷具有更高的激光效率，如图 3.252 所示。

然而大量关于高功率 Nd:YAG 激光的研究表明[278,279]，当泵浦功率增大到数瓦量级时，激光增益介质中的热效应就会变得很明显。由于泵浦光引起热沉积的不均匀，在激光增益介质中形成具有一定相位偏差的热透镜，从而产生衍射损耗。热透镜相位偏差产生的衍射损耗与激光模式的尺寸成正比。因此，结合激光增益介质中的克尔自聚焦效应，与激光模式尺寸相关的衍射损耗会形成类可饱和吸收体并产生锁模激光。

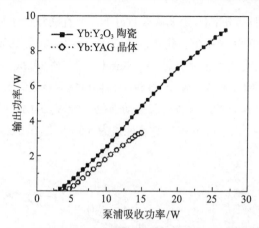

图 3.252　8.0 at%Yb:Y$_2$O$_3$ 透明陶瓷和 8.0 at%Yb:YAG 晶体的激光性能

　　Yb:Y$_2$O$_3$ 透明陶瓷是一种性能优异的激光材料,有学者认为在该体系中引入 La$_2$O$_3$ 不仅能有效降低烧结温度,同时 La^{3+} 取代 Y^{3+} 也会引起晶格畸变和晶场弱化,削弱 Yb^{3+} 和 O^{2-} 之间的结合力并延长 Yb^{3+} 的荧光寿命,从而有利于改善高功率激光运转情况下的能量存储。Yang 等[280]在较低的烧结温度下成功制备了高质量的 Yb:(Y$_{1-x}$La$_x$)$_2$O$_3$ 透明陶瓷,并研究了其光谱性能。图 3.253 是 Yb:(Y$_{1-x}$La$_x$)$_2$O$_3$ 透明陶瓷的吸收和发射光谱。从图中可以看出,主吸收峰分别位于 940 nm 和 970 nm,适合用 InGaAs 半导体激光器进行泵浦。Yb:(Y$_{1-x}$La$_x$)$_2$O$_3$ 透明陶瓷位于 1032 nm 和 1075 nm 处的发射截面和荧光寿命均比 Yb:Y$_2$O$_3$ 大。这些光谱特性有利于 Yb:(Y$_{1-x}$La$_x$)$_2$O$_3$ 透明陶瓷实现高效、高功率激光输出。

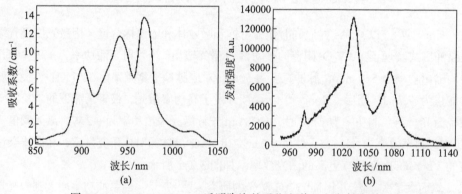

图 3.253　Y$_{0.8}$La$_{0.1}$Yb$_{0.12}$O$_3$ 透明陶瓷的吸收光谱(a)和发射光谱(b)

　　Hao 等[281]报道了 LD 泵浦 Yb:Y$_{1.8}$La$_{0.2}$O$_3$ 透明陶瓷的 CW 可调谐激光运转。图 3.254 是 LD 泵浦 Yb:Y$_{1.8}$La$_{0.2}$O$_3$ 陶瓷激光试验装置示意图。双端面抛光、尺寸为 3 mm× 3 mm×1.5 mm 的 Yb:Y$_{1.8}$La$_{0.2}$O$_3$ 透明陶瓷在表面不镀增透膜的情况下缠绕铟箔并固定

在水冷铜座上以消除热载荷。激光试验采用稳定的三镜腔，其中平面镜 M_1 镀 940~976 nm 的增透膜和 1020~1120 nm 的高反膜；凹透镜 M_2 的曲率半径为 300 mm，镀 1020~1120 nm 的高反膜；输出耦合镜 OC 在 1020~1120 nm 处的透过率为 2.5%。

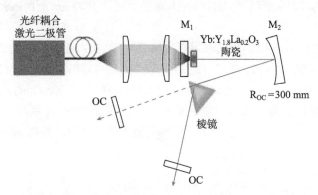

图 3.254　LD 泵浦 Yb:$Y_{1.8}La_{0.2}O_3$ 陶瓷激光试验装置示意图

陶瓷激光用腔内石英棱镜或三镜腔调谐

Yb:$Y_{1.8}La_{0.2}O_3$ 陶瓷的吸收波长与商用 940 nm 和 980 nm 激光二极管匹配性好。在 940 nm LD 泵浦下，获得了 1018~1086 nm 可调谐连续激光运转。激光运转的波长为 1076.5 nm，靠近 Yb:$Y_{1.8}La_{0.2}O_3$ 透明陶瓷的主荧光发射波长为 1078 nm。当泵浦吸收功率为 5.7 W(泵浦入射功率 11 W)时，最大输出功率为 1.5 W，激光阈值为 480m W，斜率效率为 30%(图 3.255(a))。当泵浦源为纤芯直径为 400 μm 的 980 nm LD 时，最大输出功率为 2.0 W(泵浦吸收功率为 19.5 W)，激光阈值为 2.9 W，斜率效率仅为 13%(图 3.255(b))。为了进一步提高斜率效率，采用纤芯直径为 50 μm 的 980 nm 高亮度 LD

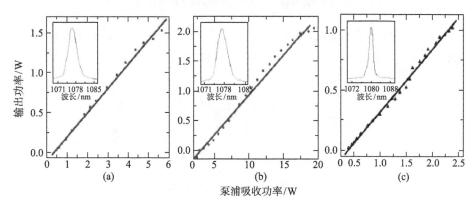

图 3.255　Yb:$Y_{1.8}La_{0.2}O_3$ 陶瓷激光输出功率曲线

(a) 940 nm 高功率 LD 泵浦；(b) 纤芯直径为 400 μm 的 980 nm LD 泵浦；

(c) 纤芯直径为 50 μm 的 980 nm LD 泵浦(插图为对应的激光输出光谱)

作为泵浦源，1080 nm 处的泵浦阈值降低至 400 mW，最大输出功率为 1.0 W(泵浦吸收功率为 2.4 W)，对应的斜率效率高达 52%(图 3.255(c))。尽管 Yb:Y$_{1.8}$La$_{0.2}$O$_3$ 透明陶瓷在 1030 nm 处的发射截面远大于 1070 nm 处的发射截面，但是由于 Yb^{3+}在 1030 nm 处存在很强的自吸收，所以 Yb:Y$_{1.8}$La$_{0.2}$O$_3$ 陶瓷实现了 1078 nm 处的激光振荡，而并非在 1030 nm 处。

在稳定三镜腔中插入石英棱镜，可以实现可调谐 Yb:Y$_{1.8}$La$_{0.2}$O$_3$ 陶瓷激光(图 3.256)。当 940 nm 高功率 LD 泵浦时，Yb:Y$_{1.8}$La$_{0.2}$O$_3$ 陶瓷激光的可调谐波长范围为 1018~1086 nm；当 980 nm 高功率 LD 泵浦时，可调谐激光波长范围为 1031~1083 nm。由于 980 nm LD 泵浦时自吸收损耗更高，所以可调谐激光波长范围比 940 nm 泵浦时的窄。在纤芯直径为 400 μm 的 980 nm LD 泵浦下，可调谐激光的谱峰宽度高达 30 nm。

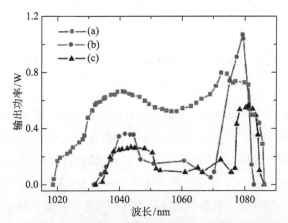

图 3.256　Yb:Y$_{1.8}$La$_{0.2}$O$_3$ 陶瓷激光可调谐曲线

(a) 940 nm 高功率 LD 泵浦；(b) 纤芯直径为 400 μm 的 980 nm LD 泵浦；

(c) 纤芯直径为 50 μm 的 980 nm LD 泵浦

采用上述 Yb:Y$_{1.8}$La$_{0.2}$O$_3$ 透明陶瓷片，Li 等[282]首次实现了 LD 泵浦被动锁模激光输出，脉冲宽度为 174ps，平均功率为 162 mW。图 3.257 是 LD 泵浦被动锁模 Yb:Y$_{1.8}$La$_{0.2}$O$_3$

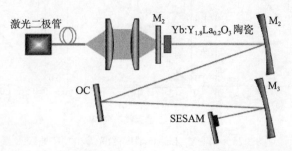

图 3.257　LD 泵浦被动锁模 Yb:Y$_{1.8}$La$_{0.2}$O$_3$ 陶瓷激光装置示意图

M$_1$、M$_2$、M$_3$: 腔镜；OC: 输出耦合镜

陶瓷激光装置示意图。激光试验采用的是 Z 形共振腔，谐振腔包括一个半导体可饱和吸收镜(SESAM)、一个输入平面镜 M₁(974 nm 处高透；1020~1120 nm 宽波段范围内高反)、两个在 1020~1120 nm 宽波段范围内高反的折叠凹透镜 M_2 ($R = 500$ mm 和 $R_{OC} = 200$ mm)以及输出耦合平面镜 OC(透过率为 2.5%)。M₁ 和 M₂ 之间的距离约为 251 mm，M₂ 和 OC 之间的距离为 448 mm，OC 与 SESAM 之间的距离为 939 mm。

3. Er:Y₂O₃ 透明陶瓷

掺 Er 激光材料由于其在低损耗光通信、人眼安全自由空间激光和遥感等方面的重要应用而引起了人们的极大兴趣。与传统的 YAG 基质相比，倍半氧化物(如 Y₂O₃、Lu₂O₃ 和 Sc₂O₃ 等)具有更好的热导率[283]。激光材料高的热导率对高功率激光器中热量的有效散除极其有利，Er³⁺掺杂倍半氧化物在人眼安全激光方面的应用引起关注，一方面是由于倍半氧化物在热导率上比传统的 YAG 有优势，另一方面是现代工艺技术使得激光级质量倍半氧化物透明陶瓷的制备成为可能[272]。在倍半氧化物中，Y₂O₃ 的热导率仅低于 Sc₂O₃。在大功率激光运转的情况下，Er:Y₂O₃ 透明陶瓷的高热导率能够确保光束质量，而这一点对遥感等大功率激光应用极其关键。大功率 Er:Y₂O₃ 陶瓷激光及其液氮冷却条件下的激光运转非常具有实用价值。美国陆军研究实验室[284]采用共振泵浦方式抽运 Er:Y₂O₃ 透明陶瓷，获得了高效 1.6 μm 连续激光输出，输出功率为 9.3 W，斜率效率高达 64.6%。该波段的激光处于大气中 CO₂ 的吸收峰边缘，可以用作 CO₂ 遥感的光源探头。图 3.258 是液氮冷却条件下共振泵浦 Er:Y₂O₃ 陶瓷激光实验装置图。激光实验的样品采用日本神岛化学公司提供的尺寸为 20.7 mm×2.0 mm× 5.0 mm 的 Er:Y₂O₃ 透明陶瓷。2.0 mm × 5.0 mm 双端面镀 1500~1700 nm 高透膜的样品固定在液氮杜瓦瓶并放置在长度为 90 mm 的激光谐振腔中，谐振腔由平−凹分光镜和平−凹输

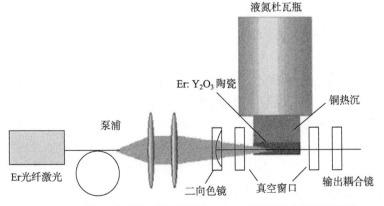

图 3.258　液氮冷却条件下共振泵浦 Er:Y₂O₃ 陶瓷激光实验装置图

出耦合镜组成。分光镜的光谱特性是对 1535.7 nm 泵光高透, 而对激光波长 1599.5 nm 高反, 同时抑制不需要的 1566 nm 和 1575 nm 激光。谱峰宽度约为 0.3 nm 的连续光纤激光器作为泵浦源有利于泵光被 Er:Y$_2$O$_3$ 陶瓷完全吸收。

图 3.259 是液氮冷却条件下, 共振泵浦 0.5 at%Er:Y$_2$O$_3$ 陶瓷的连续激光性能, 输出耦合镜的透过率分别为 95%、90% 和 85%。当输出耦合镜的透过率为 85% 时, 相对于入射泵浦功率的效率最高, 约为 65%。对于液氮冷却条件下掺铒激光运转而言, 这个斜率效率值仍偏低。这是由于神岛化学公司提供的 Er:Y$_2$O$_3$ 透明陶瓷中仍存在大量的残余气孔, 用 He-Ne 激光照射陶瓷样品可以发现明显的散射光路。

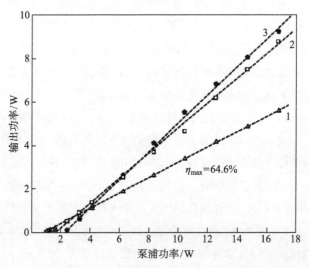

图 3.259   液氮冷却条件下共振泵浦 0.5 at%Er:Y$_2$O$_3$ 陶瓷的连续激光性能
输出耦合镜的透过率①R = 95%; ②R = 90%; ③R = 85%

4. Ho:Y$_2$O$_3$ 透明陶瓷

由于 Y$_2$O$_3$ 的熔点很高, 传统的晶体生长技术很难制备出大尺寸、高质量的 Ho:Y$_2$O$_3$ 晶体, 所以关于 Ho:Y$_2$O$_3$ 晶体光谱性能的报道都很少[285]。随着现代激光陶瓷制备技术的发展, 高质量 Ho:Y$_2$O$_3$ 透明陶瓷的可控制备已成为现实。Newburgh 等[286]研究了 Ho:Y$_2$O$_3$ 透明陶瓷的光谱与激光性能。Ho:Y$_2$O$_3$ 陶瓷的 $^5I_8 \rightarrow ^5I_7$ 吸收截面光谱如图 3.260 所示。根据有效掺杂离子浓度测得 Ho:Y$_2$O$_3$ 陶瓷的吸收系数, 然后计算得到发射截面。在 1930~1944 nm 波长范围内有一组吸收峰, 在 1930.5 nm 处的最大吸收截面高达 4.75×10^{-20}cm^2, 吸收峰的半高宽为 1.0 nm。从图中可以看出, 泵浦激光发射谱几乎覆盖了 Ho:Y$_2$O$_3$ 陶瓷在 1935 nm 附近的 4 个主要吸收峰。

图 3.261 是 77K 下 Ho:Y$_2$O$_3$ 陶瓷的 $^5I_7 \rightarrow ^5I_8$ 受激发射截面光谱图。从图中可以看

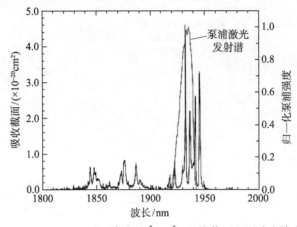

图 3.260　77K 下 Ho:Y₂O₃ 陶瓷的 $^5I_8 \rightarrow {}^5I_7$ 吸收截面和泵浦光输出光谱

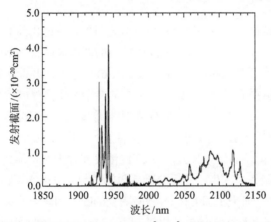

图 3.261　77K 下 Ho:Y₂O₃ 陶瓷的 $^5I_7 \rightarrow {}^5I_8$ 受激发射截面光谱图

出，在没有基态吸收的波段存在两个发射强度相当的两个峰：2087 nm 和 2119 nm，这两个发射波长处的受激发射截面为 $1.0 \times 10^{-20} cm^2$。

图 3.262 是 77K 下共振泵浦 3 at%Ho:Y₂O₃ 陶瓷的激光性能。当输出耦合镜的透过率为 10%时，Ho:Y₂O₃ 透明陶瓷具有最好的激光性能，实现了~2.12 μm 波段的 2.5 W 连续激光输出，相对于泵浦吸收功率的斜率效率约为 35%，激光光束质量因子 M^2 约为 1.1。激光实验中，基于泵浦波长和发射波长的量子亏损约为 90%。由于 Ho:Y₂O₃ 透明陶瓷的光学散射损耗大大降低了其激光性能，所以通过改进材料的光学质量，有望获得更高的斜率效率。

5. Nd:Sc₂O₃ 透明陶瓷

倍半氧化物 $Ln_2O_3(Ln = Y^{3+}，Lu^{3+}，Sc^{3+})$ 具有优异的性能，特别是高的热导率和

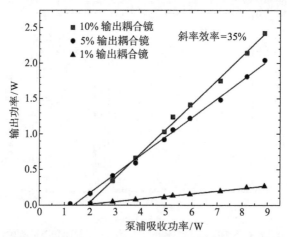

图 3.262   77K 下共振泵浦 Ho:Y$_2$O$_3$ 陶瓷的激光性能

高的稀土离子可掺杂性，是一种性能优良的激光材料。在这几种倍半氧化物中，Sc$_2$O$_3$的晶胞参数最小(0.986 nm)，阳离子格位可掺杂的浓度高(3.343×10^{22}cm^{-3})。立方结构倍半氧化物提供两种可取代的格位：C_2 和 C_{3i}(S6)，整体的比例为 3:1，每一个格位的氧配位均为 6。Sc$_2$O$_3$ 激光晶体中，研究得最多的掺杂离子是 Yb^{3+}[263,287,288]。但是 Sc$_2$O$_3$的熔点高达 2430℃，从熔液中生长 Sc$_2$O$_3$ 晶体的难度大，并且生长的晶体尺寸小、光学质量差。由于 Nd^{3+} 和 Sc^{3+} 的原子半径匹配性差，Nd^{3+} 在 Sc$_2$O$_3$ 熔体中的分凝系数仅为 0.03，所以在 Sc$_2$O$_3$ 晶体生长方向 Nd^{3+}的浓度差异大，可能掺杂的最高浓度仅为 0.2 at%。但是陶瓷制备技术由于不受分凝系数的限制，可以实现比 Sc$_2$O$_3$ 晶体更高的掺杂浓度。Lupei 等[289]研究了 Nd:Sc$_2$O$_3$ 透明陶瓷的吸收和发射光谱，结果表明其线型、吸收峰位置、相对强度和线宽与单晶相似。由于 Nd:Sc$_2$O$_3$ 透明陶瓷能够实现较高浓度的掺杂，所以可能是一种比 Nd:Sc$_2$O$_3$ 晶体性能优异的激光材料。

6. Yb:Sc$_2$O$_3$ 透明陶瓷

Yb 掺杂倍半氧化物具有优异的热导率，^{2}F$_{5/2}$→^{2}F$_{7/2}$ 荧光发射峰宽适中，是一种综合性能优良的激光材料。在 Y$_2$O$_3$、Sc$_2$O$_3$ 和 Lu$_2$O$_3$ 等倍半氧化物中，Sc$_2$O$_3$ 的热导率最高(16.5 W/mK)，在 Yb^{3+}掺杂浓度不高的情况下，这个热导率已足够高[290]。图 3.263 是 Yb:Sc$_2$O$_3$ 透明陶瓷的吸收和发射光谱(F$_{7/2}$–F$_{5/2}$)，其中箭头表示实验中的泵浦与激光波长。1041 nm 和 1094 nm 荧光发射峰的半高宽分别为 11.5 nm 和 17 nm。虽然 Yb:Sc$_2$O$_3$透明陶瓷在 1041 nm 附近有一个微弱的吸收峰，但这个体系在所有 Yb^{3+}掺杂倍半氧化物材料中的自吸收最低。同时，Yb:Sc$_2$O$_3$ 具有高的非线性折射率((5.32±1.33)×10^{-13} esu)。因此克尔透镜效应和自调制相位效应在 Yb:Sc$_2$O$_3$ 透明陶瓷中被强化，导致发射谱峰被展宽。

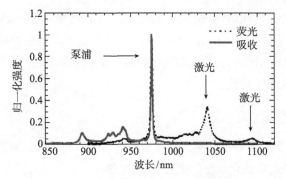

图 3.263　Yb:Sc$_2$O$_3$ 透明陶瓷的吸收和发射光谱(F$_{7/2}$–F$_{5/2}$)

箭头表示实验中的泵浦与激光波长

　　Tokurakawa 等[291]首次报道了克尔透镜锁模 Yb:Sc$_2$O$_3$ 陶瓷激光。图 3.264 是锁模 Yb:Sc$_2$O$_3$ 陶瓷激光装置示意图。激光谐振腔采用折光式像散光学共振腔，增益介质 2.5 at%Yb:Sc$_2$O$_3$ 透明陶瓷的厚度为 3 mm。激光陶瓷摆放成布儒斯特角并固定在无水冷的铜座上。发射面积为 1 μm×100 μm，泵浦源为最大输出功率为 4.5 W 的 976 nm 激光二极管。泵浦光束通过 4 个透镜聚焦到样品表面，最大泵浦入射功率约为 3.89 W。

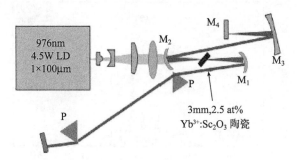

图 3.264　锁模 Yb:Sc$_2$O$_3$ 陶瓷激光装置示意图

　　激光二极管泵浦克尔透镜锁模 Yb:Sc$_2$O$_3$ 陶瓷激光性能如图 3.265 所示。当泵浦入

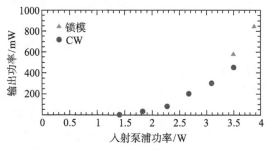

图 3.265　克尔透镜锁模 Yb:Sc$_2$O$_3$ 陶瓷激光和 1042 nm 连续激光输出功率与入射功率的关系

射功率为 3.89 W 时，获得中心波长为 1042 nm，平均功率为 850 mW 的 92 fs 脉冲激光输出，光–光转化效率为 21.9%。在 1092 nm 波长处，获得平均功率为 160 mW 的 90 fs 脉冲激光输出。Yb:Sc$_2$O$_3$ 透明陶瓷高的热导率和断裂韧性，使其在高功率飞秒激光器上有着广阔的应用前景。

7. Er:Sc$_2$O$_3$ 透明陶瓷

Er^{3+} 掺杂倍半氧化物在高功率人眼安全激光领域引起了人们的极大兴趣。这不仅是因为广泛研究的倍半氧化物比传统的 YAG 在热导率上有优势[290]，同时也是由于现代陶瓷技术使制备激光级光学质量的倍半氧化物透明陶瓷成为可能[272]。Er:Sc$_2$O$_3$ 在所有倍半体系中具有最高的热导率，该体系是一种性能优异的激光材料。Ter-Gabrielyan 等[292]首次报道了共振泵浦超低量子亏损(仅为 1.5%)、人眼安全 Er:Sc$_2$O$_3$ 陶瓷激光。

图 3.266 是 Er:Sc$_2$O$_3$ 透明陶瓷在液氮温度(77 K)下的吸收光谱和发射光谱。泵浦波长 1535 nm 和激光波长 1558 nm、1581 nm 和 1605 nm 已在图上用箭头标注。本实验中采用具有最大吸收截面的 1535 nm 作为泵浦波长，目的是为了实现超低量子亏损 1558 nm 激光。

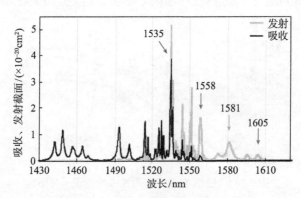

图 3.266　液氮温度下 Er:Sc$_2$O$_3$ 透明陶瓷的吸收光谱和发射光谱

图 3.267 是 Er:Sc$_2$O$_3$ 陶瓷中 Er^{3+} 的 $^4I_{15/2}$ 和 $^4I_{13/2}$ 能级结构示意图。发射激光跃迁的谱线与图 3.266 的吸收光谱和发射光谱相对应。即使在液氮冷却的情况下，终端能级仍有约 8.3% 的粒子数，这意味着 Er:Sc$_2$O$_3$ 陶瓷激光是个近三能级激光系统，需要基态饱和吸收漂白才能获得高效激光运转。

Er:Sc$_2$O$_3$ 陶瓷激光的实验装置如图 3.268 所示。激光实验使用的 Er:Sc$_2$O$_3$ 透明陶瓷的尺寸为 9 mm×2 mm×5 mm。样品固定在具有增透膜窗口的液氮杜瓦瓶底部，谐振腔的长度为 83 mm。激光谐振腔有平–平体布拉格光栅(输入镜)和平凹输出耦合镜组成。实验中使用的平体布拉格光栅(VBG)在 1535 nm 的透过率约为 98%，在 1558 nm

处的反射率为 99%。1535 nm Er 光纤激光通过焦距为 200 mm 的透镜聚焦到 Er:Sc$_2$O$_3$
透明陶瓷中。

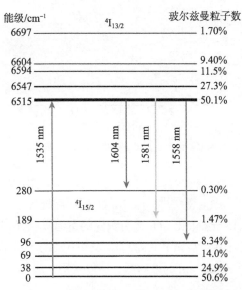

图 3.267　Er:Sc$_2$O$_3$ 陶瓷中 Er^{3+} 的 ^{4}I$_{15/2}$ 和 ^{4}I$_{13/2}$ 能级结构示意图

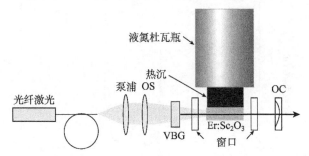

图 3.268　液氮冷却、超低量子亏损 Er:Sc$_2$O$_3$ 陶瓷激光装置示意图

图 3.269 是液氮冷却条件下，0.25 at%Er:Sc$_2$O$_3$ 透明陶瓷的激光性能。1558 nm 连
续激光输出功率为 3.3 W，对应的斜率效率为 45.2%。高热导率的 Er:Sc$_2$O$_3$ 透明陶瓷
能够实现的近衍射极限、超低量子亏损的 1558 nm 激光，该波段激光在大功率人眼安
全固体激光器上具有应用前景。

8. Nd:Lu$_2$O$_3$ 透明陶瓷

与 Y$_2$O$_3$ 类似，Lu$_2$O$_3$ 的熔点高达 2490℃，所以用传统的晶体生长方法制备 Lu$_2$O$_3$
晶体的难度非常大。采用熔融技术制备 Lu$_2$O$_3$ 晶体，无论在尺寸还是光学质量上均不

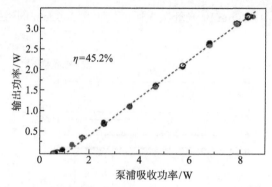

图 3.269   超低量子亏损 0.25 at%Er:Sc$_2$O$_3$ 陶瓷激光性能

能满足激光实验的要求。纳米粉体合成技术和真空烧结技术使高质量 Nd:Lu$_2$O$_3$ 透明陶瓷的制备成为现实[293,294]。Lu 等[295]对 Nd:Lu$_2$O$_3$ 透明陶瓷的光谱性能和激光性能进行了研究。图 3.270 是 0.15 at%Nd:Lu$_2$O$_3$ 透明陶瓷的室温吸收光谱。$^4F_{3/2} \rightarrow {}^4F_{5/2} + {}^2H(2)_{9/2}$ 跃迁的主要吸收波长位于 0.807 μm 和 0.822 μm，其中 0.822 μm 处的吸收系数比 0.807 μm 处的高 60%。由于缺少 0.822 μm 的泵浦源，所以采用 0.807 μm 的泵浦光来获得激光振荡。

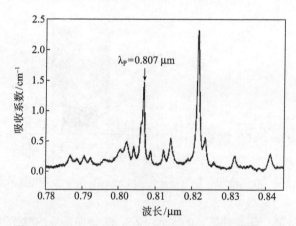

图 3.270   0.15 at%Nd:Lu$_2$O$_3$ 透明陶瓷的室温吸收光谱

图 3.271 是 0.15 at%Nd:Y$_2$O$_3$ 和 0.15 at%Nd:Lu$_2$O$_3$ 透明陶瓷的室温荧光光谱。这两种激光陶瓷都可能在两个波长下发生激光振荡，由于不同的晶体场劈裂，与 Nd:Y$_2$O$_3$ 相比，Nd:Lu$_2$O$_3$ 的激光发射峰约有 1.5 nm 左右的红移发生。因为 Nd:Lu$_2$O$_3$ 透明陶瓷的 1.0759 μm 和 1.080 μm 荧光发射强度几乎相等，所以这两个波长可以同时实现激光振荡。

图 3.272 是 0.15 at%Nd:Lu$_2$O$_3$ 陶瓷激光输入-输出关系曲线，其中插图为激光发

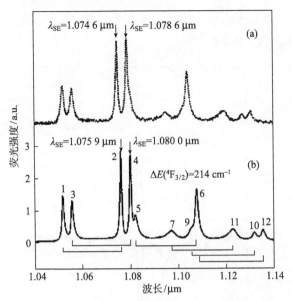

图 3.271　0.15 at%Nd:Y$_2$O$_3$ 和 0.15 at%Nd:Lu$_2$O$_3$ 透明陶瓷的室温荧光光谱

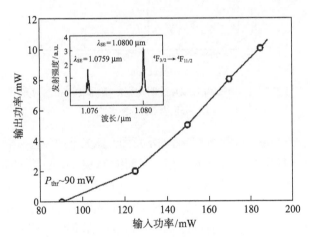

图 3.272　0.15 at%Nd:Lu$_2$O$_3$ 陶瓷激光输入-输出关系曲线

插图为激光发射谱

射谱。从图中可以看出，当最大泵浦功率为 185 mW 时，激光输出功率为 10 mW，1.0759 μm 和 1.080 μm 两个波长处同时实现了激光振荡。

9. Yb:Lu$_2$O$_3$ 透明陶瓷

在 Yb^{3+} 掺杂倍半氧化物体系中，Yb:Lu$_2$O$_3$ 的热导率最高，这一点对高功率固体激光运转非常重要。Takaichi 等[296]首次实现了 Yb:Lu$_2$O$_3$ 透明陶瓷的连续激光输出。

图 3.273 是 1.0 at%Yb:Lu$_2$O$_3$ 透明陶瓷的室温吸收和发射光谱。^{2}F$_{5/2}$ 能级的荧光寿命约
为 10.02ms，与单晶的寿命相似[297]。

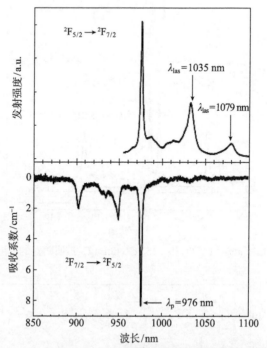

图 3.273   1.0 at%Yb:Lu$_2$O$_3$ 透明陶瓷的室温吸收和发射光谱
λ_p 和 λ_{las} 分别为泵浦和激光波长

图 3.274 是 Yb:Lu$_2$O$_3$ 陶瓷激光装置的示意图。激光谐振腔包括平面镜 M 和输出
耦合镜 OC (曲率半径为 100 mm 的凹透镜)，平面镜 M 镀 976 nm 增透膜和 1030 nm 高
反膜，整个激光谐振腔的长度为 90 mm。厚度为 1 mm 的未镀膜 Yb:Lu$_2$O$_3$ 陶瓷片作为
激光增益介质。一个最大输出功率为 5 W 的 976 nm 光纤耦合激光二极管作为泵浦源。
泵浦光束通过两个焦距分别为 80 mm 和 100 mm 的凸透镜聚焦到激光陶瓷片上。

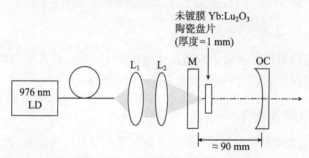

图 3.274   Yb:Lu$_2$O$_3$ 陶瓷激光装置示意图

通过使用不同的输出耦合镜，获得了对应于 $Yb^{3+2}F_{2/5} \rightarrow {}^2F_{2/5}$ 跃迁的 1035 nm 和 1079 nm 激光。当输出耦合镜在 1030 nm 处的透过率为 10%时，获得最大输出功率为 0.7 W 的 1035 nm 连续激光，对应的斜率效率为 36%，如图 3.275(a)所示。当输出耦合镜在 1030 nm 处的透过率为 3%时，获得最大输出功率为 0.95 W 的 1079 nm 连续激光，对应的斜率效率为 53%，如图 3.275(b)所示。

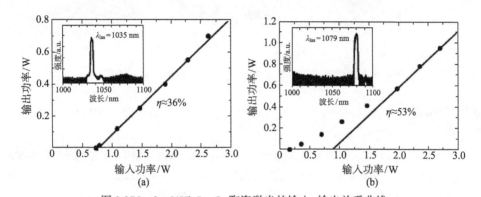

图 3.275　3 at%Yb:Lu$_2$O$_3$ 陶瓷激光的输入–输出关系曲线

(a) 1035 nm 激光，输出耦合镜透过率 $T = 10\%$；(b) 1079 nm 激光，输出耦合镜透过率 $T = 3\%$

上面的结果表明，高质量的 Yb:Lu$_2$O$_3$ 透明陶瓷在高效率、高功率 LD 泵浦固体激光器上具有广阔的应用前景。Tokurakawa 等[298]使用半导体可饱和吸收镜(SESAM)实现了半导体泵浦被动锁模 Yb:Lu$_2$O$_3$ 陶瓷激光输出。图 3.276 是 LD 泵浦锁模 Yb:Lu$_2$O$_3$ 陶瓷激光装置示意图。激光实验采用 Z 形腔，泵浦源为最大输出功率为 5 W，输出波长为 976 nm 的宽发射区 LD(发射面积为 1 μm×100 μm)。泵浦源用水冷却(约为 18℃)，目的是为了使其中心发射波长与材料吸收波长相匹配。泵浦光通过四个光束整形透镜和一个折叠腔镜聚焦至厚度为 1 mm 的 3 at%Yb:Lu$_2$O$_3$ 透明陶瓷中，最大的泵浦功率为 4.2 W。Yb:Lu$_2$O$_3$ 透明陶瓷按布儒斯特角固定在水冷铜座上，并摆放在两个曲率半径均为 100 mm 的折叠式反射镜中间。折叠式反射镜镀 980 nm 以下波段的增透膜和 1020 nm 以上波段的高反膜。Z 型折叠角度约为 9°，可以补偿部分散光。无论是在连续激光还是在锁模激光运转情况下，Yb:Lu$_2$O$_3$ 陶瓷中的激光束腰直径为 45 μm×84 μm。当连续激光运转时，输出耦合镜 OC$_1$ 的透过率为 5%，尾镜镀高反膜；当被动锁模激光运转时，采用的是另一个透过率为 5%的输出耦合镜 OC$_2$ 和一个半导体可饱和吸收镜(SESAM)，整个激光谐振腔的长度为 150cm。为了避免背面的反射，OC$_2$ 需要有 30 分的契形。SESAM 在 1045 nm 附近的饱和吸收为 2%，饱和通量为 30 μJ/cm^2，载流子寿命为 10 ps。激光束通过折叠角为 2°的凹透镜 M$_3$ (曲率半径为 400 mm)聚焦到 SESAM 上。在 SESAM 上的聚焦光斑直径约为 183 μm×180 μm，使用布儒斯特棱镜对

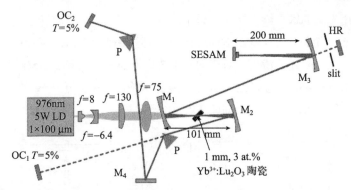

图 3.276　LD 泵浦锁模 Yb:Lu$_2$O$_3$ 陶瓷激光装置示意图

SF10 和啁啾镜 M$_4$ 来补偿色散。整个激光谐振腔的负群速色散(GDD)为-2800fs^2/往返行程。

　　图 3.277 是 Yb:Lu$_2$O$_3$ 陶瓷激光输出功率与泵浦功率的关系曲线。在多模式连续激光运转情况下，选择性的在 1078 nm 发生激光振荡。当最大泵浦功率为 4.2 W(吸收功率 3 W)时，多模激光最大输出功率为 2 W。激光系统中用狭缝作为选模元件，获得 TEM$_{00}$ 模激光的最大输出功率为 1.2 W。由于散光补偿不完全，光束的模式略成椭圆形。同时，狭缝的插入损耗导致激光阈值增大，TEM$_{00}$ 模激光波长从 1034.5 nm 移到 1078 nm。在泵浦功率较低的情况下，泵浦光波长比 976 nm 吸收峰波长短，所以泵浦光的吸收效率低下，整个输入–输出曲线呈现非线性(图 3.277)。在 TEM$_{00}$ 模激光运转下，光–光转化效率约为 28%。泵浦光的最大吸收效率为 60%~70%，本实验中泵光模场面积和激光模场面积之间的模式匹配因子约为 50%。可以预见，通过增大泵浦光谱

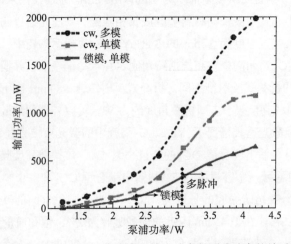

图 3.277　Yb:Lu$_2$O$_3$ 陶瓷激光输出功率与泵浦功率的关系

●代表多模 1078 nm 连续激光运转；■代表 TEM$_{00}$ 模式 1034.5 nm 激光运转；▲代表 1033.5 nm 锁模激光运转

峰宽度和模式匹配因子，可提高激光效率 2 倍左右。

在锁模激光运转情况下，插入的 SF10 棱镜对、半导体可饱和吸收镜(SESAM)和啁啾镜导致的插入损耗使激光波长从 1033.5 nm 移到 1078 nm 处，连续锁模激光的重复频率为 97MHz。由于 SESAM 的可饱和吸收，当泵浦功率增大到 2.35 W 时，输出功率从 130 m W 下降到 120 m W。当泵浦功率为 3.05 W(吸收功率为 1.1 W)、输出功率为 352 mW 时获得的激光脉冲最短，相对于泵浦吸收功率的效率为 32%

3.2.5　复合结构透明陶瓷的激光性能

陶瓷制备工艺为激光陶瓷的组分与结构设计提供了便利。通过设计，不同组分、不同功能的材料结合在一起，为激光系统设计提供了更大的自由度。在激光晶体中引入复合结构主要是为了提高激光性能，而晶体中的复合技术主要是把具有相同晶体结构、不同组分的单晶通过抛光和扩散焊接结合在一起，这种"焊接"技术形成的结合界面比较弱。陶瓷的直接成型复合结构的工艺不需要高精细抛光和扩散焊接，制备时间也短[205]。表 3.14 是不同构型的复合结构 Nd:YAG 陶瓷及其特性。通过现代工艺技术制备的复合结构陶瓷激光可以实现光束模式的控制、光束图形的控制、增加调 Q 等功能特性以及实现激光器件的微型化。

表 3.14　不同构型的复合结构 Nd:YAG 陶瓷及其特性

	YAG YAG Nd:YAG (层状结构)	(柱状结构纤芯)	(波导)	fiber (光纤)	(浓度梯度掺杂)
高功率，高效率	◎	◎	◎	◎	◎
高光束质量，低热透镜效应低热致双折射	◎	◎	◎	◎	◎
光束模式控制	—	○ 必须减小核心的尺寸	○ 必须减小核心的尺寸	◎	—
光束图形控制	—	—	—	—	◎
多功能化 (例如，与调 Q 有关的激光元件)	◎	○	○	○	○
激光振荡器件的微型化	○	○	○	◎	○

◎：优异　○：良好　—：一般

1. 复合结构 Nd:YAG 透明陶瓷

陶瓷制备工艺容易实现多层和多功能复合结构的特点，为激光系统的自由设计提供了便利，而这一点对于单晶工艺是难以实现的。因为要实现 Nd:YAG 透明陶瓷的高功率激光输出，必须增加泵浦功率，但同时 Nd:YAG 激光陶瓷中的热量也必然会增加。按照玻尔兹曼分布定律，随着增益介质温度的升高，激光阈值会随之增大，而激光效率会下降。为了减少激光材料的热沉积，提高光–光转化效率，实现大功率激光输出，一种方法是通过改善外设散热装置，另一种方法是采用新型的层状结构复合 YAG/Nd:YAG/YAG 激光透明陶瓷，如图 3.278 所示。中间是热导率约为 10 W/m·K 的 1.0 at%Nd:YAG 透明陶瓷，两边是热扩散性能好的纯 YAG 透明陶瓷(热导率约为 14 W/m·K)。这种复合结构使得中间产生的热量容易从两边散发，有利于提高光学质量[16]。

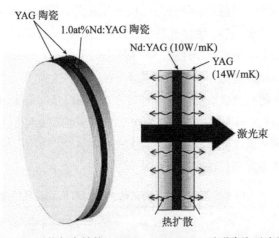

图 3.278　层状复合结构 YAG/Nd:YAG/YAG 透明陶瓷示意图

　　Li 等[45]采用陶瓷工艺制备了层状复合结构 YAG/1.0 at%Nd:YAG/YAG 透明陶瓷，并且采用光纤耦合输出的半导体激光器端面泵浦复合结构 Nd:YAG 陶瓷实现了连续激光输出。激光阈值为 488 mW，最大输出功率为 8 mW(最大泵浦吸收功率为 659 mW)，对应的斜率效率为 4.0%。因为制备的复合结构 YAG/Nd:YAG/YAG 透明陶瓷具有较高的光学散射损耗，同时由于没有针对复合结构激光陶瓷对激光系统进行合理的设计，激光性能并不理想。Liu 等[299]采用相近似的方法制备了尺寸为 110 mm×60 mm×6 mm 的 YAG/ Nd:YAG/YAG 复合结构透明陶瓷(实物照片如图 3.279 所示)，两边为纯 YAG，中间为 1.0 at%Nd:YAG。从图中可以看出，样品具有很好的光学质量。

　　采用侧泵方式对尺寸为 Φ3 mm×82 mm 的复合结构 YAG/Nd:YAG/YAG 陶瓷棒进行了激光实验。试验装置如图 3.280 所示，并实现了 1064 nm 连续激光输出。当泵浦功率为 201 W 时，输出功率为 20.3 W，斜率效率为 10.1%，如图 3.281 所示。由于复合结构 YAG/Nd:YAG/YAG 透明陶瓷仍存在较多气孔等光学散射中心，最终导致材料的激光输出效率较低。

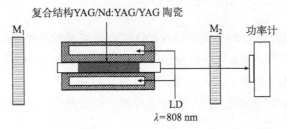

图 3.279　YAG/Nd:YAG/YAG 复合结构透明陶瓷的实物照片(110 mm×60 mm×6 mm)

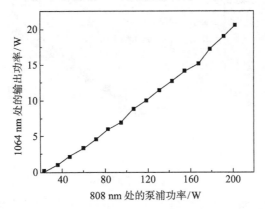

图 3.280　复合结构 YAG/Nd:YAG/YAG 陶瓷激光实验装置图

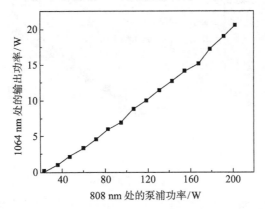

图 3.281　复合结构 YAG/Nd:YAG/YAG 透明陶瓷的激光性能

Tang 等[300]采用流延成型和真空烧结技术制备了复合结构 YAG/Nd:YAG/YAG 透明陶瓷。图 3.282 是该复合结构陶瓷退火前后的直线透过率曲线，样品厚度为 2 mm 左右。退火后，样品的直线透过率有较大幅度的提升，样品在 600~1100 nm 处的直线透过率超过 83%，但是样品在低波段区域有较大幅度的下降，这说明样品中仍存在一定数量的光学散射中心(如微气孔等)。

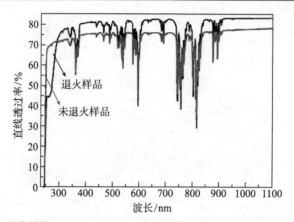

图 3.282　复合结构 YAG/Nd:YAG/YAG 透明陶瓷退火前后的直线透过率曲线

图 3.283 是复合结构 YAG/2.0 at%Nd:YAG/YAG 陶瓷的激光输入–输出曲线。当采用 808 nm 的 LD 端面泵浦复合结构 Nd:YAG 透明陶瓷,实现了 1064 nm 连续激光输出。当输出耦合镜的透过率为 2.3%时, 激光阈值为 0.49 W, 输出功率为 1.57 W, 斜率效率为 30%。当输出耦合镜的透过率为 10%时,激光阈值为 1.15 W,输出功率为 1.82 W,斜率效率为 38%。

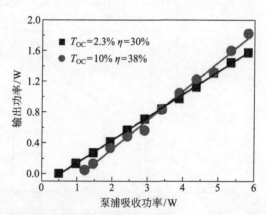

图 3.283　复合结构 YAG/2.0 at%Nd:YAG/YAG 透明陶瓷的激光性能

但是由于前面提及的复合结构 Nd:YAG 激光陶瓷的光学散射损耗仍较均质 Nd:YAG 激光陶瓷大, 所以激光性能并不理想。Ikesue 等[205]通过对制备工艺的优化控制, 制备出了高光学质量的复合结构 Nd:YAG 透明陶瓷。图 3.284 是不同类型复合结构增益介质的激光性能。在激光谐振腔设计尚未优化的条件下, 各种复合结构在激光实验中的斜率效率仍均高于 50%。

Ikesue 等[204]还利用稀土掺杂的成分梯度与复合结构设计,制备稀土离子掺杂浓度

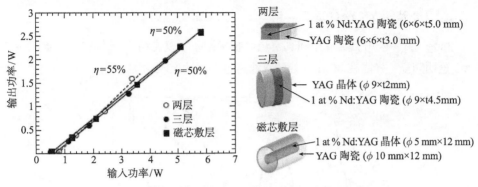

图 3.284　不同类型复合结构增益介质的激光性能

渐变式(中间浓度最高,两侧浓度逐渐变低)Nd:YAG 透明陶瓷,有效降低了热透镜效应和热沉积。图 3.285 是浓度渐变式 Nd:YAG 透明陶瓷的示意图。从图中可以看出,在均匀掺杂的 Nd:YAG 晶体中,热量在泵浦端集中;在掺杂浓度渐变式的 Nd:YAG 透明陶瓷中,热量集中现象得到了明显地改善。

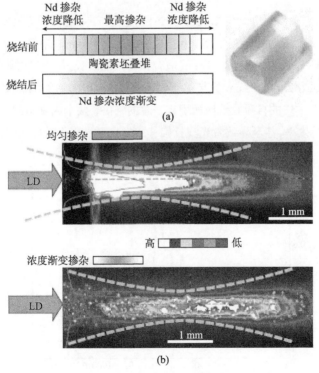

图 3.285　浓度渐变式 Nd:YAG 透明陶瓷的示意图

(a) 烧结前后钕离子的分布；(b) 热分布与钕离子浓度分布的关系

2. 复合结构 Yb:YAG 透明陶瓷

Tang 等[301]采用流延成型和真空烧结技术制备了复合结构 YAG/20 at%Yb:YAG/YAG 透明陶瓷，样品在 800 nm 处的直线透过率高达 83%(图 3.286)。

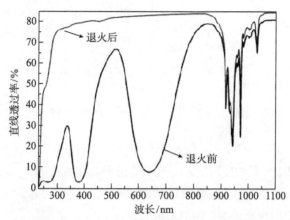

图 3.286 复合结构 YAG/20 at%Yb:YAG/YAG 透明陶瓷的直线透过率曲线

图 3.287 是退火后复合结构 YAG/20 at%Yb:YAG/YAG 透明陶瓷的归一化吸收光谱和发射光谱。最强吸收峰位于 915 nm、941 nm 和 969 nm，半高宽(FWHM)分别为 8 nm、19 nm 和 4 nm。941 nm 或 969 nm 适合作为泵浦波长。最强发射峰位于 1030 nm，该处的发射截面为 2.0×10^{-20} cm^2，与 Yb:YAG 晶体相近[302]。1030 nm 处出现的小的吸收峰主要是由于 Yb^{3+}的自吸收效应所引起。总的来讲，两个因素引起的热透镜现象会影响陶瓷的激光效率，甚至导致激光波长偏移或发生激光猝灭效应。复合结构 Yb:YAG

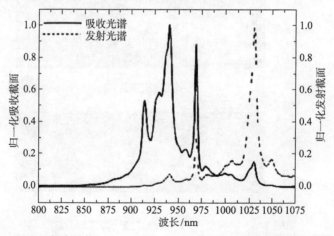

图 3.287 退火后复合结构 YAG/20 at%Yb:YAG/YAG 透明陶瓷的吸收和发射光谱

透明陶瓷的浓度设计是消除热透镜效应、稳定 1030 nm 激光输出的有效手段。该复合结构 Yb:YAG 透明陶瓷在 1030 nm 出的荧光寿命为 1.76ms。

　　图 3.288 是复合结构 Yb:YAG 陶瓷激光的实验装置图。激光腔采用端面泵浦的平–平谐振腔，整个腔长为 35 mm。复合结构 Yb:YAG 透明陶瓷的尺寸为 10 mm×10 mm×2 mm。泵浦源是纤芯直径为 400 μm 的 940 nm 光纤耦合激光二极管。两个焦距分别为 50 mm 和 40 mm 的凹透镜用来把泵浦光聚焦成 300 μm 的光斑进入陶瓷样品。谐振腔中的 M$_1$ 和 M$_2$ 分别代表输入镜和输出耦合镜。M$_1$ 镀 940 nm 的高透膜(透过率为 95%)和 1030 nm 高反膜(反射率 99.8%)，M$_2$ 的透过率为 2.3%。复合结构 Yb:YAG 透明陶瓷放置在尽可能靠近 M$_1$ 的位置，并固定铜座上。循环水冷却系统控制水温在 20℃左右。

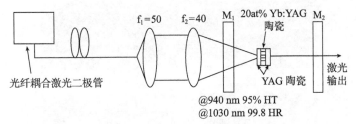

图 3.288　复合结构 Yb:YAG 陶瓷激光实验装置图

　　图 3.289 是复合结构 Yb:YAG 透明陶瓷的输入–输出关系曲线。1030 nm 激光连续输出时的泵浦功率阈值为 5.5 W，当泵浦功率为 10 W 时，最大输出功率为 0.53 W，斜率效率为 12%，光–光转化效率为 5.3%。

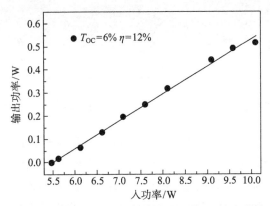

图 3.289　复合结构 Yb:YAG 陶瓷的输入–输出曲线

　　图 3.290 是日本神岛化学公司提供的复合结构 YAG/10 at%Yb:YAG 陶瓷棒(内核 10 at%Yb:YAG 组分的直径为 3.7 mm；外围 YAG 组分的外径为 10 mm)和加工镀膜后

复合结构陶瓷微片[303,304]。从复合结构陶瓷棒上切下厚度为 200 μm、四周宽度为 6 mm
方边(作为泵浦窗口)的微片，所有表面均需要进行抛光处理。在镀膜处理后，需要高
反膜上沉积缓冲金属层。精密焊接设备(采用 Au-Sn 焊接剂)把复合陶瓷微片焊接在
CuW 热沉上。

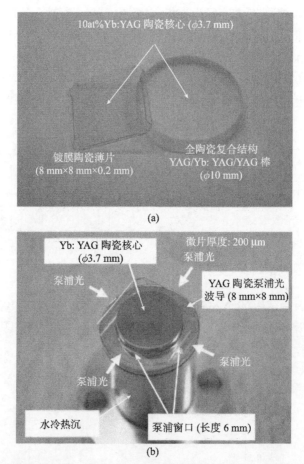

图 3.290   复合结构陶瓷激光棒(a)和用 Au-Sn 焊接剂与热沉粘合在一起的复合结构陶瓷微片(b)

图 3.291 是用 4 个 LD 端面泵浦复合结构陶瓷微片激光系统的实物照片。图 3.292
是侧面泵浦复合结构陶瓷微片激光(准连续和连续激光振荡)输入–输出特性。右边的纵
坐标代表谐振腔中心抽取的输出功率密度。冷却水的温度严格控制在 20℃。输出耦合
镜为曲率半径为 0.25m、反射率为 97%的凹透镜，谐振腔长度为 0.05m。在准连续激
光运转的情况下，峰值泵浦功率为 997 W，峰值输出功率为 520 W，对应的斜率效率
和光–光转化效率分别为 56%和 52%。在连续激光运转的情况下，泵浦功率为 946 W
时输出功率为 414 W，对应的斜率效率和光–光转化效率分别为 47%和 44%。即使在

输出功率最大时，激光效率也没有减小的迹象。与准连续激光振荡相比，连续激光振荡的输出功率和斜率效率均低于 16%，这是由微片核心部位产生温升所引起的。从复合结构陶瓷核心区域提取的最大连续激光输出功率密度为 3.9 kW/cm²，体功率密度为 0.19 MW/cm³。复合结构陶瓷激光的最大输出功率密度为 LD 泵浦 Yb:YAG 晶体盘片激光的 2 倍。

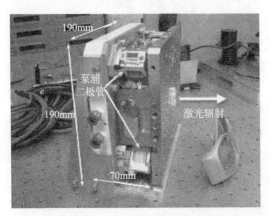

图 3.291　4 个 LD 端面泵浦复合结构陶瓷微片激光系统的实物照片

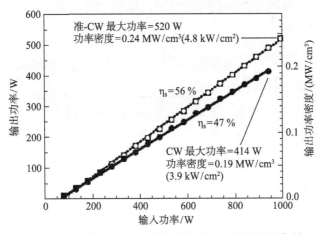

图 3.292　侧面泵浦复合结构陶瓷微片激光(准连续和连续激光振荡)输入–输出特性

图 3.293 是连续激光输入功率为 946 W 时，用有限元方法分析微片与热沉的热应力分布示意图。通过计算得到无冷却核心部位表面的温度为 223℃，与测量值几乎相等。该区域估算得到的由于热膨胀引起的热应力为 384 MPa，而文献报道抛光 YAG 晶体表面的拉伸强度为 175 MPa[305]。由此可以看出，YAG 激光陶瓷承受应变的能力超过晶体的 2 倍，这也说明端面泵浦陶瓷微片激光器适合高功率激光运转。

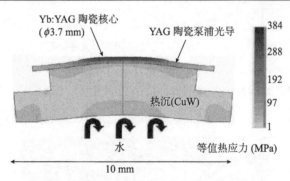

图 3.293　有限元方法分析微片与热沉的热应力分布

3. 复合结构 Er:YAG 透明陶瓷

Kupp 等[306]采用共流延成型和真空烧结技术制备了高质量的复合结构 YAG/0.25 at%Er:YAG/0.5 at%Er:YAG 透明陶瓷。图 3.294 是复合结构 YAG/0.25 at%Er:YAG/0.5 at%Er:YAG 透明陶瓷不同区域和 0.5 at%Er:YAG 晶体的直线透过率曲线。复合陶瓷样品不同组分区域在激光工作波长 1645 nm 处的直线透过率均达到 84%。在波长 700~1700 nm 范围内，YAG 陶瓷和晶体的透过率曲线几乎重合，而在 700 nm 至紫外波长范围内，YAG 陶瓷的透过率下降幅度比晶体大，这主要是由气孔和晶界处折射率变化所引起的[307,308]。

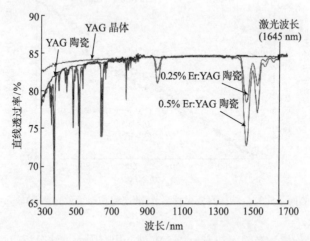

图 3.294　复合结构 YAG/0.25Er:YAG/0.5 at%Er:YAG 透明陶瓷
不同区域和 0.5 at%Er:YAG 晶体的直线透过率曲线

图 3.295 是复合结构 YAG/0.25 at%Er:YAG/0.5 at%Er:YAG 透明陶瓷(尺寸为 4 mm×10 mm×62 mm)发光($^4I_{11/2}{\rightarrow}^4I_{13/2}$)强度分布图。右边长度 23 mm 为 YAG 陶瓷，

中间 16 mm 为 0.25 at%Er:YAG 陶瓷, 左边 23 mm 为 0.5 at%Er:YAG 陶瓷。泵浦光从右端进入(如箭头所示), 在 YAG 陶瓷区域没有发光现象, 在 0.25 at%Er:YAG 陶瓷和 0.5 at%Er: YAG 陶瓷区域, 发光强度随着泵浦光的衰减而变弱。

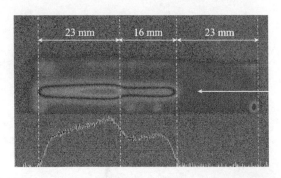

图 3.295　复合结构 YAG/0.25 at%Er:YAG/0.5 at%Er:YAG 透明陶瓷发光强度分布图

图 3.296 是复合结构 YAG/0.25 at%Er:YAG/0.5 at%Er:YAG 透明陶瓷激光实验的简化装置图。长度为 75 mm 的激光谐振腔包含一个曲率半径为 3 mm 的双色平凹输入镜和一个曲率半径为 25cm 的平凹输出耦合镜。为了优化激光性能, 输出耦合镜在 1610~ 1655 nm 波段的反射率分别为 98%、95%、90%和 85%。采用最强吸收位于 1532.3 nm 的 Er 光纤激光端面泵浦复合结构 Er:YAG 陶瓷, 泵浦光从未掺杂的 YAG 陶瓷端进入。为了激光谐振腔的模式匹配, 校准后的泵浦光用焦距为 20cm 的凸透镜聚焦, 聚焦后泵浦光束的直径约为 250 μm。复合结构 Er:YAG 陶瓷激光棒放置在水平 V 形铜座上, 激光棒不覆盖任何东西, 在激光棒和底座之间也不填充任何导热物质。为了减小激光增益介质的热载荷, 激光实验中采用准连续激光作为泵浦源。

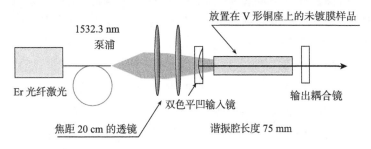

图 3.296　复合结构 YAG/0.25 at%Er:YAG/0.5 at%Er:YAG 透明陶瓷激光实验的装置示意图

图 3.297 是长度为 62 mm 的复合结构 YAG/0.25 at%Er:YAG/0.5 at%Er:YAG 透明陶瓷激光棒的激光输出曲线。从图中可以看出, 当输出耦合镜的反射率为 85%时, 1645 nm Er:YAG 陶瓷激光的最大斜率效率为 56.9%[309]。

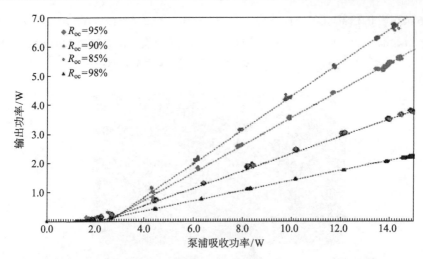

图 3.297   复合结构 YAG/0.25 at%Er:YAG/0.5 at%Er:YAG 透明
陶瓷激光棒的激光输出曲线

4. 复合结构 Cr⁴⁺:YAG/Yb:YAG 透明陶瓷

Nd:YAG 陶瓷和 Yb:YAG 陶瓷是性能优异的激光增益介质[73,218]，以 Cr⁴⁺:YAG 材料或可饱和吸收镜(SESAM)作为可饱和吸收体，可以实现被动调 Q 固体激光输出[310]。通过在 YAG 激光陶瓷增益介质中掺入 Cr⁴⁺ 和 Nd³⁺(或 Yb³⁺)等激活离子，有望实现自调 Q 激光输出[311,312]。Li 和 Wu 等采用固相反应和真空烧结技术制备了双掺杂 Cr, Nd:YAG[313~316] 和 Cr, Yb:YAG[317,318] 透明陶瓷并研究了其光谱特性。由于 Cr⁴⁺ 在 940 nm 处有较强的吸收，所以 Cr,Yb:YAG 陶瓷的激光效率低下，甚至在 Cr⁴⁺ 掺杂浓度高的情况下也难以实现激光输出。Dong 等[319]以 Yb:YAG 透明陶瓷为增益介质，以 Cr⁴⁺:YAG 陶瓷为可饱和吸收体，采用平–平腔设计实现了激光二极管泵浦陶瓷激光增益介质的被动调 Q 激光输出。脉冲宽度为 380 ps，重复率在 12.4 kHz 下的峰值功率高达 82 kW，斜率效率和光–光转化效率分别为 37% 和 30%。通过使用低透过的 Cr⁴⁺:YAG 陶瓷调 Q 和高透过的输出耦合镜，实现了 150 kW 的峰值输出功率[320]。但是由于 Cr⁴⁺:YAG 陶瓷和 Yb:YAG 陶瓷之间是机械接触，界面损耗会导致激光效率低下。采用现代陶瓷技术制备的复合结构 Cr⁴⁺:YAG/Yb:YAG 透明陶瓷可以有效地消除 Cr⁴⁺:YAG 陶瓷和 Yb:YAG 陶瓷之间的界面损耗，有利于提高激光性能[321]。图 3.298 是复合结构 Cr⁴⁺:YAG/Yb:YAG 透明陶瓷的实物照片。Cr⁴⁺ 的掺杂浓度为 0.1 at%，Yb³⁺ 的掺杂浓度为 9.8 at%。

图 3.299 是复合结构 Cr⁴⁺:YAG/Yb:YAG 透明陶瓷的吸收和发射光谱。测试时从复合结构 Cr⁴⁺:YAG/Yb:YAG 透明陶瓷中单独切割出 Cr⁴⁺:YAG 陶瓷和 Yb:YAG 陶瓷。

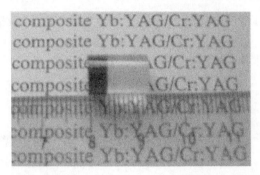

图 3.298　复合结构 Cr^{4+}:YAG/Yb:YAG 透明陶瓷的实物照片

尺寸 Φ8 mm×12 mm，Cr^{4+}:YAG 和 Yb:YAG 的厚度分别为 4 mm 和 8 mm

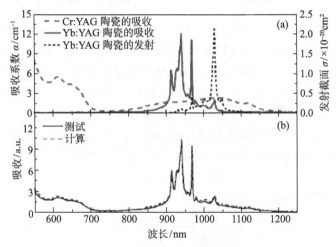

图 3.299　复合结构 Cr^{4+}:YAG/Yb:YAG 透明陶瓷的室温吸收和发射光谱

Yb:YAG 透明陶瓷的吸收和发射峰与 Yb:YAG 晶体相同，而 Cr^{4+}:YAG 透明陶瓷的吸收峰与 Cr^{4+}:YAG 晶体相同。Cr^{4+}:YAG 透明陶瓷在 940 nm 具有强的吸收峰，吸收强度约 1030 nm 处吸收的 70%(图 3.299(a))。通过 Cr^{4+}:YAG 陶瓷和 Yb:YAG 陶瓷吸收光谱计算得到的复合结构 Cr^{4+}:YAG/Yb:YAG 透明陶瓷的吸收光谱与直接测试 Cr^{4+}:YAG/Yb:YAG 透明陶瓷的吸收光谱结果相吻合(图 3.299(b))。

采用平凹腔研究了复合结构 Cr^{4+}:YAG/Yb:YAG 透明陶瓷的激光性能，如图 3.300 所示。放入平凹腔的复合结构 Cr^{4+}:YAG/Yb:YAG 透明陶瓷的厚度为 3.5 mm(Cr^{4+}:YAG 陶瓷厚度为 2.0 mm；Yb:YAG 陶瓷厚度为 1.5 mm)。Cr^{4+}:YAG 透明陶瓷在 1030 nm 处的初始透过率为 64%。Yb:YAG 陶瓷的端面镀 940 nm 高透膜和 1030 nm 全反膜，另一端镀 1030 nm 增透膜。曲率半径为 70 mm，1030 nm 处透过率为 10%的凹透镜为输出耦合镜。整个谐振腔的长度为 35 mm。纤芯直径为 100 μm、数值孔径为 0.22 的光纤耦合 940 nm 激光二极管作为泵浦源。两个焦距为 8 mm 的凸透镜把激光束聚焦到复合结构 Cr⁴⁺:YAG/Yb:YAG 陶瓷的端面，陶瓷中束斑的直径约为 100 μm。激光振荡实验在室温下进行。

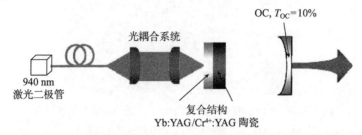

图 3.300　LD 泵浦 Cr⁴⁺:YAG/Yb:YAG 陶瓷自调 Q 激光装置示意图

　　图 3.301 是复合结构 Cr⁴⁺:YAG/Yb:YAG 陶瓷自调 Q 激光输出功率与泵浦吸收功率的关系。从图中可以看出，吸收泵浦功率的阈值为 0.9 W，在吸收泵浦功率阈值以上，输出功率随着吸收泵浦功率的增加而线性增加。当吸收泵浦功率为 2.55 W 时，最大平均输出功率为 480 mW，对应的斜率效率为 27%。随着泵浦功率继续增大，镀在激光增益介质上的膜发生损伤。这主要是由于输出耦合镜的反射率过高和 Cr⁴⁺:YAG 陶瓷可饱和吸收体的初始透过率偏低所引起的。插图 3.301(a)是输出激光横模光束波形，其波形近似于标准横向电磁波模式(TEM₀₀)。测量位置与聚焦点附近光束半径的关系如插图 3.301(b)所示。近衍射极限的激光光束质量因子 $M_x^2 = 1.35$、$M_y^2 = 1.31$。在输出耦合镜附近，所测得的输出激光光束的直径为 120 μm。

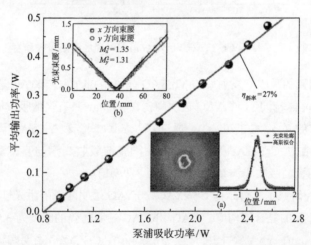

图 3.301　复合结构 Cr⁴⁺:YAG/Yb:YAG 陶瓷自调 Q 激光平均输出功率与泵浦吸收功率的关系
插图(a)为输出激光光斑轮廓和横模光束波形；插图(b)为测量的光束质量因子

　　图 3.302 是复合结构 Cr⁴⁺:YAG/Yb:YAG 陶瓷自调 Q 激光的脉冲能量和峰值功率，

重复率和脉冲宽度与泵浦吸收功率的关系。随着泵浦吸收功率的增大，脉冲能量从
60 μJ 上升到 125 μJ。当泵浦吸收功率大于 1.2 W 时，脉冲能量缓慢增大，但并没有发
生饱和的现象。通过增大输出耦合镜的透过率和镀膜质量，可以进一步提升脉冲能量。
随着泵浦功率的增加，重复率线性的从 600 Hz 增大到 3.8 kHz，脉冲宽度(半高宽)缓
慢从 5.5 ns 下降至 1.2 ns；峰值功率从 11 kW 增加至 105 kW。

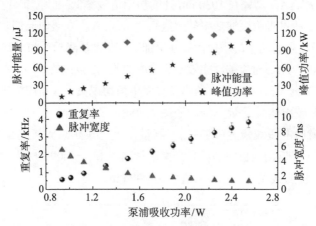

图 3.302　复合结构 Cr^{4+}:YAG/Yb:YAG 陶瓷自调 Q 激光的脉冲能量
和峰值功率，重复率和脉冲宽度与泵浦吸收功率的关系

　　为了进一步提高性能，Dong 等[322]对激光系统进行了优化设计。图 3.303 是 LD
端面泵浦复合结构 Cr^{4+}:YAG/Yb:YAG 陶瓷自调 Q 激光装置示意图。复合结构 Cr^{4+}:
YAG/Yb:YAG 陶瓷中 Cr^{4+}:YAG 陶瓷和 Yb:YAG 陶瓷的厚度分别为 1.5 mm 和
1.2 mm。减小 Cr^{4+}:YAG 陶瓷部分的厚度主要是为了增加其在激光工作波长 1030 nm
处的初始透过率，通过限制激光输出功率的存储避免增益介质端面上膜的损伤。Cr^{4+}
和 Yb^{3+}的掺杂浓度仍分别为 0.1 at%和 9.8 at%。根据吸收光谱可以得出，Cr^{4+}:YAG 陶
瓷在 1030 nm 处的初始透过率约为 70%。Yb:YAG 陶瓷的端面镀 940 nm 高透膜和
1030 nm 全反膜，另一端镀 1030 nm 增透膜。1030 nm 处透过率为 50%的平面镜作为

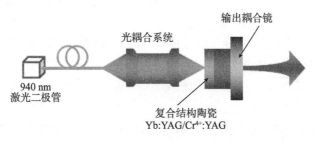

图 3.303　LD 端面泵浦复合结构 Cr^{4+}:YAG/Yb:YAG 陶瓷自调 Q 激光装置示意图

输出耦合镜。整个谐振腔的长度为 2.7 mm。纤芯直径为 100 μm、数值孔径为 0.22 的光纤耦合 940 nm 激光二极管作为泵浦源。两个焦距为 8 mm 的凸透镜把激光束聚焦到复合结构 Cr^{4+}:YAG/ Yb:YAG 陶瓷的端面，陶瓷中束斑的直径约为 100 μm。激光振荡实验同样在室温下进行。

图 3.304 是复合结构 Cr^{4+}:YAG/Yb:YAG 陶瓷自调 Q 激光输出功率与泵浦吸收功率的关系。由于 Cr^{4+}:YAG 陶瓷在 1030 nm 处的初始透过率低(仅为 70%)、输出耦合镜的透过率高(70%)，所以吸收泵浦功率的阈值高达 1.35 W。在吸收泵浦功率阈值以上，输出功率随着吸收泵浦功率的增加而线性增加。当吸收泵浦功率为 3.28 W 时，最大平均输出功率为 610 mW，对应的斜率效率为 29%，光–光转化效率为 19%。随着泵浦功率继续增大，镀在激光增益介质上的膜没有发生损伤现象。这是因为输出耦合镜的透过率增大，谐振腔内能量通量降低。插图 3.304(a) 是输出激光横模光束波形，其波形近似于标准横向电磁波模式(TEM_{00})。测量位置与聚焦点附近光束半径的关系如插图 3.304(b) 所示。近衍射极限的激光光束质量因子 $M_x^2 = 1.09$、$M_y^2 = 1.07$。在输出耦合镜附近，所测得的激光输出光束的直径为 100 μm。

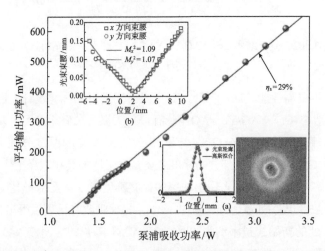

图 3.304　复合结构 Cr^{4+}:YAG/Yb:YAG 陶瓷自调 Q 激光平均输出功率与泵浦吸收功率的关系
插图(a)为输出激光光斑轮廓和横模光束波形；插图(b)为测量的光束质量因子

图 3.305 是不同泵浦功率下复合结构 Cr^{4+}:YAG/Yb:YAG 陶瓷自调 Q 微片激光的受激发射谱。当吸收泵浦功率小于 1.7 W 时，在 1030.6 nm 处仅检测到单纵模受激发射振荡。超过这个泵浦功率，输出激光呈现出双纵模或三纵模振荡模式。纵模之间的间隔约为 0.22 nm。

图 3.306 是复合结构 Cr^{4+}:YAG/Yb:YAG 陶瓷的自调 Q 微片激光脉冲群的示波器描迹和自调 Q 激光脉冲(脉冲宽度为 237 ps，脉冲能量为 172 μJ)。激光输出脉冲的频率

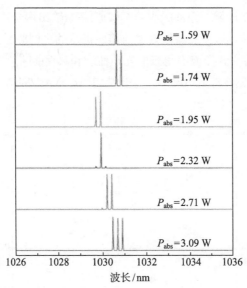

图 3.305　不同泵浦功率下复合结构 Cr^{4+}:YAG/Yb:YAG 陶瓷自调 Q 微片激光的受激发射谱

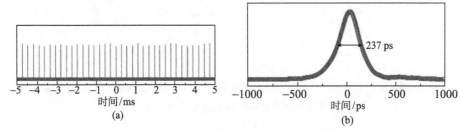

图 3.306　复合结构 Cr^{4+}:YAG/Yb:YAG 陶瓷

(a) 自调 Q 微片激光脉冲群的示波器描迹；(b) 自调 Q 激光脉冲及脉冲宽度

和重复率的变化范围不超过 6%，表明该自调 Q 激光运转很稳定。当泵浦吸收功率为 3.28 W 时，峰值脉冲功率为 0.72 MW，脉冲宽度为 237 ps，重复率为 3.5 kHz。

　　图 3.307 是复合结构 Cr^{4+}:YAG/Yb:YAG 陶瓷自调 Q 激光的脉冲能量和峰值功率，重复率和脉冲宽度与泵浦吸收功率的关系。随着泵浦功率的增加，重复率线性的从 320 Hz 增大到 3.5 kHz；脉冲宽度(半高宽)缓慢从 320 ps 下降至 237 ps。随着泵浦吸收功率的增大，脉冲能量从 134 μJ 上升到 172 μJ。当泵浦吸收功率大于 1.6 W 时，脉冲能量缓慢增大；当泵浦吸收功率大于 2.6 W 时，脉冲能量出现饱和的现象。同时，随着泵浦吸收功率的增大，峰值功率从 0.42 MW 增加至 0.72 MW。与前面提及的平凹腔相比[321]，复合结构 Cr^{4+}:YAG/Yb:YAG 陶瓷自调 Q 微片激光性能显著提高。这是由于 Cr^{4+}: YAG 陶瓷和 Yb:YAG 陶瓷的厚度减小能够有效降低 Yb:YAG 陶瓷的再吸收损耗，并增加 Cr^{4+}:YAG 陶瓷的初始透过率。激光谐振腔内能量密度的降低能够有效地防止

增益介质表面的膜损伤。除了泵浦吸收功率阈值偏高(输出耦合镜透过率提高所引起),该激光系统的光–光转化效率和斜率效率与前面提及的平凹腔激光系统相近似甚至更高。Yb:YAG 陶瓷的在低温下具有更好的光学性能和热性能[302,323],所以在具有冷却系统的情况下或是在液氮冷却的情况下,复合结构 Cr^{4+}:YAG/Yb:YAG 陶瓷的自调 Q 微片激光性能更加优异。

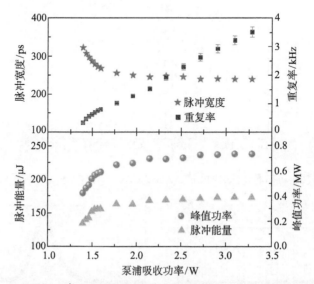

图 3.307　复合结构 Cr^{4+}:YAG/Yb:YAG 陶瓷自调 Q 激光的脉冲能量和峰值功率,重复率和脉冲宽度与泵浦吸收功率的关系

3.2.6　TM^{2+}: II-VI 族材料的中红外激光性能

2~5 μm 波段对大气有着良好的透过率,被称为"大气窗口区";同时在该波段内很多生物分子都有特征吸收,因而被称为"分子指纹区",这使得 2~5 μm 波段激光在军用和民用方面都显示出了巨大的潜力。军事领域的应用如激光制导、红外对抗、保密空间通信和卫星通信等;民用如遥感探测、有毒气体(CO、CH$_4$、HBr 等)的痕量检测、精密光谱分析等。

目前实现 2~5μm 中红外固体激光的主要方式有以下几种[324]。

(1) 频率转换:采用 OPO 技术(光学参量振荡)通过频率下转换将短波调谐到中红外;或采用 ZnGeP$_2$(或 AgGaSe$_2$)等红外晶体通过非线性频率变换技术实现;

(2) 锑基异质结激光器:采用 InGaAsSb、InAs/(In)GaSb 等锑化物材料直接制作中红外波段的半导体激光器;

(3) 量子级联技术:通过设计的量子阱导带激发态子能级电子共振跃迁到基态释

放能量，并利用所发射光子的隧穿传递实现中红外波段激光的输出；

(4) 稀土离子(RE^{3+})掺杂的低声子能量光纤玻璃或晶体：如 Tm^{3+}、Ho^{3+}、Er^{3+}掺杂的晶体或光纤等。

以上方法存在着一系列问题，如频率转换不可避免的存在着系统复杂、能量损耗等问题；锑基异质结激光器在大于 2 μm 时效率降低；量子级联技术本身难度大、设备复杂；稀土离子掺杂材料的激光波长较为单一，且调谐范围窄。寻找能够直接泵浦产生中远红外宽调谐激光的固体激光材料一直是各国科学家研究的热点。

从 20 世纪末开始，过渡金属离子(TM^{2+}：Cr^{2+}/Fe^{2+}/Co^{2+}等)掺杂的 II-VI 族化合物($ZnS/ZnSe/CdSe/CdTe$)以其优异的特性，逐渐引起了人们的关注。II-VI 族宽禁带半导体掺杂后作为荧光材料有着悠久的历史，$ZnS:Ag$ 就曾被用来验证卢瑟福的原子模型。但在很长的一段时间里，TM^{2+}被认为是一种会引起荧光猝灭的杂质。直到 20 世纪 60年代，Pappalardo 和 Dieleman 等从理论上研究了 Cr^{2+}、Co^{2+}等在硫化物中的光谱特性，发现该体系在中红外波段有着优异的发光性能[325~327]，并逐渐吸引了大家的关注。不过直到 1996 年，美国劳伦斯·利弗莫尔国家实验室的 DeLoach 等才首先采用 $Co:MgF_2$作泵浦源，通过实验证明了 TM^{2+}(Cr^{2+}/Fe^{2+}/Co^{2+}等)掺杂 II-VI 族化合物晶体作为一种新型的中红外激光增益介质的可行性及优越性[328]。他们采用改进的垂直 Brigeman 生长法制备实验用晶体，并测量了各掺杂体系在室温(300K)及低温(20K)下的吸收和发射光谱，进一步获得了各体系的吸收和发射截面，与理论计算吻合较好。从中选择 Cr^{2+}掺杂 ZnS 及 ZnSe 两种体系进行激光实验，获得了峰值波长为 2.35 μm，斜效率大于20%的激光输出[329]。美国 Alabama 大学 Mirov S. B.课题组从 2002 年开始对 TM^{2+}:II-VI族体系进行了较为系统的研究。他们采用 CVT 方法先生长出 ZnS 及 ZnSe 多晶体，然后采用表面镀膜后高温长时间扩散得到掺杂晶体。最近已实现了输出功率>10 W，调谐范围>1 μm，斜率效率>50%的连续激光输出。同时，该体系材料在脉冲、调 Q、被动锁模、光纤、随机激光等方面的应用也在迅速发展。

遗憾的是，该体系在国内的研究起步较晚，且目前并未受到应有的重视，现有的研究仅集中在 Cr:ZnSe 的激光性能上，对于材料的制备及该体系内其他种类材料的研究尚未涉及，更不用说该体系材料实际应用方面的探索。目前从事该方向研究的院校单位有中国科学院上海硅酸盐研究所、中国科学院上海光学精密机械研究所、哈尔滨工业大学等。从 2007 年以来，在该体系材料研究上取得了一些成果，Cr:ZnSe 也已经实现了连续激光输出和 100 nm 的调谐输出[330]。

过渡金属离子以及 II-VI 族化合物的种类众多(图 3.308)，具体选择时可参照以下依据。

(1) 基质材料：晶体结构倾向于立方相结构(光学质量好)；声子能量低(电子–声子耦合作用弱，降低非辐射衰减几率)；热导率高(便于激光运转时热量传递)；硬度高

(抗激光损伤性能好)等。

(2) 掺杂离子：价态+2 价(避免因价态不同导致的电荷补偿带来的影响)；能级结构简单，能级分裂小(使发光移向中红外波段)；激发态吸收(ESA)小(避免因激发态吸收导致发光效率下降)等。

根据以上原则，目前实际可用的 TM^{2+}: II-VI 掺杂体系有$(Cr^{2+}/Fe^{2+}Co^{2+})ZnS/ZnSe/CdS/CdSe/CdMnTe/CdZnTe$ 等。

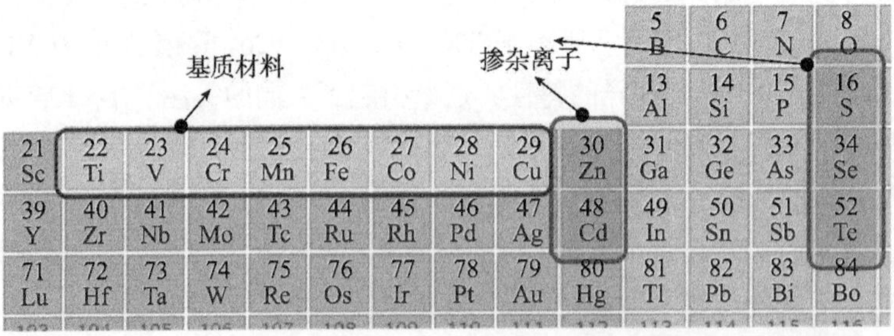

图 3.308　TM^{2+}: II-VI 体系选择

TM^{2+}: II-VI 掺杂中红外激光材料的特性包括如下四个方面。

(1) II-VI 族化合物的物理性质如表 3.15 所示，从表中可以看出，相对于常见的 YAG 晶体($850\ cm^{-1}$)，II-VI 族化合物声子能量低，使得电–声耦合作用弱，从而降低了激发态到基态的无辐射跃迁几率，温度猝灭效应大大减小，可以在室温下连续高效运转。事实上，Cr^{2+}: ZnSe 是第一种能在室温下连续运转的中红外激光材料，如图 3.309 所示。

表 3.15　常见 II-VI 族化合物物理性质

晶体	ZnS	ZnSe	CdSe	CdMnTe
对称性	C/H	C	H	C
密度/(g/cm³)	4.08	5.26	5.81	—
键长/ nm	0.234	0.245	0.263	0.276
带隙/eV	3.9	2.8	1.7	2.1
最大声子频率/cm⁻¹	330	250	218	~200
透过波段/ μm	0.4~14	0.5~20	0.8~21	0.6~22
3.0 μm 处折射率	2.26	2.44	2.5	2.5
$(1/n)(dn/dT)$, K⁻¹	1.9×10^{-5}	2.6×10^{-5}	4×10^{-5}	—
热导率/(W/cm·K)	0.27	0.19	0.09	0.075
努氏硬度	178	100	44~90	62(维氏)

注：C：立方相；H：六方相

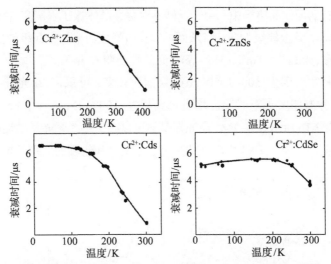

图 3.309　Cr²⁺:II-VI 族化合物衰减时间随温度变化曲线[331]

(2) TM²⁺取代相应金属离子后处于四配位结构中心(图 3.310)，相对于八面体配位结构，晶体场造成的的能级分裂较小(以 Cr²⁺为例，⁵D 能级分裂为 ⁵T₂→⁵E)，能带宽度位于中红外波长范围。自旋–轨道耦合作用和 Jahn-Teller 机制使能级进一步发生分裂，使得我们能获得中红外波段宽调谐的激光输出(2~5 μm)；同时由于上能级处于半导体材料禁带中，所以任何向 TM²⁺的跃迁是自旋禁止的或非常弱，因此其上转换和激发态吸收(ESA)可以忽略(图 3.311)。

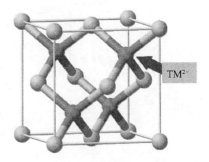

图 3.310　TM²⁺掺杂后的晶格占位
(四配位晶体场 T_d)

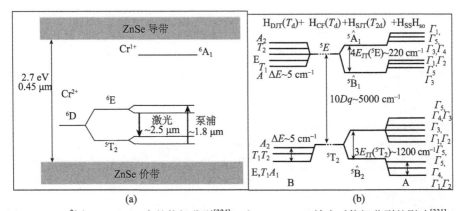

图 3.311　Cr²⁺在 ZnS/ZnSe 中的能级分裂[324](a)和 Jahn-Teller 效应对能级分裂的影响[331](b)

(3) TM^{2+}在四面体晶格场中，由于反转不对称，晶体振子强度高，吸收和发射截面大($\sigma \sim 10^{-18} cm^2$)，且上能级寿命短，从而可以获得峰值功率为千瓦级的皮秒脉冲，也可作为稀土离子(如 Er^{3+}、Tm^{3+}、Ho^{3+}等)激光的被动调 Q 开关。

(4) 吸收带宽范围大(500~1000 nm)，泵浦源较多，可采用 Er 光纤、LD 泵浦或 $Co:MgF_2$ 等，并有望实现电激励。增益带宽超过 1000 nm，Cr^{2+}、Fe^{2+}的光谱特性如图 3.312 和表 3.16 所示。掺 TM^{2+}激光器最终可以产生 1~2 个光学周期的超短脉冲，所以飞秒激光也是 TM^{2+}: II-VI 族激光器一个十分重要和新颖的应用领域。

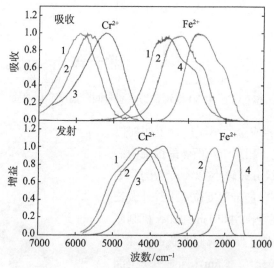

图 3.312　Cr^{2+}和 Fe^{2+}的吸收和发射光谱
1：ZnS；2：ZnSe；3：CdSe；4：CdMnTe[332]

表 3.16　**Cr^{2+}和 Fe^{2+}掺杂 II-VI 族化合物的光谱特性**[333]

	Cr^{2+}			Fe^{2+}	
	ZnSe	ZnS	CdSe	ZnSe	CdMnTe
吸收					
吸收截面 $\sigma_{ab}/10^{-20} cm^2$	100	110	194	97	52
吸收波长 λ_{ab} / nm	1690	1770	1890	3100	3600
吸收线宽 $\Delta\lambda_{ab}$ / nm	350	350	440	1370	1910
发射					
发射截面 $\sigma_{em}/10^{-20} cm^2$	140	130	200	250	140
发射波长 λ_{em} / nm	2350	2450	2650	4350	5760
发射线宽 $\Delta\lambda_{em}$ / nm	820	860	940	1610	1400
上能级辐射寿命 τ_{rad} / μs	5.7	5.5	6.4	35	75
室温荧光寿命 τ_{RT} / μs	4.3	5.4	4.4	0.37	0.1-0.2
量子效率 $\eta = \tau_{RT} / \tau_{rad}$	0.8	1	0.7	1.5×10^{-3}	2×10^{-3}

近几年来，TM^{2+}: II-VI 材料的发展，除了激光功率水平的提高，各种模式的激光(如锁模、调 Q 等)不断有新的进展。同时，TM^{2+}: II-VI 化合物作为光纤材料、平面波导材料以及随机激光材料等方面的应用的探索也逐渐深入。

1999 年，采用 Tm:YAP 连续激光泵浦的 Cr:ZnSe 首次实现激光输出[334]；2002 年，采用 Co:MgF$_2$ 泵浦的 Cr:ZnS 首次实现连续激光输出，输出功率超过 100 mW[335]。经过十几年的发展，TM^{2+}:II-VI 激光水平不断提高，最新报道的 Cr:ZnS/ZnSe 激光输出都已经超过了 10W[336,337]，低温下 Fe^{2+}:ZnSe 实现了 180 mW，斜率效率 56%的输出[338]。具体结果如表 3.17 所示。

表 3.17　最新 Cr^{2+}和 Fe^{2+}掺杂 II-VI 材料激光进展[333]

		Cr^{2+}		Fe^{2+}
		ZnSe	ZnS	ZnSe
连续运转 CW	P_{max} / W	14	10	0.18
	η / %	—	43(in)	56(ab)
自由振荡	E_{max} / mJ	20	—	185
	η / %	31(ab)	—	47(ab)
	τ / μs	200	—	200
增益开关	E_{max} / mJ	20	0.1	6
	η / %	35(in)	10(ab)	39(ab)
	f / Hz	10	10	0.5
	τ / ns	15	15	40

注：ab：吸收泵浦能量；in：入射泵浦能量。

激光运转过程中产生的热量对激光的功率水平及激光材料都至关重要，采用波导及光纤结构可以很好的控制光束质量及热透镜效应。有报道掺杂浓度为 6×10^{19} cm^{-3} 的 Cr:ZnSe 通过 PLD 沉积在蓝宝石衬底上形成薄膜(厚度 7 μm)，该材料可实现波导激光，激光阈值约为 0.11 J/cm^2[239]。但遗憾的是，目前 II-VI 体系的光纤材料的发展相对缓慢。最新报道的 Cr:ZnSe/As$_2$S$_3$ 光纤长度为 2~20m，直径为 170~300 μm，在 2~3 μm 的光学损耗约为 3dB/m[340]，非常有希望应用于 II-VI 光纤激光。

从 20 世纪末 TM^{2+}:II-VI 材料首次成功制备并展现出优异的性能，到目前各种模式的激光水平不断取得新高。十几年的时间里，TM^{2+}: II-VI 材料获得了长足的发展，并展现出巨大的前景。有理由认为，未来该体系材料的发展将会在以下方面获得更多的关注。

(1) 高功率激光和应用拓展。功率水平的上升是激光材料发展的一个持久的话题。未来通过优化材料的制备工艺，提高材料的光学质量，获得高功率的激光输出指日可待。此外，波导、光纤等形式的激光材料也是研究的热点方向。

(2) 3~4 μm 波段激光材料。目前 TM^{2+}: II-VI 材料中发展较为成熟的是 Cr^{2+}体系 (2~3 μm)和 Fe^{2+}体系(3.8~5 μm)，对 3~4 μm 波段的增益介质关注还不够，而 3~4 μm 波段在实际中有着重要的应用。该波段的代表是以 Co^{2+}为掺杂离子的 II-VI 材料，未来对该材料估计会有更大的精力投入。

(3) 离子共掺技术[333]。对于 Cr^{2+}掺杂材料，由于其吸收带在 1.5~2.2 μm，泵浦源较多；对 Fe^{2+}，其吸收在 3 μm 附近，可用的泵浦源少。目前比较可行的一种方法是通过 TM^{2+}离子共掺，利用不同离子间发射和 Fe^{2+}吸收带之间的重合进行敏化泵浦。目前有报道的(Cr^{2+}, Fe^{2+})、(Co^{2+}, Fe^{2+})共掺，这三种离子之间的能量传递机制和其在 ZnSe 中的吸收、发射谱如图 3.313 所示。

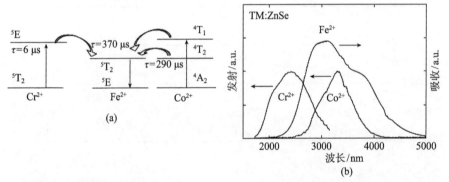

图 3.313　能量传输机制图(a)和 Cr^{2+}/Co^{2+}的发射谱与 Fe^{2+}吸收谱的重合(ZnSe)(b)

从谱带的重合看，Co^{2+}与 Fe^{2+}的谱带重合更好，理论上(Co^{2+}, Fe^{2+})共掺更加理想，但由于 Co^{2+}存在激发态吸收(ESA)，导致其效率下降，而 Cr^{2+}则不存在这个问题。

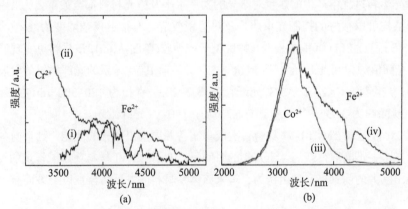

图 3.314　(Cr^{2+}, Fe^{2+})共掺及单独的 Fe^{2+}掺杂的发射谱(a)和(Co^{2+}, Fe^{2+}):ZnSe 的
时间分辨谱(1.56 μm 激发，门宽 4 μs)(b)

(i) Fe:ZnSe 发射谱(T = 120K, 0.53 μm 激发)；(ii) (Cr,Fe):ZnSe 发射谱(RT,1.56 μm 激发)；
(iii) 40μs 延迟；(iv)无延迟

　　图 3.314(a)是(Cr^{2+}, Fe^{2+})共掺及单独的 Fe^{2+} 掺杂的发射谱, 从图中可以看出: 单独 Fe^{2+} 掺杂在室温下没有发射峰(多声子非辐射过程), 低温下(120K)有发射峰; (Cr^{2+}, Fe^{2+}) 共掺在室温下能观察到 Fe^{2+} 的发射峰; 4.25 μm 处的吸收是由测试设备内的 CO_2 吸收导致。通过上面结果的对比, 可以说明存在 $Cr^{2+} \rightarrow Fe^{2+}$ 的能量传递过程。

　　图 3.314(b)是室温下(Co^{2+}, Fe^{2+}):ZnSe 的时间分辨光致发光谱, 1.56 μm 泵浦实现 Co^{2+} 的 $^4A_2 \rightarrow ^4T_1$ 激发。值得注意的是, 激发后无延迟的光谱中同时包含了 Co^{2+} 和 Fe^{2+} 的谱带, 而 40μs 延迟后却只观察到 Co^{2+} 的谱带。这说明能量传递只发生在激发后很短的时间内, 并且 Co^{2+} 的 $^4T_2$ 能量传输比例很小。

　　但在低温下测试的发光光谱(图 3.315)表明, $Co^{2+} \rightarrow Fe^{2+}$ 在低温下的能量传输配合晶体表面菲涅尔镜提供的正反馈足以使 Fe^{2+} 实现离子数反转和激光输出。

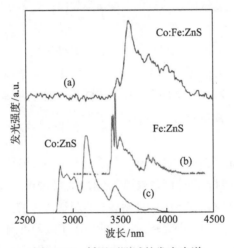

图 3.315　低温下测试的发光光谱

(a) (Co^{2+}, Fe^{2+}):ZnS; (b) Fe:ZnS; (c) Co:ZnS 中红外发光光谱(T = 14K, (a,c) 1.56 μm 激发, (b) 2.8 μm 激发)

3.2.7　光功能透明陶瓷的激光诱导损伤

　　激光与物质相互作用泛指激光束辐照各种介质、材料和结构物所发生的物理、化学、生物等现象的研究领域, 这里包括激光辐照产生的光学、电磁学、热学、力学响应, 重点研究激光与光学材料相互作用所产生的现象。不同能量密度的激光辐照材料会带来不同的效应, 当低能量密度的激光照射在透明基底、反射镜以及吸收介质上时, 一般不会观察到显著变化; 然而当光束强度增加到一些可逆作用效果变得明显后, 温升导致的变形、非线性吸收、电光效应、二次或三次谐波产生、光参量振荡以及自聚焦现象将会出现。上述很多效应在光学工程里都有相对应的有益用处, 如新波长的产生, 光开光等; 当光强进一步增加, 材料或器件会呈现一些不可逆的变化, 如出现断裂、坑、熔化、汽化、强烈散射；详细了解在不同的光束强度出现的不同效应，这对于激光加工(激光打孔、焊接、切割以及包括激光外科)、激光腔设计以及激光光谱材料学研究具有非常重要的意义，是激光技术各种实际应用的基础和桥梁。

　　自从激光器诞生不久，激光损伤就引起了激光器设计者和使用者的广泛关注。高能量和高功率激光的获得受激光器设计和实现的限制。目前激光器设计和实现(尤其是小型化)的一个主要障碍表现在谐振腔内产生的高能激光束流可以改变腔内光学元件的性能。光学元件性能的变化会严重影响光束输出特性或者更严重的是导致元件的破坏。

　　激光诱导光学元件性能下降可能由如下因素所致：元件的热应变和扭曲；热透镜效应引起的光束质量下降(发散角的增加)；光学介质薄膜的熔融破坏；光学材料中的吸收杂质局部吸收激光能量导致的破坏；自聚焦效应；光学元件表面污染、划痕诱导的激光损伤。

　　上述现象涉及的激光波长范围从红外到真空紫外波段，时间结构包括连续、重复率和脉冲，作用时间从飞秒到数小时。如激光二极管、低功率的 He-Ne 激光、中等或高功率 Nd:YAG 激光、高功率脉冲和连续波 CO_2 激光器、超高功率短脉冲激光等。

　　激光与物质相互作用的机理主要有以下几种[341~345]。

　　1) 非线性吸收

　　激光与光学材料相互作用首先是从入射激光被材料反射和吸收开始的，激光束入射均匀、各向同性介质时，部分能量被周围气体和材料表面散射或反射，进入材料内部的激光能量部分被吸收，其余的能量则穿透材料继续传播。

　　对于激光透明陶瓷来说，激光辐射的吸收来源于多种机制，吸收是导致各种无法避免的损耗的主要原因，并且是长脉冲以及连续激光损伤的源头。在中等激光能量密度下，大量的非线性作用就表现出来了，而这些非线性过程往往都有确定的非线性阈值。与低能激光作用相比，中等能量激光作用下材料的折射率消光系数将成为入射光强度或者电场强度的函数，因此折射率和吸收系数就成为空间、波长、时间以及偏振态的函数。对于宽带隙的光学材料，在强激光场的作用下，通过碰撞离化或多光子离化把电子激发到导带，使得材料表现出吸收的特性。而对于电子雪崩过程，往往要求电子存在于导带的寿命足够长，并且激光场强足够强以致可以产生足够的能量大于禁带宽度的电子数目时才可能发生雪崩过程。

　　2) 拉曼散射

　　当激光功率密度超过某个特定值后受激拉曼散射就会表现出来，拉曼散射是由于激光与材料的振动跃迁相互作用的结果。拉曼散射的起因有两种，其一是入射光子释放出一个声子并以剩余能量辐射出另一个光子；其二是入射光子吸收一个声子重新释放出一个新的光子。

3) 布里渊散射

布里渊散射发生在入射光子被声学声子散射时。这种效应在低能量密度下也是会发生的，但是在高能量密度下受激布里渊散射会变的更严重些，这是由于受激布里渊散射转移能量给反向传播的光波。受激布里渊散射已经在许多气体、液体以及固体中发现。受激布里渊散射在单模光纤中表现的非常明显，在对反向光的探测中发现其能量达到 60%。

4) 谐波产生

物质与入射激光电场相互作用可以用极化来表征，非线性极化系数是材料和入射激光频率的函数。谐波产生通常出现在两个光束相互叠加并产生非线性极化。在适当的偏振态、温度和角度条件下，入射光束辐照透明材料产生的二倍频光恰好在该材料的吸收区域，这一现象出现时，非线性吸收对应的非线性温升将会出现，反常的高温产生会降低该材料的破坏阈值。

5) 自聚焦

当激光光束直径小于材料的折射率以及聚焦系统决定光斑尺度时，自聚焦效应通常会出现。产生自聚焦的过程比较多，只要是能导致折射率增加的过程(如随入射激光强度增加或材料温度增加过程)都能产生自聚焦。自聚焦的程度由透射功率以及样品长度决定。如果激光强度足够高，导致自聚焦程度比较强，那么将导致晶格的灾难性破坏。自聚焦的激光损伤阈值往往是随着材料长度变化的。实际情况中，激光损伤一般表现为丝状结构。丝状破坏阈值是与自聚焦长度相关的，而自聚焦长度是非线性折射率 n_2 的函数。当受辐照的样品长度大于自聚焦长度时，自聚焦损伤阈值就是最小值。

当激光功率密度超过材料的激光破坏阈值时，许多非可逆的灾难性的破坏会出现。激光诱导光学材料破坏可以出现在材料表面、元件组成材料的界面或者材料体内。目前解释激光损伤现象的理论模型主要有三种[346~351]。

第一个是热过程，它起源于材料对激光能量的吸收，一般在连续激光、长脉冲激光以及高重复频率的脉冲激光作用过程中表现明显。第二个是介质过程，这个过程通常出现在激光电场足够强以致于可以将束缚电子从晶格中剥离出来。这个过程往往在脉冲宽度足够窄并且热吸收足够低，在雪崩离化阈值低于热阈值时发生。第三个是多光子离化，它一般被看作是第二个机制的一种特殊情况，是由高强电场的能量传递给介质，使晶格束缚电子剥离，并同时使电子达到一个更高的能级。

激光损伤可能是单一机制起作用，也可能是多种机制的共同作用结果。并且激光损伤是与材料本身特性和激光参数密切相关的，因此激光损伤阈值的确定首先要明确波长、脉宽、靶面光斑等测试条件。目前激光损伤阈值的测试主要有三种方法，即单脉冲损伤测试、多脉冲损伤测试以及累积损伤测试。尽管三种测试方法有着相似的测试逻辑和测试步骤，但它们所得出的信息却是不同的。

不同类型的激光辐照，光学材料在破坏形貌上会有较大的区别。对于长脉冲、连续、高重复频率短脉冲激光，典型的破坏形貌通常介于熔融(光斑中心部分达到熔点)和力学破坏(热应力)之间；而对于单脉冲和低重复频率的短脉冲激光破坏形式通常表现为熔化或介质破坏，破坏形貌通常为熔融或烧蚀破坏。

当激光辐照在物质表面，其中一部分能量被吸收并以热的形式表现出来。这种相互作用的效果依赖于光斑和辐照物体的相对尺度、周围环境条件以及被辐照物体的光学机械和热学特性。

对于透明材料，我们首先定义热扩散长度 L，它是指在激光辐照时间内热量从光束中心向外扩散的距离

$$L^2 = 4D\tau \tag{3.79}$$

式中，$D = \kappa / \rho C$ 是热扩散率，τ 是激光脉冲时间，κ 是热导率，ρ 是材料密度，C 是热容。

激光透明陶瓷 1064 nm 激光辐照的损伤测试实验标准装置如图 3.316 所示。采用确定波长、脉宽、偏振态及 TEM_{00} 工作模式的高能量脉冲激光器作测试激光器，激光器被放置在固定的光学平台上，光束垂直入射光学介质样品。通过衰减器调节损伤激光辐照到样品的能量大小。另一台 He-Ne 激光用来作为光路准直之用。在测试光路上，采用分束镜分出一束光束使之进入光束探测装置，以实现观测损伤激光器的输出能量、波形、脉宽、偏振态等参数。

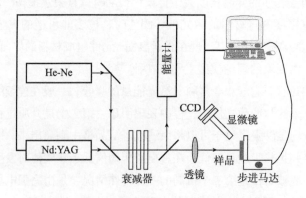

图 3.316　激光透明陶瓷损伤标准测试装置示意图

在损伤测试中，光学介质样品被放置在垂直于入射光束的 x-y 精密调整架上，以实现被测介质样品不同辐照点之间获得统一的间隔距离。为了防止激光被样品反射再

次进入激光源，从而引起光源内部激光晶体的激光损伤，测试中不能使入射光束严格垂直入射样品表面，应该保留 1°~2°离轴误差。

激光损伤阈值的测试主要有 1-on-1、N-on-1、S-on-1 和 R-on-1 四种损伤测试方式，其中 1-on-1 是最常用的一种测量方式，即在透明陶瓷表面一点激光只辐照一次的损伤阈值测量方式。

利用上述实验装置测试了 Nd:YAG 透明陶瓷的激光损伤阈值，实验中脉宽为 12 ns，光斑尺寸为 $1.1 \times 10^{-7}\,\mathrm{m}^2$，获得激光透明陶瓷 1064 nm 脉冲激光损伤的阈值为：$1.4\,\mathrm{GW/cm}^2$。根据文献记载[1770]，Nd:YAG 激光晶体的脉冲激光损伤的阈值约为 $3.6\,\mathrm{GW/cm}^2$。

图 3.317 为 1064 nm 激光辐照前后 Nd:YAG 激光透明陶瓷的透过率曲线，其中图 (a)为辐照前后的原始数据，图(b)为将辐照后的数据处理，使得 Nd:YAG 陶瓷在 1100 nm 处的透过率相等。从两个图的比较可以看出，Nd:YAG 透明陶瓷被 1064 nm 调 Q 激光辐照后的主要改变为散射的增加，即辐照产生了大量的散射中心，散射的类型主要为瑞利散射和米氏散射，同时还有大量的廷德尔(Tyndall)散射。

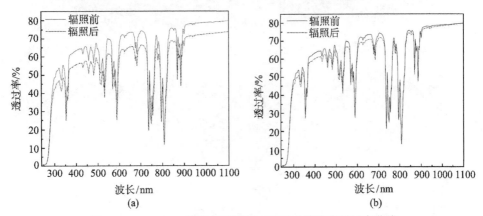

图 3.317　1064 nm 激光辐照前后 Nd:YAG 陶瓷的透过率曲线

图 3.318 为未退火 Nd:YAG 激光透明陶瓷在 1064 nm 调 Q 激光损伤临界状态下的辐照损伤微观图。在一个光斑范围内，辐照损伤只发生在部分区域，但并没有沿着晶界或者晶粒等特定的区域。

图 3.319 为未退水 Nd:YAG 激光透明陶瓷在高功率 1064 nm 调 Q 激光辐照后损伤坑的微观图，此时激光的功率密度已经远大于前面测得的损伤阈值。从图中可以看出，当用强激光辐照后，在激光透明陶瓷的表面形成一个圆的烧蚀坑。

图 3.320 为退火 Nd:YAG 陶瓷被高功率 1064 nm 调 Q 激光辐照后所形成损伤的

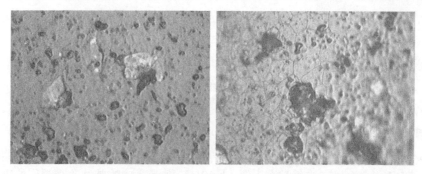

图 3.318   未退火 Nd:YAG 透明陶瓷在低功率 1064 nm 调 Q 激光辐照下的损伤坑微观图

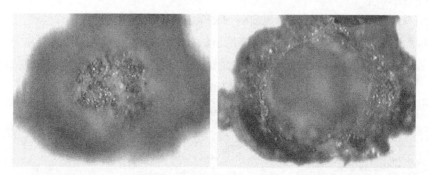

图 3.319   未退火 Nd:YAG 透明陶瓷在高功率 1064 nm 调 Q 激光辐照下的损伤坑微观图

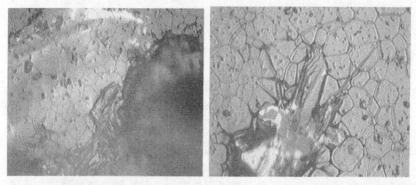

图 3.320   退火 Nd:YAG 陶瓷在高功率 1064 nm 调 Q 激光辐照后的损伤坑微观图

显微结构。从图中可以看出，损伤区域并没有明显的沿着晶界发展而是随着激光辐照区域随机破坏，说明波长为 1064 nm 的强激光对 Nd:YAG 陶瓷的晶界和晶粒的影响是一致的，并且不存在晶界处更容易被激光破坏的现象。

　　Nd:YAG 陶瓷在 800 nm 近红外超快飞秒强激光辐照的损伤测试实验标准装置如图 3.321 所示。所用的辐照源为用 LD 泵浦的 YVO$_4$ 激光的二次谐波泵浦的钛宝石再生放大器。输出激光的波长为 800 nm，脉宽为 70 fs，功率为 400 mW，最大的单脉冲输出能量为 5 nJ，光斑尺寸为 $1.2×10^{-11}\,m^2$，即飞秒激光的功率密度为 $4×10^{-2}\,J/cm^2$ 或 600 GW/cm²。

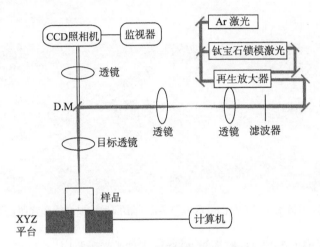

图 3.321　800 nm 飞秒强激光的辐照损伤测试装置图

图 3.322 为 800 nm 飞秒激光辐照前后 Nd:YAG 陶瓷的透过率曲线。其中图(a)为辐照前后的原始数据，图(b)为将辐照后的数据处理，使得 Nd:YAG 陶瓷在 1100nm 处的透过率相等。 从两个图的比较可以看出，与 1064 nm 调 Q 激光辐照损伤后的 Nd:YAG 陶瓷一样，800 nm 飞秒激光辐照后的主要的改变也是散射的增加，导致 Nd:YAG 陶瓷的透过率下降，这主要是因为辐照后在 Nd:YAG 陶瓷中产生了更多的光学散射中心。

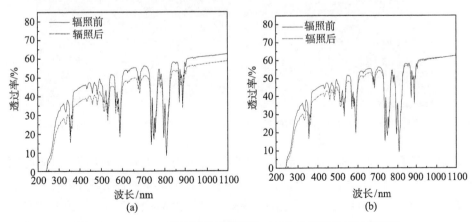

图 3.322　800 nm 飞秒激光辐照前后 Nd:YAG 陶瓷的透过率曲线

(a) 原始数据; (b) 归一化数据

图 3.323 为未退火 Nd:YAG 陶瓷被 800 nm 飞秒激光辐照后形成的损伤线和损伤坑的微观图。从图中可以看出，800 nm 飞秒辐照损伤线为一条非常连续的线，同样在辐照损伤坑处发现有亮晶晶的发光，说明在辐照过程中，Nd:YAG 陶瓷已经熔化成玻璃相。

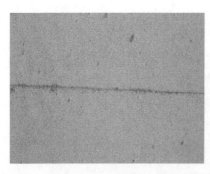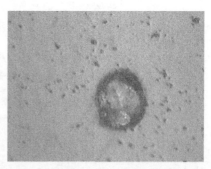

图 3.323　未退火 Nd:YAG 陶瓷在 800 nm 飞秒激光辐照后的损伤线和辐照损伤坑的微观图

图 3.324 是退火 Nd:YAG 陶瓷被 800 nm 飞秒激光辐照损伤的显微结构照片。从图中可以看出，与 1064 nm 调 Q 激光损伤一样，800 nm 飞秒激光损伤区域并没有明显的沿着晶界发展而是随着激光辐照区域随机破坏，说明 800 nm 的飞秒强激光对 Nd:YAG 陶瓷的晶界和晶粒的影响是一致的，并不存在晶界处更容易被激光破坏的现象。

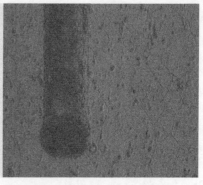

图 3.324　退火 Nd:YAG 陶瓷被 800 nm 飞秒激光辐照损伤的显微结构图

激光陶瓷在长时间高功率运转时，热效应与光效应等引起的应力将导致陶瓷性能改变，从而导致损伤。晶界是陶瓷的主要结构特征，存在晶界迁动(晶界沿着与它的正切面垂直方向的位移)和晶界滑动(指两个晶粒沿共同边界平行的切向运动引起的位移)现象，在高功率 LD 泵浦条件下可能加剧晶界变化，从而导致损伤。因此，进行 Nd:YAG 光陶瓷在高功率泵浦条件下的疲劳损伤实验，有利于深入研究激光陶瓷损伤机制。

中国科学院北京技术研究理化所采用中国科学院上海硅酸盐研究所提供的 3
支尺寸为 Φ3 mm×40 mm 的 1.0 at%Nd:YAG 陶瓷激光棒和 2 支相同尺寸、相同掺杂浓
度和相同加工镀膜情况的 Nd:YAG 晶体激光棒进行激光热损伤特性研究。采用 LD 光
纤模块输出 808 nm 激光对样品进行激光热损伤实验，样品由绝缘装置固定支撑，仅存
在热辐射与空气自然对流散热，散热稳定；功率计测量入射激光功率并实时监测透过激
光光功率；采用热电耦电阻实时监测样品表面温度。所用 LD 光纤耦合模块是芯径为
1.2 mm，数值孔径为 0.22，最高可输出功率为 100 W、波长为 808 nm 的连续波激光。

图 3.325 是测得样品表面温度随吸收的 LD 泵浦功率变化曲线(其中在最高吸收泵
浦功率时样品出现了热损伤)[69]。从图中可以看出，在吸收相同的泵浦功率条件下，陶
瓷与晶体表面温度的升高几乎相当，例如，在吸收泵浦功率为 12 W 时，陶瓷棒的表
面温度分别为 137℃、161℃、162℃，晶体棒的表面温度分别为 139℃和 142℃。但
Nd:YAG 陶瓷棒的激光热损伤阈值明显高于晶体棒，3 支陶瓷棒出现热损伤时，吸收

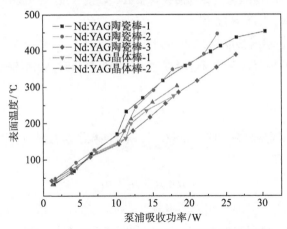

图 3.325　样品表面温度随 LD 泵浦功率的变化

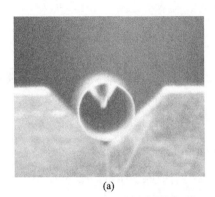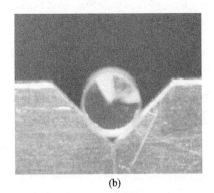

(a)　　　　　　　　　　　　(b)

图 3.326　激光热损伤的 Nd:YAG 晶体棒(a)与陶瓷棒(b)

功率分别为 30.5 W、23.9 W、26.5 W，平均值为 27 W，表面温度分别为 452℃、446℃、388℃，平均值为 428℃；2 支晶体棒出现热损伤时，吸收功率分别为 17.9 W、18.4 W，平均值为 18 W，表面温度分别为 274℃、302℃，平均值为 288℃。该试验结果显示，对于同样尺寸与掺杂浓度的样品，陶瓷材料的激光热损伤阈值比晶体高约 48.8%。发生激光热损伤的 Nd:YAG 晶体棒与陶瓷棒样品如图 3.326 所示。

3.2.8　闪烁陶瓷的测试表征和光物理特性

闪烁陶瓷要求有较高的密度、较高的光学透明性、优异的闪烁性能(如衰减和余辉及抗辐射损伤)以及良好的物理化学稳定性。接下来将重点介绍闪烁陶瓷的测试表征方法和光物理特性。

1. 闪烁陶瓷的表征参数

表征闪烁陶瓷的物理量主要包括吸收系数、辐射长度、Moliere 半径、光输出、衰减常数、透过率、辐照硬度等[352,353]。

1) 吸收系数、辐射长度与 Moliere 半径

当强度为 I_0 的辐照入射并通过厚度为 d 的闪烁材料时，出射辐照的强度 I 可表示为[354]

$$I = I_0 \exp(-\mu d) \tag{3.80}$$

式中，μ 为该闪烁材料的吸收系数。根据高能粒子与材料的作用机制，吸收系数 μ 由三部分组成，即

$$\mu = \mu_1 + \mu_2 + \mu_3 \tag{3.81}$$

式中，μ_1 对应于光电效应引起的吸收，μ_2 对应于康普顿散射，μ_3 是由电子对和光核效应引起的吸收。辐照在晶体中穿过一定的距离后，当其能量下降到入射能量的 1/e 时所对应的距离称为该晶体的辐射长度，通常用 X_0 表示。从上述定义可以看出吸收系数 μ 与辐射长度 X_0 成反比关系，即

$$X_0 = 1/\mu \tag{3.82}$$

闪烁材料的吸收系数越大，则其辐射长度越短，而用这样的闪烁材料所制造的探测器体积就更小，更加紧凑，它不仅是降低了探测器的制作成本，而且这样的探测器空间分辩率往往也越高。根据经验公式

$$X_0 = 180A/(Z^2\rho) \tag{3.83}$$

式(3.92)中 A 是化合物的相对分子质量，Z 是有效原子序数，ρ 是密度。由此可见，密度越大，有效原子序数越高的闪烁材料，其辐射长度越短。

与辐射长度类似的另一个物理量是 Moliere 半径,小的 Moliere 半径有利于降低其他粒子对能量测量的污染。

以上这三个物理量都直接或间接地与闪烁陶瓷的密度有关,都要求陶瓷密度越大越好,因此寻找高密度闪烁陶瓷是闪烁材料研究的重要方向之一。

2) 光产额与发射波长

光产额 L_R (也称光输出)表示在一次闪烁过程中产生的光子数目与激发粒子被闪烁材料吸收的能量之比(ph/MeV)。

$$L_R = \frac{N_{ph}}{E_r} = \frac{\alpha N_{eh}}{E_r} = \frac{\beta}{\beta \cdot E_g} \tag{3.84}$$

式中, N_{ph} 为发射闪烁光子的数目; N_{eh} 为闪烁中电子–空穴对的数目; α 为电子–空穴对转化为闪烁光子的效率,它与电子空穴对到发光中心的能量传递效率以及发光中心的量子效率有关; E_r 为晶体所吸收的激发粒子的总能量; E_g 为晶体的禁带宽度; β 为数值系数。光产额是表征晶体发光强度的一个参量,与晶体的固有性质有关。一般以 NaI:Tl 的光输出(48000 ph/MeV)作为 100 比较后得到的相对光输出来表示。

发射光谱是指发射光的强度随波长的分布,闪烁晶体的发射光谱为宽带谱,其中,强度最大的光所对应的波长称为发光主峰位,晶体研究工作者习惯上称其为发射波长。发射光通常都是由光电倍增管(PMT)或硅光二极管(SPD)探测,目前,PMT 的探测敏感区一般为 300~500 nm,SPD 的敏感区为 500~600 nm。这就要求闪烁晶体的发射波长最好落在上述敏感区域内,这样,晶体的发光才能被探测器最有效地接收。

3) 衰减时间

闪烁材料受激发后所发出的光子数是随时间而变化的。对于典型的发光过程来说,发光强度可用两个指数的加和来描述,一个描述指数的增长过程,一个描述下降过程。由于增长时间一般不超过 10^{-12} s,远远小于下降(衰减)时间,因此闪烁晶体发光强度的衰减过程可以用时间常数来表示,即

$$I_t = I_0 \exp(-t/\tau) \tag{3.85}$$

式中, τ 为闪烁晶体的发光衰减时间。

4) 品质因数

Briks[355]首先将品质因数(figure of merit) M 这样一个概念引入到无机闪烁材料体的性能表征中, M 是指光输出与光衰减常数的比值,经过 Lempicki[356]的进一步推导, M 可以表示为

$$M = \frac{L_R}{\tau} = \frac{I_0}{E\gamma} = \beta S \frac{10^6}{2.3 E_g} \frac{1}{\tau_r} \tag{3.86}$$

一般地讲，较大的 M 值意味着探测器具有较好的信噪比。

5) 能量分辨率

能量为 E 的 γ 光子入射到闪烁体内，并被吸收。经过闪烁体受激发光、光传输和光探测器接收并给出信号等统计过程，导致输出脉冲的幅度是一个统计分布。如果以 ΔP 表示分布谱的半高全宽(full width at half maximum, FWHM)，P 表示分布谱的峰位值，则能量分辨率 R 为

$$R = \frac{\Delta P}{P} \propto \frac{1}{\sqrt{N_{ph}}} \tag{3.87}$$

R 越小，习惯上称晶体的能量分辨率越好。闪烁体的光输出越高，能量分辨率也就越好。

6) 抗辐照强度

长期接受大剂量的高能粒子辐照，会导致闪烁体出现各种各样的缺陷。轻者会在闪烁体内部产生一些色心缺陷，重者会导致晶格原子从平衡位置产生位移，或是从闪烁体中逸出，甚至会被打裂成轻原子核或核子，这些都会严重影响到闪烁体的性能，使闪烁体的透光率下降，光产额降低。

7) 透过率

为了使闪烁材料所发出的光能最大限度地传播给光电倍增管，闪烁体在其发出的闪烁光波长区域应具有较高的透过率，否则会降低光输出。一般而言，晶体的纯度越高、缺陷越少、禁带宽度越大则晶体在其发散光谱区域的透过率会越高。

8) 折射率

晶体所发出的光最终要在晶体与光电探测器的耦合中为探测器所吸收，晶体的折射率直接影响到晶体的发光能否有效地进入探测器。一般而言晶体的折射率越小越有利于光的收集。

2. 闪烁陶瓷的测试方法

该部分将重点介绍闪烁陶瓷性能测试的主要方法，包括光学透过率、紫外激发-发射光谱、真空紫外激发-发射光谱、X 射线谱、γ 多道能谱、衰减时间和热释光谱等[352]。透过率是衡量闪烁陶瓷性能的重要依据，不仅可以反映出闪烁陶瓷光学质量的高低，而且还可以提供出闪烁陶瓷的某些物理信息。闪烁陶瓷的透过率一般采用紫外-可见-近红外分光光度计进行测试。紫外激发和发射光谱可以采用荧光光谱仪进行测试。真空紫外激发-发射光谱测试可以在同步辐射实验室的真空紫外站中进行，实验站采用时间相关单光子计数法测试样品的真空紫外光谱。

通常情况下，闪烁晶体的光输出可以通过 X 射线激发发射谱按波长的积分和 γ

多道能谱来实现。中国科学院上海硅酸盐研究所自制的 X 射线激发发射光谱仪采用医学 F30III-2 型移动式诊断 X 射线机，钨靶，Hamamatsu R456 PMT 探测闪烁荧光，单色仪为 44 W 平面光栅单色仪。使用计算机控制单色仪，并接收光电倍增管的电流信号数据。测试时，为取得较好地测试数据，通常用 Teflon 包住晶体避免漏光，只露出一面使光电倍增管接收闪烁光。典型测试条件：X 射线管工作电压为 60 KV，管电流为 2 mA，光电倍增管高压为–900 V。中国科学院上海硅酸盐研究所自制的 γ 多道能谱的激发源选用常用的 ^{137}Cs (发出 662 keV 的 γ 射线)，闪烁陶瓷发射的荧光用 Hamamatsu-2059 型光电倍增管接收，光电倍增管的工作电压为–1000～–2000 V。测量时，除了测试面外，其余闪烁陶瓷各面均包有一层反光性能良好的 Teflon 或 Tyvek 以增加闪烁光的收集；测试面与光电倍增管之间涂一层硅油，硅油的折射率介于通常晶体的折射率和光电倍增管表面玻璃的折射率之间，以便加强光电倍增管对光的接收。放射源、样品和光电倍增管部分用铅箱封闭，放射源距样品的高度由电动马达控制。因为闪烁陶瓷在不同温度下的光输出常常差异较大，因此光输出测试时温度均保持在室温 20~22℃进行。

　　测量闪烁陶瓷衰减时间的方法主要可以分成两类，一类是积分法，另一类是时间关联单光子计数法。积分法[357]是通过不同积分门宽时测得的光电子产额来获得发光衰减时间特性。该方法因电子学线路门宽的限制，对于特别快的发光成分(<10ns)误差较大，比较适合测量慢发光成分。时间关联单光子计数法[358]经常使用的光源为 γ 射线，该设备具有使用灵活方便，寿命测量动态范围大的特点。

　　材料的热释光(thermoluminescence, TL)是指材料在吸收辐射能之后的热致发光。很多发光材料中存在能束缚电子或空穴的缺陷。当受到光或射线辐照时，在固体中产生的自由载流子会有相当一部分被束缚在这些色心上。在温度较低时(未被其他能量激发)，这些载流子比较稳定。当温度升高时，这些载流子将获得足够的能量逸出，并与空穴或电子在发光中心复合，以辐射的形式释放能量。发光随温度的升高而逐渐增强，达到某一温度时产生最强发光，之后由于载流子的能量越来越大不易被色心束缚，或者随着温度的升高，被束缚的载流子数目越来越少，光强逐渐减弱[359]。热释光特性用热释光谱来表示，常用的是二维热释光谱，即发光强度随温度的变化曲线来表示；当再加上波长的显示时，则构成了温度–波长–强度的三维热释光谱。通过三维热释光谱提供的信息，我们可以确定出热释光复合中心的种类。

3. 闪烁陶瓷的光物理特性

1) Ce:YAG 闪烁陶瓷

Ce^{3+}具有 4f^{1}电子组态，是稀土离子中荧光效率较高的激活离子，Ce:YAG 发光波长在 550 nm 左右，能与硅光二极管 APD(探测灵敏区 500~1000 nm)很好地耦合，且具有衰减时间快(~65 ns)、光产额高的特点，是性能优异的闪烁材料。Ce:YAG 的密度是 4.5 g/cm³，作为闪烁材料的应用，密度较低，因此被认为在中低能量粒子射线(电子，α, β 粒子等)探测领域具有重要应用前景。与当前在这一领域应用的 CsI(Tl)单晶相比，CeYAG 具有更快的衰减时间和更好的热力学机械性能[360]。此外，Ce:YAG 也被认为是国际在热核聚变反应堆实验(ITER 等)中，逃逸α粒子(lost alpha particle)的探测用备选材料[361]。

图 3.327 是采用固相反应法制备的 0.3 at%Ce:YAG 透明陶瓷的实物照片和直线透过率曲线。样品在 500~900 nm 可见光范围的透过率可达 80%，光学均匀性良好。

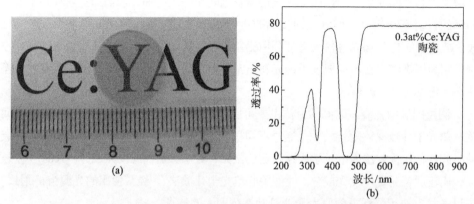

图 3.327 0.3 at% Ce:YAG 透明陶瓷的实物照片(a)和直线透过率曲线(b)

图 3.328 是 Ce:YAG 透明陶瓷的激发和发射光谱。从图中可以看出，激发波长分别为 342 nm 和 480 nm，在 500~700 nm 范围有一个宽的发射峰带，峰形是不对称

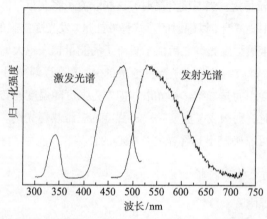

图 3.328 Ce:YAG 透明陶瓷的激发和发射光谱(λ_{ex} = 350 nm, λ_{em} = 530 nm)

的，可分解为两个发射峰，分别对应于 Ce^{3+} 最低 5d 激发态到 4f 基态的两个 Stark 分裂能级($^2F_{5/2}$ 和 $^2F_{7/2}$)的跃迁。Ce:YAG 透明陶瓷的激发发射峰相对光致发光谱有一定的红移，在 550 nm 处观察到 Ce^{3+} 的特征发射，与硅光电二极管的探测灵敏区匹配，Ce:YAG 陶瓷的发光性能与相应的单晶相当，是一种有潜力的中低能量粒子射线探测用闪烁材料。

2) Pr:LuAG 闪烁陶瓷

高光输出快衰减的闪烁材料的研究成为闪烁材料的研究热点。目前闪烁体的研究主要集中在 Ce^{3+} 的 5d-4f 跃迁上，衰减时间在 40~100ns。随着器件的发展，对材料提出了更高性能的需求，同样具有 5d-4f 跃迁 Pr^{3+} 因此也被注意到，我们在国际上率先开发出了高性能高光学质量的 Pr:LuGA 陶瓷，具有高密度快衰减的特性。目前已经开始制作闪烁材料阵列，尝试应用于 PET 仪器上，用于核医学成像系统。

Pr:LuAG 陶瓷的光致激发发射谱和 X 射线激发发射谱如图 3.329 和图 3.330 所示，

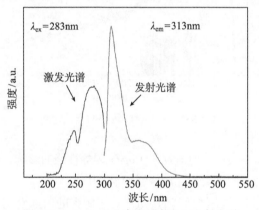

图 3.329　Pr:LuAG 陶瓷的激发及发射光谱

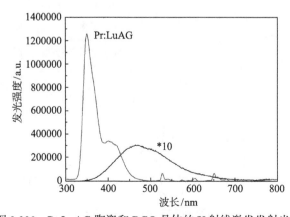

图 3.330　Pr:LuAG 陶瓷和 BGO 晶体的 X 射线激发发射光谱

位于 313 nm 处的峰位是 Pr^{3+} 特征的 5d-4f 发光峰。从图 52 中可以看到 Pr^{3+} 的 5d-4f 跃迁产生 290~410 nm 宽的发射带(分别对应于 Pr^{3+} 的 $5d_1$，$5d_2$ 激发态到 4f 基态 $^3H_4$ 能级的跃迁)，由于是跃迁规则允许的发射，此发射带的发射强度非常强，大约是 BGO 的 50 倍左右，Pr^{3+} 的量子效率接近 1，说明制备的透明陶瓷在吸收了 X 射线后，全部转化为 5d-4f 跃迁发光，能量损失很小。

此外，还测试了样品的衰减时间，用 280 nm 的激发光激发，得到 320 nm 对应 $5d_1$ 跃迁的衰减曲线，拟合得到近似单指数衰减的结果，其中得到了 20.06 ns 的快衰减时间数值(图 3.331)，这个值对应 $5d_1$-4f 跃迁的衰减数值。

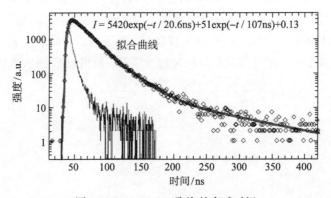

图 3.331　Pr:LuAG 陶瓷的衰减时间

图 3.332 给出了不同烧结助剂对 Pr:LuAG 闪烁性能的影响，与 Ce:LYAG 的研究结果相一致，烧结助剂的种类对光产额影响显著[362]。

由于陶瓷烧结过程中烧结助剂的添加，对于陶瓷的闪烁性能产生了严重的影响，

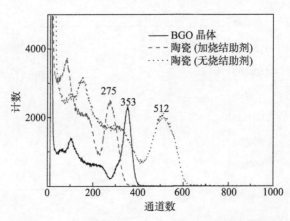

图 3.332　烧结助剂对 Pr:LuAG 陶瓷闪烁性能的影响

在制备过程中，烧结助剂的添加量相当于单晶中离子掺杂改性的量级(> 几百 ppm)。因此，烧结助剂的引入会在陶瓷闪烁体中产生各种缺陷，从而严重地影响其闪烁参数。对于闪烁陶瓷，合适的烧结助剂的使用，对于制备闪烁陶瓷，获得优异的闪烁参数具有重要意义。

参 考 文 献

[1] Ikesue A, Kinoshita T, Kamata K, et al. Fabrication and optical properties of high-performance polycrystalline Nd: YAG ceramics for solid-state lasers. J. Am. Ceram. Soc., 1995, 78(4): 1033-1040

[2] Sekita M, Haneda H, Yanagitani T. Induced emission cross section of Nd: $Y_3Al_5O_{12}$ ceramics. J. Appl. Phys., 1990, 67(1): 453-458

[3] Sekita M, Haneda H, Yanagitani T. Optical spectra of undoped and rare earth-(=Pr, Nd, Eu, and Er) doped transparent ceramic $Y_3Al_5O_{12}$. J. Appl. Phys., 1991, 69(6): 3709-3718

[4] Lu J, Prabhu M, Song J, et al. Optical properties and highly efficient laser oscillation of Nd: YAG ceramics. Appl. Phys. B, 2000, 71(4): 469-473

[5] Kinsman K M, McKittrick J, Sluzky E, et al. Phase development and Luminescence in chromium-doped yttrium aluminum garnet (YAG: Cr) phosphors. J. Am. Ceram. Soc., 1994, 77(11): 2866-2872

[6] De With G, Van Dijk H J A. Translucent $Y_3Al_5O_{12}$ ceramics. Mater. Res. Bull., 1984, 19(12): 1669-1674

[7] 张芳, 秦小梅, 修稚萌, 等. 钇铝硝酸盐共熔制备 YAG 微粉. 功能材料, 2002, 33(1): 88-89

[8] Kang Y C, Chung Y S, Park S B. Preparation of YAG: Eu red phosphors by spray pyrolysis using a filter-expansion aerosol generator. J. Am Ceram. Soc., 1999, 82(8): 2056-2060

[9] Kang Y C, Lenggoro I W, Park S B, et al. YAG: Ce particles prepared by ultrasonic spray pyrolysis. Mater. Res. Bull., 2000, 35(5): 789-798

[10] Matsushita N, Tsuchiya N, Nakatsuka K, et al. Precipitation and calcination processes for yttrium aluminum garnet precursors synthesized by the urea method. J. Am. Ceram. Soc., 1999, 82(8): 1977-1984

[11] Wang H Z, Gao L, Niihara K. Synthesis of nanoscaled yttrium aluminum garnet powder by the co-precipitation method. Mater. Sci. Eng A, 2000, 288(1): 1-4

[12] Li J G, Ikegami T, Lee J H, et al. Coprecipitation synthesis and sintering of yttrium alumina garnet (YAG) powders: the effect of precipitant. J Eur. Ceram. Soc., 2000, 20(14–15): 2395-2405

[13] Li J G, Ikegami T, Lee J H. Low-temperature fabrication of transparent yttrium aluminum garnet (YAG) ceramics without additives. J. Am. Ceram. Soc., 2000, 83(4): 961–963

[14] 李江, 潘裕柏, 张俊计, 等. 共沉淀法制备钇铝石榴石(YAG)纳米粉体. 硅酸盐学报, 2003, 31(5): 490-493

[15] 李江, 邱发贵, 潘裕柏, 等. 共沉淀法制备 YAG 纳米粉体中团聚的研究. 稀有金属材料与工程, 2004, 33(增刊 3): 88-92

[16]   李江. 稀土离子掺杂 YAG 透明陶瓷的制备结构及性能研究. 上海：中国科学院上海硅酸
        盐研究所, 2007

[17]   Saito N, Matsuda S, Ikegami T. Fabrication of transparent yttria ceramics at low temperature
        using carbonate-derived powder. J Am Ceram Soc., 1998, 81(8): 2023-2028

[18]   Liu W B, Zhang W X, Li J, et al. Synthesis of Nd: YAG powders leading to transparent
        ceramics: The effect of MgO dopant. J. Eur. Ceram. Soc., 2011, 31(4): 653-657

[19]   Li X, Liu H, Wang J Y, et al. Preparation and properties of YAG nano-sized powder from
        different precipitating agent. Opt. Mater., 2004, 25(4): 407-412

[20]   Gowda G. Synthesis of yttrium aluminates by sol-gel process. J. Mater. Sci. Lett., 1986, 5(10):
        1029-1032

[21]   Manalert R, Rahaman M N. Sol-gel processing and sintering of yttrium aluminum garnet
        (YAG) powders. J. Mater. Sci., 1996, 31(13): 3453-3458

[22]   Fujioka K, Saiki T, Motokoshi S, et al. Luminescence properties of highly Cr co-doped Nd:
        YAG powder produced by sol-gel method. J. Lumin., 2010, 130(3): 455-459

[23]   De la Rosa E, Dı́az-Torres L A, Salas P, et al. Low temperature synthesis and structural
        characterization of nanocrystalline YAG prepared by a modified sol-gel method. Opt. Mater.,
        2005, 27(12): 1793-1799

[24]   Kolb E D. Phase equilibria of $Y_3Al_5O_{12}$ hydrothermal gro wth of $Gd_3Ga_5O_{12}$ and hydrothermal
        epitaxy of magnetic garnets. J. Cryst. Gro wth, 1975, 29(1): 29-39

[25]   Messier D R, Gazza G E. Controlled nucleation for hydrothermal gro wth of yttrium-
        aluminum garnet powders. Am. Ceram. Soc. Bull., 1986, 65(9): 1282-1286

[26]   Inoue M, Otsu H, Kominaml H, et al. Synthesis of yttrium aluminum garnet by the
        glycothermal method. J. Am. Ceram. Soc., 1991, 74(6): 1452-1454

[27]   Nishi M, Tanabe S, Inoue M, et al. Optical-teleco mmunication-band fluorescence properties
        of Er^{3+}-doped YAG nanocrystals synthesized by glycothermal method. Opt. Mater., 2005,
        27(4): 655-662

[28]   张旭东, 刘宏, 何文, 等. 溶剂热法合成 YAG 晶粒的形成过程. 硅酸盐学报, 2004, 32(3):
        226-229

[29]   Kingsley J J, Patil K C. A novel combustion process for the synthesis of fine particle
        α-alumina and related oxide materials. Mater. Lett., 1988, 6(11, 12): 427-431

[30]   Kingsley J J, Suresh K, Patil K C. Combustion synthesis of fine particle rare earth
        orthoaluminates and yttrium aluminum garnet. J. Solid State Chem., 1990, 88(2): 435-442

[31]   Shea L E, Mckittrick J, Lopez O A, et al. Synthesis of red-emitting, small particle size
        luminescent oxides using an optimized combustion process. J. Am. Ceram. Soc., 1996,
        79(12): 3257-3265

[32]   Zhang J J, Ning J W, Liu X J, et al. Synthesis of ultrafine YAG: Tb phosphor by nitrate-citrate
        sol-gel combustion process. Mater. Res. Bull., 2003, 38(15): 1249-1256

[33]   Li J, Pan Y B, Xiang C S, et al. Low temperature synthesis of ultrafine α-Al_2O_3 powder by a
        simple aqueous sol-gel process. Ceram. Int., 2006, 32(5): 587-591

[34]   Li J, Pan Y B, Qiu F G, et al. Synthesis of nanosized Nd: YAG powders via gel combustion.
        Ceram. Int., 2007, 33(6): 1047-1052

[35]   Li J, Pan Y B, Qiu F G, et al. Nanostructured Nd: YAG powders via gel combustion: the

　　　　　 influence of citrate to nitrate ratio. Ceram. Int., 2008, 34(1): 141-149

[36]　 Qiu F G, Pu X P, Li J, et al. Thermal behavior of the YAG precursor prepared by sol-gel combustion process, Ceram. Int., 2005, 31(5): 663-665

[37]　 De With G, Van Dijk H J A. Translucent $Y_3Al_5O_{12}$ ceramics. Mater. Res. Bull., 1984, 19(12): 1669-1674

[38]　 Ikesue A, Kamata K. Role of Si on Nd solid-solution of YAG ceramics. J. Ceram. Soc. Jpn., 1995, 103(5): 489-493

[39]　 吴玉松. 稀土离子掺杂 YAG 激光透明陶瓷的研究. 上海: 中国科学院上海硅酸盐研究所, 2008

[40]　 Yang H, Qin X P, Zhang J, et al. Fabrication of Nd: YAG transparent ceramics with both TEOS and MgO additives. J. Alloy Compd., 2011, 509(17): 5274-5279

[41]　 Yang H, Qin X P, Zhang J, et al. The effect of MgO and SiO_2 codoping on the properties of Nd: YAG transparent ceramic. Opt. Mater., 2012, 34(7): 940-943

[42]　 Liu W B, Li J, Jiang B X, et al. Effect of La_2O_3 on microstructures and laser properties of Nd: YAG ceramic. J. Alloy Compd., 2012, 512(1): 1-4

[43]　 Stevenson A J, Kupp E R, Messing G L. Low temperature, transient liquid phase sintering of B_2O_3-SiO_2-doped Nd: YAG transparent ceramics. J. Mater. Res., 2011, 26(9): 1151-1158

[44]　 周军. Er^{3+}离子激光透明陶瓷材料的研究. 上海: 中国科学院上海硅酸盐研究所, 2010

[45]　 Li J, Wu Y S, Pan Y B, et al. Laminar structured YAG/Nd: YAG/YAG transparent ceramics for solid-state lasers. Int. J. Appl. Ceram. Tech., 2008, 5(4): 360-364

[46]　 Li J, Liu W B, Liu J, et al. Composite YAG/Nd:YAG transparent ceramics for high-power lasers. Proc. SPIE., 2012, 82061Z: 1-6

[47]　 Kaigorodov A S, Ivanov V V, Khrustov V R, et al. Fabrication of Nd: Y_2O_3 transparent ceramics by pulsed compaction and sintering of weakly agglomerated nanopowders. J. Eur. Ceram. Soc., 2007, 27(2-3): 1165-1169

[48]　 Bagaev S N, Osipov V V, Ivanov M G, et al. Fabrication and characteristics of neodymium-activated yttrium oxide optical ceramics. Opt. Mater., 2009, 31(5): 740-743

[49]　 李江, 周军, 潘裕柏, 等. 利用注浆成型制备钇铝石榴石基透明陶瓷的方法: 中国, 200910198810.1, 2009

[50]　 周军, 潘裕柏, 李江, 等. 无水乙醇注浆成型制备 YAG 透明陶瓷. 无机材料学报, 2011, 26(3): 254-256

[51]　 Appiagyei K A, Messing G L, Du mm J Q. Aqueous slip casting of transparent yttrium aluminum garnet (YAG) ceramics. Ceram. Int., 2008, 34(5): 1309-1313

[52]　 Kupp E R, Messing G L, Anderson J M, et al. Co-casting and optical characteristics of transparent segmented composite Er: YAG laser ceramic. J. Mater. Res., 2010, 25(3): 476-483

[53]　 Tang F, Cao Y G, Huang J Q, et al. Fabrication and laser behavior of composite Yb: YAG ceramic. J. Am. Ceram. Soc., 2012, 95(1): 56-59

[54]　 曹峻. 流延法制备氮化铝基陶瓷基板的研究. 上海: 中国科学院上海硅酸盐研究所, 2000

[55]　 巴学巍, 李江, 曾燕萍, 等. 一种水基流延成型制备 YAG 透明陶瓷的方法: 中国, 201210202234.5, 2012

[56]　 浙江大学, 武汉建筑材料工业学院, 上海化工学院, 等. 硅酸盐物理化学. 北京: 中国建

筑工业出版社, 1980

[57]   Upadhyaya G S. Some issues in sintering science and technology. Mater. Chem. Phys., 2001, 67(1/2/3): 1-5

[58]   果世驹. 粉末烧结理论. 北京：冶金工业出版社, 1998

[59]   Evans A G, Tappin G. Effects of microstructure on the stress to propagate inherent flaws. Pro. Br. Ceram. Soc., 1972, 20: 275297

[60]   师昌绪. 材料大辞典. 北京：化学工业出版社, 1994

[61]   柳田博明. セラミックスの科学, 东京：技报堂出版株式会社, 1981

[62]   山口桥, 柳田博明. セラミックサイエンスシリーズ 1 モダンセラミックサイエンス. 东京：技报堂出版株式会社, 1984

[63]   Li J, Wu Y S, Pan Y B, et al. Fabrication, microstructure and properties of highly transparent Nd: YAG laser ceramics. Opt. Mater., 2008, 31(1): 6-17

[64]   Zhou J, Zhang W X, Wang L, et al. Fabrication, microstructure and optical properties of polycrystalline Er: $Y_3Al_5O_{12}$ ceramics. Ceram. Int., 2011, 37(1): 119-125

[65]   Zhou J, Zhang W X, Li J, et al. Upconversion luminescence of various highly Er-doped YAG transparent ceramics. Ceram. Int., 2010, 36(1): 193-197

[66]   Rabinovitch Y, Tetard D, Faucher M D, et al. Transparent polycrystalline neodymium doped YAG: synthesis parameters, laser efficiency. Opt. Mater., 2003, 24(1-2): 345-351

[67]   Lee S H, Kochawattana S, Messing G L, et al. Solid-state reactive sintering of transparent polycrystalline Nd: YAG. J. Am. Ceram. Soc., 2006, 89(6): 1945-1950

[68]   Esposito L, Costa A L, Medri V. Reactive sintering of YAG-based materials using micrometer-sized powders. J. Eur. Ceram. Soc., 2008, 28(5): 1065-1071

[69]   刘文斌. 基于高功率 Nd:YAG 透明陶瓷的制备、显微结构及性能研究. 上海：上海交通大学, 2012

[70]   Liu W B, Jiang B X, Zhang W X, et al. Influence of heating rate on optical properties of Nd: YAG laser ceramic. Ceram. Int., 2010, 36(7): 2197-2201

[71]   Lee S H, Kupp E R, Stevenson A J, et al. Hot isostatic pressing of transparent Nd: YAG ceramics. J. Am. Ceram. Soc., 2009, 92(7): 1456-1463

[72]   李江, 吴玉松, 潘裕柏, 等. 1.3at%Nd: YAG 透明陶瓷的制备及激光性能研究. 无机材料学报, 2007, 22(5): 798-802

[73]   Wu Y S, Li J, Pan Y B, et al. Diode-pumped Yb: YAG ceramic laser. J. Am. Ceram. Soc., 2007, 90(10): 3334-3337

[74]   Messing G L, Stevenson A J. Toward pore-free ceramics. Science, 2008, 322(5900): 383–384

[75]   黄毅华. 氧化钇透明陶瓷的制备与性能研究. 上海：中国科学院上海硅酸盐研究所, 2010

[76]   Saito N, Matsuda S, Ikegami T. Fabrication of transparent yttria ceramics at low temperature using carbonate-derived powder. J. Am. Ceram. Soc., 1998, 81(8): 2023-2028

[77]   Ikegami T, Li J G, Mori T, et al. Fabrication of transparent yttria ceramics by the low-temperature synthesis of yttrium hydroxide. J. Am. Ceram. Soc., 2002, 85(7): 1725-1729

[78]   章健. 稀土离子掺杂 Y_2O_3 纳米晶及其透明陶瓷的制备和光谱性能研究. 上海：中国科学院上海硅酸盐研究所, 2005

[79]   Silver J, Martinez-Rubio M I, Ireland T G, et al. The effect of particle morphology and crystallite size on the upconversion luminescence properties of erbium and ytterbium

co-doped yttrium oxide phosphors. J. Phys.Chem. B, 2001, 105(5): 948-953

[80] Sordeket D, Akinc M. Preparation of spherical monosized Y_2O_3 precursor particles. J. Colloid. Interface Sci., 1988, 122(1): 47-59

[81] Tao Y, Zhao G W, Zhang W P, et al. Combustion synthesis and photoluminescence of nanocrystalline Y_2O_3: Eu phosphors. Mater. Res. Bull., 1997, 32(5), 501-506

[82] Shea L E, Mckttrick J, Lopez O A. Synthesis of red emitting, small particle size luminescent oxides using an optimized combustion process. J. Am. Ceram. Soc., 1996, 79(12): 3257-3265

[83] Mckittrick J, Shea L E, Bacalski C F, et al. The influence of processing parameters on luminescent oxides produced by combustion synthesis. Displays, 1999, 19(4): 169-172

[84] Fagherazzi G, Polizzi S, Bettinelli M, et al. Yttria based nanosized powders: A new class of fractal materials obtained by combustion synthesis. J. Mater. Res., 2000, 15(3): 586-589

[85] Tao Y, Zhao G W, Zhang W P, et al. Combustion synthesis and photoluminescence of nanocrystalline Y_2O_3: Eu phosphors. Mater. Res. Bull., 1997, 32(5), 501-506

[86] Kang Y C, Park S B, Lenggoro I W, et al. Preparation of nonaggregated Y_2O_3: Eu phosphor particles by spray pyrolysis method. J. Mater. Res., 1999, 14(6): 2611-2615

[87] Kang Y C, Roh H S, Park S B. Preparation of Y_2O_3: Eu of filled morphology at high precursor concentrations by spray pyrolysis. Adv. Mater., 2000, 12(6): 451-453

[88] Hirai T, Orikoshi T, Komasawa I. Preparation of Y_2O_3: Yb, Er infrared-to-visible conversion phosphor fine particles using an emulsion liquid membrane system. Chem. Mater., 2002, 14(8): 3576-3583

[89] Soo Y L, Huang S W, Kao Y H, et al. Controlled agglomeration of Tb-doped Y_2O_3 nanocrystals studied by X-ray absorption fine structure, X-ray excited luminescence, and photoluminescence. Appl. Phys. Lett., 1999, 75(16): 2464-2466

[90] Sharma P K, Jilavi M H, Nass R, et al. Seeding effect in hydrothermal synthesis of nanosize yttria. J. Mater. Sci. Lett., 1998, 17(10): 823-825

[91] Konrad A, Herr U, Tidecks R, et al. Luminescence of bulk and nanocrystalline cubic yttria. J. Appl. Phys., 2001, 90(7): 3516-3523

[92] 侯肖瑞. 稀土离子掺杂 Y_2O_3 透明陶瓷的制备及性能研究. 上海: 中国科学院上海光学精密机械研究所, 2011

[93] Li J, Liu W B, Jiang B X, et al. Synthesis of nanocrystalline yttria powder and fabrication of Cr, Nd: YAG transparent ceramics. J. Alloy Compd., 2012, 515: 49-56

[94] Ikegami T, Mori T, Yajima Y, et al. Fabrication of transparent yttria ceramics through the synthesis of yttrium hydroxide at low temperature and doping by sulfate ions. J. Ceram. Soc. Jpn., 1999, 107(3): 297-299

[95] Ikegami T, Li J G, Sakaguchi I, et al. Morphology change of undoped and sulfate-Ion-doped yttria powders during firing. J. Am. Ceram. Soc., 2004, 87(3): 517-519

[96] Saito N, Matsuda S, Ikegami T. Fabrication of transparent yttria ceramics at low temperature using carbonate derived powder. J. Am. Ceram. Soc., 1998, 81(8): 2023-2028

[97] Huang Y H, Jiang D L, Zhang J X, et al. Precipitation synthesis and sintering of lanthanum doped yttria transparent ceramics. Opt. Mater., 2009, 31(10): 1448-1453

[98] Huang Y H, Jiang D L, Zhang J X, et al. Synthesis of mono-dispersed spherical Nd: Y_2O_3 powder for transparent ceramics. Ceram. Int., 2011, 37(8): 3723-3729

[99]   Jorgensen P J, Anderson R C. Grain-boundary segregation and final stage sintering of Y_2O_3. J. Am. Ceram. Soc., 1967, 50(11): 553-558

[100]   杨秋红. 激光透明陶瓷研究的历史与最新进展. 硅酸盐学报, 2009, 37(3): 476-484

[101]   Hou X R, Zhou S M, Li W J, et al. Study on the effect and mechanism of zirconia on the sinterability of yttria transparent ceramic. J. Eur. Ceram. Soc., 2010, 30(15): 3125-3129

[102]   杜勇, 金展鹏. ZrO_2-Y_2O_3、ZrO_2-MgO 赝二元系相平衡的研究. 硅酸盐学报, 1989, 17(6): 507-513

[103]   杨秋红, 徐军, 苏良碧, 等. $Yb:Y_{2-2x}La_xO_3$ 激光透明陶瓷的光谱性能. 物理学报, 2006, 55(3): 1207-1210

[104]   Yang Q H, Dou C G, Ding J, et al. Spectral characterization of transparent $(Nd_{0.01}Y_{0.94}La_{0.05})_2O_3$ laser ceramics. Appl. Phys. Lett., 2007, 91: 111918

[105]   Hu X M, Yang Q H, Dou C G, et al. Fabrication and spectral properties of Nd^{3+}-doped yttrium lanthanum oxide transparent ceramics. Opt Mater, 2008, 30(10): 1583-1586

[106]   Ding J, Tang Z F, Xu J, et al. Investigation of the spectroscopic properties of $(Y_{0.92-x}La_{0.08}Nd_2)O_3$ transparent ceramics. J. Opt. Soc. Am. B, 2007, 24(3): 681-684

[107]   Huang Y H, Jiang D L, Zhang J X, et al. Precipitation synthesis and sintering of lanthanum doped yttria transparent ceramics. Opt. Mater., 2009, 31(10): 1448-1453

[108]   Zhang H J, Yang Q H, Lu S Z, et al. Fabrication, spectral and laser performance of 5 at.% Yb^{3+} doped $(La_{0.10}Y_{0.90})_2O_3$ transparent ceramic. Opt. Mater., 2013, 35(4): 766-769

[109]   Yi Q, Zhou S M, Teng H, et al. Structural and optical properties of $Tm: Y_2O_3$ transparent ceramic with La_2O_3, ZrO_2 as composite sintering aid. J. Eur. Ceram. Soc., 2012, 32(2): 381-388

[110]   Hou X R, Zhou S M, Li W J, et al. Study on the effect and mechanism of zirconia on the sinterability of yttria transparent ceramic. J. Eur. Ceram. Soc., 2010, 30(15): 3125-3129

[111]   Huang Y H, Jiang D L, Zhang J X, et al. Fabrication of transparent lanthanum-doped yttria ceramics by combination of two-step sintering and vacuum sintering. J. Am. Ceram. Soc., 2009, 92(12): 2883-2887

[112]   靳玲玲, 蒋志君, 章健, 等. 氧化钇透明陶瓷的研究进展. 硅酸盐学报, 2010, 38(3): 521-526

[113]   靳玲玲. Y_2O_3 透明陶瓷的湿法成型及其性能研究. 上海: 中国科学院上海硅酸盐研究所, 2010

[114]   Jin L L, Zhou G H, Shimai S Z, et al. ZrO_2 doped Y_2O_3 transparent ceramics via slip casting and vacuum sintering. J. Eur. Ceram. Soc., 2010, 30(10): 2139-2143

[115]   Majima K, Niimi N, Watanabe M, et al. Effect of LiF addition on the preparation of transparent Y_2O_3 by the vacuum hot pressing method. J. Alloy Compd., 1993, 193(1/2): 280-282

[116]   Majima K, Niimi N, Watanabe M, et al. Effect of LiF addition on the preparation and transparency of vacuum hot pressed Y_2O_3. Mater. Trans., JIM, 1994, 35(9): 645-650

[117]   Hou X R, Zhou S M, Lin H, Teng H, et al. Violet and blue up-conversion luminescence in Tm^{3+}/Yb^{3+} co-doped Y_2O_3 transparent ceramic. J. Appl. Phys., 2010, 107: 08310

[118]   Hou X R, Zhou S M, Li W J, et al. Investigation of up-conversion luminescence in Er^{3+}/Yb^{3+}-codoped yttria transparent ceramic. J. Am. Ceram. Soc., 2010, 93(9): 2779-2782

[119]　Hou X R, Zhou S M, Jia T T, et al. White light emission in $Tm^{3+}/Er^{3+}/Yb^{3+}$ tri-doped Y_2O_3 transparent ceramic. J. Alloy Compd., 2010, 509(6): 2793-2796

[120]　Ando K, Oishi Y, Hase H, et al. Oxygen self-diffusion in single-crystal Y_2O_3. J. Am. Ceram. Soc., 2006, 66(12): C-222-C-223

[121]　Huang Y H, Jiang D L, Zhang J X, et al. Sintering of transparent yttria ceramics in oxygen atmosphere. J. Am. Ceram. Soc., 2010, 93(10): 2964-2967

[122]　Kim W, Baker C, Villalobos G, et al. Synthesis of high purity Yb^{3+}-doped Lu_2O_3 powder for high power solid-state lasers. J. Am. Ceram. Soc., 2011, 94(9): 3001-3005

[123]　Sanghera J, Frantz J, Kim W, et al. 10% Yb^{3+}-Lu_2O_3 ceramic laser with 74% efficiency. Opt. Lett., 2011, 36(4): 576-578

[124]　Sanghera J, Bayya S, Villalobos G, et al. Transparent ceramics for high-energy laser systems. Opt. Mater., 2011, 33(3): 511-518

[125]　固体发光编写组. 固体发光. 北京：中国科学院, 1976

[126]　张浩, 李琳, 宋平新, 等. ZnSe 和 Cr: ZnSe 单晶的温梯法制备及光学性能研究. 人工晶体学报, 2011, 40(4): 848-852

[127]　Mirov S B, Fedorov V V, Moskalev, I S, et al. Progress in Cr^{2+} and Fe^{2+} doped mid-IR laser materials. Opt. Mater. Express, 2011, 1(5): 898-910

[128]　五三组. 热压多晶硫化锌. 新型无机材料, 1973, 2(3): 45

[129]　Gallian A, Fedorov V V, Mirov S B, et al. Hot-pressed ceramic Cr^{2+}: ZnSe gain-switched laser. Opt. Express, 2006, 14(24): 11694-11701

[130]　Coble R L. Sintering alumina: effect of atmospheres. J. Am. Ceram. Soc., 1962, 45(3): 123-127

[131]　刘军芳, 傅正义, 张东明, 等. 透明陶瓷的发展. 陶瓷科学与艺术, 2002, 1: 22-26

[132]　Carleton S, Seinen P A, Stoffels J. Metal halide lamps with ceramic envelopes: a breakthrough in color control. J. Illum. Eng. Soc., 1997, 26(1): 139-145

[133]　Murotani H, Mituda T, Wakai M, et al. Optical characteristics of Al_2O_3 ceramics doped with Cr at high concentrations prepared by extrusion molding process. Jpn. J. Appl. Phys., 2000, 39 (5A): 2748-2794

[134]　Wei G C, Hecker A, Goodman D A. Translucent polycrystalline alumina with improved resistance to sodium attack. J. Am. Ceram. Soc., 2001, 84(12): 2853-2862

[135]　Hayashi K, Kobayashi O, Toyoda S, et al. Transmission optical properties of polycrystalline alumina with submicron grains. Mater. Trans. JIM, 1991, 32(11): 1024-1029

[136]　Krell A, Blank P, Ma H, et al. Transparent sintered corundum with high hardness and strength. J. Am. Ceram. Soc., 2003, 86(1): 12-18

[137]　Kim B N, Hiraga K, Morita K, et al. Spark plasma sintering of transparent alumina. Scripta Mater., 2007, 57(7): 607-610

[138]　司文捷, 刘大鹏, 苗赫濯. 亚微米高纯透明氧化铝材料的制备方法：中国, CN1389428A, 2003

[139]　Crow J E, Parkin D M, Sullivan N S. Materials science in static high magnetic fields. MRS Bull., 1993, 18(8): 17-18

[140]　Krell A, Baur G, Dahne C. Transparent sintered sub-micromrter alumina with IR transmissivity equal to sapphire. 8th Annual International Conference on Electro-Optic Windows. 2003,

5078: 199-207

[141]   Apetz R, van Bruggen M P B. Transparent alumina: a light-scattering model. J. Am. Ceram. Soc., 2003, 86(3): 480-486

[142]   Farrel D E, Chandrasekhar B S, DeGuire M R, et al. Superconducting properties of aligned crystalline grains of $Y_1Ba_2Cu_3O_{7-\delta}$. Phys. Rev. B. 1978, 36(7): 4025-4027

[143]   Zi mmerman M H, Faber K T, Fuller E R, Forming textured microstructures via the gelcasting technique. J. Am. Ceram. Soc. 1997, 80(10): 2725-2729

[144]   Makiya A, Kusumi Y, Tanaka S, et al. Grain oriented titania ceramics made in high magnetic field. J. Eur. Ceram. Soc., 2007, 27(2-3): 797-799

[145]   Li S Q, Sassa K, Asai S. Preferred orientation of Si_3N_4 ceramics by slip casting in a high magnetic field. Ceram. Int., 2006, 32(6): 701-705

[146]   Shui A Z, Zeng L K, Uematsu K. Relationship between sintering shrinkage anisotropy and particle orientation for alumina powder compacts. Scripta Mater., 2006, 55(9): 831-834

[147]   Li X, Fautrelle Y, Ren Z M. High-magnetic-field-induced solidification of diamagnetic Bi. Scripta Mater., 2007, 59 (4): 407-410

[148]   Li X, Ren Z M, Fautrelle Y. Alig nment behavior of the primary Al_3Ni phase in Al-Ni alloy under a high magnetic field. J. Cryst. Gro wth, 2008, 310 (15): 3488-3497

[149]   Li X, Ren Z M, Fautrelle Y. Effect of an axial high magnetic field on the microstructure in directionally solidified Pb-Sn eutectic alloy. J. Cryst. Gro wth, 2008, 310 (15): 3584-3589

[150]   Li X, Ren Z M, Fautrelle Y. Effect of high magnetic fields on the microstructure in directionally solidified Bi-Mn eutectic alloy. J. Cryst. Gro wth, 2007, 299(1): 41-47

[151]   Mao X J, Wang S W, Shimai S, et al. Transparent polycrystalline alumina ceramics with orientated optical axes. J. Am. Ceram. Soc., 2008, 91(10): 3431-3433

[152]   毛小建. 新型凝胶注成型及其在氧化物陶瓷中的应用. 上海：中国科学院上海硅酸盐研究所, 2008

[153]   Kuntner C, Auffray E, Bellotto D, et al. Advances in the scintillation performance of LuYAP: Ce single crystals. Nucl. Instrum. Methods Phys. Res. A, 2000, 537(1-2): 295-301

[154]   Korzhik M, Fedorov A, Annenkov A, et al. Development of scintillation materials for PET scanners. Nucl. Instrum. Methods Phys. Res. A, 2007, 571(1-2): 122-125

[155]   Mao R H, Zhang L Y, Zhu R Y. Optical and scintillation properties of inorganic scintillators in high energy physics. IEEE Trans. Nucl. Sci., 2008, 55(4): 2425-2431

[156]   秦来顺, 任国浩. 硅酸镥闪烁晶体的研究进展与发展方向. 人工晶体学报, 2003, 32(4): 286-294

[157]   秦来顺, 陆晟, 李焕英, 等. 硅酸镥闪烁晶体的生长与缺陷研究. 人工晶体学报, 2004, 33(6): 999-1003

[158]   Wang Y M, Loef E V, Rhodes W H, et al. Lu_2SiO_5: Ce optical ceramic scintillator for PET. IEEE Trans. Nucl. Sci., 2009, 56(3): 887-891

[159]   Wisniewski D J, Boatner L A, Neal J S, et al. Development of novel polycrystalline ceramic scintillators. IEEE Trans. Nucl. Sci., 2008, 55(3): 1501-1508

[160]   Lempicki A, Brecher C, Lingertat H, et al. A ceramic version of the LSO scintillator. IEEE Trans. Nucl. Sci., 2008, 55(3): 1148-1151

[161]   Pidol L, Guillot-Noel O, Kahn-Harari A, et al. EPR study of Ce^{3+} ions in lutetium silicate

scintillators Lu$_2$Si$_2$O$_7$ and Lu$_2$SiO$_5$. J. Phys. Chem. Solids, 2006, 67(4): 643-650

[162] Pauwels D, Le Masson N, Viana B, et al. A novel inorganic scintillator: Lu$_2$Si$_2$O$_7$: Ce^{3+}(LPS). IEEE Trans. Nucl. Sci., 2000, 47(6): 1787-1790

[163] Wang Y M, Loef E V, Rhodes W H, et al. Lu$_2$SiO$_5$: Ce optical ceramic scintillator for PET. IEEE Trans. Nucl. Sci., 2009, 56(3): 887-891

[164] Lempicki A, Brecher C, Lingertat H, et al. A ceramic version of the LSO scintillator. IEEE Trans. Nucl. Sci., 2008, 55(3): 1148-1151

[165] 王士维, 陈立东, 平井敏雄. 脉冲电流烧结技术的研究进展. 材料导报, 2000, 14(10): 355-357

[166] Shen Z J, Zhao Z, Peng H. Formation of tough interinglocking microstructures in sinlicon nitride ceramics by dynamic ripening. Nature, 2002, 417: 266-269

[167] Lin T, Fan L C, Xu Z B, et al. Fabrication and luminescent properties of translucent Ce^{3+}: Lu$_2$SiO$_5$ ceramics by spark plasma sintering. Adv. Mater. Res., 2011, 295-297: 1300-1304

[168] Mazelsky R, Hopkins R H, Kramer W E. Czochralski-gro wth of calcium fluorophosphate. J. Cryst. Gro wth, 1968, 3-4: 260-264

[169] William F K. Ytterbium solid state lasers: the first decade. IEEE J. Sel. Top. Quantum Electron., 2000, 6(6): 1287-1297

[170] 杨培志, 邓佩珍, 柴耀, 等. 掺镱氟磷酸钙(Yb: FAP)晶体的生长. 硅酸盐学报, 1999, 27(2): 219-223

[171] Akiyama J, Hashimoto M, Takadama H, et al. Formation of c-axis aligned polycrystal hydroxyapatite using high magnetic field with mechanical sample rotation. Mater. Trans., 2005, 46(2): 203-206

[172] Tanase T, Akiyama J, Iwai l K. et al. Characterization of surface biocompatibility of crystallographically aligned hydroxyapatite fabricated using magnetic field. Mater. Trans., 2007, 48(11): 2855-2860

[173] Hagio T, Tanase T, Akiyama J, et al. Difference in bioactivity, initial cell atachment and cell mrphology observed on the surface of hydroxyapatite ceramics with controlled orientation. Mater. Trans., 2009, 50(4): 734-739

[174] Akiyama J, Sato Y, Taira T. Laser ceramics with rare-earth-doped anisotropic materials. Opt. Lett., 2010, 35(21): 3598-3599

[175] Sugiyama T, Tahashi M, Sassa K, et al. The control of crystal orientation in non-magnetic metals by imposing of a high magnetic field. ISIJ Int., 2003, 43(6): 855-861

[176] 张邦文, 任忠鸣, 王晖. 合金凝固过程中晶粒取向的动力学研究. 金属学报, 2004, 40(6): 604-608

[177] W.克西耐尔. 固体激光工程. 孙文, 江泽文, 程国祥, 译. 北京：科学出版社, 2002

[178] 冯锡淇. 激光陶瓷中的缺陷(一). 激光与光电子学进展, 2006, 43(11): 20-26

[179] 冯锡淇. 激光陶瓷中的缺陷(二). 激光与光电子学进展, 2006, 43(12): 1-10

[180] Greskovich C, Woods K N. Fabrication of transparent ThO$_2$-doped Y$_2$O$_3$. Am. Ceram. Soc. Bull., 1973, 52(5): 473-478

[181] Greskovich C, Chernoch J P. Polycrystalline ceramic lasers. J. Appl. Phys., 1973, 44(10): 4599-4606

[182] Ikesue A, Kamata K. Microstructure and optical properties of hot isostatically pressed Nd:

YAG ceramics. J. Am. Ceram. Soc., 1996, 79(7): 1927-1933

[183] Jin G X, Jiang B X, Zeng Y P, et al. Study on the relation between optical scattering and porosity in transparent Nd/Yb: YAG ceramics. Proc. SPIE, 2012, 8206: 82061W-1-7

[184] 姜本学. 高功率大能量固体激光材料(晶体, 陶瓷)及器件研究. 上海: 中国科学院上海光学精密机械研究所, 2007

[185] Niihara K, Morena R, Hasselman D P H. Evaluation of K_{IC} of brittle solid by the indentation method with low crack-to-ident ratios. J. Mater. Sci. Lett., 1982, 1(1): 13-16

[186] Kaminskii A A, Akchurin M S, Alshits V L, et al. New data on the physical properties of $Y_3Al_5O_{12}$-based nanocrystalline laser ceramics. Crystallogr. Rep., 2003, 48(3): 515-519

[187] Kaminskii A A, Akchurin M Sh, Ganutdinov R V, et al. Microhardness and fracture toughness of Y_2O_3-and $Y_3Al_5O_{12}$-based nanocrystalline laser ceramics. Crystallogr. Rep., 2005, 50(5): 869-873

[188] Mezeix L, Green D J. Comparison of the mechanical properties of single crystal and polycrystalline yttrium aluminium garnet. Int. J. Appl. Ceram. Technol., 2006, 3(2): 166-176

[189] Quarles G J. State of the art of polycrystalline oxide laser gain materials // 46th Army Sagamore Materials Research Conference. St. Michaels, MD, 2005

[190] Nakayama S, Ikesue A, Sakamoto M. Preparation of transparent YAG ceramic and its application to windows materials of infrared spectrophotometer. Nippon Kagaku Kaishi, 2006, 6: 437-442

[191] Mah T I, Parthasarathy T A, Lee D L. Polycrystalline YAG: structural and functional. J. Ceram. Proc. Res., 2004, 5(4): 369-379

[192] Gentilman R. Polycrystalline materials for laser application // 46th Army Sagamore Materials Research Conference. St. Michaels, MD, 2005

[193] Kaminskii A A, Akchurin M Sh, Becker P, et al. Mechanical and optical properties of Lu_2O_3 host-ceramics for Ln^{3+} lasants. Laser Phys. Lett., 2008, 5(4): 300-303

[194] Barabanankov Y N, Ivanov V V, Ivanov S N, et al. The scattering of non-equilibrium phonons in Al_2O_3 nanoceramics. Phys. B, 2000, 316-317: 269-272

[195] Barabanenkov Yu N, Ivanov S N, Taranov A V, et al. Nonequilibrium acoustic phonons in $Y_3Al_5O_{12}$-based nanocrystalline ceramics. JETP. Lett., 2004, 79(7): 342-345

[196] Yagi H, Yanagitani T, Numazawa T, et al. The physical properties of transparent $Y_3Al_5O_{12}$ elastic modulus at high temperature and thermal conductivity at low temperature. Ceram. Int., 2007, 33(5): 711-714

[197] 奚同庚. 无机材料热物性学. 上海: 上海科学技术出版社, 1981

[198] Gaumé R, Viana B, Vivien D, et al. A simple model for the prediction of thermal conductivity in pure and doped insulating crystals. Appl. Phys. Lett., 2003, 83(7): 1355-1357

[199] Patel F D, Honea E C, Speth J, et al. Laser demonstration of $Yb_3Al_5O_{12}$ (YbAG) and materials properties of highly doped Yb: YAG. IEEE J. Quantum Electron., 2001, 37(1): 135-144

[200] Tünnermann A, Zellmer H, Schöne W, et al. New concepts for diode-pumped solid-state lasers. Topics Appl. Phys., 2001, 78, 369-408

[201] Yamakazi T, Anzai Y. Abstracts of the 13th international conference on crystal gro wth (ICCG13), Doshisha University, Kyoto, Japan, 2001: 89

[202]　干福熹, 邓佩珍. 激光材料. 上海：上海科学技术出版社, 1966

[203]　Ueda K. Recent progress of high-powder ceramic lasers // In proceedings of international conference on ultrahigh intensity laser. Tongli, China, 2008

[204]　Ikesue A, Aung Y L. Ceramic laser materials. Nat. Photon., 2008, 2: 721-727

[205]　Ikesue A, Aung Y L. Synthesis and performance of advanced ceramic lasers. J. Am. Ceram. Soc., 2006, 89(6): 1936-1944

[206]　Judd B R. Optical absorption intensities of rare-earth ions. Phys. Rev., 1962, 127(3): 750-759

[207]　Ofelt G S. Intensities of crystal spectra of rare-earth ions. J. Chem. Phys., 1962, 37: 511-521

[208]　李江, 杨志勇, 吴玉松, 等. Nd^{3+}离子掺杂 YAG 激光透明陶瓷的光谱性质及 Judd-Ofelt 理论分析. 无机材料学报, 2008, 23 (3): 429-433

[209]　Taira T, Mukai A, Nozawa Y, et al. Single-mode oscillation of laser-diode-pumped Nd: YVO_4 microchip lasers. Opt. Lett., 1991, 16(24): 1955-1957

[210]　Gavrilovic P, O'Neill M S, Zarrabi J H, et al. High-power, single-frequency diode-pumped Nd: YAG microcavity lasers at 1.3 μm. Appl. Phys. Lett., 1994, 65(13): 1620-1622

[211]　Shoji I, Kurimura S, Sato Y, et al. Optical properties and laser characteristics of highly Nd^{3+}-doped $Y_3Al_5O_{12}$ ceramics. Appl. Phys. Lett., 2000, 77(7): 939-941

[212]　Ikesue A. Polycrystalline Nd: YAG ceramics lasers. Opt. Mater., 2002, 19(1): 183-187

[213]　Koechner W. Solid-State Laser Engineering. Berlin: Springer-Verlag, 1996

[214]　Lu J, Prabhu M, Song J, et al. High efficient Nd: $Y_3Al_5O_{12}$ ceramic laser. Jpn. J. Appl. Phys., 2001, 40: L552-L554

[215]　Lu J, Song J, Prabhu M, et al. High-power Nd: $Y_3Al_5O_{12}$ ceramic laser. Jpn. J. Appl. Phys., 2000, 39: L1048-L1050

[216]　Lu J, Ueda K, Yagi H, et al. Neodymium doped yttrium aluminum garnet ($Y_3Al_5O_{12}$) nanocrystalline ceramics—a new generation of solid state laser and optical materials. J. Alloy Compd., 2002, 341(1-2): 220-225

[217]　Li C Y, Bo Y, Wang B S, et al. A kilowatt level diode-side-pumped QCW Nd: YAG ceramic laser. Opt. Co mmun. 2010, 283: 5145-5148

[218]　Liu W B, Li J, Jiang B X, et al. 2.44 KW laser output of Nd: YAG ceramic slab fabricated by a solid-state reactive sintering. J. Alloy Compd., 2012, 538: 258-261

[219]　Zong N, Zhang X F, Ma Q L, et al. Comparison of Nd: YAG Ceramic Laser Pumped at 885 nm and 808 nm. Chin. Phys. Lett., 2009, 26(5): 054211

[220]　Strohmaier S G P, Eichler H J, Bisson J F, et al. Ceramic Nd: YAG laser at 946 nm. Laser Phys. Lett., 2005, 2(8): 383-386

[221]　Li C Y, Wang Z C, Xu Y T, et al. 93.7 W 1112 nm diode-side-pumped CW Nd: YAG laser. Laser Phys., 2010, 20(7): 1572-1576

[222]　Yu X, Zhang X H, Liang W, et al. Diode-pumped CW Nd: YAG laser at 1116 nm based on the $^4F_{3/2} \rightarrow ^4I_{11/2}$ transition. Laser Phys., 2011, 21(6): 991-994

[223]　Li C Y, Bo Y, Xu Y T, et al. 219.3 W CW diode-side-pumped 1123 nm Nd : YAG laser. Opt. Co mmun., 2010, 283(14): 2285-2287

[224]　Chen Y F, Lan Y P. Diode-pumped passively Q-switched Nd: YAG laser at 1123 nm. Appl. Phys. B, 2004, 79(1): 29-31

[225]　Chen Y F, Lan Y P, Tsai S W. High power diode-pumped actively Q-switched Nd: YAG laser

at 1123 nm. Opt. Co mmun., 2004, 234(1-6): 309-313

[226] Zhang S S, Wang Q P, Zhang X Y, et al. Continuous-wave ceramic Nd: YAG laser at 1123 nm. Laser Phys. Lett., 2009, 6(12): 864-867

[227] Liu W B, Zhang D, Zeng Y P, et al. Diode-side-pumped 1123 nm Nd: YAG ceramic laser. Ceram. Int., 2012, 38(8): 6969-6973

[228] Liu W B, Zhang D, Li J, et al. High efficiency and high power laser output of Nd: YAG ceramic laser at 1116 nm. Opt. Laser Technol., 2013, 46: 139-141

[229] 吴玉松. 稀土离子掺杂YAG激光透明陶瓷的研究. 上海：中国科学院上海硅酸盐研究所, 2008

[230] Hao Q, Li W X, Pan H F, et al. Laser-diode pumped 40W Yb: YAG ceramic. Opt. Express, 2009, 17(20): 17734-17738

[231] Li J, Zhou J, Pan Y B, et al. Solid-state reactive sintering and optical characteristics of transparent Er: YAG laser ceramics. J. Am. Ceram. Soc., 2012, 95(3): 1029-1032

[232] Zhang C, Shen D Y, Wang Y, et al. High-power polycrystalline Er: YAG ceramic laser at 1617 nm. Opt. Lett., 2011, 36(24): 4767-4769

[233] Kim J W, Mackenzie J I, Clarkson W A. A simple analytical expression for threshold quasi-three-level solid-state lasers. Opt. Express, 2009, 17(14): 11935-11943

[234] 黄同德. Yb, Er: YAG 透明陶瓷的制备及光学性能研究. 上海：中国科学院上海硅酸盐研究所, 2009

[235] 周军. Er³⁺离子激光透明陶瓷材料的研究. 上海：中国科学院上海硅酸盐研究所, 2010

[236] Zhou J, Zhang W X, Huang T D, et al. Optical properties of Er, Yb co-doped YAG transparent ceramics. Ceram. Int., 2011, 37(2): 513-519

[237] Zhang W X, Pan Y B, Zhou J, et al. Diode-Pumped Tm: YAG Ceramic Laser. J. Am. Ceram. Soc., 2009, 92(10): 2434-2437

[238] Cheng X J, Xu J Q, Zhang W X, et al. End-Pumped Tm: YAG Ceramic Slab Lasers. Chin. Phys. Lett., 2009, 26(7): 074204

[239] Zhang X F, Xu Y T, Li C M, et al. A continuous-wave diode-side-pumped Tm: YAG laser with output 51 W. Chin. Phys. Lett., 2008, 25: 3673-3675

[240] Zou Y W, Zhang Y D, Zhong X, et al. Efficient Tm: YAG Ceramic Laser at 2 μm. Chin. Phys. Lett., 2010, 27(7): 074214

[241] Ma Q L, Bo Y, Zong N, et al. Light scattering and 2- μm laser performance of Tm: YAG ceramic. Opt. Co mmun., 2011, 284, 1645-1647

[242] Zhang S Y, Wang M J, Xu L, et al. Efficient Q-switched Tm: YAG ceramic slab laser. Opt. Express, 2011, 19(2): 727-732

[243] Stoneman R C, Esterowitz L. Efficient, broadly tunable, laser- pumped Tm: YAG and Tm: YSGG cw lasers. Opt. Lett., 1990, 15(9): 486-488

[244] Payne S A, Smith L K, Kway W L, et al. The mechanism of Tm→ Ho energy transfer in LiYF₄. J. Phys. Condens. Matter., 1992, 4(44): 8525-8542

[245] Wang Y, Shen D Y, Chen H, et al. Highly efficient Tm: YAG ceramic laser resonantly pumped at 1617 nm. Opt. Lett., 2011, 36(23): 4485-4487

[246] Budni P A, Lemons M L, Mosto J R, et al. High-power/high-brightness diode-pumped 1.9- μm thulium and resonantly pumped 2.1- μm holmium lasers. IEEE J. Sel. Top. Quantum

Electron., 2000, 6: 629-635

[247]　Zhang W X, Zhou J, Liu W B, et al. Fabrication, properties and laser performance of Ho: YAG transparent ceramic. J. Alloy Compd., 2010, 506(2): 745-748

[248]　Chen X J, Xu J Q, Wang M J, et al. Ho: YAG ceramic laser pumped by Tm: YLF lasers at room temperature. Laser Phys. Lett., 2010, 7(5): 351-354

[249]　Chen H, Shen D Y, Zhang J, et al. In-band pumped highly efficient Ho: YAG ceramic laser with 21 W output power at 2097 nm. Opt. Lett., 2011, 36(9): 1575-1577

[250]　Hazama H, Yumoto M, Ogawa T, et al. Mid-infrared tunable optical parametric oscillator pumped by a Q-switched Tm, Ho: YAG ceramic laser. Proc. SPIE, 2009, 7197: 71970J

[251]　Walsh B M, Barnes N P, Hutcheson R L, et al. Compositionally tuned 0.94- μm lasers: a comparative laser material study and demonstration of 100-mJ Q-switched lasing at 0.946 and 0.9441 μm. IEEE J. Quantum Electron., 2001, 37(9): 1203-1209

[252]　Taira T, Mukai A, Yonezawa Y, et al. Single-mode oscillation of laser-diode-pumped. Nd: YVO$_4$ microchip lasers. Opt. Lett., 1991, 16(24): 1955-1957

[253]　Sato Y, Taira T, Ikesue A. Spectral parameters of Nd^{3+}-ion in the polycrystalline solid-solution composed of Y$_3$Al$_5$O$_{12}$ and Y$_3$Sc$_2$Al$_3$O$_{12}$. Jpn. J. Appl. Phys., 2003, 42(8): 5071-5074

[254]　Sato Y, Saikawa J, Taira T, et al. Characteristics of Nd^{3+}-doped Y$_3$ScAl$_4$O$_{12}$ ceramic laser. Opt. Mater., 2007, 29(10): 1277-1282

[255]　Innerhofer E, Südmeyer T, Brunner F, et al. 60-W average power in 810-fs pulses from a thin-disk Yb: YAG laser. Opt. Lett., 2003, 28(5): 367-369

[256]　Basiev T T, Es'kov N A, Karasik A Ya, et al. Disordered garnet Ca$_3$(Nb, Ga)$_5$O$_{12}$: Nd^{3+}-prospective crystals for powerful ultrashort-pulse generation. Opt. Lett., 1992, 17(3): 201-203

[257]　Saikawa J, Sato Y, Taira T, et al. Absorption, emission spectrum properties, and efficient laser performances of Yb: Y$_3$ScAl$_4$O$_{12}$ ceramics. Appl. Phys. Lett., 2004, 85(11): 1898–1900

[258]　Deloach L D, Payne S A, Chase L L, et al. Evaluation of absorption and emission properties of Yb^{3+}-doped crystals for laser applications. IEEE J. Quantum Electron., 1993, 29(4): 1179-1191

[259]　Bayramian A J, Marshall C D, Schaffers K I, et al. Characterization of Yb^{3+}: Sr$_{5-x}$Ba$_x$(PO$_4$)$_3$F crystals for diode-pumped lasers. IEEE J. Quantum Electron., 1999, 35(4): 665-674

[260]　Ikesue A, Kamata K, Yoshida K. Effects of neodymium concentration on optical characteristics of polycrystalline Nd: YAG laser materials. J. Am. Ceram. Soc. 1996, 79(7): 1921-1926

[261]　Saikawa J, Sato Y, Taira T, et al. Passive mode locking of a mixed garnet Yb: Y$_3$ScAl$_4$O$_{12}$ ceramic laser. Appl. Phys. Lett., 2004, 85(24): 5845-5847

[262]　Klein P H, Croft W J. Thermal conductivity, diffusivity, and expansion of Y$_2$O$_3$, Y$_3$Al$_5$O$_{12}$, and LaF$_3$ in the range 77-300 K. J. Appl. Phys. 1967, 38: 1603-1607

[263]　Fornasiero L, Mix E, Peters V, et al. New oxide crystals for solid state lasers. Cryst. Res. Technol., 1999, 34(2): 255-260

[264]　Petermann K, Huber G, Fornasiero L, et al. Rare-earth-doped sesquioxides. J. Lumin., 2000, 87-89: 973-975

[265]　Sumida D S, Fan T Y. Effect of radiation trapping on fluorescence lifetime and emission

cross section measurements in solid-state laser media. Opt. Lett., 1994, 19(17): 1343–1345

[266]   Lu J R, LU J H, Murai T, et al. Nd^{3+}: Y_2O_3 Ceramic Laser. Jpn. J. Appl. Phys., 2001, 40(12A): L1277-L1279

[267]   Lu J, Prabhu M, Song J, et al. Optical properties and highly efficient laser oscillation of Nd: YAG ceramic. Appl. Phys. B, 2000, 71(4): 469-473

[268]   Yang Q H, Dou C G, Ding J, et al. Spectral characterization of transparent $(Nd_{0.01}Y_{0.94}La_{0.05})_2O_3$ laser ceramics. Appl Phys Lett., 2007, 91: 111918

[269]   Hu X M, Yang Q H, Dou C G, et al. Fabrication and spectral properties of Nd^{3+}-doped yttrium lanthanum oxide transparent ceramics . Opt Mater, 2008, 30(10): 1583-1586

[270]   Ding J, Tang Z F, Xu J, et al. Investigation of the spectroscopic properties of $(Y_{0.92-x}La_{0.08}Nd_2)O_3$ transparent ceramics. J. Opt. Soc. Am. B, 2007, 24(3): 681-684

[271]   Lu J, Takaichi K, Uematsu T, et al. Yb^{3+}: Y_2O_3 ceramics— a novel solid-state laser material. Jpn. J. Appl. Phys., 2002, 41: L1373-L1375

[272]   Kong J, Tang D Y, Lu J, et al. Diode-end-pumped 4.2-W continuous-wave Yb: Y_2O_3 ceramic laser. Opt. Lett., 2004, 29(11): 1212-1214

[273]   Takaichi K, Yagi H, Lu J R, et al. Highly efficient continuous-wave operation at 1030 and 1075 nm wavelengths of LD-pumped Yb^{3+}: Y_2O_3 ceramic lasers. Appl. Phys. Lett., 2004, 84(3): 317-319

[274]   Fan T Y, Byer R L. Modeling and CW operation of a quasi-3-level 946 nm Nd: YAG laser. IEEE J. Quantum Electron., 1987, 23(5): 605-612

[275]   Shirakawa A, Takaichi K, Yagi H, et al. Diode-pumped mode-locked Yb^{3+}: Y_2O_3 ceramic laser. Opt. Express, 2003, 11(22): 2911-2916

[276]   Kong J, Tang D Y, Lu J, et al. Passively Q-switched Yb: Y_2O_3 ceramic laser with a GaAs output coupler. Opt. Express, 2004, 12(5): 3560-3566

[277]   Kong J, Tang D Y, Zhao B, et al. 9.2-W diode-end-pumped Yb: Y_2O_3 ceramic laser. Appl. Phys. Lett., 2005, 86: 161116

[278]   Liu K X, Flood C J, Walker D R, et al. Kerr lens mode locking of a diode-pumped Nd: YAG laser. Opt. Lett., 1992, 17(19): 1361-1363

[279]   Tidwell S C, Seamans J F, Bowers M S, et al. Scaling CW diode-end-pumped Nd: YAG laser to high average powers. IEEE J. Quantum Electron., 1992, 28(4): 997-1009

[280]   Yang Q H, Ding J, Zhang H W, et al. Investigation of the spectroscopic properties of Yb^{3+}-doped yttrium lanthanum oxide transparent ceramic. Opt. Co mmun., 2007, 273(1): 238-241

[281]   Hao Q, Li W X, Zeng H P, et al. Low-threshold and broadly tunable lasers of Yb^{3+}-doped yttrium lanthanum oxide ceramic. Appl. Phys. Lett., 2008, 92(21): 211106

[282]   Li W, Hao Q, Yang Q, et al. Diode-pumped passively mode-locked Yb^{3+}-doped yttrium lanthanum oxide ceramic laser. Laser Phys. Lett., 2009, 6(8): 559-562

[283]   Griebner U, Petrov V, Petermann K, et al. Passively mode-locked Yb: Lu_2O_3 laser. Opt. Express, 2004, 12: 3125-3130

[284]   Ter-Gabrielyan N, Merkle L D, Newburgh G A, et al. Resonantly-pumped Er^{3+}: Y_2O_3 ceramic laser for remote CO_2 monitoring. 2009, 19(4): 867-869

[285]   Fornasiero L, Mix E, Peters V, et al. Czochralski gro wth and laser parameters of RE^{3+}-doped

Y$_2$O$_3$ and Sc$_2$O$_3$. Ceram. Int., 2000, 26(6): 589-592

[286]　Newburgh G A, Word-Daniels A, Michael A, et al. Resonantly diode-pumped Ho^{3+}: Y$_2$O$_3$ ceramic 2.1 μm laser. Opt. Express, 2011, 19(4): 3604-3611

[287]　Petermann K, Huber G, Fornasiero L, et al. Rare-earth-doped sesquioxides. J. Lumin., 2000, 87-89: 973-975

[288]　Petermann K, Fornasiero L, Mix E, et al. High melting sesquioxides: crystal gro wth, spectroscopy, and laser experiments. Opt. Mater., 2002, 19(1): 67-71

[289]　Lupei V, Lupei A, Ikesue A. Transparent Nd and Nd, Yb-doped Sc$_2$O$_3$ ceramics as potential new laser materials. Appl. Phys. Lett., 2005, 86(11): 111118

[290]　Griebner U, Petrov V, Petermann K, et al. Passively mode-locked Yb: Lu$_2$O$_3$ laser. Opt. Express, 2004, 12(14): 3125-3130

[291]　Tokurakawa M, Shirakawa A, Ueda K, et al. Diode-pumped sub-100 fs Kerr-lens mode-locked Yb^{3+}: Sc$_2$O$_3$ ceramic laser. Opt. Lett., 2007, 23(32): 3382-3384

[292]　Ter-Gabrielyan N, Merkle L D, Ikesue A, et al. Ultralow quantum-defect eye-safe Er: Sc$_2$O$_3$ laser. Opt. Lett., 2008, 33(13): 1524-1526

[293]　Yanagitani T, Yagi H, Ichikawa M. Production of yttrium-aluminum-garnet fine powder. Jpn., 10-101333. 1998-04-21

[294]　Yanagitani T, Yagi H, Yamasaki Y. Production of fine powder of yttrium aluminum garnet: Jpn, 10-101411. 1998

[295]　Lu J, Takaichi K, Uematsu T, et al. Promising ceramic laser material: Highly transparent Nd^{3+}: Lu$_2$O$_3$ ceramic. Appl. Phys. Lett., 2002, 81(23): 4324-4326

[296]　Takaichi K, Yagi H, Shirakawa A, et al. Lu$_2$O$_3$: Yb^{3+} ceramics -a novel gain material for high-power solid-state lasers. Phys. Stat. Sol. (a), 2005, 202(1): R1-R3

[297]　Griebner U, Petrov V, Petermann K, et al. Passively mode-locked Yb: Lu$_2$O$_3$ laser. Opt. Express, 2004, 12(4): 3125-3130

[298]　Tokurakawa M, Takaichi K, Shirakawa A, et al. Diode-pumped mode-locked Yb^{3+}: Lu$_2$O$_3$ ceramic laser. Opt. Express, 2006, 14(26): 12823-12838

[299]　Liu W B, Zeng Y P, Li J, et al. Sintering and laser behavior of composite YAG/Nd: YAG/YAG transparent ceramics. J. Alloy Compd., 2012, 527: 66-70

[300]　Tang F, Cao Y G, Huang J Q, et al. Multilayer YAG/Re: YAG/YAG laser ceramic prepared by tape casting and vacuum sintering method. J. Eur. Ceram. Soc., 2012, 32(16): 3995-4002

[301]　Tang F, Cao Y G, Huang J Q, et al. Fabrication and laser behavior of composite Yb: YAG ceramic. J. Am. Ceram. Soc., 2012, 95(1): 56-59

[302]　Dong J, Bass M, Mao Y L, et al. Dependence of the Yb^{3+} emission cross section and lifetime on temperature and concentration in yttrium aluminum garnet. J. Opt. Soc. Am. B, 2003, 20(9): 1975-1979

[303]　Taira T. RE^{3+}-ion-doped YAG ceramic lasers. IEEE J. Sel. Top. Quantum Electron., 2007, 13(3): 798-809

[304]　Tsunekane M, Taira T. High-power operation of diode edge-pumped, composite all-ceramic Yb: Y$_3$Al$_5$O$_{12}$ microchip laser. Appl. Phys. Lett., 2007, 90(12), 121101

[305]　Marion J. Strengthened solid-state laser materials. Appl. Phys. Lett., 1985, 47(7): 694–696

[306]　Kupp E R, Messing G L, Anderson J M, et al. Co-casting and optical characteristics of

transparent segmented composite Er: YAG laser ceramic. J. Mater. Res., 2010, 25(3): 476-483

[307] Ramirez M O, Wisdom J, Li H, et al. 3-dimensional grain boundary spectroscopy in transparent high power ceramic laser materials. Opt. Express, 2008, 16(9): 5966–5973

[308] Ikesue A, Aung Y L, Yoda T, et al. Fabrication and laser performance of polycrystal and single crystal Nd: YAG by advanced ceramic processing. Opt. Mater., 2007, 29(10): 1289-1294

[309] Ter-Gabrielyan N, Merkle L D, Kupp E R, et al. Efficient resonantly pumped tape cast composite ceramic Er: YAG laser at 1645 nm. Opt. Lett., 2010, 35(7): 922-924

[310] Takaichi K, Lu J, Murai T, et al. Chromium-doped $Y_3Al_5O_{12}$ ceramics—a novel saturable absorber for passively self-Qswitched 1- mm solid-state lasers. Jpn. J. Appl. Phys., 2002, 41(2A): L96-L98

[311] 李江, 吴玉松, 邱发贵, 等. 双掺杂的钇铝石榴石透明陶瓷材料及制备方法：中国, ZL 200510026474.4. 2005

[312] 李江, 吴玉松, 邱发贵, 等. 双掺杂的钇铝石榴石透明陶瓷材料及制备方法：中国, ZL 200610126246.9. 2006

[313] Li J, Wu Y S, Pan Y B, et al. Fabrication of Cr^{4+}, Nd^{3+}: YAG transparent ceramics for self-Q-switched laser. J. Non-Cryst. Solids, 2006, 352(23-25): 2404-2407

[314] Li J, Wu Y S, Pan Y B, et al. Solid-state-reactive fabrication of Cr, Nd: YAG transparent ceramics: The influence of raw material. J. Ceram. Soc. Jpn., 2008, 116(4): 572-577

[315] 李江, 吴玉松, 潘裕柏, 等. Cr^{4+}, Nd^{3+}:YAG 自调 Q 激光透明陶瓷的光谱性质. 发光学报, 2007, 28(2): 219-224

[316] Li J, Wu Y S, Pan Y B, et al. Densification and microstructure evolution of Cr^{4+}, Nd^{3+}: YAG transparent ceramics for self-Q-switched laser. Ceram. Int., 2008, 34 (7): 1675-1679

[317] Wu Y S, Li J, Qiu F G, et al. Fabrication of transparent Yb, Cr: YAG ceramics by a solid-state reaction method. Ceram. Int., 2006, 32(7): 785-788

[318] Wu Y S, Li J, Pan Y B, et al. Refine yttria powder and fabrication of transparent Yb, Cr: YAG ceramics. Adv. Mater. Res., 2007, 15-17: 246-250

[319] Dong J, Shirakawa A, Takaichi K, et al. All-ceramic passively Q-switched Yb: YAG/Cr^{4+}: YAG microchip laser. Electron. Lett., 2006, 42(20): 1154-1156

[320] Dong J, Shirakawa A, Ueda K, et al. Near-diffraction-limited passively Q-switched Yb: $Y_3Al_5O_{12}$ ceramic lasers with peak power > 150 Kw. Appl. Phys. Lett., 2007, 90, 131105

[321] Dong J, Shirakawa A, Ueda K, et al. Ytterbium and chromium doped composite $Y_3Al_5O_{12}$ ceramics self-Q-switched laser. Appl. Phys. Lett., 2007, 90: 191106

[322] Dong J, Ueda K, Shirakawa A, et al. Composite Yb: YAG/Cr^{4+}: YAG ceramics picosecond microchip lasers. Opt. Express, 2007, 15(22): 14516-14523

[323] Brown D C. Ultrahigh-average-power diode-pumped Nd: YAG and Yb: YAG lasers. IEEE J. Quantum Electron., 1997, 33(5): 861-873

[324] Godard A. Infrared (2-12 μm) solid-state laser sources: a review. C. R. Physique 2007, 8(10): 1100-1128

[325] Pappalardo R, Dietz R E. Absorption spectra of transition ions in CdS crystals. Phys. Rev., 1961, 123(4): 1188-1203

[326]　Dieleman J, Title R S, Smith W V. Paramagetic resonance studies of Cr^{2+} in cubic and hexagonal ZnS. Phys. Lett., 1962, 1(8): 334-335

[327]　Weakliem H A.Optical spectra of Ni^{2+}, Co^{2+}, and Cu^{2+} in tetrahedral sites in crystals J. Chem. Phys, 1962, 36(8): 2117-2140

[328]　DeLoach L D, Page R H, Wilke G D, et al. Transition metal-doped zinc chalcogenides: spectroscopy and laser demonstration of a new class of gain media. Quantum Electron., 1996, 32(6): 885-895

[329]　Page R H, Schaffers K I, DeLoach L D, et al. Cr^{2+}-doped zinc chalcogenides as efficient, widely tunable mid-infrared lasers. Quantum Electron., 1997(33): 609-619

[330]　杨勇, 唐玉龙, 徐剑秋, 等. Cr^{2+}: ZnSe 的激光输出和调谐性能. 中国激光, 2008(35): 1495-1499

[331]　Graham K A. Spectroscopic and laser classification of Cr^{2+} in II-VI chalcogenides. the USA: University of Alabama at Birmingham, 2005

[332]　Mirov S B, Fedorov VV, Moskalev I S, et al. Progress in Cr^{2+} and Fe^{2+} doped mid-IR laser materials. Opt. Mater. Express, 2011, (1): 898-910

[333]　Mirov S B, Fedorov V V, Moskalev I S, et al. Frontiers of mid-infrared lasers based on transition metal doped II-VI semiconductors. J. Lumin., 2013, 133: 268-275

[334]　Wagner G J, Carrig T J, Page R H, et al. Continuous-wave broadly tunable Cr^{2+}: ZnSe laser. Opt. Lett., 1999, 24(1): 19-21

[335]　Sorokina I T, Sorokin E, Mirov S, et al. Continuous-wave tunable Cr^{2+}: ZnS laser. Appl. Phys. B, 2002, 74(6): 607-711

[336]　Berry P A, Schepler K L. High-power, widely-tunable Cr^{2+}: ZnSe master oscillator power amplifier systems. Opt. Express, 2010, 18(14): 15062-15072

[337]　Moskalev I S, Fedorov V V, Mirov S B. 10-Watt, pure continuous-wave, polycrystalline Cr^{2+}: ZnS laser. Opt. Express, 2009, 17(4): 2048-2056

[338]　Voronov A A, Kozlovsky V I, Korostelin Y V, et al. A continuous-wave Fe^{2+}: ZnSe laser. Quantum Electron., 2008, 38 (12): 1113-1116

[339]　Williams J E, Fedorov V V, Martyshkin D V, et al. Mid-IR laser oscillation in Cr^{2+}: ZnSe planar waveguide. Opt. Express, 2010, 18 (25): 25999-26006

[340]　Mironov R A, Karaksina E V, Zabezhailov A O, et al. Mid-IR luminescence of Cr^{2+}: II-VI crystals in chalcogenide glass fibres. Quantum Electron., 2010, 40(9): 828-829

[341]　Wood R M. Laser-induced damage of optical materials. IOP, Institute of physics publishing, Dirac House, Temple Back, Bristol, UK, 2005

[342]　赵元安. 脉冲激光对光学薄膜的损伤机理及测试技术研究. 上海: 中国科学院上海光学精密机械研究所, 2005

[343]　Hopper R W, Uhlmann D R. Mechanism of inclusion damage in laser glass. J. Appl. Phys., 1970, 41(10): 4023-4037

[344]　Goldenberg H, Tranter C J. Heat flow in an infinite medium heated by a sphere. Brit. J. Appl. Phys., 1952, 3, 296-298

[345]　Koldunov M F, Manenkov A A, Pokotilo I L. Theory of laser induced damage to optical coatings: Dependence of damage threshold on physical parameters of coating and substrate materials. Proc. SPIE, 1996, 2714: 731-745

[346] Koldunov M F, Manenkov A A, Pocotilo I L. Theory of laser induced damage to optical coatings: Inclusion initiated thermal explosion mechanism. Proc. SPIE, 1994, 2114: 469-487

[347] Stolz C J, Tech R J, Kozlowski M R. A comparison of nodular defect seed geometries from different deposition techniques. Proc. SPIE, 1995, 2714: 374-382

[348] 张东平. 光学薄膜微缺陷的探测、抑制及其诱导激光损伤机理. 上海：中国科学院上海光学精密机械研究所, 2005

[349] 高卫东. 不同输出特性激光作用下光学薄膜的损伤机理. 上海：中国科学院上海光学精密机械研究所, 2005

[350] Bloember N. Laser induced electric breakdown in solids. IEEE. J. Quantum. Electron., 1974, QE10(3): 375-386

[351] Epifanov A S, Manenkov A A, Prokhorov A M. Theory of avalanche ionization induced in transparent dielectrics by an electromagnetic field. Sov. Phys. JETP, 1976, 43(2): 377-382

[352] 冯鹤. 铈掺杂稀土焦硅酸盐闪烁晶体 $RE_2Si_2O_7$:Ce(RE=Lu, Gd, Y, Sc)的生长与性能研究. 上海：中国科学院上海硅酸盐研究所, 2010

[353] 吴云涛. 新型闪烁晶体 $LuBO_3$:Ce 的相变、掺杂改性和闪烁性能研究. 上海：中国科学院上海硅酸盐研究所, 2012

[354] Ishii M, Kobayashi M. Single crystals for radiation detectors. Prog. Cryst. Gro wth Charact. Mater., 1992, 23(1-4): 245-311

[355] Briks J B. The theory and practice of scintillation counting. Oxford: Pergamon Press, 1964

[356] Lempicki A, Wojtowicz A J, Berman E. Fundamental limits of scintillator performance. Nucl. Instru. Methods Phys. Res. A, 1993, 333(2-3): 304-311

[357] Zhu R Y, Ma D A, Newman H B, et al. A study on the properties of lead tungstate crystals. Nucl. Instr. Meth. Phys. Res. A, 1996, 376(3): 319-334

[358] Bollinger L, Thomas G E. Measurement of time dependence of scintillation intensity by a delayed-coincidence method. Rev. Sci. Instr., 1961, 32(9): 1044-1050

[359] McKeever S W S. 固体热释光. 蔡干钢, 吴方, 王所亭, 译. 北京：原子能出版社, 1993

[360] Bhattacharjee T, Basu S K, Dey C C, et al. Comparative studies of YAG(Ce) and CsI(Tl) scintillators. Nucl. Instrum. Methods Phys. Res. A, 2002, 484(1-3): 364-368

[361] Hirouchi, T, Nishiura M, Nagasaka T, et al. Effect of ion beam and neutron irradiations on the luminescence of polycrystalline Ce-doped $Y_3Al_5O_{12}$ ceramics. J. Nucl. Mater., 2009, 386-388: 1049-1051

[362] Shen Y Q, Shi Y, Feng X Q, et al. The harmful effects of sintering aids in Pr: LuAG optical ceramic scintillator. J. Am. Ceram. Soc., 2012, 95(7): 2130-2132

第 4 章　光功能透明陶瓷的应用

光功能透明陶瓷(主要包括激光陶瓷和闪烁陶瓷)在工业领域和军事领域均有重要的应用潜力。接下来将重点介绍光功能透明陶瓷在高能激光武器、激光核聚变点火、核医学成像和安全检测等方面的应用。

4.1　高功率固体激光器中的应用

高功率二极管泵浦固体激光器有许多独特的优点,特别适合用作机动战术激光武器的光源。为此,美国防部高能激光联合技术公室(HEL-JTO)集中了各军种和一些军事机构的人力和财力,于 2002 年 9 月开始实施联合高功率固体激光器(JHPSSL)计划,其目的是要演示验证平均功率 100kW 的固体激光器[1~3]。

达信公司(Textron)利用 Nd:YAG 陶瓷板条的优势参与第三阶段 JHPSSL 激光器设计。Nd:YAG 陶瓷可以制作成比 Nd:YAG 晶体尺寸更大的板条,而且实验表明,陶瓷的光学均匀性好,抗热震性能好。在光学质量上,陶瓷和晶体一样透明,外观几乎看不出有任何差别。达信公司利用 Nd:YAG 透明陶瓷板条设计了一种 ThinZag 腔结构,光束成 Z 字形按一定角度通过成对的 Nd:YAG 透明陶瓷板条,如图 4.1 所示。一个双板条组件能产生 17kW 的输出功率,而把 6 个板条组件串联起来就构成单个 100kW 功率振荡器,这样就不需要各条光束的相位匹配。全内反射设计也避免了光学镀膜可能

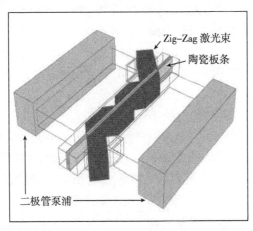

图 4.1　达信公司 ThinZag Nd:YAG 陶瓷板条 JHPSSL 结构示意图

发生的麻烦。图 4.2 表示达信系统公司研制的 1kW、5kW、15kW 和 100kW 固体激光器。

图 4.2　达信公司已开发和在开发的 1kW、5kW、15kW 和 100kW 固体激光器

　　美国劳伦斯·利弗莫尔国家实验室(LLNL)一直致力于研究热容激光器。固体热容激光器(SSHCL)采用一种独特的工作方式，把激光器的激射功能和冷却功能分开，有可能解决固体激光器工作时在增益介质上产生高温度梯度的问题，从而避免和减轻产生的热应力和光学畸变，使激光器输出平均功率达到材料开裂限，有可能成为获得最大功率的激光器。事实上，早在 2004 年中期美国劳伦斯·利弗莫尔国家实验室(LLNL)的 SSHCL 就获得了 30kW 的平均输出功率，运行时间为 1s，到 2005 年底运行时间增加到 10s，平均输出功率为 25kW。

　　由于 Nd:YAG 透明陶瓷板条在综合性能上具有比 Nd:GGG 晶体更大的优势，美国劳伦斯·利弗莫尔国家实验室从日本神岛化学公司(Konoshima)采购 Nd:YAG 透明陶瓷板条，以确定它们能满足该研究小组固体热容激光器(SSHCL)所需要的光学要求。结果表明，神岛化学公司公司提供的 Nd:YAG 透明陶瓷完全适合于放大 SSHCL 的激光，并获得了世界上最高功率的二极管泵浦固体激光器。最初 SSHCL 放大器板条没想用 100mm×100mm×20mm 的 Nd:GGG 晶体做成。这种尺寸已经是晶体生长的极限，获得更大尺寸的 Nd:GGG 比较困难。因此，LLNL 研究小组利用了陶瓷完成他们的激光器计划，成功制备了 Sm:YAG 陶瓷包边的大尺寸复合结构 Nd:YAG 透明陶瓷（解决 ASE 效应），而且符合激光器质量要求(图 4.3)。

　　把神岛化学公司公司制作的这种陶瓷板进行抛光处理并镀两层膜，尽量减少对激光束和激光二极管泵浦光的表面反射损失。这种透明陶瓷可以用简单的方法对 SSHCL 输出功率进行按比例放大，而其他激光器系统则通过增加激光束来增加输出功率。SSHCL 只采用单一孔径系统，就能线性地增加激光器输出功率，其中可以采用以下三种方法，增加放大器板条数、增加放大器板条截面积；或让二极管以有效负荷 20%运行(激光器运行时间百分比)代替 10%有效负荷。其中，增加板条数是最容易的方法。

SSHCL 用透明陶瓷代替后，在 10%有效载荷下就能产生 25KW 激光输出功率，时间保持 10s。SSHCL 的脉冲重复频率为 20pps，所产生的激光束能在 2~7s 时间内穿透 25mm 厚的钢板，如图 4.4 所示。

图 4.3　Nd:YAG 陶瓷(尺寸 100mm×100mm×20mm)激光系统

图 4.4　Nd:YAG 陶瓷固体热容激光穿透厚度为 25mm 的钢板

该系统采用 5 片 Nd:YAG 陶瓷板条在短的工作时间内获得 67kW 的平均输出功率。该激光器采用电池供电，这便于作为美国陆军定向能武器计划的一部分。与化学激光器不同，SSHCL 的体积小，可以装在卡车上或直升机上。试验表明，Nd:YAG 陶瓷的激光性能超过了规范的要求。例如，散射损耗大小与 Nd:GGG 晶体或 Nd:YAG 晶体相似。Nd:YAG 陶瓷板条中存在许多晶界。然而，在激光光路中，激光通过陶瓷介质时，厚度小于 1nm 的晶界对激光并无影响。所以，在 SSHCL 中的 Nd:YAG 陶瓷板条性能非常优异，容易达到或超过 Nd:GGG 晶体板条性能。这表明 Nd:YAG 透明陶瓷板条具有比 Nd:GGG 晶体更大的优势。

在光束质量测试中，激光束来回通过陶瓷板条，并未测得波前畸变。研究发现，由透明陶瓷组成的激光放大器板条比现有生产的晶体板条具有若干优点。首先，最重要的是这些板条能按时按要求供应而不需要附加费用；陶瓷材料很容易制成较大的尺寸和形状，只受烧结炉子尺寸的限制；生产陶瓷板条所需要的时间比生长单晶锭的时间要短得多；另外，在一个炉子里可以同时烧结多个陶瓷样品。

激光介质在工作过程中导致破坏主要是与材料的残余应力和力学性能相关。残余应力会使激光束畸变，并使材料造成不可承受的开裂；晶体板条产生开裂时，裂缝就会移动，并产生新的裂缝，并进入到晶体中心。由于材料的力学性能与其微结构相关联，相比而言陶瓷比单晶具有更优良的力学性能，故陶瓷板条也比单晶板条更坚固，不易产生破坏性开裂。因为晶界阻挡了开裂，陶瓷不容易随机产生开裂，而且也具有较低残余应力。

陶瓷板条也能实现高浓度掺杂（如钕离子），而且掺杂浓度十分均匀，可以精确控制。而在晶体中，杂质趋向生长晶锭底部分凝。此外，陶瓷还可以制成新型复合结构。例如，复合结构 Cr^{4+}:YAG/Nd:YAG 陶瓷板条就可以做成被动调 Q 开关激光器，Sm:YAG 陶瓷包边 Nd:YAG 陶瓷板条复合结构可以有效抑制放大自发辐射（ASE）。由于 Nd:YAG 透明陶瓷已成功地用在 SSHCL 中，现以此为基础正在设计兆瓦级固体陶瓷激光器。新的陶瓷激光器设计特点是，采用尺寸为 20cm×20cm×4cm 的 16 片 Nd:YAG 激光陶瓷板条。

4.2　核聚变点火装置中的应用

聚变能源是一种干净的几乎取之不尽的能源，惯性约束聚变则是实现聚变能源的可能途径之一。20 世纪 90 年代以来，许多国家均制定了庞大的发展计划，以点火为目标，建造百万焦耳级的巨型激光装置。由于激光技术的飞速发展，使可控核聚变的点火难题有了解决的可能。

从激光玻璃到激光晶体再到激光透明陶瓷的发展充分说明了激光材料的发展对于激光技术的巨大推动作用。激光材料是激光技术发展的核心和基础。目前点火装置中的钕玻璃激光材料由于热导率过低而无法获得重复频率的激光脉冲输出，而激光晶体受到生长工艺和坩埚限制难于获得大尺寸材料，无法满足后点火时代超短超强全固态激光器对于激光材料的要求。所以，寻找新型激光材料以满足下一代——后点火时代装置对激光器的要求(有一定的重复频率,高储能特性)具有极其重要的意义。

在美国国家点火装置(NIF)工作的科学家拥有世界上最大的激光器,他们对透明陶瓷感兴趣,因为透明陶瓷具有高的热导率,高的耐开裂和耐损伤性。美国劳伦斯·利弗莫尔实验室科学家在水星激光器计划中使用激光器陶瓷也感兴趣,因为这种水星激光器是一种大孔径、高重复频率和高平均功率的激光器,是未来惯性核聚变发电厂的小型激光器样机[4]。2005 年,美国劳伦斯·利弗莫尔实验室对点火装置用不同激光材料搭建的激光系统长度进行了理论计算,如图 4.5 所示。

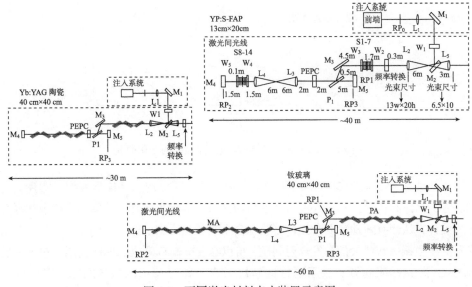

图 4.5　不同激光材料点火装置示意图

结果表明,如能实现激光透明陶瓷在点火装置中的应用,将大幅度简化器件整体的数目和尺寸,激光透明陶瓷具有非常明显的优势。另外 Mercury 和 Halna (日本的 IFE-DPSSL 计划) 研究小组都在考虑适当低温条件下使用 Yb:YAG 作为增益介质的可行性[5]。根据 2007 年 10 月的公开文献报道,日本在大阪大学的核聚变点火工程实验装置已经开始用具有较高能量密度、可重复脉冲激光输出的激光透明陶瓷(Yb:YAG 激光透明陶瓷具有大尺寸、高热导和合适的发射截面)取代无法连续激光输出的激光玻璃来进行一系列工程试验。下一步,他们计划在 16Hz 重复频率下获得 MJ 量级激光输出功率,光学转换效率约 12%。目前法国的 LUCIA 激光装置正在试用 Yb:YAG 增益介质[6]。

Yb[3+]由于其激光波长自吸收和准三能级结构所决定的高泵浦阈值问题以及高的泵浦密度条件下 Yb:YAG 盘片激光材料径向光放大导致的 ASE 效应是阻碍 Yb:YAG 晶体在高功率大能量固体激光领域更广泛应用的主要因素。法国 LULI 实验室的实验数据表明，在高功率泵浦密度条件下，Yb:YAG 激光材料的增益随着泵浦功率的增加而很快趋向于饱和，而非线性增加，如图 4.6 所示。其主要原因是径向的 ASE 效应和热效应。因此设计并制备具有浓度梯度掺杂(改善热分布)和具有复合结构(抑制 ASE 效应)的 Yb:YAG 激光透明陶瓷具有重要意义。

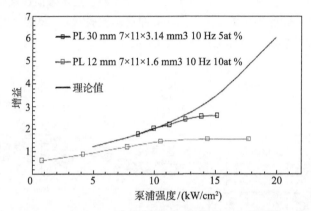

图 4.6　Yb:YAG 晶体增益随泵浦强度的变化曲线

过去十余年，对于掺 Yb 的激光工作物质的研究已经从晶体延伸到了陶瓷。与 Yb:YAG 晶体相比较，Yb:YAG 激光透明陶瓷可以实现大尺寸、浓度梯度掺杂和复合结构设计，从而有效地减弱激光自吸收和高泵浦阈值带来的影响。例如，为了抑制激光器的寄生振荡和放大的自发辐射问题，可以在 Yb:YAG 激光透明陶瓷周边包上一层 Pr:YAG 激光透明陶瓷；为了更好的解决激光工作过程中的散热问题，可以制备 Yb:YAG/ YAG 复合结构激光透明陶瓷。激光透明陶瓷不但具有陶瓷材料的耐高温、高强度等特性，而且在制备成本、尺寸(与单晶相比)、力学性能以及热性能(与玻璃相比)具有优势。同时激光透明陶瓷制备工艺为激光器设计提供了灵活性，通过调整陶瓷的物理和化学特性，有可能得到目前使用单晶和玻璃作为激光增益介质的常规激光器所不具备的特性。尤为重要的是，激光透明陶瓷是利用预压成型技术而非晶体和玻璃的熔体凝固技术，很容易实现复合结构的制备。

与传统晶体相比，透明陶瓷有希望大量供应大尺寸、低成本和高质量元件。许多类型激光器设计得益于陶瓷基激光器结构，如具有内部边缘包层的放大器。另外，放大器用陶瓷板条可以为高峰值功率核聚变级激光器和导弹防御用高平均功率激光器提供更牢固和更小型的结构。激光器设计者首次可以得到所有晶体具备所需要特性的增益介质，而且可以按比例放大到高平均功率。同时，透明陶瓷保持了 NIF 中所用高光学质量激光玻璃所需要的特性。高光学质量和大孔径能力相结合，使得透明陶瓷材料具有美好的前景，而且促进激光核聚变发电厂用的激光驱动器更接近现实。透明陶瓷，由于其光质量好、热导率高、制造成本低，正在改变激光器设计和制造方法。

综合上述情况，随着激光透明陶瓷制备技术的快速发展，已经能够制备出光学质量相当甚至优于单晶的 Nd:YAG 透明陶瓷，并且经过美国达信公司和劳伦斯·利弗莫尔的实验演示，获得了最高功率的固体激光器，证实了 Nd:YAG 透明陶瓷在高功率激光器中的应用前景。LLNL 的 Nd:YAG 陶瓷热容激光器不仅为小型激光武器实用化创造了有利条件，而且还为激光核聚变研究开创了美好的明天。值得指出的是，从目前二极管泵浦固体激光器所使用的介质来看，综合性能最优的是 Yb:YAG 而不是 Nd:YAG，这主要是由于 Yb^{3+} 激发-发射的低量子亏损效应，从而可以获得高增益和低热损耗，但 Yb^{3+} 的自吸收现象仍然是值得关注的问题。

4.3　核医学成像中的应用

PET(positron emission tomography)的全称是正电子发射断层显像。这个显像技术是将极其微量的正电子核素示踪剂(如 ^{11}C、^{13}N、^{15}O、^{18}F 等)注射到人体内，然后采用体外测量仪器 PET 探测这些正电子核素在人体全身各脏器的分布情况，通过计算机断层显像的方法无创伤地进行显像以反映脏器的功能，血流和代谢变化，如图 4.7 所示。由于脏器的任何由疾病导致的解剖结构变化之前均会发生血流功能和代谢的变化，因此 PET 具有发现疾病早期的功能代谢改变的能力，为治疗赢得宝贵的时间。

PET 成像技术作为一种先进的核医学成像技术，属于功能成像技术。 此外，人们还利用 PET 和 CT(computed tomography)技术结合，同时应用 CT 技术为这些核素分布情况进行精确定位，使这台仪器同时具有 PET 和 CT 的优点，发挥出各自的最大优势。PET/CT 是目前影像诊断技术中最为理想的结合，同时具有解剖和功能的信息。临床上，PET/CT 主要用于肿瘤疾病、神经及精神系统和心血管系统的疾病诊断。

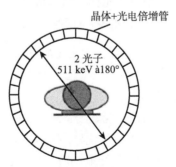

图 4.7　PET 工作原理示意图[7]

PET 的发展经历了近 30 余年的时间，期间历经了数次重大的突破。PET 的发展过程，就是不断提高空间分辨率、灵敏度和 PET 系统的计数率特性的过程。而 PET

发展的每一步都与闪烁材料的发现和发展密切相关。20 世纪 80 年代，通过技术改进，PET 在局部成像基础上实现了全身显像，这是 PET 技术发展的第一次重要突破。在这一时期，PET 采用的数据的采集技术为二维方式（图 4.8(a)），锗酸铋(bismuth germanate, BGO)晶体是这种 PET 系统中广泛使用的闪烁材料。BGO 晶体的特点是阻止 511kev 光子的能力强，但是其散射分数较高，晶体的时间分辨率也较差，为 300ns 之久，使得二维系统的灵敏度、散射分数、随机符合等较低，导致全身显像时，需要近 1h 的时间，患者不适度比较高，同时所提供的临床 PET 图像不够令人满意。

对扫描速度更快、散射和随机符合较低、图像质量更好的 PET 系统的需求，强力推动了三维数据采集 PET 系统的设计研发和新型高性能闪烁材料的探索。在 20 世纪 90 年代，LSO(Lu_2SiO_5:Ce)及其相关的材料如 LYSO(($Lu,Y)_2SiO_5$:Ce)的出现，为实现 PET 从二维数据采集到三维数据采集的第二次技术突破提供了重要推动[如图 4.8(b)所示]这种闪烁材料具有密度高，更透明，更快，拥有杰出的时间分辨率和良好的能量分辨率。这些良好的晶体特点结合快速电路，被广泛的应用到新一代 PET 系统的研发中，显著提高了三维 PET 扫描仪系统的性能。

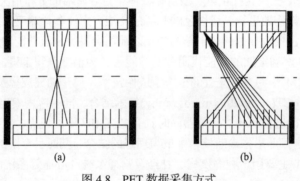

图 4.8　PET 数据采集方式

(a)二维；(b)三维

LSO 晶体的出现，使得 PET 系统第三次重要的技术突破成为可能，即从三维 PET 到飞行时间 PET(ToF-PET)的发展，ToF-PET 是 20 世纪 80 年代中期热烈讨论的概念，但当时经过仔细研究最终在临床 PET 上放弃了。现在 ToF- PET 技术又重新有了可行性，这归功于新型高性能闪烁材料的出现。近来研究发现新一代晶体(如 LSO 和 LYSO)具有良好的时间分辨率，阻止光子的性能优异，探测效率一流。另外，一种基于 $LaBr_3$ 的 ToF 系统也在研发中。该系统显示了更好的时间分辨信息，同时拥有杰出的能量分辨率，但在灵敏度方面 $LaBr_3$ 相对于 LSO 和 LYSO 较低。这些新晶体的出现，为人们重新开启了 ToF 技术的大门，并为 PET 图像质量的提升指出了一条可持续发展的道路，即不断缩小晶体、光电倍增管、电路及其他附属部分的时间损耗，提高整体的时间分辨能力，由此稳步提升 PET 的信噪比，提升临床图像的分辨率。图 4.9 是一些主要无机闪烁材料的发现历史。

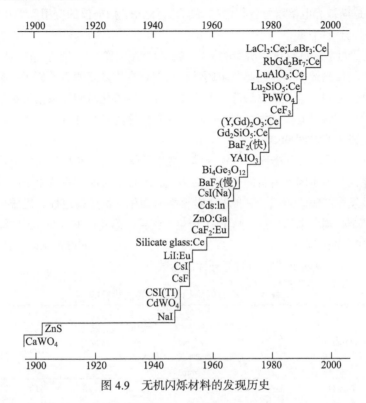

图 4.9　无机闪烁材料的发现历史

在传统 PET 技术，当两个 511keV 湮没辐射光子在预设的符合时间窗内被探测到时，系统会认为有一个"有效事件"发生。正电子湮没辐射发生的原始位置在射线命中的两块晶体所连成的响应线上。但在响应线(LOR)上具体哪个位置，却只有通过图像重建才可以确定。由于没有任何其他信息提供，重建算法在进行起始重建时，被迫假定湮没位置在响应线的所有位置的概率是一样的，这样就相当于把许多正确的信息放在了错误的位置上，由此导致了大量的噪声。

在 ToF PET 中，两个湮没辐射的光子到达晶体的实际时间差可被测量并记录，距离响应线中心位置越远，两个光子到达晶体的时间差越大。利用该时间差，理论上可以确定湮没辐射的位置。但由于系统时间响应有一定的误差，因此所确定的淹没辐射的位置也不是一个精确的点，只能限定在以该点为中心的一定范围。但仍可对重建参数进行约束，将湮没辐射位置初步确定在数厘米范围内，进而对该事件的重建信息(位置、浓度)进行更合理的权重分配。理论上，如果 ToF PET 系统的时间分辨率可以达到20ps，而且晶体切割合理，那么正电子湮没辐射范围的定位精度可以达到 3mm，这几乎是 PET 在临床条件下的极限分辨率。

闪烁材料是 PET 扫描仪的核心部分，它的作用是将能量为 511keV 的 γ 光子转换为闪烁光，进而被光电倍增管收集探测。结合人体 PET 扫描仪的应用范围和性能要求，对闪烁材料的选择有如下考虑。

(1) 为尽可能降低被试体所受的辐射剂量和缩短取像时间，要求晶体对 511keV 能量的 γ 光子的探测效率高，因此要求闪烁材料能具有尽量高的有效原子序数和密度。

(2) 为了使 PET 能在高计数率的状态下工作，要求死时间计数损失尽量小，因而要求闪烁材料应该具有短的发光衰减时间；要获得好的时间分辨，也要求闪烁材料具有尽量短的发光衰减时间。

(3) 为了好的能量分辨率和位置分辨，要求闪烁材料具有尽量高的光产额。

也就是说，对于闪烁材料的选择，最为关心的是其密度、有效原子序数、发光衰减时间以及发光产额。当然，其他的一些参数，如化学物理稳定性、机械强度、性价比等，也都是必须考虑的因素。从 PET 产生，到目前第 4 代 PET 走向普及的过程中，用于制造 PET 的闪烁材料主要是一些五级闪烁材料，包括 NaI(Tl)、BaF_2、BGO、LSO、LYSO 等。表 4.1 中列出了它们的部分性能参数[8]。

表 4.1   常见闪烁晶体的主要性能参数

晶体名称	化学组成	密度/(g/cm³)	有效原子序数	对511keV γ的吸收厚度/mm	光输出产额 l/(ph/MeV)	发光衰减时间/ns	发光波长/nm	潮解性	折射系数
NaI:Tl	NaI:Tl	3.67	51	29.1	41 000	230	410	有	1.85
BaF_2	BaF_2	4.89	54		8000/800	630/0.6	325/220	无	1.50
BGO	$Bi_4Ge_3O_{12}$	7.1	75	10.4	9 000	300	480	无	2.15
LSO	Lu_2SiO_5:Ce	7.4	66	11.4	30,000	40	420	无	1.82
GSO	Gd_2SiO_5:Ce	6.7	59	14.1	8 000	60	440	无	1.85
LGSO	$(Lu-Gd)_2SiO_5$:Ce	–	–	–	23 000	40	420	无	
LuAP	$LuAlO_3$:Ce	8.3	64.9	10.5	12 000	18	365	无	1.94
YAP	$YAlO_3$:Ce	5.5	33.5	21.3	17 000	30	350	无	1.95
LPS	Lu_2SiO_7:Ce	6.2	63.8	14.1	30 000	30	380	无	
LuAG	$Lu_3Al_5O_{12}$:Ce	6.7	62.9	13.4	5 606	50–60	510	无	
CsI:Tl	CsI:Tl	4.51	52	22.9	20 000	900	550	弱	1.80

4.4   安全检测中的应用

计算机断层成像技术(computed tomography, CT)诞生于 19 世纪 70 年代，实现了三维成像并消除了物体重叠对检测带来的影响，在医学成像、工业及安全检查等领域发挥了重要作用。CT 技术是核物理、电子学、精密机械以及计算机应用技术等多学科相结合的产物，是基于射线与物质的相互作用原理，通过投影重建方法获取被检测物体的数字图像，其结构如图 4.10 所示[9]。随着 X 光机、探测器等技术的不断发展和进步，以及扫描方式、重建算法的改进，CT 成像的图像质量和精度不断提高，扫描和重建时间大幅度缩短[10, 11]。

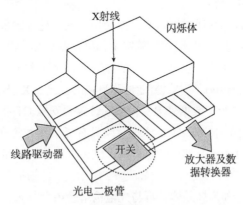

图 4.10　X 射线平板探测器的结构示意图

　　根据射线源的不同，CT 机主要有 X 射线 CT 和 γ 射线 CT，CT 机的主要应用领域包括医学检测、工业无损检测和安全防恐检测等。

　　近年来，在世界范围内各种形式的恐怖事件频发，公共安全成为国际社会关注的焦点。为对付日益猖獗的恐怖活动，各国政府纷纷出台相应政策，包括加强对机场、车站、码头等公共场所的安检措施，并重点加强对爆炸物等违禁品的检查力度。爆炸物检测领域是一个全球范围内的巨大市场，每年由于恐怖主义活动的始终存在，这个市场的需求量有不断上升的趋势。CT 技术作为一项相对成熟的技术，是爆炸物检测领域解决方案中的重要环节。据德国 Schleifring 公司统计，自 2001 年起至今，CT 型爆炸物检测设备全球需求量平均每年为 1500 台以上，并且还将进一步提高[12]。

　　但是由于爆炸物种类繁多，有老式炸药 TNT，有新型的塑性炸药，有自制的火药，也有爆炸力极强的烈性炸药等，且物质形态千差万别，要准确、快速地检查出爆炸物等违禁品，无疑提高了对安检设备的技术要求。目前国际上对爆炸物等违禁品的检测技术研究主要集中在 X 射线检测技术、中子检测技术、电磁测量技术及蒸气微粒探测技术等。其中 X 射线检测技术是相对成熟且应用最广泛的一项技术，主要包括 X 射线透射法、双能 X 射线检测法、X 射线散射法、X 射线 CT 等[13]。

　　采用 CT 技术的爆炸物检测装置具有很强的密度分辨能力和空间分辨能力。由于大部分的爆炸物的密度是确定的(在 1.5~3g/cm³)，结合其空间形状信息，CT 可以准确地发现并定位行李中隐藏的爆炸物。CT 装置将测量所得的可疑物密度值与事先预存在数据库中的已知爆炸物的密度值进行对比，一旦发现两者相符就发出警报，实现智能分析及报警功能。

安检 CT 的主要特点是：被检物种类复杂，多为体积较小的物品，采用低能量的 X 射线源；以成像为主，同时关注空间分辨、图象质量及密度识别；在结构上，采用被检物平移、射线源和探测器旋转的扫描方式，扫描速度要求高；系统具有智能分析及报警功能，辅以人工分析。

此外，对物体检查的高通过率是 CT 能应用于安全检查的最基本使用要求，这促使安检 CT 采用最先进的 CT 技术(如螺旋锥束扫描)；由于安检物品断面尺寸大于人体，且处于连续检查的工作环境，使得安检 CT 的硬件技术在许多环节超过了对医学 CT 的要求，如桶架系统(gantry)、射线源(能量和流强的提高、X 光机球管冷却、X 射线束流稳定性等)、滑环系统、数据采集及传输系统等；安检 CT 有密度分辨、自动检查分析、智能识别及示警的特殊要求，检查对象具有复杂性和多样性。

闪烁材料是 CT 机的核心部件，也是关系到 CT 机能否满足以上应用需求的关键点。CT 常用的各种闪烁晶体的性能，如表 4.2 所示。CT 扫描机上所用的探测器一般用 $CdWO_4$、CsI、CaF_2 等闪烁晶体，再与光电倍增管组合起来，闪烁晶体的发光光谱和光电倍增管的感光度分布尽量选择一致。目前各生产厂家大多采用高效的固态稀土陶瓷探测器，这类探测器所采用的陶瓷闪烁体是由向主基体内有选择地固溶一定量的稀土和碱土离子而制成的，其转换效率极高且余辉极短，使 X 射线的利用率从原来的 50%提高到 99%以上。目前，西门子等公司已经实现了 YGO、GOS 等闪烁陶瓷在 CT 机上的商业应用，这些闪烁材料特点目前主要的问题是余辉。铪酸盐具有很高的密度和快的衰减时间，并且不存在余辉，是很有希望的新一代 CT 用闪烁材料。

表 4.2　一些 X 射线 CT 用闪烁材料的性能参数列表[9]

材料	X 射线衰减系数 /(cm^{-1})		发射波长/nm	相对光产额 (%)	衰减时间 /ns	余辉 (%)	辐照损伤 (%)
	70 keV	500 keV					
CsI:Tl	34	0.49	550	100	10^3	0.3	+13.5
$CdWO_4$	56	0.91	530	30	5×10^3	0.02	−2.9
$Y_{1.34}Gd_{0.6}Eu_{0.06}O_3$	26	0.71	610	70	10^6	<0.01	<−1.0
Gd_2O_2S:Pr,Ce,F	52	0.80	510	80	3×10^3	<0.01	−3.0
$Gd_3Ga_5O_{12}$:Cr,Ce	32	0.70	730	40	1.4×10^4	0.01	−0.3
$BaHfO_3$:Ce	64	0.95	400	15	25	NA	NA

参 考 文 献

[1] 贾伟. 美国研制出 67kW 固体热容激光器. 激光与红外. 2007, 37(8): 702-704

[2] 任国光. 二极管抽运固体激光器迈向 100kW. 激光与红外. 2006, 36(8): 617-622

[3] Kong J, Tang D Y, Chan C C, et al. High-efficiency 1040 and 1078 nm laser emission of a Yb:Y$_2$O$_3$ ceramic laser with 976 nm diode pumping. Opt. Lett., 2007, 32(3): 245-249

[4] Schaffers K. Advanced materials for fusion lasers. HEC DPSSL Workshop, 2006.

[5] Saikawa J, Sato Y, Taira T, et al. Absorption, emission spectrum properties, and efficient laser performances of Yb:Y$_3$ScAl$_4$O$_{12}$ ceramics. Appl. Phys. Lett., 2004, 85(11): 1898-1900

[6] Chanteloup J C, Yu H W, Bourdet G. Overview of the Lucia laser program: towards 100 Joules, nanosecond pulses,kW averaged power, based on ytterbium diode pumped solid state laser. Proc. SPIE, 2005, 5707: 105-116

[7] 高丽娜, 陈文革. CT 技术的应用发展及前景. CT 理论与应用研究. 2009, 18(1): 99-109

[8] Weber M J. Inorganic scintilltors: today and tomorrow. J. Lumin., 2002, 100: 35-45

[9] Greskovich C, Duclos S. Ceramic scintillators. Annu. Rev. Mater. Sci., 1997, 27: 69-88

[10] 郝佳, 张丽, 陈志强, 等. 多能谱 X 射线成像技术及其在 CT 中的应用. CT 理论与应用研究, 2011, 20(1): 141-150

[11] Moy J P. Recent developments in X-ray imaging detectors. Nucl. Instrum. Methods in Phys. Res. A, 2000, 442(1-3): 26-37

[12] 吴万龙, 李元景, 桑斌, 等. CT 技术在安检领域的应用. CT 理论与应用研究. 2005, 14(1): 24-32

[13] 刘舒, 金华. X 射线安全检查技术. 中国人民公安大学学报(自然科学版), 2008, 58(4): 78-80

第 5 章　光功能透明陶瓷的展望

随着科学技术的发展，光功能透明陶瓷的研究越来越广泛和深入，材料制备技术也越来越先进，材料的性能也将得到新的提高和优化。光功能透明陶瓷的发展趋势有以下几方面：① 通过理论计算预测新材料体系的光功能特性；② 新材料体系与制备工艺的不断研发；③ 探索其他功能特性。

5.1　第一性原理计算在闪烁材料中的应用

随着量子理论的建立和计算机技术的发展，人们希望能够借助计算机对微观体系的量子力学方程进行数值求解，然而量子力学的基本方程——Schördinger 方程的求解是极其复杂的。克服这种复杂性的一个理论飞跃是电子密度泛函理论(DFT)的确立[1, 2]。电子密度泛函理论是 20 世纪 60 年代在 Thomas-Fermi 理论的基础上发展起来的量子理论的一种表述方式。传统的量子理论将波函数作为体系的基本物理量，而密度泛函理论则通过粒子密度来描述体系基态的物理性质。因为粒子密度只是空间坐标的函数，这使得密度泛函理论将 $3N$ 维波函数问题简化为三维粒子密度问题，十分简单直观。另外，粒子密度通常是可以通过实验直接观测的物理量。粒子密度的这些优良特性，使得密度泛函理论具有诱人的应用前景。密度泛函理论也是一种完全基于量子力学的从头算(ab-initio)理论，但是为了与其他的量子化学从头算方法区分，人们通常把基于密度泛函理论的计算称为第一性原理(first-principles)计算。相对于其他计算机模拟手段，第一性原理计算不使用经验参数，只用电子质量，光速，质子、中子质量等少数实验数据就可以完成量子计算。它是目前简单快捷预测材料性能的理论计算方法。

目前闪烁材料第一性原理计算集中在两个方向：一是通过对闪烁材料中各种缺陷的计算，研究闪烁材料中可能存在的缺陷类型和其影响闪烁材料发光的机理，进而研究如何消除这些缺陷；二是通过分析各种已知材料的能带结构，用于探索新型闪烁材料。

5.1.1　计算材料学简介[3]

计算材料学(computational materials science)，是材料科学与计算机科学的交叉学科，正在快速发展，其主要内容是利用计算对材料的组成、结构、性能以及服役性能进行计算机模拟与设计。它涉及材料、物理、计算机、数学、化学等多门学科。计算材料学主要包括两个方面的内容：一方面是计算模拟，即从实验数据出发，通过建立数学模型及数值计算，模拟实际过程；另一方面是材料的计算机设计，即直接通过理论模型和计算，预测或设计材料结构与性能。前者使材料研究不仅仅停留在实验结果和定性的讨论上，而是使特定材料体系的实验结果上升为一般的、定量的理论；后者则使材料的研究与开发更具方向性、前瞻性，有助于原始性创新，可以大大提高研究效率，是连接材料学理论与实验的桥梁。但是值得注意的是由于影响材料性能因素的复杂性和计算时边界条件设定相对简单，有部分计算结果与实际相差较大。

材料的组成、结构、性能、服役性能是材料研究的四大要素。传统的材料研究以实验室研究为主，是一门实验科学。但是，随着对材料性能的要求不断提高，材料学研究对象的空间尺度在不断变小，只对微米级的显微结构进行研究已经不能揭示材料性能的本质。纳米结构、原子像已成为材料研究的内容，对功能材料的研究甚至需要到电子层次。因此，材料研究越来越依赖于高端的测试技术，研究难度和成本也越来越高。另外，服役性能在材料研究中越来越受到重视，服役性能就是要研究材料与服役环境的相互作用及其对材料性能的影响。随着材料应用环境的日益复杂化，材料服役性能的实验室研究也变得越来越困难。总之，仅仅依靠实验室的实验来进行材料研究已经难以满足现代新材料研究和发展的要求。然而计算机模拟技术可以根据有关的基本理论，在计算机虚拟环境下从纳观、微观、介观和宏观的不同尺度对材料进行多层次研究，也可以模拟超高温、超高压等极端环境下的材料服役性能。根据模拟材料在服役条件下的性能演变规律、失效机理，进而实现材料服役性能的改善和材料设计。因此，在现代材料学领域中，计算机"实验"已成为与实验室实验同样重要的研究手段，而且随着计算材料学的不断发展，它的作用会越来越大。

计算材料学的发展与计算机科学与技术的迅猛发展密切相关。从前，使用大型计算机也极难完成的一些材料计算，如材料的量子力学计算等，可以通过现在的计算机技术完成。可以预见，将来计算材料学必将有更加迅速的发展。另外，随着计算材料学的不断进步与成熟，材料的计算机模拟与设计已不仅仅是材料物理和材料计算理论学家的热门研究课题，更将成为一般材料研究人员的一个重要研究工具。模型与算法的成熟，通用软件的出现，使得材料计算的广泛应用成为现实。因此，计算材料学基础知识的掌握已成为现代材料工作者必备的技能之一。

计算材料学涉及材料的各个方面，如不同层次的结构、各种性能等，因此，有很多相应的计算方法。在进行材料计算时，首先要根据所要计算的对象、条件、要求等因素选择适当的方法。要想选好方法，必须了解材料计算方法的分类。目前，主要有两种分类方法：一是按理论模型和方法分类，二是按材料计算的特征空间尺寸(characteristic space scale)分类。材料的性能在很大程度上取决于材料的微结构，材料的用途不同，决定其性能的微结构尺度会有很大的差别。例如，对结构材料来说，影响其力学性能的结构尺度在微米以上，而对于电、光、磁等功能材料来说可能要小到纳米，甚至是电子结构。因此，计算材料学的研究对象的特征空间尺度从纳米到米。时间是计算材料学的另一个重要的参量。对于不同的研究对象或计算方法，材料计算的时间尺度可从 10~15 s (如分子动力学方法等)到年(如对于腐蚀、蠕变或疲劳等的模拟)。对于具有不同特征空间、时间尺度的研究对象，均有相应的材料计算方法。

目前，最主要的材料计算方法有 4 种：量子力学第一性原理方法、分子动力学方法、Monte Carlo 方法和有限元分析方法。量子力学第一性原理方法可以无需任何实验数据，完全从材料组成原子的种类以及排列方式出发计算材料性能。因此，相比与其他方法，该方法计算准确性高，是目前材料计算最常用的方法。

5.1.2 闪烁材料缺陷的计算

缺陷在闪烁材料中形成陷阱，将严重影响材料闪烁性能。国际上报道了大量闪烁材料缺陷计算机模拟的文献，部分已经得到实验验证。其中研究最多的是 YAG 中反位缺陷和 PWO 中的色心。

1. YAG 中反位缺陷

反位置缺陷(简称为反位缺陷)是 YAG($Y_3Al_5O_{12}$)和 LuAG($Lu_3Al_5O_{12}$)晶体中特殊的缺陷类型，其主要特征为 YAG(或 LuAG)晶格中部分原来由铝离子占据的格位被钇(或镥)离子所取代。反位缺陷在晶体中形成不同深度的陷阱，直接参与载流子输运过程，从而对闪烁性能产生重大影响。近年来，反位缺陷已成为石榴石结构(YAG, LuAG 等)闪烁晶体的重要研究内容之一。Kuklja[4]利用势函数(pair potential)最早完成了 YAG 中各种本征和掺杂缺陷的计算机模拟，系统地计算了 YAG 中肖特基(Schottky)缺陷、弗仑克尔(Frenkel)缺陷、反位缺陷和各种掺杂离子的缺陷形成能。计算结果表明：反位缺陷是 YAG 最主要的本征缺陷；反位缺陷的存在，导致 YAG 晶体组分偏离化学计量比；在富 Y 的 YAG 中最容易出现 $Y_{Al(a)}$，而富 Al 的 YAG 中最容易出现 Al_Y。表 5.1 给出了采用该方法计算的缺陷形成能。Milanese 等[5]也计算了反位缺陷形成能。计算反位缺陷 $Y_{Al(a)}$、Al_Y 形成能为 −1.3 eV 和 1.2 eV。Patel 等[6]计算的结果为 1.35 eV 和 2.41 eV。这说明 YAG 中的组分偏离更容易发生在富钇一边，而不是在富铝一边。或者说 YAG 中富余的钇离子比富余的铝离子更容易被点阵所容纳。这一点，也已被实验所证实：在富 Y 一边，Y_2O_3 的过量可达 2 mol%，而在富 Al 一边，Al_2O_3 过量的程度仅为 0.2 mol%。但是，Patel 的计算结果表明：当 Al_2O_3 过量时，Al_Y 是最主要的反位缺陷，这与实验结果相悖。

表 5.1　采用 pair potential 计算 YAG 中各种缺陷形成能　　　（单位：eV）

本征缺陷	缺陷形成能
V_{Al}	53.76 (Al(a))；53.44 (Al(d))
V_Y	49.42
V_O	21.54
Al_i	−40.72
Y_i	−36.85
O_i	−11.38 (O_i(g))；−11.79 (O_i(f))
Y_{Al}	2.38 ($Y_{Al(a)}$)；4.16 ($Y_{Al(d)}$)
Al_Y	−0.69

Liu 等[7]采用第一性原理计算的方法，计算了 YAG 中反位缺陷的浓度，发现 YAG 中不存在 Al_Y 反位缺陷。这一计算结果，结束了之前对 YAG 体系中反位缺陷种类的争论。

对于 Y_{Al} 反位缺陷，缺陷形成能计算公式为

$$\Delta H_f = E(d) - E(p) + \frac{1}{2}[E(Al_2O_3) - E(Y_2O_3)] + \frac{1}{2}(\mu_{Al_2O_3} - \mu_{Y_2O_3}) \qquad (5.1)$$

对于 Al_Y 反位缺陷，缺陷形成能计算公式为

$$\Delta H_f = E(d) - E(p) + \frac{1}{2}[E(Y_2O_3) - E(Al_2O_3)] + \frac{1}{2}(\mu_{Y_2O_3} - \mu_{Al_2O_3}) \qquad (5.2)$$

据此，可以计算出 YAG 中 Y_{Al} 和 Al_Y 缺陷形成能(表 5.2)。

表 5.2　YAG 中反位缺陷形成能　　　　　　　　　（单位：eV）

缺陷类型	富 Y 缺 Al 体系	富 Al 缺 Y 体系
$Y_{Al(a)}$	1.232	1.872
$Y_{Al(d)}$	1.606	2.246
Al_Y	3.629	2.989

反位缺陷浓度和缺陷形成能的关系为

$$[D] = N_{sites} \exp\left(\frac{H_f}{k_B T}\right) \qquad (5.3)$$

式中，[D]为缺陷浓度；N_{sites} 为 YAG 中可以被反位缺陷占据的位置数；H_f 为形成能；T 为生长温度；k_B 为玻尔兹曼常量。将上述计算得到的形成能代入该公式，可以作出反位缺陷浓度随温度的变化曲线(图 5.1)。

计算结果表明：无论富 Y 还是富 Al 体系中，以 Y_{Al} 反位缺陷占主导；在单晶中 Y_{Al} 反位缺陷浓度为 0.185%，陶瓷中 Y_{Al} 反位缺陷浓度为 0.077%，单晶膜为 $1.3×10^{-3}$%；即使在富 Al 的单晶中，Al_Y 反位缺陷浓度也仅为 0.0187%，远少于 Y_{Al}。Zoren ko 等[8]

计算的 YAG 单晶中反位缺陷浓度与实验值(0.25%~0.5%)[8]相当，说明第一性原理计算的结果是非常可靠的。

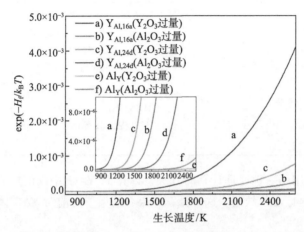

图 5.1   第一性原理计算 YAG 中反位缺陷浓度随生长温度的变化曲线

2. PWO 中氧空位

PWO(PbWO$_4$)晶体是一种新型闪烁材料，但大量的实验[9~10]表明，不少 PWO 晶体中存在 350nm 和 420nm 的两个本征吸收带，它们的存在将会极大地影响 PWO 晶体的性能。近年来国际上许多学者对其吸收带展开了大量研究。Nikl 等[11]对 PWO 晶体的空气氛围退火及真空退火后的诱导吸收谱进行两高斯拟合，发现在 350nm 和 420nm 吸收带附近存在明显的诱导吸收峰；并进一步对 PWO 晶体的 γ 辐照诱导吸收谱进行解谱后指出，PWO 晶体中存在四个诱导吸收峰，分别为 3.5 eV，2.95 eV，2.4 eV，1.8 eV，并将这四种吸收归结为四种缺陷，即 Pb^{3+}，O$^-$，F，F$^+$。然而 Annenkov 等[12]认为，双空位(WO$_3$–WO$_3$)$^{2-}$和缺陷中心 O$^-$V$_{Pb}$O$^-$是引起 500~700nm 内诱导吸收的原因，而且受 Frenkel 缺陷所扭曲的(WO$_3$)$^{2-}$可以引起 400nm 以下的吸收。Lin 等[13]采用 Mott-Littleton 方法系统研究了 PWO 中，各种本征缺陷的形成能。他们认为在 PWO 体系中存在缺陷簇。 表 5.3 是计算所得的 PWO 中各种可能的缺陷簇形成能。通过对上述结果分析可以认为，350nm 的吸收带与这种铅氧联合空位(2V$_{Pb}$:V$_O$)有关。

表 5.3   采用 Mott-Littleton 方法计算的 PWO 中各种缺陷簇形成能

结构	间隔	形成能(eV/缺陷簇)
(V''$_{Pb}$:V$_Ö$)	nn(2.574)	−1.37
(V''$_{Pb}$:V$_Ö$)	nnn(2.733)	−1.41
(V''$_{Pb}$:V$_Ö$)	nnnn(4.007)	−1.46
(2V''$_{Pb}$:V$_Ö$)	[1st:2nd]	−0.56

　　姚明珍等[14]采用第一性原理计算的方法对 PWO 晶体中空位型缺陷进行了研究。他们根据 Lin 等缺陷簇的思想,将 PWO 晶体中可能形成的缺陷簇分成三类(表 5.4)。

表 5.4　计算缺陷簇模型

团簇标号	团簇描述	母团簇
1	去掉离中心最近邻的一个 Pb,形成 V_{Pb}	$(Pb_8W_5O_{20})^{6+}$
2	去掉离中心最近邻的一个 Pb,形成 V_{Pb}	$(Pb_5W_8O_{32})^{6-}$
3	去掉中心处的 WO_4^{2-} 基团的一个氧离子,形成 V_O	$(Pb_8W_5O_{20})^{6+}$

　　其中模型 2 与模型 1 基本相同,不予以考虑。他们计算了缺陷簇模型 1 和 3 不同能级间可能跃迁对应的能量值(表 5.5)。计算结果表明:模型 3 中与 V_O 相关的 WO_3 中 O2p-W5d 跃迁可引起 350nm 和 420nm 的吸收,即氧空位是 PWO 中最主要的本征缺陷。这一点已被实验[15]证实,即掺 La^{3+} 将抑制氧空位,增加铅空位浓度,所制备 PWO 晶体的发光和抗辐射性能得到改善。

表 5.5　相关轨道的跃迁能量

团簇	跃迁	基态计算结果/eV	过渡态计算结果/eV
1	O2p→W5d	3.52	3.96
		3.90	4.27
		4.28	4.59
3	$O2p_{(1)}$→W5d	2.28	2.91
		3.14	4.00
		3.90	4.69
	$O2p_{(2)}$→W5d	2.49	3.61
		3.36	4.24
		4.12	5.08
	$O2p_{(3)}$→W5d	2.76	4.10
		3.63	4.85
		4.39	5.25

3. 组分调节消除反位缺陷

　　2006 年,Nikl[16]等报道了一种"无反位缺陷"的闪烁晶体,即采用 Ga^{3+} 取代 Al^{3+} 得到 $Lu_3(Ga_xAl_{1-x})O_{12}$:Pr 晶体,TSL(热释光)测量未发现 120~200K 与反位缺陷对应的 TSL 峰,其衰减常数仅 18ns,闪烁光中未发现与反位缺陷有关的慢发光分量。Nikl 等对上述结果作出了如下解释：该晶体的真空紫外激发谱显示，随着 Ga^{3+} 的掺入量逐渐增加，其吸收边向长波方向移动。对于 x=0.4 的样品，约移动 0.4 eV，这一数据与 LuAG 反位缺陷的陷阱深度接近。这就使由反位缺陷引起的陷阱能级被淹没在逐渐降低的导带之中，陷阱作用因此消失。最近，Fasoli 等[17]通过第一性原理计算的方法对 Nikl 的理论加以论证。图 5.2 是 Ga 掺杂对 LuAG 能带结构影响的示意图。

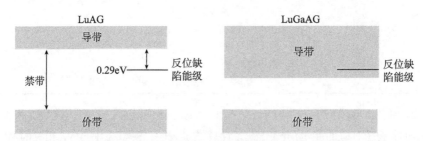

图 5.2　LuAG 和掺 Ga^{3+} 的 LuAG 的电子结构示意图

通过采用第一性原理计算了不同 Ga 掺杂浓度使 LuAG 导带下降的量，其结果如图 5.3 所示。计算结果显示：随着 Ga 掺杂量的增加，LuGAG 的导带不断下降；当掺杂浓度为 40%时，LuGAG 的导带下降已经超过 0.29 eV，说明此时反位缺陷引起的陷阱能级已经淹没在 LuGAG 导带之中。这与采用 TSL(热释光)测试的结果是一致的。

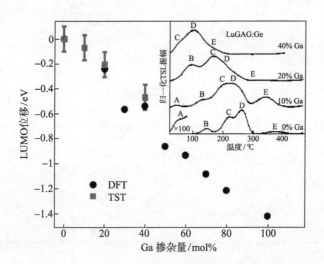

图 5.3　LuGAG 导带随 Ga 掺杂量增加不断下降

Ga 的掺入消除了 LuAG 中反位缺陷，却同时引起了发光淬灭现象。美国 LLNL 国家实验室的 Kuntz 等[18]通过加入 Gd^{3+} 以弥补此问题。从表 5.6 可以发现，在各类 Gd^{3+} 基石榴石中 GYGAG:Ce([$Gd_{(1-x)}Y_x$]$_3$[$Ga_{(1-y)}Al_y$]$_5O_{12}$)具有高光输出、成相稳定、能量分辨率高等优势，是一种非常有潜力的闪烁陶瓷材料。

表 5.6　Gd 基石榴石的闪烁陶瓷性能对比

GYAG(Ce)	GYSAG(Ce)	GGG(Ce)	GGAG(Ce)	GYGAG(Ce)
LY = 80 000 R = 10%	LY = 35 000 R = 10%	LY = 0	LY = 56 000 R = 9%	LY = 50 000 R = 4%
难成相，高光输出	易于成相，中等光输出	易于成相，不产生闪烁效应	难成相，高光输出	易于成相，高光输出

基于实验的结果，研究人员通过计算机模拟等手段进行理论分析。Pan 等[19]发现在 YAG:Ce 体系中掺入 Ga^{3+} 将导致 Ce-$5d_1$ 能级上升，这不利于体系的闪烁性能。García 等[20]通过第一性原理计算解释了这一现象：Ga^{3+} 掺入改变 Ce^{3+} 周边几何环境从而提升了 Ce-$5d_1$ 能级。Kamada 等[21]认为 Gd^{3+} 掺杂使 Ce-$5d_1$ 降低，进而改善闪烁性能。图 5.4 是 Gd^{3+} 和 Ga^{3+} 掺杂对体系电子结构的影响。根据这一理论他们制备了闪烁性能优良的 $(Lu,Gd)_3(Ga,Al)_5O_{12}$:Ce 晶体。

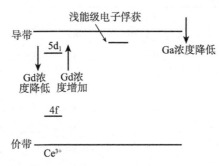

图 5.4　Gd^{3+} 和 Ga^{3+} 掺杂对 LuAG:Ce 缺陷能级的调控

5.1.3　探索新型闪烁材料

人类对新材料的探索是永无止境的。为了获得高光输出闪烁材料，目前有很多学校和机构建立大型数据库，用于分析和储存材料的闪烁性能[22~23]。从有报道的文献来看，关于 Ce 掺杂体系的第一性原理计算是当前的研究热点[24~28]。图 5.5 是 Ce 掺杂体系中的发光机理图。Canning 等[24]对其研究，得出产生高光输出 Ce 掺杂闪烁材料的四个要素：① 小的能带间隙；② 小的 Ce 4f 能级与基体 VBM 能量差；③ 适当的激发态下 Ce 5d 能级与基体 CBM 能量差；④ 高的激发态下 Ce 局域化程度。

对已知闪烁材料的四要素进行第一性原理计算 (表 5.7)，其结果和实验获得的闪烁材料发光强度随四要素的变化规律一致，从而证明了理论计算的正确性。

依据这一理论对已知材料四要素进行第一性原理计算(表 5.8 为部分结果)，筛选出了可能具有强发光的闪烁材料 Ba_2YCl_7:Ce。

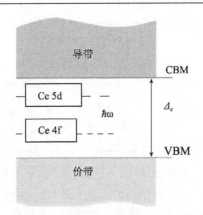

图 5.5 Ce 掺杂闪烁材料能带结构

表 5.7 各种闪烁材料第一性原理计算结果

化合物	PBE 带隙/eV	Ce 4f–VBM 能量差/eV	(Ce^{3+})局域化程度		发光强度（光子/MeV）
			%	比率	
LaF_3(48)	7.8(9.7)	3.5	46	9.14	2200
$LaCl_3$(128)	4.6(7)	1.4	40	6.08	48000
$LaBr_3$(128)	3.6(5.9)	0.9	21	5.70	74000
LaI_3(64)	1.6(3.3)	0.25	18	2.52	200-300[b]
$LaMgB_5O_{10}$(68)	5.7(8.8)	2.6	18	2.48	1300
YI_3(384)	2.8(~4.13)	0.6	31	3.48	98600
$YAlO_3$(160)	5.4(8.5~5.9)	3.0	21	3.17	21600
$LiGdCl_4$(96)	4.6	1.4	74	27.6	64600
$Lu_2Si_2O_7$(88)	5.5(7.8)	2.9	55	6.8	26000
Lu_2SiO_5(64)	4.8(6.6)	2.9	33	7.3	33000
Cs_2LiYCl_6(40)	5.0(>5.9)	1.8	50	5.8	21600
β-KYP_2O_7(88)	5.9(~7.7)	2.7	35	6.4	10000
$LaAlO_3$(120)	4.0(5.5)	2.1	4	1.6	**
Y_2O_3(80)	4.6(5.8)	3.4	2	1.6	**
La_2O_3(40)	4.0(5.3~5.8)	2.9	1	0.15	**
Lu_2O_3(80)	4.7(5.8)	2.9	2	1.1	**
Gd_2O_3(80)	4.4(5.4)	2.8	4	0.9	**

表 5.8 各种已知材料第一性原理计算结果

化合物	LDA 带隙/eV	Ce4f–VBM 带隙/eV	(Ce^{3+})局域化	
			%	比率
$CsI(SO_4)_2$(48)	6.0	2.0	44	7.5
Ba_2YCl_7(40)	4.7	1.6	71.7	13.2

续表

化合物	LDA 带隙/eV	Ce4f–VBM 带隙/eV	(Ce³⁺)局域化	
			%	比率
GdIS(96)	2.5	1.3	17	1.9
BaY₆Si₃B₆O₂₄F₂(46)	4.6	1.3	78	15.2
Gd₂SCl₄(112)	3.6	1.0	31.5	2.04
Cs₃Y₂Br₉(84)	3.0	1.2	34	2.69

但是，这种从上至下的筛选方式仍存在很多问题，如筛选理论本身是否完善，筛选出的材料是否可以器件化等。因此，离真正做到智能筛选闪烁材料的距离还很遥远，闪烁材料研究人员仍然任重而道远。

5.2　新材料与新工艺的探索

由于受晶体结构的限制，光功能透明陶瓷的种类和数量仍十分有限，远远不能满足当前和未来各应用领域对材料的需求。目前研究比较成熟的光功能透明陶瓷主要集中在立方结构的氧化物材料体系(如钇铝石榴石、倍半氧化物等)，将来新的材料体系可能主要集中在非氧化物体系(如氧氮化物、硫化物、氟化物)以及某些盐类体系中[29]。

5.2.1　低对称体系透明陶瓷的探索

和单晶不同，由于陶瓷中晶粒的取向是随机的，若该晶体各向异性则会产生双折射现象，光与此材料接触时，除了产生界面反射和折射，在不同取向晶粒的晶界上还将产生应力双折射，从而导致低对称体系的陶瓷材料不易获得同质单晶相同的光学性能。因此，目前透明陶瓷的制备往往集中在具有高对称性的立方晶系材料上，如 YAG、Y₂O₃、Sc₂O₃、Lu₂O₃ 和 YSAG 等。而对于更多各向异性的非对称体系，晶体原子排列各向异性对光线有双折射，最终会导致透过率的下降，这对非对称结构的透明陶瓷制备是一个严峻的考验。目前报道的仅限于α-Al₂O₃ 透明陶瓷、GOS 闪烁透明陶瓷等个例。而如果从发光考虑，稀土离子在对称性高的晶体场环境下因电偶极子跃迁禁戒导致发光不好，一般希望发光中心离子处于低对称的晶体场环境中。也就是说从掺杂离子的发光效应考虑，低对称性体系的物质应该更具有潜在优势。因此，低对称体系透明陶瓷的制备及其性能研究将是未来非常值得关注的研究方向。

对于低对称体系透明的制备，随着静强磁场材料科学的快速发展，非对称的材料体系具有磁各向异性，在磁场中有受磁力作用而发生取向排列的倾向[30]，将这种定向状态固定下来，然后高温烧结，即可得到具有晶粒取向的陶瓷体。2008 年，Mao 等[31]将超强静磁场应用于透明氧化铝陶瓷的制备，研制出晶粒定向的透明氧化铝，样品在可见光波段透过率显著提高(~55%)，并且在小于 500nm 波段仍然保持高于 40%的高透过率。强磁场下陶瓷多晶的定向排列在 TiO_2[32]、SiC[33]、Si_3N_4[34]等多个体系中取得成功。因此，利用强磁场诱导晶粒定向而减弱非对称体系的晶界双折射，从而提高其透过率的技术在透明陶瓷领域的研究中同样值得关注。这对拓展透明陶瓷体系的应用范围有重要意义。

近年来，随着强磁场晶粒定向等新型材料制备技术的不断改进，越来越多的非对称体系陶瓷材料实现了透过率的明显提升。日本的 Akiyama 等[35, 36]科学家利用晶粒定向技术成功制备了 FAP 基质的激光透明陶瓷材料，并且实现了激光输出，所获得的 Nd:FAP 陶瓷和 Yb:FAP 陶瓷的实物照片如图 5.6 所示，可以看到材料呈现很高的透明性。图 5.7 中的 XRD 结果表明，在磁场的作用下，成功地实现了晶粒沿 c 轴排列；图 5.8 的激光输出结果验证了经过磁场晶粒定向的 FAP 材料已经具有了优异的光学质量，成功实现了激光输出。

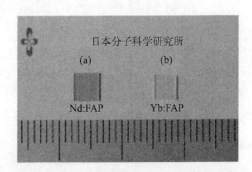

图 5.6 晶粒定向技术获得的 FAP 陶瓷实物照片

(a) 抛光的 2at % Nd:FAP; 陶瓷(b) 抛光的 2at%Yb:FAP (厚度为 0.48 mm)

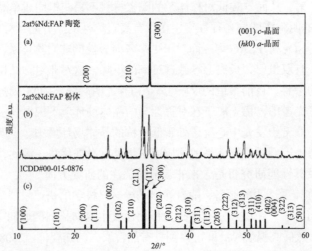

图 5.7 Nd:FAP 陶瓷(a)、Nd:FAP 粉体的 XRD 图谱(b)和 FAP 的标准卡片图谱 ICDD—#00-015-0876(c)

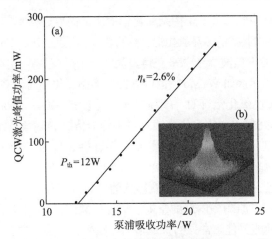

图 5.8　Nd:FAP 材料的激光输出示意图(a)和泵浦脉冲(脉宽为 420μs，脉冲的重复频率为 6Hz)
激光强度三维分布图(b)

5.2.2　多晶透明陶瓷的单晶化制备

透明陶瓷单晶化制备是光功能陶瓷发展的一个重要方向。透明氧化铝陶瓷的一个研究热点是在非熔融状态下将多晶氧化铝转变成蓝宝石单晶。蓝宝石具有优良的光学、电学和力学性能，其硬度仅次于钻石。但是由于传统的高温熔融法制备氧化铝单晶的成本高，容易引起掺杂的组分不均匀，并且难于得到大尺寸的晶体[37]。因此，人们希望通过非熔融的方法制备氧化铝单晶。固态晶体生长法制备氧化铝单晶的过程一般是先制得多晶氧化铝陶瓷，然后通过再加热的方法，将多晶氧化铝转变成单晶。该方法可分为两种途径：① 添加晶种，通过固态晶体转变(solid-state crystal conversion, SSCC)得到单晶[38]；② 通过异常晶粒长大(abnormal grain growth, AGG)将多晶氧化铝转变为单晶[39]。添加晶种实现多晶氧化铝陶瓷向单晶转变的现象，最初是在陶瓷金卤灯上发现的。这种灯的电弧管是采用蓝宝石单晶直管和多晶氧化铝端帽制成的[40]，在长时间循环加热的过程中，多晶/单晶界面向多晶方向迁移，发生多晶向单晶的转变。对其转变机理的研究发现，循环加热过程中，通过 Mg^{2+} 的外扩散而得到高晶界迁移率，实现了单晶转变[38]。Scott 等[41]报道将晶种与多晶氧化铝管镶接，在 H_2 气氛中~1880℃下循环加热冷却，得到了取向与晶种一致的管状氧化铝单晶，并且已初步尝试将这方法用于制备高强度气体放电灯的电弧管。由于转变过程不容易控制，当界面发生快速迁移时，往往会留下一串缺陷[42](图 5.9)。众多缺陷的存在使得制备的单晶透过率和多晶氧化铝相当。而且，这种转变很难进行完全，通常只有近表面很薄的区域才能转变。在先进结构陶瓷领域，异常晶粒长大(AGG)是应该尽可能避免的，否则难以制备细晶、微结构均匀的陶瓷材料。然而，在透明氧化铝的研究领域，却可以将 PCA 在高温下长时间加热，诱导其发生异常晶粒长大，得到大晶粒的单晶。研究发现，掺杂氧化铝的晶界迁移率要远大于未掺杂氧化铝的本征晶界迁移率[43]。因此，一般先制备致密的镁和其他元素共掺的多晶氧化铝，然后在 H_2 气氛 1700~1900℃下长时间烧结[39]，或采用约 1750℃下微波烧结[44]来获得单晶。为了提高晶界迁移速率，常掺 Y、Ti 等。另外，一些高价态元素如 W、Mo[45]也可以促进多晶氧化铝向单晶的转变。Thompson 等[46]在掺 MgO 的多晶氧化铝管的一端浸渍硅胶溶液(掺 SiO_2)，随后在湿度适当的 H_2 气氛、~1886℃下热处理 4h，得到了直线透过率约为传统 PCA 四倍的蓝宝石单晶。这种多晶向单晶的转变是局部的、有取向性的，靠近掺 SiO_2 的一端单晶转变比较完全(图 5.10)。采用异常晶粒长大方法制备单晶，不仅成本降低，并且单晶的形状和大小与原多晶氧化铝一致，因此可以制备任意形状的单晶蓝宝石部件。其缺点在于：① 制备的晶体通常都保留有原陶瓷内部的空隙、气孔等缺陷；② 生长出的单晶取向性难以控制，并且力学性能欠佳。常见的报道多为晶粒生长的动力学和生长过程中的物质扩散机理研究，而这种由多晶转变来的单晶的透过率数据报道较少。

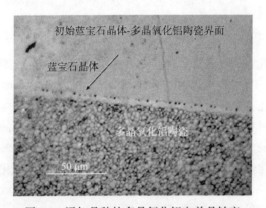

图 5.9   添加晶种的多晶氧化铝向单晶转变

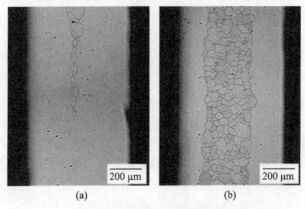

(a)   (b)

图 5.10   MgO-SiO_2 共掺氧化铝管的光学显微照片

(a) 接近共掺区域; (b) 远离共掺区域

　　Nd:YAG 多晶陶瓷单晶化是激光陶瓷发展历史上的又一重大突破。Ikesue 等[47]先把采用陶瓷工艺制备的 Nd:YAG 多晶材料和一定取向的 Nd:YAG 晶体(作为籽晶)键合在一起，然后通过热处理使籽晶沿着一定取向发生晶粒生长，并最终使整块 Nd:YAG 陶瓷变成单晶。图 5.11 是固态晶体生长技术(SSGG)制备 Nd:YAG 单晶的示意图及其激光性能[48, 49]。图 5.11(a)是采用陶瓷工艺制备 Nd:YAG 单晶的机理图。从图中可以看出，在高温烧结的过程中，与 Nd:YAG 籽晶接触的小晶粒被"吸入"其内部。在固

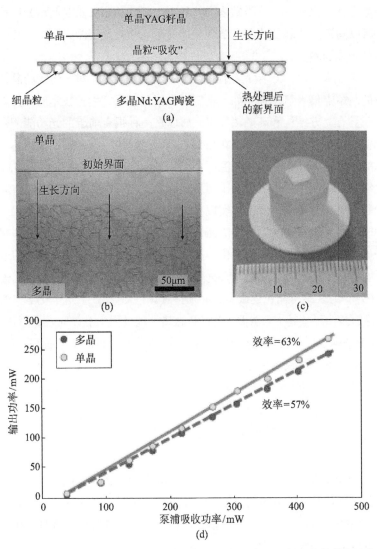

图 5.11　固态晶体生长技术(SSGG)制备 Nd:YAG 单晶示意图及其激光性能

(a) 生长机理; (b) 生长过程中 Nd:YAG 陶瓷的界面; (c) SSGG 法制备的 Nd:YAG 单晶的实物照片; (d) SSGG 法制备的 2.4at%Nd:YAG 单晶和相同组分的多晶陶瓷的激光性能

相晶体生长中，只有单晶的表面能远小于陶瓷晶粒的表面能时，多晶陶瓷的晶粒才能源源不断地被单晶"吸入"，而籽晶则不断长大。图 5.11(b)、图 5.11(c)是高浓度掺杂Nd:YAG 陶瓷单晶化的显微结构和实物照片。图 5.11(d)是陶瓷工艺制备的 Nd:YAG 晶体和对应陶瓷的激光性能。从图中可以看出，陶瓷工艺制备的 Nd:YAG 晶体的激光效率高于对应的陶瓷材料。陶瓷工艺制备的 Nd:YAG 晶体没有传统熔融生长法制备的单晶所固有的核心、小面等缺陷，同时该材料的位错密度低。在 Nd:YAG 陶瓷中，大量的位错缺陷存在于晶界处，这类缺陷会使材料在超高功率、长时间激光服役条件下发生损伤。所以陶瓷工艺制备的 Nd:YAG 晶体的激光性能优于激光陶瓷和传统晶体生长技术制备的单晶材料。

陶瓷工艺制备 Nd:YAG 激光晶体的优势是显而易见的。对于传统的晶体生长技术难以制备的高熔点倍半氧化物（如氧化钇）晶体，该固相生长技术的优势更加明显。氧化钇由于具有立方结构和高的热导率，所以是一种很有前景的光功能陶瓷材料。然而，氧化钇在接近熔点的温度下存在相变，相变引起的应力导致晶体破坏。而氧化钇陶瓷制备的温度远低于单晶生长的温度，也就是远低于氧化钇发生相变的温度。这样，通过氧化钇纳米粉体再结晶法有利于制备完整的、无损伤的氧化钇晶体。此外，采用陶瓷技术制备氧化钇单晶不仅能够实现高浓度掺杂，而且也能够制备出[110]取向的单晶，这种取向的氧化钇晶体对熔融法而言是难以实现的。当然，这种方法制备晶体的难点也是显而易见的。晶粒生长是化学扩散的结果，再结晶法制备晶体的过程中不存在浓度梯度，只存在化学势梯度。籽晶(晶体部分)的比表面能(G_1)远小于陶瓷中晶粒的比表面能(G_2)，为了维持晶粒连续生长必须持续保持 $G_1 \ll G_2$。这个化学势条件维持得越久，获得的晶体尺寸越大。然而，随着高温热处理过程中晶体向多晶陶瓷方向生长，$G_1 \ll G_2$ 这个平衡条件就会迅速打破。所以，再结晶工艺制备晶体远比扩散方法困难。再结晶的速率与纳米颗粒的尺寸、杂质含量和陶瓷气孔率等有关。陶瓷的气孔率高，再结晶速率高，晶体生长的过程中容易包裹气孔，这样严重影响了晶体的光学质量。

5.3　透明陶瓷其他功能特性的开发

除了光功能特性，透明陶瓷的其他各项功能特性，如电、磁、声、热性能的研究也同样重要，对开发新的透明陶瓷体系和开拓新的应用领域的意义十分重大[29]。特别应重视光功能特性与这些功能特性的耦合作用，这将是透明陶瓷材料物理特性研究和应用研究可以重点关注的方向。

掺镧锆钛酸铅(PLZT)透明陶瓷作为一种性能优异的电光材料，已受到人们的广泛关注，拓展了 PLZT 材料的应用范围。利用 PLZT 透明陶瓷的透光性以及极化后的压电、光学双折射等特性可以开发出一系列器件。PLZT 透明陶瓷制备成夹层结构的护目镜不仅可以解决核闪光问题，还可以防止电焊时产生的强弧光、金属冶炼炉内高温的光辐射损伤人眼。PLZT 透明陶瓷具有良好的电光性能，利用这种性能可以开发出光调制器、光开关、光记忆中的编页器、光栅等器件。利用 PLZT 透明陶瓷的电控可变光散射效应，可以开发出一系列不同性能的光开关器件。利用 PLZT 透明陶瓷的电控变双折射特性，采用偏置应变技术，可以制成映像存储器件、偏置应变编页器。由于其在可见光区域的透光性和较大的电光效应，PLZT 透明陶瓷制备的光栅与晶体材料相比具有响应速度快、工作电压低等特点。PLZT 透明陶瓷的制备方法包括：热压烧结、气氛烧结和热等静压烧结[50~54]。目前，电光透明陶瓷材料的种类也得到了很大的发展，如 PMN-PT、(Ba,Sr)TiO₃、LiNbO₃ 等材料将发挥越来越大的作用。

参 考 文 献

[1] Hohenberg P, Kohn W. Inhomogeneous electron gas. Phys. Rev., 1964, 136(3B): B864-B871

[2] Kohn W, Sham L J. Quantum density oscillations in an inhomogeneous electron gas. Phys. Rev., 1965, 140(4A): A1133-A1138

[3] 张跃, 谷景华, 尚家香, 等. 计算材料学基础. 北京:北京航空航天大学出版社, 2007

[4] Kuklja M M. Defects in yttrium alminium perovskite and garnet crystals: atomistic study. J. Phys.: Condens. Matter., 2000, 12(13): 2953-2967

[5] Milanese C, Buscaglia V, Maglia F, et al. Disorder and nonstoichiometry in synthetic garnets $A_3B_5O_{12}$ (A = Y, Lu−La, B = Al, Fe, Ga). A simulation study. Chem. Mater., 2004, 16(7): 1232-1239

[6] Patel A P, Levy M R, Grimes R W, et al. Mechanisms of nonstoichiometry in $Y_3Al_5O_{12}$. Appl. Phys. Lett., 2008, 93(19): 191902-1-3

[7] Liu B, Gu M, Liu X L, et al. Formation energies of antisite defects in $Y_3Al_5O_{12}$: a first-principles study. Appl. Phys. Lett., 2009, 94(12): 121910-1-3

[8] Zorenko Y, Voloshinovskii A, Konstankevych I, et al. Luminescence of excitons and antisite defects in the phosphors based on garnet compounds. Radiat. Meas., 2004, 38(4-6): 677-680

[9] Korzhik M V, Pavlenko V B, Timoschenko T N, et al. Spectroscopy and origin of radiation centers and scintillation in $PbWO_4$ single crystals. Phys. Stat. Sol(a)., 1996, 154(2): 779-788

[10] Nikl M, Nitsch K, Hybler J, et al. Origin of the 420 nm absorption band in $PbWO_4$ single crystals. Phys. Stat. Sol(b)., 1996, 196(1): K7-K10

[11] Nikl M, Nitsch K, Baccaro S, et al. Radiation induced formation of color centers in $PbWO_4$ single crystals. J. Appl. Phys., 1997, 82(11): 5758-5762

[12] Annenkov A, Auffray E, Korzhik M, et al. On the origin of the transmission damage in lead tungstate crystals under irradiation. Phys. Stat. Sol(a)., 1998, 170(1): 47-62

[13] Lin Q S, Feng X Q, Man Z Y. Formation of the 350 nm intrinsic color center in $PbWO_4$ crystals. Phys. Stat. Sol(a)., 2000, 181(1): R1-R3

[14] 姚明珍, 顾牡, 梁玲, 等. $PbWO_4$ 晶体空位型缺陷电子结构的研究. 物理学报, 2002, 51(1): 125-128

[15] Zhu R Y, Deng Q, Newman H, et al. A study on radiation hardness of lead tungstate crystals. IEEE

Trans. Nucl. Sci., 1998, 45(3): 686-691

[16] Nikl M, Pejchal J, Mihokova E, et al. Antisite defect-free $Lu_3(Ga_xAl_{1-x})_5O_{12}$:Pr scintillator. Appl. Phys. Lett., 2006, 88(14): 141916-1-3

[17] Fasoli M, Vedda A, Nikl M, et al. Band-gap engineering for removing shallow traps in rare-earth $Lu_3Al_5O_{12}$ garnet scintillators using Ga^{3+} doping. Phys. Rev. B, 2011, 84(8): 081102-1-4

[18] Kuntz J D, Cherepy N J, Roberts J J, et al. Transparent ceramic used e.g. as scintillating gamma radiation detector, gain media in solid state lasers, and as specialized optical components such as Faraday rotators, comprises rare earth garnet: USA, US2010294939-A1. 2010

[19] Pan Y X, Wu M M, Su Q. Tailored photoluminescence of YAG:Ce phosphor through various methods. J. Phys. Chem. Solids, 2004, 65(5): 845-850

[20] Munoz-Garcia A B, Seijo L. Structural, electronic, and spectroscopic effect of Ga codoping on Ce-doped yttrium aluminum garnet: first-principles study. Phys. Rev. B, 82(18): 184118-1-10

[21] Kamada K, Endo T, Tsutumi K, et al. Composition engineering in cerium-doped $(Lu,Gd)_3(Ga,Al)_5O_{12}$ single-crystal scintillators. Cryst. Growth Des., 2011, 11(10): 4484-4490

[22] Setyawan W, Gaume R M, Lam S, et al. High-throughput combinatorial database of electronic band structures for inorganic scintillator materials. ACS Comb. Sci., 2011, 13(4): 382-390

[23] Setyawan W, Curtarolo S. High-throughput electronic band structure calculations: challenges and tools. Comput. Mater. Sci., 2010, 49(2): 299-312

[24] Canning A, Chaudhry A, Boutchko R, et al. First-principles study of luminescence in Ce-doped inorganic scintillators. Phys. Rev. B., 2011, 83(12): 125115-1-12

[25] Canning A, Boutchko R, Chaudhry A, et al. First-principles studies and predictions of scintillation in Ce-doped materials. IEEE Trans. Nucl. Sci., 2009, 56(3): 944-948

[26] Chaudhry A, Canning A, Boutchko R, et al. First principles calculations for scintillation in Ce-doped Y and La oxyhalides. IEEE Trans. Nucl. Sci., 2009, 56(3): 949-954

[27] Mcllwain M E, Gao D, Thompson N. First principle quantum description of the energetics associated with $LaBr_3$, $LaCl_3$ and Ce doped scintillators. IEEE Trans. Nucl. Sci., 2007, 4: 2460-2465

[28] Chaudhry A, Canning A, Boutchko R, et al. First-principles studies of Ce-doped $RE_2M_2O_7$ (RE=Y, La; M5Ti, Zr, Hf): a class of nonscintillators. J. Appl. Phys., 2011, 109(8): 1-7

[29] 施剑林, 冯涛. 无机光学透明材料——透明陶瓷. 上海: 上海科学普及出版社, 2008

[30] 任忠鸣, 晋芳伟. 强磁场在金属材料制备中应用研究的进展. 上海大学学报(自然科学版), 2008, 14 (5): 446-455

[31] Mao X J, Wang S W, Shimai S, et al. Transparent polycrystalline alumina ceramics with oriented optical axes. J. Am. Ceram. Soc., 2008, 91(10): 3431-3433

[32] Makiya A, Kusumi Y, Tanaka S, et al. Grain oriented titania ceramics made in high magnetic field. J. Eur. Ceram. Soc., 2007, 27(2-3): 797-799

[33] Suzuki T S, Sakka Y, Kitazawa K. Orientation amplification of alumina by colloidal filtration in a strong magnetic field and sintering. Adv. Eng. Mater., 2001, 3(7): 490-492

[34] Li S Q, Sassa K, Asai S. Preferred orientation of Si_3N_4 ceramics by slip casting in a high magnetic field. Ceram. Int., 2006, 32(6):701-705

[35] Akiyama J, Sato Y, Taira T. Laser demonstration of diode-pumped Nd^{3+}-doped fluorapatite anisotropic ceramics. Appl. Phys. Express, 2011, 4: 022703

[36] Akiyama J, Sato Y, Taira T. Laser ceramics with rare-earth-doped anisotropic materials. Opt. Lett.,

2010, 35(21): 3598-3600

[37] 刘颂豪. 透明陶瓷激光器的研究进展. 光学与光电技术, 2006, 4(2): 1–8

[38] Wei G C. Transparent ceramics for lighting. J. Eur. Ceram. Soc., 2007, 29 (2): 237-244

[39] Scott C, Kaliszewski M, Greskovich C, et al. Conversion of polycrystalline Al_2O_3 into single-crystal sapphire by abnormal grain growth. J. Am. Ceram. Soc., 2002, 85(5): 1275–1280

[40] Guenther K, Hartmann T, Sarroukh H. Hg free ceramic automotive headlight lamps. 10th International Symposium on the Science and Technology of Light Sources. Toulouse, France. 2004: 219-220

[41] Scott C E, Strok J M, Levinson L M. Solid state thermal conversion of polycrystalline to a sapphire using a seed crystal：USA, US5549764. 1996

[42] Monahan R D, Halloran J W. Single-crystal boundary migration in hot-pressed aluminum oxide. J. Am. Ceram. Soc., 1979, 62(11-12): 564–567

[43] Dillon S J, Harmer M P. Mechanism of "solid-state" single-crystal conversion in alumina. J. Am. Ceram. Soc., 2007, 90(3): 993–995

[44] Cheng J P, Agrawal D, Zhang Y, et al. Microwave sintering of transparent alumina. Mater. Lett., 2002, 56(4): 587–592

[45] Scott C. Convention of polycrystalline Al_2O_3 to single crystal sapphire using molybdenum doping：USA, US6475942-B1. 2002

[46] Thompson G S, Henderson P A, Harmer M P, et al. Conversion of polycrystalline alumina to single-crystal sapphire by localized co-doping with silica. J. Am. Ceram. Soc., 2004, 87(10): 1879–1882

[47] Ikesue A, Aung Y L. Synthesis and performance of advanced ceramic laser. J. Am. Ceram. Soc., 2006, 89(6): 1936-1944

[48] Ikesue A, Aung Y L. Ceramic laser materials. Nat. Photonics, 2008, 2(12): 721-727

[49] Ikesue A, Aung Y L, Yoda T, et al. Fabrication and laser performance of polycrystal and single crystal Nd:YAG by advanced ceramic processing. Opt. Mater., 2007, 29(10): 1289-1294

[50] Haertling G H. Hot-pressed (Pb,La)(Zr,Ti)O_3 ferroelectric ceramics for electrooptic applications. J. Am. Ceram. Soc., 1971, 54(1): 1-11

[51] Yao X, Chen Z L, Cross L E. Polarization and depolarization behavior of hot pressed lead lanthanum zirconate titanate ceramics. J. Appl. Phys., 1983, 54(6): 3399-3403

[52] 谢菊芳，张端明，王世敏. 透明 PLZT 电光陶瓷材料的制备及应用研究进展. 功能材料, 1998, 29(1): 1-7

[53] Haertling G H, Land C E. Recent improvements in the optical and electrooptic properties of PLZT ceramics. Ferroelectric, 1972, 3(2): 269-280

[54] Snow C S. Fabrication of transparent electrooptic PLZT ceramics by atmosphere sintering. J. Am. Ceram. Soc., 1973, 56(2): 91-96

索　引